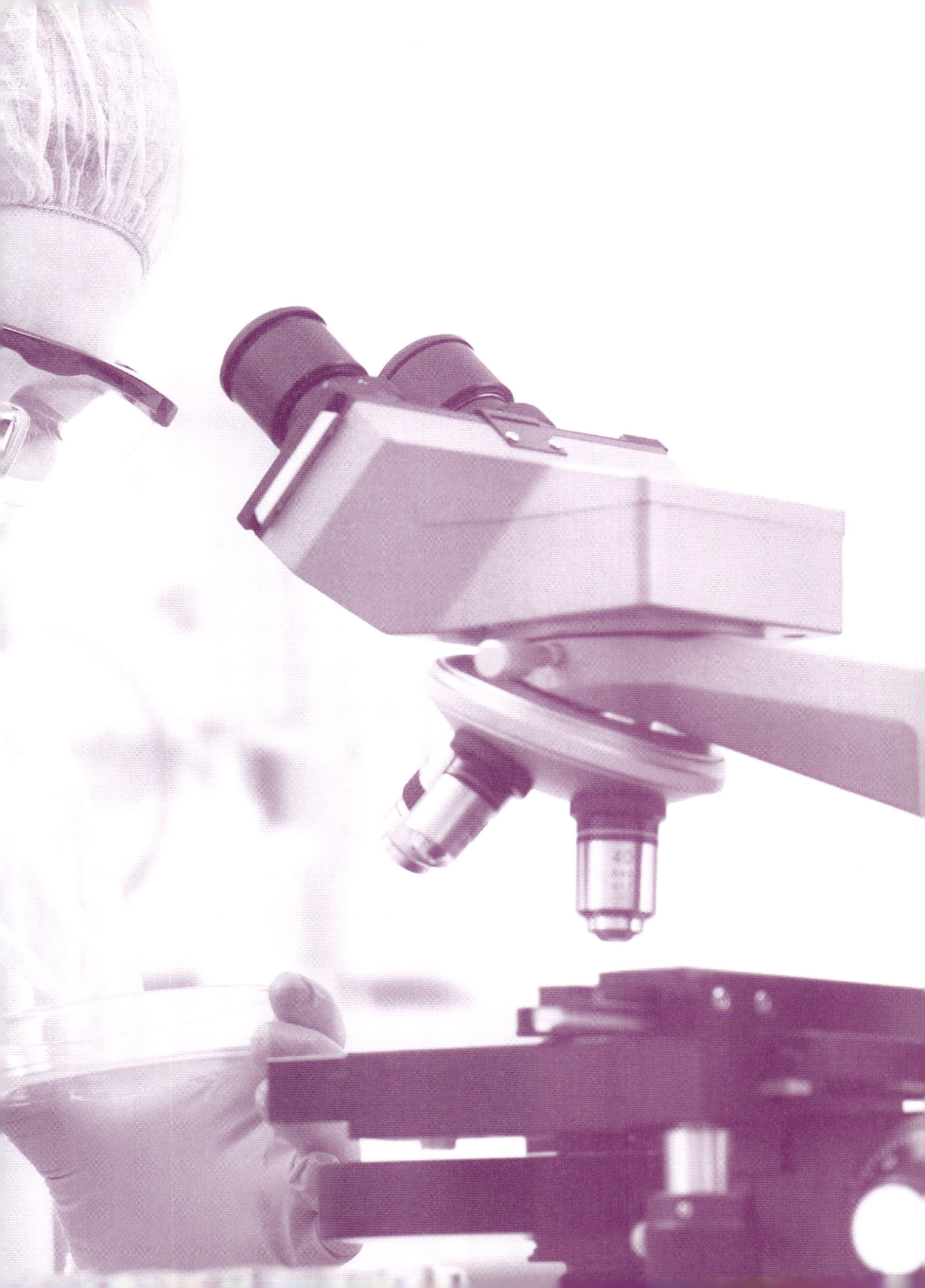

Food Microbiology & Laboratory

식품미생물학 및 실험

허윤행 · 민경진 · 박인숙 · 송리라 · 이웅수 · 황보미향

지구문화사
JIGU PUBLISHING Co.

머 리 말

생물학적으로 볼 때 사람 역시 동물 중의 한 종으로, 동 · 식물과의 공생관계를 이루고 있으며, 또한 눈으로 볼 수 없는 미세한 미생물(微生物)과도 공생관계에 있습니다. 인간은 고대로부터 미생물을 식품 등에 이용하여 왔으며, 또한 미생물들로 각종 질환에 시달려 왔습니다.

19세기부터 현대과학이 발달하면서 미생물의 연구 또한 기초뿐만 아니라 응용분야에까지 급진적으로 발전하여 오늘날 식품공업과 의료환경분야가 급성장하는 데 밑거름이 되었음은 물론이요, 미래 식량과 건강식품개발에 미생물의 중요성이 더욱 커져가고 있습니다.

특히 유전공학에의 응용은 미생물이 인간생명존중에도 크게 이바지할 것으로 기대됩니다. 이러한 관점에서 보자면 미생물이 가지고 있는 유익성과 유해성의 양면을 고려할 때, 인간에게 유익성이 절대적이라 하겠습니다.

이 책은 대학에서 제한된 학기와 시간에 적합하게 수학할 수 있도록 전반적인 미생물학 분야 중 식품미생물을 간추려서 요약하였으며, 아울러 필수적이고 기초적인 실험을 추려서 실었습니다.

이 책의 특징은

첫째, 대학의 학기와 시간에 적절하도록 편집하였고

둘째, 식품기사, 식품산업기사, 영양사, 조리산업기사를 준비하고 응시하는 학생들에게 도움이 되도록 하였으며

셋째, 식품미생물을 기반으로 하여 이어지는 발효공학을 수학하는 데 기본서가 되도록 노력하였습니다.

바라건대, 이 책이 식품공학, 발효공학, 식품위생공학, 미래의 유전공학 등의 기초과정학문에서 왕성하게 활용되고 식품공업 일선의 기술인들에게 조금이라도 도움이 될 수 있기를 기대합니다.

그러나 필자들의 지식적 한계성, 제한된 지면 등으로 미치지 못한 부분이 적지 않을 것으로 사료됩니다. 앞으로 모자라는 면을 계속 보완해 나아갈 것을 약속드리며, 선배 · 동료 교수님들의 많은 지도와 후원을 부탁드립니다.

끝으로 원고의 출판을 위하여 물심양면으로 힘써주신 지구문화사 임직원 여러분께 진심으로 감사를 드립니다.

갑오년 성하에

저자 대표

차례

Contents

Chapter 8 조 류

Chapter 9 세포의 미세구조와 기능

Chapter 10 미생물의 일반적인 생리

Chapter 11 미생물 균체의 생산과 이용

Chapter 12 미생물의 효소

Chapter 13 식품 및 식품 저장 중의 미생물

Chapter 14 발효식품 관련 미생물

Chapter 15 미생물의 유전과 변이

Chapter 16 미생물의 대사

PART Ⅱ 식품미생물학 실험

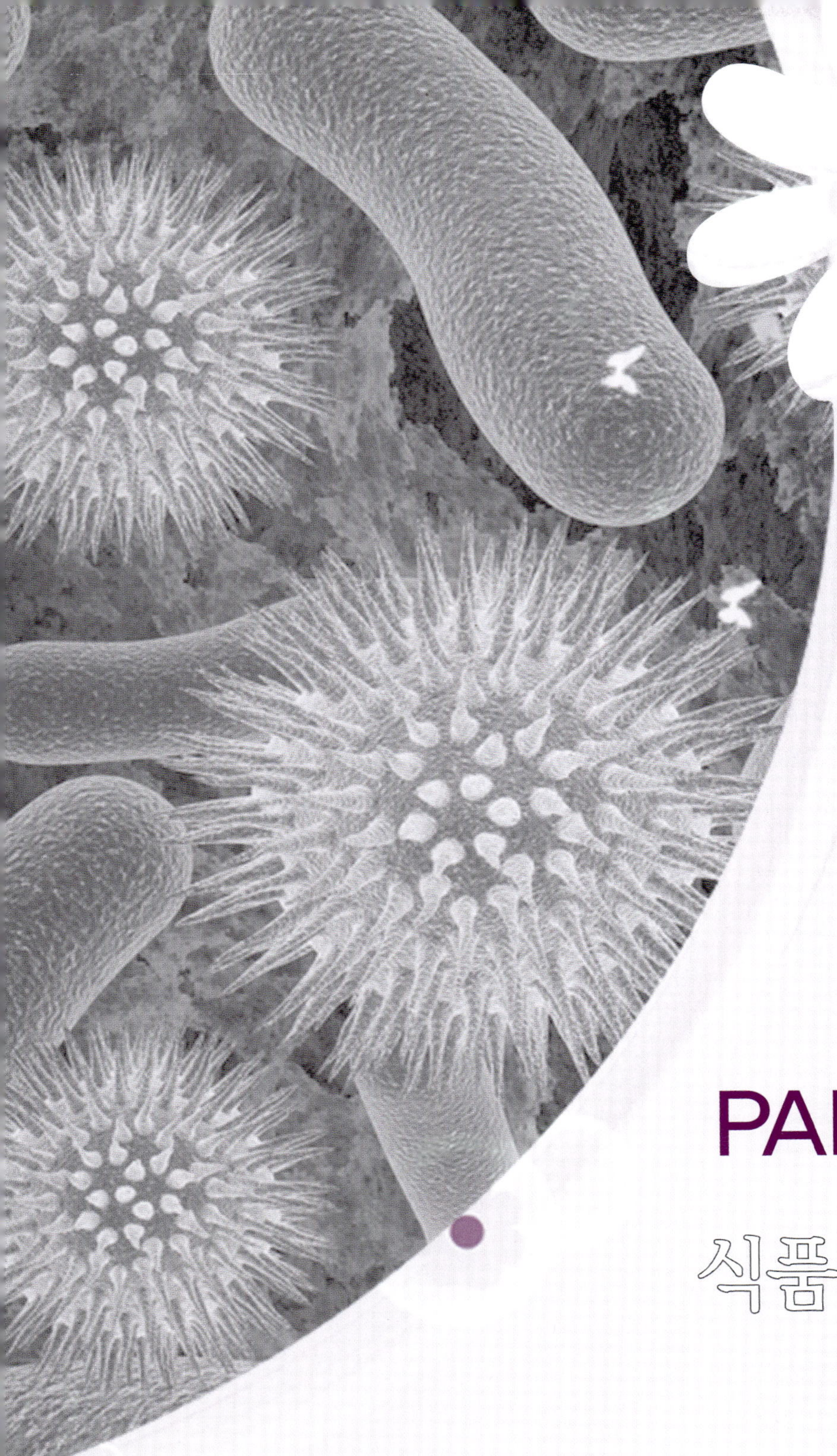

PART I

식품미생물학

Chapter 1
미생물의 세계

SECTION 1 미생물학의 발전사

미생물학(微生物學, Microbiology)은 사람의 육안으로는 식별이 불가능하여 현미경을 통해서만 볼 수 있는 미세한 생물인 미생물(微生物, microorganism, microbe, microbial mat)의 형태, 구조, 성분, 영양, 생리, 분류, 생태, 작용, 그리고 대사산물 등에 관한 연구를 하는 학문이다.

- 미생물학
  - 순수미생물학
    - 분류학
    - 형태학
    - 생태학
    - 생리생화학
    - 생물물리학
    - 유전생화학
  - 응용미생물학
    - 식품미생물학
      - 양조학
      - 발효학
      - 공업미생물학
    - 환경미생물학
      - 낙농미생물학
      - 석유미생물학
      - 해양미생물학
      - 토양미생물학
      - 하수미생물학
  - 병원미생물학
    - 의학미생물학
    - 수역학

1. 미생물학의 분류

미생물학은 크게 순수미생물학(純粹微生物學, general or pure microbiology), 식품미생물학과 환경미생물학(enbironment microbiology)을 주축으로 한 응용미생물학(應用微生物學, applied microbiology), 그리고 병원미생물학(病原微生物學, pathogenic microbiology)으로 나뉘어진다.

순수미생물학은 다시 분류학(分類學, taxology), 형태학(形態學, morphology), 생태학(生態學, ecology), 세포학(細胞學, cytology), 생리생화학(生理生化學, physiological biochemistry), 생물물리학(生物物理學, biophysics)과 유전생화학(遺傳生化學, genetic biochemistry)으로 분류된다. 그리고 병원미생물학은 의학미생물학(醫學微生物學, medical microbiology)과 수역학(獸疫學, veterinary microbiology)으로 분류된다.

식품미생물학에서는 주로 양조학(釀造學, zymology), 발효학(醱酵學, fermentation chemistry), 공업미생물학(工業微生物學, industrial microbiology)과 미생물공학(微生物工學, microbiological engineering)을 다룬다.

환경미생물학에는 낙농미생물학(酪農微生物學, dairy microbiology), 석유미생물학(石油微生物學, petroleum microbiology), 해양미생물학(海洋微生物學, marine microbiology), 곤충미생물학(昆蟲微生物學, insect microbiology), 토양미생물학(土壤微生物學, soil microbiology), 하수미생물학(下水微生物學, sewage microbiology) 및 공중미생물학(空中微生物學, aerial microbiology)이 있다. 식품미생물학과 환경미생물학은 특히 생태적 특징에 의한 분류에 속한다.

현재 일반적으로 거의 미생물이 존재하지 않는 것으로 알려져 있는 우주권에 대한 우주미생물학(宇宙微生物學, space microbiology)이 중점적으로 연구되고 있다.

그밖에도 분자미생물학(分子微生物學, molecular microbiology), 지구미생물학(地球微生物學, geometric microbiology), 세포배양학(細胞培養學, cell cultural microbiology)과 무균생물학(無菌生物學, germ free life microbiology) 등의 연구가 활발하다.

2. 미생물의 발견

인류는 수천 년 전부터 미생물과 공존해 왔다. 아리스토텔레스(Aristoteles, B. C. 384~322)는 생명이 모태에서 생성되는 것 이외에 토양, 식물로부터 자연적으로 발생한다고 믿었다. 인간은 미생물을 이용해서 포도주, 맥주, 빵 등의 발효식품을 만들어 왔다. 그러나 미생물학에 근거한 발효현상에 대해서는 알지 못했다.

Antony van Leeuwenhoek

인류에게 질병이 발생하는 것은 신(神)이 내린 징벌이라는 고대인들의 믿음에 대해서 히포크라테스(Hippocrates, B. C. 459~337)는 독기(毒氣, miasma, stain, schmutz)설을 주장하였다. 그는 지진, 홍수 및 혜성(彗星)의 출현, 우주의 변동과 같은 우주에서 벌어지는 변화현상에 의해 오염된 공기가 독기로 변하여 질병을 발생시킨다고 믿었다.

이와 같이 생명(미생물)의 발생설이 분분하던 고대에서 지배적이었던 설은 18세기까지 지속된 아리스토텔레스의 자연발생설(自然發生說, spontaneous generation)과 히포크라테스의 독기설이었다.

Robert koch

히포크라테스 이후 갈레노스(Galenos, 131~201)는 페스트 · 광견병 · 폐병 등의 전염성을 알아내는 데에 큰 업적을 남겼는데, 천연두 · 페스트 · 발진티푸스 등의 전염병은 15세기경에 많이 발생하였고, 16세기에는 주로 유럽 지역에서 매독까지도 유행병으로 전염되었다.

이탈리아의 프라카스토로(Girolamo Fracastoro, 1483~1553)는 살아 있는 생물(전염성 생물)에 의해서 질병이 전염된다는 전염설(1546)을 발표하였다. 그의 전염설은 접촉이나 매개체에 의한 전염, 그리고 오염된 공기에 의한 전염 등을 그 내용으로 하였다.

1675년 레벤후크(Antony van Leeuwenhoek, 1632~1723)가 200배 배율의 미생물체를 관찰해 냄으로써 처음으로 인류가 미생물의 실체를 인식하게 되었다. 1859년 프랑스의 파스퇴르(Louis Pasteur, 1822~1895)는 생물의 자연발생설문제를 연구하면서 당, 암모니움염, 인산염 및 탄산석회 등으로 된 합성배지(合成培地, artificial media)를 처음 사용하였다.

이 배지의 특징은 육즙(肉汁, meat extract), 감자배지(甘蔗培地, potato media) 등의 천연배지(天然培地, nature media)가 아닌 합성배지로서 다량(多量)을 일정품질로 제조할 수 있었기 때문에 여러 세균 실험에 적용하여 실험적 오차를 최대한 줄일 수 있었던 것이다. 그는 S자 플라스크(flask)에서 외부의 공기가 S자 부위를 통과하여 침입하는 속도가 늦기 때문에 그 동안 공기 중의 균이 S자 관의 유리벽에 부착되어 플라스크 내부에 침입하기가 어렵다는 것을 발견하였다. 또한 그는 포도주 발효 종료 후 60℃에서 몇 분간 가열하면 포도주 품질의 변패가 없다는 것을 발견하였다.

이 방법이 오늘날 살균법으로 실험하고 있는 'Pasteurization(저온살균법)'인 것이다. 그러나 당시에는 오늘날 사용하고 있는 방법인 순수분리배양법(pure culture)이 확립되어 있지 않아서 파스퇴르의 실험은 완전한 살균법이 되지는 못했다. 한편, 세균학의 아버지로 불리는 코흐(Robert Koch, 1843~1920)는 세균학 연구방법의 확립으로 의학적 세균학의 분야에서 많은 연구업적을 남겼다. 그는 1881년에 파스퇴르가 실행하지 못한 순수분리배양법을 처음으로 개발하고 여러 병원균을 순수분리하는 데 성공하였다.

파스퇴르와 코흐 이후 미생물학의 획기적인 성과는 전염병 원인균의 규명과 치료 및 예방법의 발견이었다. 즉, 세균이나 바이러스(virus)에 의해서 발생하는 전염병의 병원체를 발견한 시대였다. 병원체를 발견함으로써 왁친(Vakzin)이나 면역혈청에 의한 치료법이 개발되었고, 역학적 연구에 의한 예방법으로 발전할 수 있었다.

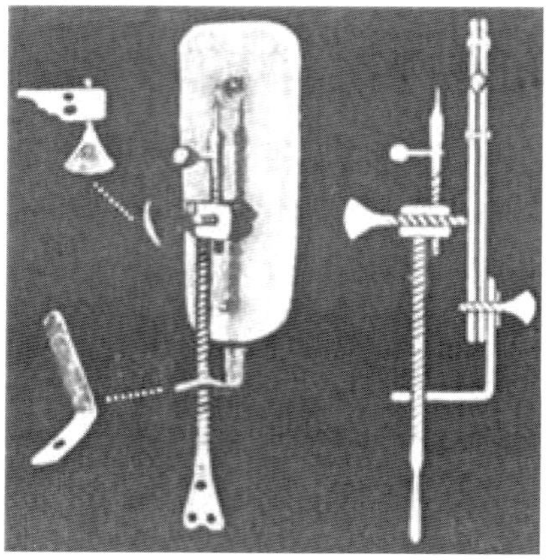

그림 1-1 Leeuwenhoek가 고안한 현미경(microscope)

당시 유럽에는 흑사병(pest), 티푸스(thypus), 콜레라(cholera)가 크게 유행하였다. 이들 전염병들은 면역학과 혈청학 및 병원세균학 등의 발전으로 차츰 예방 및 치료가 가능하게 되었다. 19세기 후반에는 식품을 금속관(can)에 넣어 가열살균하여 만드는 통조림 공업이 개발되었는데, 이 시대의 문제점은 캔 식품의 변패였다.

틴달(John Tyndall, 1820~1893)은 살균법의 일종인 간헐멸균법(tyndallization)을 개발하였다. 그리고 콘(F. Cohn)은 1876년에 고초(枯草)를 끓여 낸 즙(汁)의 경우에 100℃에서도 고초균(枯草菌)이 사멸되지 않고 잔류하여 생존할 수 있다는 것을 알아내고, 이 고초균은 생육 중 균체 내에 내열성 포자(spore)가 형성한다는 것을 확인하게 되었다.

그는 이 내열성 포자가 발아(發芽)하면 내열성이 없어지고 100℃의 가열로도 쉽게 사멸된다는 사실을 제시하였다. 즉, 그는 100℃에서 20~30분간을 가열하여 포자 이외의 균을 사멸시킨 후 하루동안 실온에서 방치시켜 잔존 포자를 발아시킨 다음, 100℃로 다시 가열하여 발아한 포자까지 사멸하는 간단살균법을 제창하였다. 이 내열성 세균포자의 발견은 캔(can) 공업과 미생물 공업에 있어서 문제점이었던 살균법 확립에 큰 도움이 되었다.

영국의 리스터(Joseph Lister, 1827~1912)는 1878년의 젖산발효 연구 중에서 희석액을 단계적으로 희석해 감에 따라 유산균 이외의 잡균이 없는 희석도에 도달할 것으로 생각하고 이 방법을 실시함으로써 젖산균의 순수배양이 가능하게 되었으며, 젖산균의 균수도 알아낼 수 있게 되었다. 이 희석법은 오늘날에도 식품이나 수질 등의 균수계산법, 그리고 균체계측을 위한 배양법에 실용되고 있으며, 독일의 코흐에 의한 평판배양법과 함께 현대 미생물 배양분리법에 크게 공헌하였다.

1878년 덴마크의 한센(E. C. Hansen, 1842~1909)은 초산균의 단세포 분리에 성공함으로써 순수배양법(純粹培養法, pure culture system)을 개발하였다. 페트리(R. J. Petri)는 1887년에 초자로 만든 납작한 배양접시인 페트리 접시(petri dish)를 개발하였다. 이 페트리 접시에 고체배지(solid medium)를 담고 균의 희석액을 도포한 다음에 배양하면 독립된 균체가 얻어지므로 페트리 접시에 의한 평판배양법(平板培養法, plate culture)이 확립되었다. 그런데 배지의 고형화에 사용했던 젤라틴(gelatin)은 30℃ 이상 고온에서는 액화되는 단점이 있어서 고체배지로서는 부적합했다. 한때는 고형혈청도 사용하였지만 만족할 만한 결과를 얻지 못했다.

이때 코흐의 제자인 헤세(Hesse)의 부인이 주방에서 젤리용으로 사용되는 한천(agar−agar)이 유효할 것으로 착안하여 고체배지에 젤라틴 대신으로 한천을 사용하게 된 계기가 되었다. 또 한센은 1886년 순수분리법인 점적배양법(點滴培養法, drop culture)을 발표하였다.

이 방법은 효모의 현탁액을 맥아즙이나 살균수에 적당히 희석하여 놓고 커버글라스(cover glass) 위에 고정시킨 젤라틴 배지에 백금이로 1적(滴, drop)씩 간격을 놓고 희석효모액을 떨어뜨려 놓는다. 현미경으로 각 적점을 검경하여 효모세포 한 개만 있는 적점을 표시해서 배양 후 여기에서 효모 균체를 분리했다.

그는 각종 맥주효모를 모아 순수분리하여 비교하고 그 중 우수한 균주를 선발한 후에 순수분리한 것을 첨가하여 고품질의 맥주를 생산하게 하였다. 또 우량 효모균주를 파스퇴르 플라스크(pasteur flask 200~1,000mL)에서 배양하여 10~20L의 구리로 만든 칼스버그 플라스크(carlsberg flask)에 옮겨 증식시킨 후, 다시 300~400L의 배양장치(구리제)에 이식, 배양함으로써 공업적 생산단계까지 확대할 수 있었다.

이 방법은 맥주산업은 물론이거니와 많은 배양 발효산업에도 이바지하였다.

한편, 부크너(Buchner)는 1897년에 생효모를 분쇄하여 추출한 무세포추출액(無細胞抽出液, cell free extract)에 의하여 알코올 발효가 일어난다는 것을 증명하였다. 즉, 알코올 발효는 효모의 작용에 의하여 일어나는 것이 아니고 효모가 분비한 물질에 의해서 발생한다는 것을 발견하여 이 물질을 치마아제(zymase)라 칭하였다. 그 후 1906년, 영(H. Young)은 알코올 발효가 zymase 단독으로는 일어나지 않고 zymase와 조효소(coenzyme)로부터 구성되며, 조효소는 내열성의 인산화합물임을 밝혀냈다.

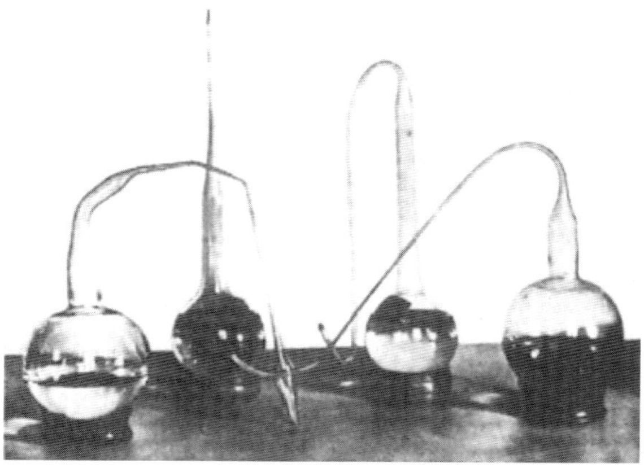

그림 1-2 Pasteur가 만든 Swan-neck flask

한센(E.C.Hansen, 1842~1909)의 맥주효모의 순수분리배양법(pure culture system)에 이어 포도주 · 빵 · 청주 · 장류 등의 제조용 효모와 초산균, 요구르트 및 김치에 관여하는 젖산균류가 순수분리됨으로써 생태학 및 분류학적 연구는 지속되었다. 또한 화학 및 물리학 등의 발전에 힘입어 이들 발효미생물의 발달을 가속화했고, 더욱이 *Aspergillus niger*(흑국균)에 의한 구연산(citric acid)의 생산과 글루콘산(gluconic acid)의 생산, *Clostridium acetobutylicum*(부탄올균)에 의한 아세톤 및 부탄올 등을 생산하는 공업이 발전하게 되었다.

영국의 플레밍(Alexander Fleming, 1881~1955)은 1929년 *Staphylococcus*속(포도상구균)을 배양한 한천평판배지 상에 오염 발생된 *Penicillium notatum*(푸른곰팡이) 주변에서 포도상 구균의 발육이 억제된 점을 발견하여 이 곰팡이의 배양액에서 세균의 발육을 억제하는 물질인 페니실린(penicillin)을 추출하였다.

Alexander Fleming

그 후 영국의 플로리(Florey)와 체인(Chain)이 더욱 연구하여 처음으로 결정을 분리해 냈다. 페니실린의 공업적 다량생산은 1943년에 이루어졌다. 또 미국의 토양미생물 학자로 알려진 왁스만(S. A. Waksman, 1888~1973)은 토양에서 분리한 방선균(*Streptomyces*속)의 일종인 *Streptomyces griceus*에서 스트렙토마이신(streptomycin)을 발견하였고, 이것이 결핵균과 그람 음성 병원균에 대해서 억제 효력이 있다는 것을 발견하였다.

왁스만의 항생물질(antibiotics) 발견은 오늘날 제약공업의 가장 중요한 부분으로 치료의학의 혁명을 가져왔고, 그 후 항생물질의 수는 수십 종으로 늘어났으며, 생산량도 100톤 이상이었다. 이러한 항생물질의 발견 및 대량생산은 인류의 보건향상에 큰 공헌을 하였고, 화학공학과 연계되어 생물화학공학(biochemical engineering)의 탄생을 가져왔다.

한편, 19세기 말에 일본 학자인 다카미네(高峰, Takamine)가 1차대전 중 *Aspergillus oryzae*(황국균)을 밀기울에 배양한 후 물로 추출하고 알코올로 침전시켜서 얻은 효소(Takadiastase), 즉 소화효소가 개발된 이래 수많은 효소제(酵素劑)가 공업적으로 생산되었다. 예를 들어 *Bacillus subtilis*에 의한 α-amylase, *Rhizopus*속의 β- amylase, protease, pectinase, lipase 및 미생물 rennet 등의 공업적 생산이 이루어져서 의약용 · 식품가공용 · 세제용 등으로 이용되었다.

지베레린, 스테로이드 호르몬과 같은 생리활성 물질의 미생물에 의한 생산 및 최근 우주여행, 등산, 비상식량으로 주목받고 있는 chlorella(단세포 조류) 등이 미생물의 특성을 실용화한 발효공업이다. 또한 미생물 유전학 및 생화학 등의 발달로 인하여 아미노산 발효와 정미성 핵산물질(nucleotides)의 생산은 종래 monosodium glutamate를 밀가루 단백질(gluten)이나 콩단백질을 가수분해하여 만들었는데 이를 1958년에 일본인 기노시다(木下祝, kinoshida)의

Corynebacterium glutamicum(원래 *Micrococcus*속)에 의한 전분 가수분해물 또는 당밀을 원료로 한 발효법에 의하여 생산이 가능하게 되었다.

이를 토대로 하여 리신(lysine), 이소류신(isoleusine) 등의 수많은 아미노산이 세균에 의해서 생산되었다. 더욱이 효모균체의 핵산(RNA)을 곰팡이(Pen. citrinum)의 효소로 분해하여 이노신산(inosinic acid), 구아닐산(guanylic acid)의 생산을 공업화하여 조미료로 이용하게 되었다.

표 1-1 미생물의 발전사

년 도	학 자	업 적
BC. 459~377	Hippocrates	miasma(毒氣)설
BC. 384~322	Aristoteles	Pest(疫)설
1632~1723	Antonty van Leeuwenhoek	microscope(×270) 제작
1726~1799	Lazzaro Spallanzani	미생물 생육설
1837	T. Schwann	미생물 존재설
1822~1895	Louis Pasteur	Pasteur flask 제조, Pasteruization 등
1843~1920	Robert Koch	순수배양법
1878	J. Lister	희석법, 순수배양법
1878	E. C. Hansen	맥주효모 순수배양, 나균 발견
1879	지석영	우두시술법
1884	Gram	Gram stain 고안
1887	R. J. Petri	Petri dish 고안
1897	E. Buchener	zymase 효소 cell free extract
1901	Emil von Behring	Diphtheria, antitoxin
1901	Landsteiner	혈액형 제시
1902	Robert Ross	Malaria
1905	Robert Koch	Tuberculosis
1906	Wassermann	매독 혈청반응 제시
1907	Charles L. A. Laveran	Protozoa causing disease
1908	Elie Metchnikoff, Paul Ehrich	Antibody and phagocytosis
1908	Landsteiner and Popper	소아마비 virus 발견
1909	Sorensen	효소작용과 pH
1909	Ehrlich	Salvarsan 606 제조
1911	Rous	닭의 육종 virus 발견
1913	Charles Richet	Anaphylaxis
1915~1917	Twort and Herelle	세균파지 발견
1919	Jules Bordet	Complement fixation & immunity
1924	Calmette and Guerin	BCG 발견

년 도	학 자	업 적
1928	Charhes Nicolle	Typhus fever
1928	Fleming	Penicillin 발견
1930	Karl Landsleiner	Blood group
1932	Gerhard Damagk	Prontosil 항균작용
1933	Theiler	황열예방 virus 백신 제조
1934	Ruska	Electron microscopy
1935	Gerhard Domagk	설파제 제조
1935	Stanly	TMV virus 발견
1939	Gerhard Domagk	Antibacterial Effects of Prontosil
1940	Lardsteiner	Blood Rh 인자
1941	Flemiry Florey chain	Penicillin 발전
1942	Goons	형광항체법
1944	Waksmann	Streptomycin
1945	Alexander Fleming	Penicillin 발전
1947	Tatum and Lederberg	Bacteria 유전
1951	Way Theiler	Yellow fever vaccine
1952	Ledberg	형질도입
1952	Pauling	Protein helix structure
1952	Selman Abraham Waksmann	Streptomycin 개발
1954	Jhon F. Enders, Thomas H. Weller, Frederick C. Robbins	Tissue culture method for growing polio and other virus
1955	Watson and Crick	DNA helix structure
1957	Isaaics and Lindenmann	interferon
1958	Joshua Lederberg, George Wells, Beadle Edward, Lawrie Tatum	Microbial genetics
1960	Marfarlane Burnet Peter Brian Medawar	Immunological control transplanted tissue
1966	Rous	Virus에 의한 종양
1966	MIT C. Willson	SCP(단세포단백질)
1972	Edelman and Porter	항체 구조
1976	Fiers	Phage nucleotide sequency
1976	Stehelin	척추동물의 DNA Sequency
1977	Sanger	DNA phage의 dinucleotide sequency
1978	Erikson	RNA 종양 virus sequency
1979	Enquist	Vector에 의한 HSV DNA
1983	Land	Poliovirus 종양
1984	Milstein	면역학
1990	Rosenberg	Virus에 의한 유전자 치료

SECTION 2 자연의 세계와 미생물

자연계에서, 특히 대기권에서 미생물은 그 분포범위와 수가 너무 넓고 많다. 또 그것은 동물 · 식물과 더불어 생태계를 형성하고, 사람에게 직 · 간접으로 유익 · 유해를 끼치고 있으며, 그 역할은 자연계의 물질(유기물)을 부패시키거나 발효시키기도 하며 생명현상을 소멸시키는 병원작용을 행한다.

미생물은 자연계에서 에너지의 방출과 흡수에 관여하기도 한다. 자연계에서 에너지와 물질의 순환에 의한 화합물로 구성된 식물은 초식동물에게 제공되고, 초식동물은 육식동물이나 사람의 먹이가 되어 다시 토양에서 분해되면서 식물합성에 이용되는 태양 에너지의 순환이 이루어지게 된다.

이러한 에너지의 변화에 따라 C, O, N, P 및 S 등의 원소순환이 이루어지게 된다. 즉, 이들 원소는 계속 유기화합물을 형성하며 생물의 사멸로 무기화(無機化)되어 미생물권으로 환원된다. 이와 같이 미생물은 물질순환에 관여하는데, 특히 탄소와 질소 및 유황의 순환으로 이어진다.

1. 탄소의 순환과 미생물

세균의 일부와 녹색식물은 공기 중의 탄산가스(CO_2)와 물(H_2O)을 원료로 하고 태양 에너지를 이용하여 탄수화물 및 단백질을 생합성하는 소위 광합성(光合成, photosynthesis)을 한다. 합성된 유기화합물의 일부는 생물의 호흡작용으로 인하여 직접 CO_2로 환원되고 대부분은 동물 및 식물의 사멸 후에 여러 종류의 미생물의 작용으로 분해된다. 분해의 속도와 정도는 동 · 식물인 기질(基質, substrate)에 따라 다르며, 미생물의 호흡과 발효, 부패작용으로 직접 또는 균체나 대사산물을 경유하여 분해되어 CO_2와 H_2O로 된다.

미생물 등에 의하여 분해되고 잔존되는 물질은 토양에 축적되어 부식물(腐植物, humus)을 형성한다. 대기 중에는 약 6×10^{11}ton의 탄소(carbon)가 존재한다. 대기 중으로 유입되는 탄산가스의 출처는 동물의 호흡과 자동차매연, 공장굴뚝에서 사람들이 인위적으로 토출하는 부패석유 및 석탄자원의 연소 등에 의한 것이며, 대기 중에서 주로 광합성에 의하여 대부분의 탄산가스가 소멸되는데, 이것이 탄산가스의 유입과 제거의 균형인 고정(固定)과 재발생(再發生)이다.

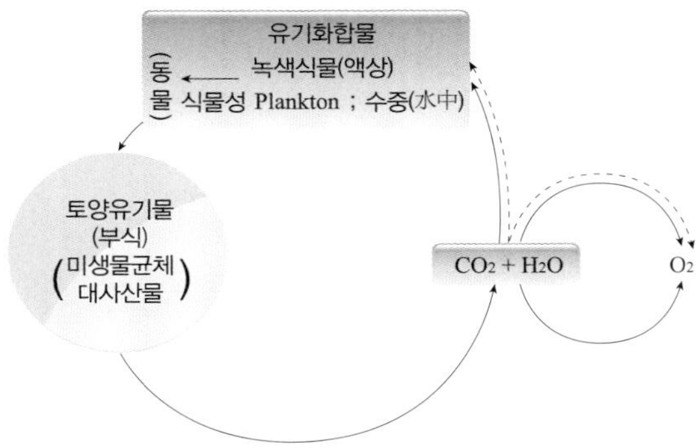

그림 1-3 탄소(carbon)의 순환과 미생물

2. 질소의 순환과 미생물

대기 중(空中)에는 많은 양의 질소가 존재한다. 그러나 식품은 유리상태의 유리질소공기를 직접 이용하지 못하고, 공기 중의 유리질소는 질소고정균(窒素固定菌 ; nitrongen fixing bacteria)들에 의해 고정되어 토양에서 질산염으로 흡수되며, 식물에 의해서 nitrate 형태로 흡수된다. 흡수된 질소는 식물체 내에서 아미노산, 핵산 등을 거쳐서 단백질로 합성된다.

동 · 식물이 사멸하면 단백질은 미생물의 효소작용으로 분해되어 펩톤(peptone), 펩티드(peptide), 아미노산(amino acid), 그리고 암모니아(ammonia)로 분해된다. 또 미생물의 혐기적 분해로 인하여 단백질이 분해(부패)되면 아민(RNH_2)류를 생성한 후 암모니아로 된다.

암모니아는 질화세균인 *Nitrosomonas*속과 *Nitrobacter*속의 화학성 독립영양균에 의하여 질산화(窒酸化, nitrification)되며, 질산태 질소로 되어 식물이 이를 이용하게 된다. 또 토양에 존재하는 질산염은 미생물의 혐기적작용(嫌氣的, anaerobic)인 탈질작용(脫窒作用, denitrificaiton)에 의해 질소가스(N_2)로 되어 공기 중으로 비산된다.

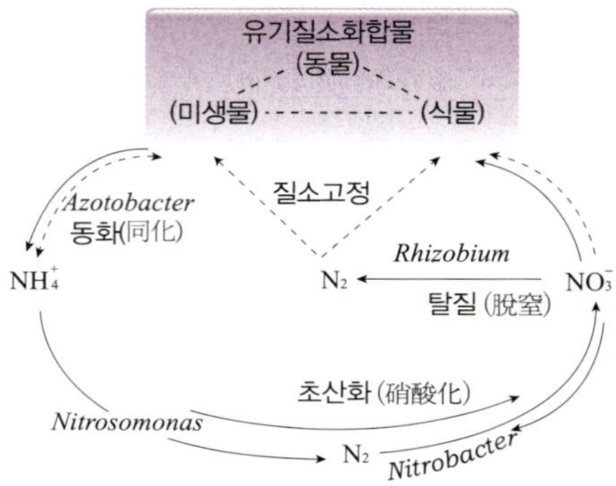

그림 1-4 질소(nitrogen)의 순환과 미생물

탈질작용균으로는 *Pseudomonas*속과, *Bacillus*속이 알려져 있다. 또 공기 중의 질소를 고정(固定)하여 식물에 섭취하게 되는 질소고정균들은 *Rhizopus*속(공생질소고정균), *Azotobacter*속, *Aerobacter*속, *Achromobacter*속 및 *Clostridium*속(독립질소고정균, 종속영양균), *Methanobacterium*속(화학영양균, 독립영양균), *Nostoc*속(남조류) 및 *Rhodospirillium*속(광합성균) 등이 있다.

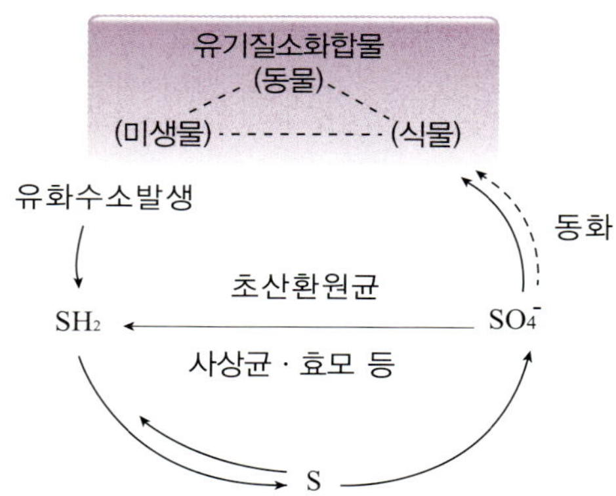

그림 1-5 유황(sulfur)의 순환과 미생물

3. 유황의 순환과 미생물

생물(식물, 동물)이 사멸하면 미생물의 분해에 의하여 H_2S(황화수소)로 된다. 이 황화수소는 다시 유황(S)으로 분해를 거쳐 황산염(SO_4^{--})으로 된다. 이때 황화수소의 산화균으로는 *Thiobacillus*속과 광합성 세균이 있다. 유황의 황산염(sulfate) 형태로 식물에 흡수된, 유황은 환원되어 함황(含黃) 아미노산 및 각종 함황 유기화합물을 형성한다.

Chapter 2

미생물의 분류

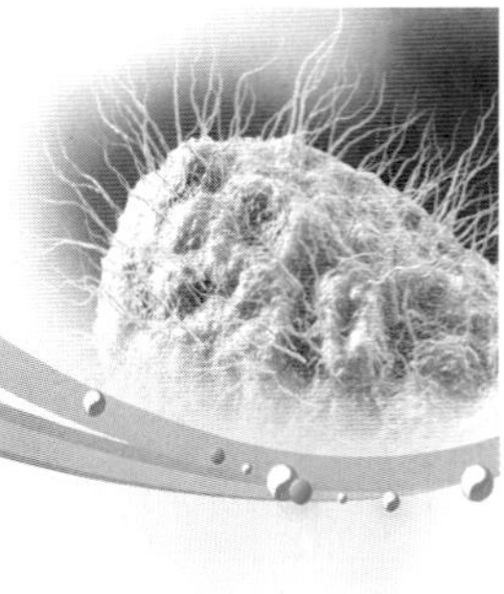

SECTION 1 미생물의 분류학상 위치

1. 미생물의 분류학적 위치

미생물(微生物, microorganism, microbe)은 그 이름에서 보듯이 크기가 미세한 유기물로 현미경을 통해서만 그 형태를 볼 수 있는 미세한 생물이다. 미생물은 그 자체가 생물이기 때문에 종류에 따라서 생리와 생태 및 유전자 등이 다르다. 종래에는 원생동물(原生動物, protozoa)만을 동물계에 포함시키고 이를 제외한 모든 미생물은 식물계(植物界, plant)로 분류하였다.

식물(植物, plant)은 꽃이 없는 은화식물류(隱花植物, Cryptogamae)와 꽃이 피는 현화식물류(顯花植物, Phanerogamae)로 나누고, 은화식물은 양치식물(羊齒植物, Pteridophyta)과 선태식물(蘚苔植物, Bryophyta) 및 엽상식물(葉狀植物, Thallophyta)로 분류된다.

이 중 뿌리 · 줄기 · 잎 등의 구별이 없는 엽상식물은 엽록소가 없는 균류(菌類, Fungi), *Chlorella*와 같은 단세포 조류가 속하는 조류(藻類, Algae) 및 식품미생물에 해당이 거의 없는 지의류(地衣類, Lichens)로 나뉜다. 특히 조류는 *Chlorella*가 속하는 녹조류(綠藻類, Green algae), 김(Porphyra tenera) 등이 속하는 홍조류(紅藻類, Red algae), 갈조류(褐藻類, Brown algae), 규조류(硅藻類, Diatoms) 및 유글레나(*Euglena*)가 있다.

고등미생물에 속하는 균류에는 핵막(核膜), 인(仁, nucleolus) 및 미토콘드리아(mitochondria)가 세포 내에 없는 분열균류(分裂菌類, schizomycetes, 주로 세균, 방선균 등)와 세포막이 없고 아메바 등이 속하는 점균류(粘菌類, myxomycetes, 식품미생물은 거의 해당되지 않음) 및 식품미생물에서 중요한 진균류(眞菌類, eumycetes)가 있다. 진균류는 격막(또는 격벽, 膈膜 또는 隔壁, septum, septa)이 없는 조상균류(藻狀菌類, 일명 藻菌類, phycomycetes)와 격막이 있는 순정균류(純正菌類, mycomycetes)로 분류되며, 순정균류는 다시 자낭균류(子囊菌類, ascomycetes), 담자균류(擔子菌類,basidiomycetes) 및 불완전균류(不完全菌類, fungi imperfecti, imperfect fungi)로 나뉜다.

2. 미생물의 세포와 구조

근래 미생물 세포의 미세구조(微細構造, fine structure)를 전자현미경 등을 통해서 볼 수 있게 되어 그 구조를 더 잘 알게 되었다. 즉, ribosome과 염색체(染色體)의 구조 및 운동성(運動性) 등에 대해서도 더욱 명확해졌다.

생물계(生物界)를 식물계(植物界, plants)와 동물계(動物界, animals)로 분류한 사람은 린네[1]로 일반미생물은 모두 식물계에 속하게 되었다.

또, 1866년에 헥켈(Haeckel)은 미생물을 세포 내에 핵막, 인, 미토콘드리아가 없는 원핵세포(原核細胞, procaryotic cell)를 갖는 하등미생물(下等微生物, lower protists, 주로 세균, 방선균)과 세포 내에 핵막, 인, 미토콘드리아를 가진 진핵세포(眞核細胞, eucaryotic cell)로 되어 있는 고등미생물(高等微生物, higher protists, 주로 곰팡이, 효모)로 분류했다.

그 당시에는 과학적 증명방법이 미약하여 인정되지 않던 것이 현대에는 과학의 발달로 미생물의 독립성과 특이성이 증명됨으로써 인정되기에 이르렀다. 이 분류방법은 조직분화법에 의한 분류로 미생물은 조직분화를 전혀 하지 않으며, 동물 · 식물은 조직분화가 발달되어 있다. 미생물을 그 세포구조의 차이에 따라 하등미생물과 고등미생물로 분류한다.

1) 린네(Linne, 1707~1778)에 의하여 생물의 명칭(名稱, 學名, scientific name)을 속명(屬名, genus)과 종명(種名, species)으로 붙여서 그 이름을 부르게 되었다.

생물계는 동물 · 식물 · 원생생물(protista)을 포함하는 일반생물계와 바이러스(virus)로 분류하고 있다. 바이러스는 생물과 무생물의 중간적 위치로 동물 · 식물 및 미생물에 침입하여 기생할 때는 생물로, 홀로 분리상태에서는 무생물로 취급되고 있다.

3. 미생물의 명명법

미생물의 명명(命名)에서는 일반적 이름인 속명(俗名, common name)과 명명규약(命名規約, code of nomenclature)에 따라 이름지어진 세계적 이름인 학명(學名, scientific name)이 있다. 미생물명은 명명규약에 의해 결정되는데, 세균(細菌, bacteria) 및 방선균(放線菌, 방사선균)은 국제세균명명규약(國際細菌命名規約, International Bacteriological Code of Nomenclature)에 의해서, 곰팡이(絲狀菌, mould), 효모(酵母, yeast) 및 버섯류는 국제식물명명규약(國際植物命名規約, International Rule of Botanical Nomenclature)에 의해서 명명(命名, nomenclature)된다.

이들 규약에 의하여 원칙적으로 학명(學名)은 첫 자가 대문자로 된 속명(屬名, genus)과 전체의 낱말이 소문자로 되는 종명(種名, species)으로 된 이명법(二名法, binomial nomenclature)으로 쓰고, 끝에는 명명자의 이름을 붙이는 경우도 있다. 속명의 공통적 특징은 같은 라틴어의 실명사(實名詞) 또는 실명사로 사용되는 형용사의 단수(單數), 형용사화가 된 명사 또는 명사의 소유격을 쓰는 것이다. 변종(變種, variety)의 경우는 기본종명(基本種名) 다음에 var.를 쓰고 다시 변종명(變種名)을 붙인다. 속명은 그 속에 속하는 균(菌)들의 공통적 특징을 나타내거나 생리적 특징, 분리원천, 발견자, 기원 또는 내력 등에서 유래되는 이름을 붙이는 경우가 많다. 또한 분리 · 발견에 관계가 깊은 지명(地名) 등을 라틴어화 또는 고유명사로 쓴다.

쓰는 순서를 보면 속명, 종명, 변종, 발견자(發見者, Founder), 발견년도(發見年度) 순서로 쓴다.[2)]

---

2) 미생물의 국제명명규약에 따라 속명(Genus) + 종명(species) + 변종(variety) + 발견자(Founder)의 순서이며, 같은 균이 여러 가지이면 번호를 붙인다(예 ; Streptomyces caccoi var. asoentis 鈴木 (1965).

속명의 첫 글자와 발견자의 첫 글자는 대문자로 표기한다. 또 종명은 그 균의 형태, 색상, 향기 등을 나타내는 형용사를 사용하기도 한다. 예를 들면 우리나라 장류 제조에 가장 많이 사용되고 있는 황국균이라 불리는 누룩곰팡이(코지 곰팡이)는 분생(외생)포자를 갖는 자실체(子實體)의 모양이 성수(聖水)를 뿌리는 살수기(撒水機)와 닮았다고 해서 *Aspergillus*속이라 명명되었다(Aspergere, 세례를 준다는 뜻).

*Saccharomyces*속은 설탕의 균(糖菌), 그리고 *cerevisiae*는 라틴어의 맥주라는 뜻이다. 그리고 같은 종명을 갖는 균이라 하여도 균주(菌株, strain)에 따라서 그 성질의 차이가 있으므로 종명 다음에 숫자나 기호를 붙여서 균주를 구별하는 경우도 있다(예 : *Bacillus subtilis* PCI 100g).

또 일반명칭으로 부르는 초산균(식초제조균, *Acetobacter*속), 젖산균(젖산생성균, *Lactobacillus*속), 빵효모(빵발효균, *Saccharomyces cerevisiae*)와 같이 실용(사용)적인 이름도 있다.

미생물은 동물이나 식물과 같이 그 분류단계를 가지며, 미생물도 살아 있는 생명체이기 때문에 그 성질이 대단히 많아서 어떤 성질을 기준으로 하여 분류하는 것이 타당한가 하는 것은 아직 불분명하다. 그 분류단계는 문(門, Division)에서부터 시작하여 속(屬, Genus)과 종(種, Species) 및 변종순서로 되며, 속명과 종명은 이탤릭체로 쓴다.

SECTION 2 미생물의 분류법

미생물을 분류하는 기본원칙은 자연적 분류법(natural classification) 및 인공적 분류법(artificial classification)에 의하여 분류된다. 자연적인 분류법은 자연적으로 나타내는 균종의 본질적인 성질을 비교하여 계통적으로 분류되는 것이고, 인공적 분류는 미생물이 갖고 있는 특징적 성질에 중점을 둔 분류방식이다.

현재는 핵산물질, 특히 DNA의 화학적 구조에 차이가 확실히 인정되는 점을 중시하여 분류하는 소위 분자생물학적 분류법(molecular biological taxonomy)이 사용되고 있다.

특히 세균의 경우는 그람 양 · 음성(gram positive, negative) 방식에서 사용되는 세포벽의 화학구조 차이점에 의한 분류 등이 쓰인다. 또 특정효소(단백질)의 존재상태로 분류되는 생화학적 방법(biochemical taxonomy)도 있다. 그밖에도 미생물 균주 사이의 유사성(類似性, similarity value)을 이용한 통계적 방법을 이용하기도 한다. 또 분류법의 지침서로 사용되는 것으로서 세균의 분류학적인 면에서 보면 현재 R. E. Buchanan과 N.E. Gibbons가 재분류한 〈버지의 편람[3]〉 "Bergey's Manual of Determinative Bacteriology(제8판, 1974년)"에 의해서 생리학적 성질로 분류한다.

곰팡이는 일반적인 형태적 차이점을 이용하는데, 예를 들면 격막(隔膜, septum)의 유무, 내생포자(endospore)와 외생포자(exspore)의 차이, 포복지의 생성유무 및 병족세포(foot cell)를 갖는지 여부의 방법으로 분류에 참고하고, 또 분류단계의 강(綱)과 목(目) 등의 검색을 기준으로 하기도 한다. 곰팡이(絲狀菌)의 경우와는 달리, 효모는 로더(J. Lodder) 여사의 "The Yeasts a Taxonomic Study(제2판 1970년)" 에 의해서 분류하고 있다.

자연계에서 어떤 미생물을 위와 같은 방식으로 검색하여 이미 알려져 있는 어느 균종에 속하는지를 결정하는 수단을 동정(同定, identification)이라 하고, 미생물분류학(微生物分類學, microbial taxonomy)에서는 이들의 분류, 검색, 명명 및 동정 등의 생물과학분야를 다루게 된다.

(1) 계통적 분류법(系統的 分類法, Phylogenetic classification)

미생물의 분류법인 계통적 방법은 초기에 Neumanna 및 Lehmann 그리고 1872년에 Cohn 등이 연구하였는데, 일종의 자연적 분류법으로서 생물의 진화과정을 조사하여 그 유연적(類緣的) 관계를 계통적으로 하여 분류하는 방법인 것이다.

---

3) 1923년 미국세균학회 소속 D. H. Bergey를 중심으로 세균의 생리학적 분류방법을 개발. 오늘날까지 많은 보완을 거치면서 세균의 분류방법의 지침서로 이어옴.

그런데 미생물의 경우는 그 화석(fossil)이 극히 희귀하며 고등생물처럼 개체발생을 잘 관찰하는 것이 어렵기 때문에 인위적인 경우가 있으므로 인위적 분류법(artificial classification)이라고 볼 수도 있다.

(2) 유전학적 분류법(遺傳學的 分類法, gene genetic taxonomy)

미생물 개체가 갖는 유전자의 차이점인 DNA의 배열상의 차이점에 의해서 분류하는 방법이다. 이 방법은 DNA의 평균 염기조성, DNA 잡종 형성, DNA의 염기배열 및 유전자 교환 등의 방법 등에 의해서 분류된다. DNA의 평균염기조성(average base composition)은 균체에서 DNA를 추출하고 염기의 G, C, A, T에 대한 G+C의 mol 퍼센트를 구하는 것이다. 세균 상호간의 유전물질의 전달은 접합, 형질도입, 형질전환의 방법이 있다.

(3) 수치적 분류법(數値的 分類法, numerical taxonomy)[4]

균주가 갖고 있는 여러 성상의 특징에 대하여 균체들 간의 유사성(similarity value, S-value)을 통계적으로 분류하는 방법이다. 즉, 이 분류법을 일명 통계학적 분류법 또는 컴퓨터(computer) 분류법이라고도 한다.

이 분류법은 균주가 갖는 성질을 동등하다고 인정하고, 비교하여 공통성질을 많이 갖는 균주, 즉 전체 형질을 기본으로 하는 유사성이 가장 많은 균주를 집합하여 분류집단을 만들고 점차로 유사성이 낮은 집단으로 나눈다. 즉, 높은 유사성을 갖는 무리를 같은 집단으로 하는 것이다. 이 방법은 생물학적 · 생화학적 · 형태학적 실험을 행하고, 그 결과를 +, −로 기재하여 유사계수(similarity index) 또는 S 값을 구하는 것이다.

이 방법은 수십 또는 수백 가지의 단위성질인 형태 · 생리 · 생화학 및 배양상태 등을 컴퓨터로 처리한다.

$$S(\%) = \frac{N_{sp} + N_{sn}}{N_{sp}\ N_{sn} + N_{d}} \times 100$$

---

4) 이 방법은 M.Adanson(1957년)에 의해서 분류법이 시도되었기 때문에 〈Adansnon분류법〉(Adanson system)이라고도 한다.

표 2-1 균류의 분류단계

위계명(位階名)	영명(英名)	라틴(어명)	위계의 어미(位階 語尾)
부(部)(문 ; 門)	division	divisio	~mycota
아부(亞部, 亞門)	subdivision	subdivisio	~mycotina
강(綱)	class	classis	~mycetes
아강(亞綱)	subclass	subclassis	~mycetidae
목(目)	order	ordo	~ales
아목(亞目)	suborder	subordo	~ ineae
과(科)	family	familia	~aceae
아과(亞科)	subfamily	subfamilia	~oidea
족(族)	tribe	tribus	~eae
아족(亞族)*	subtribe	subtribus	~ inae
속(屬)	genus	genus	
종(種)	species	species	
아종(亞種)*	subspecies	subspecies	
변종(變種)	variety	varietas	
개체(個體)	individual	individuus	

*표의 위계는 임의 사용가능

(4) 화학적 분류법(化學的 分類法, chemotaxonomy)

균체 세포를 구성하는 화학적 성분, 즉 단백질 · 지방 · 지방산 등의 성분이나 유기산 또는 휘발성 지방산 등의 대사산물과 균체가 갖는 균체효소의 아미노산 배열의 유사성을 지표로 하여 분류하는 방법이다. 균체 세포벽의 화학적 성분 및 그의 조성(composition)은 균체 종류에 따라서 다르므로 이것을 이용하여 분류하는 것이다.

(5) 생화학적 분류법(生化學的 分類法, biochemical taxonomy)

이 방법은 균체 세포벽의 화학적 조성이나 cytochrome의 성분조성 효소단백질의 구성 차이, lysine 생합성 등의 성질과 면역학적 성질 및 종이 크로마토그래피(paper chromatography) 방법으로 분류하는 방법이다. 또 전기영동법(電氣泳動法, electrophoresis)으로 측정하여 분류하는 방법도 있다.

표 2-2 생물계에서 미생물의 분류학적 위치

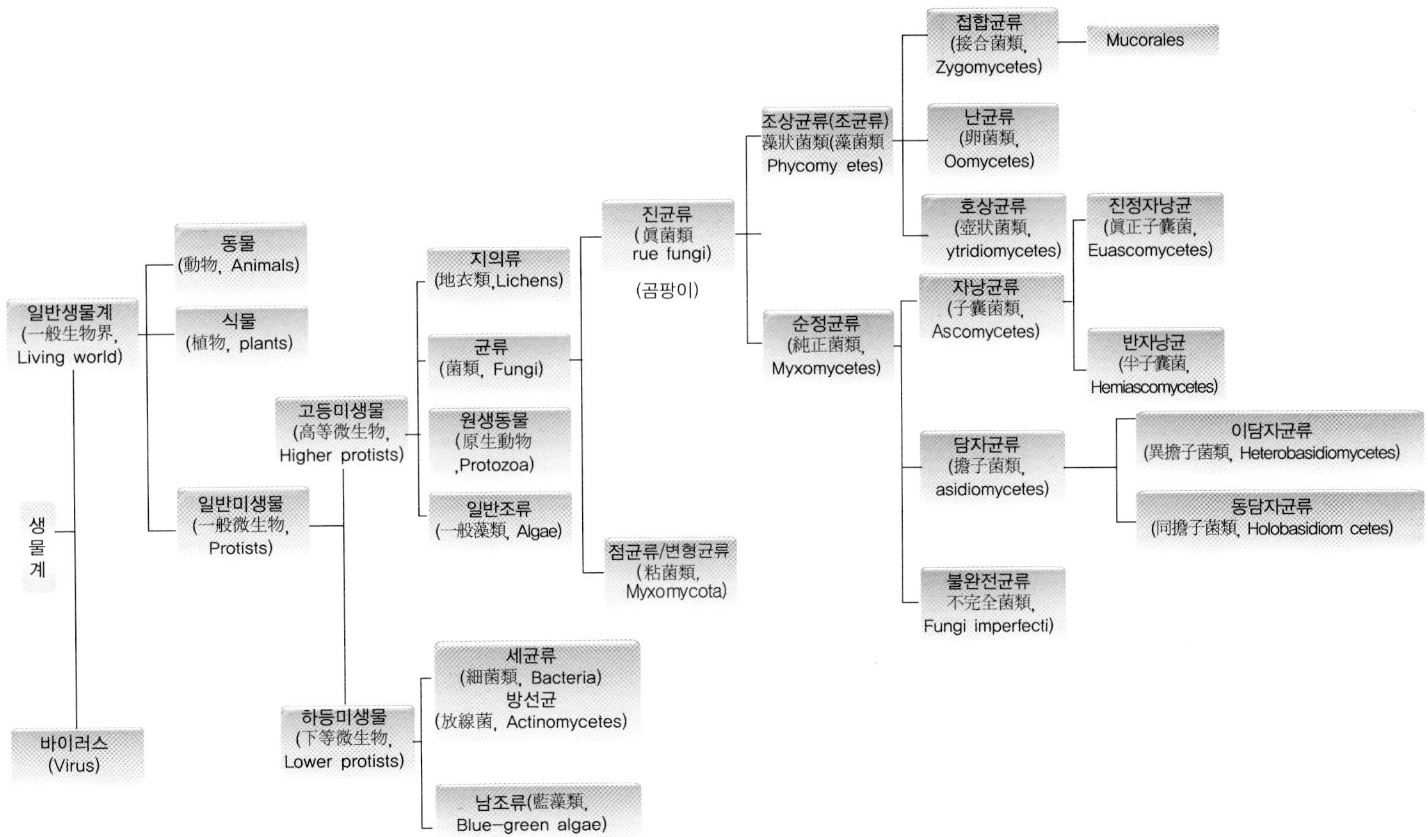

Chapter 3

곰팡이

곰팡이는 그 형태가 실 모양으로 되어 있으므로 사상균(絲狀菌, filamentous fungi)이라고도 한다. 곰팡이의 구조와 형태 및 포자형성 방법 등이 분류학상 중요하다. 또 곰팡이는 균사(菌絲, hypha, hyphae)나 포자는 너무 작아서 육안의 식별이 어렵지만 그 균체(菌體)의 색깔이 황색 · 갈색 · 청색 · 흑색 · 홍색 등 여러 가지로 육안으로 확인이 가능하며, 대기 중에는 주로 포자(胞子, spore) 상태로 존재한다. 현재는 전자현미경 등의 발달로 인하여 균체(菌體, colony)의 구조는 물론이거니와 균사와 포자까지도 상세하게 관찰할 수 있다.

곰팡이는 효모(酵母, yeast)나 세균(細菌, bacteria)에 비해서 수분이 적은 유기물(有機物)에서도 잘 번식하는데, 일상생활에서는 식품을 변패 또는 부패시키기도 한다. 하지만 다른 한편으로는 전통적인 발효식품이나 주류의 발효 등에 널리 이용되어 오고 있으며, 효소제제품 및 항생물질 같은 의약품 제조용 등으로 그 사용빈도는 대단히 높다.

식품제조 등에 관련이 많은 균류들을 보면 항생물질 및 치즈 발효에 관여하는 *Penicillium*속, 간장 · 된장 · 고추장 등의 장류 및 약 · 탁주의 발효에 관여하는 *Aspergillus*속, 효소제품 제조 등에 관여하는 *Aspergillus*속, *Rhizopus*속 및 *Mucor*속이 있다. 그 반면에 *Aspergillus flavus*와 같이 aflatoxin 같은 발암성 물질을 생성하는 유해균들도 있다. 일반적으로 곰팡이류는 그 생육적온(生育適溫, optimum temperature)이 26~30℃로 중온균(中溫菌)에 속하나, *Cladosporium*속과 같이 영하 10~15℃의 저온에서 생육이 가능한 호냉성(好冷性)의 것도 있으며, 생육 최적 pH는 일반적으로 4.5~5.5의 약산성으로, 효모도 같은 pH 범위에서 증식하여 세균의 약알칼리성 배양적성과 구분되기도 한다.

배양특성을 보면 *Rhizopus*속은 거미줄 곰팡이라는 이름에 걸맞게 배양접시(petri dish)에 회백색의 균사가 가득찬 상태로 배양되며, *Aspergillus*속은 처음에는 흰색~황색에서 균사가 비교적 왕성하게 배양되어 포자가 형성되면 황록색이 되며, *Aspergillus niger*같은 검정곰팡이는 그 균체(colony)가 흑색이다.

SECTION 1 곰팡이의 형태와 그 특징

곰팡이는 실(絲) 모양의 균사(菌絲, hyphae)와 이들이 모인 균사체(菌絲體, mycelium), 그리고 균사체의 끝에 포자를 착생시키는 자실체(子實體, fruiting body)로 되어 있다. 균사는 곰팡이의 발육과 영양섭취를 담당하는 기관으로 균사가 기질(基質, substrate) 속으로 들어가는 균사를 기중균사(基中菌絲, submerged hyphae), 기질표면으로 뻗어 나가는 균사를 영양균사(營養菌絲, vegetative hyphae)라고 하며, 공기 중으로 뻗은 균사를 기균사(氣菌絲, aerial hyphae)라고 한다. 자실체는 번식을 하는 기관으로 균사체와 자실체 모두를 합하여 균총(菌叢, colony, mycerial mat) 또는 집락(集落)이라고 한다.

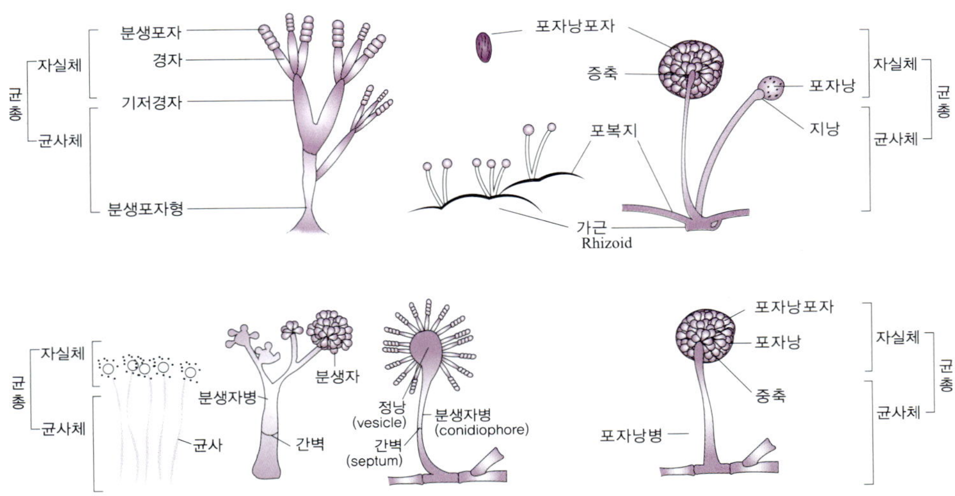

그림 3-1 곰팡이의 일반형태

조상균류(藻狀菌類, Phycomycetes)에 속하는 곰팡이류에서는 기균사가 자웅(−, +) 이주(異株)로 되어 생식에 관여하기도 한다. 이와 같이 생식에 참여하는 균사를 생식균사(生殖菌絲, reproductive hyphae)라고도 한다. 균사는 발육함에 따라 분지(分枝)하며, 격막(隔膜) 또는 격벽(隔壁)이라고 하는 칸막이가 있는 균사와 없는 균사가 있으므로 이들 균사의 격막의 유·무는 진균류의 분류에 중요한 요소가 된다. 조상균류의 접합균류(接合菌類, Zygomycetes)에 속하는 털곰팡이과(Mucoraceae)의 *Rhizopus*속과 *Mucor*속 등의 곰팡이에는 격막이 없고, 자낭균류(子囊菌類, Ascomycetes)에 속하는 국균과(麴菌科, aspergillaceae)의 *Penicillium*속이나 *Aspergillus*속 등에는 격막이 있다.

순정균류 중 자낭균류의 격막은 격막 중심에 구멍이 있는 단순구조인데 비하여, 담자균류의 격막에는 dolipore−parenthesome구조로 복잡하며, 특징적으로 클램프 연결(clamp connection)을 형성한다.

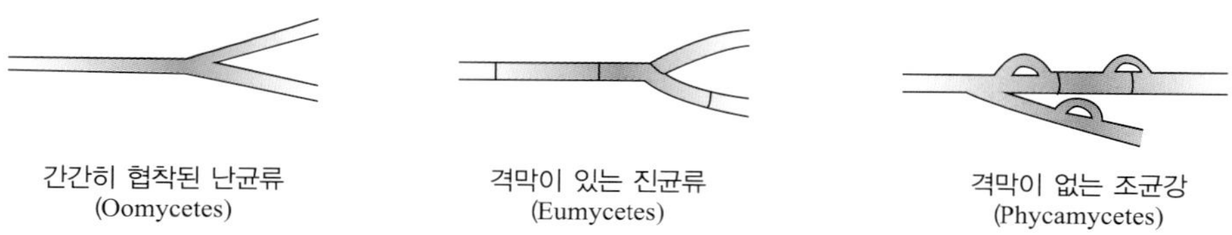

그림 3-2 곰팡이 균사의 격막

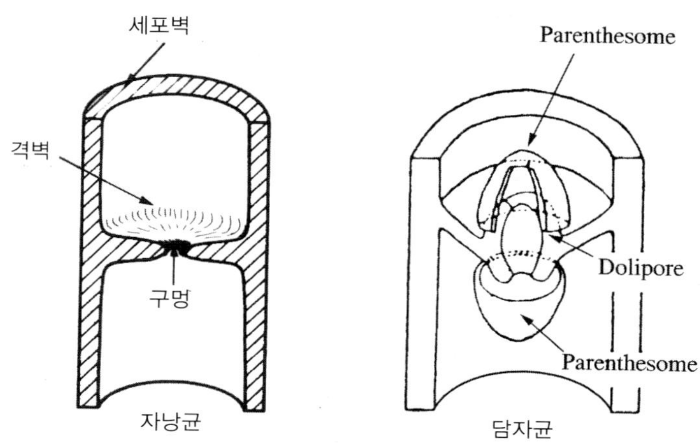

그림 3-3 자낭균과 담자균의 격벽구조 모형도

SECTION 2 곰팡이의 번식법

곰팡이의 번식은 포자, 요컨대 무성생식(無性生殖, asexual reproduction)으로 형성되는 무성포자(無性胞子, asexual spore)와 유성생식(有性生殖, sexual reproduction)으로 형성되는 유성포자(有性胞子, sexual spore)에 의해서 이루어진다. 이러한 포자를 형성하는 기관이 자실체(字實體, fruiting body)이며, 포자(胞子, spore)는 적당한 환경에서 발아하여 균사가 되고, 곧 균사체를 형성한다.

곰팡이의 번식은 거의 대부분이 무성생식에 의하지만 자낭균류(子囊菌類, Ascomycetes)와 담자균류(擔子菌類, Basidiomycetes) 및 조상균류(藻狀菌類, Phycomycetes) 중의 난균류(卵菌類, Oomycetes), 접합균류(接合菌類, Zygomycetes)는 무성생식 외에도 유성생식에 의해 번식하기도 한다.

반면에 불완전균류(不完全菌類, fungi imperfecti, non sexual spores)는 단지 무성생식에 의해서만 번식한다. 이와 같이 유성생식의 세대를 완전세대(完全世代, perfect stages)라고 하며 무성생식의 세대를 불완전세대(不完全世代, imperfect stages)라고 한다. 무성생식이나 유성생식에 관계없이 포자형성법은 종(種, species)에 따라 차이가 있으며, 같은 종(種, species)에서는 형태와 크기 및 색깔이 거의 비슷하므로 균종(菌種)의 분류에 중요한 지표가 된다.

1. 무성포자(無性胞子, asexual spore)

대부분의 곰팡이(絲狀菌, Mould, Mold)는 무성포자에 의해서 번식된다. 이들 포자는 건조상태에서 잘 견디고, 대기 중에 날림으로써 좋은 조건이 되면 새로운 균사(菌絲, hyphae)를 만들어서 번식한다. 무성생식에 의해서 형성되는 무성포자는 세포핵의 융합이 없이 단지 분열에 의해서만 무성적으로 포자를 형성하는 것으로, 이는 식물이 종자에 의해서 발아되어 성장된 후 열매를 형성하는 과정과 같다. 곰팡이류의 균총(菌叢, colony)의 색깔은 대부분이 무성포자의 색깔에 따라 나타난다.

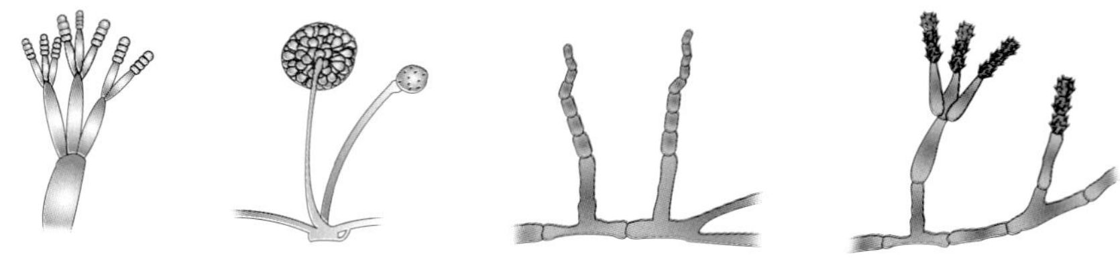

그림 3-4 곰팡이의 무성포자

무성포자에는 분생포자(分生胞子, conidiospore, 또는 分生子, conidia), 출아포자(出芽胞子, blastospore), 분절포자(分節胞子, 分裂子, arthrospore) 및 후막포자(厚膜胞子, chlamydospore) 등의 외생포자(外生胞子, exospore)와 포자낭포자(胞子囊胞子, sporangiospore)와 유주자(遊走子, zoospore) 등의 내생포자(內生胞子, endospore)가 있다.

(1) 외생포자(外生胞子, exospore)

① **분생포자**(分生胞子, conidiospore 또는 分生子, conidia) : 자낭균류의 *Aspergillus, Penicillium, Monascus, Trichoderma, Botrytis* 및 *Fusarium* 속이 여기에 속한다. 이들은 균사(기균사, aerial hyphae)로부터 뻗은 분생포자병(分生胞子柄, conidiophore)의 끝이 팽대하여 정낭(頂囊, vesicle)이 되고, 그 주위에 경자(梗子, sterigma)가 생기며, 그 경자의 끝이 갈라져서 염주 모양의 분생포자가 된다.

② **출아포자**(出芽胞子, blastospore) : 출아(出芽, budding)에 의해서 원심적으로 형성되는 포자로, 효모와 *Cladosporium*속에서 흔히 볼 수 있다. 발아포자(發芽胞子), 분아포자(分芽胞子), 아생포자(芽生胞子)라고도 한다.

③ **분절포자**(分節胞子, arthrospore 또는 分裂子, oidium) : 균사나 포자낭병의 끝으로부터 일정한 간격으로 격막이 형성됨에 따라 균사가 분절되어 포자를 형성하고, 마침내 토막이 나서 독립된 분절포자를 이룬다. 균사에서 분리되어도 성장을 계속하는 점에서 분생포자와 구별된다. 분절포자는 우유 및 유제품에 많이 번식하는 *Geotrichum candidum*에서 볼 수 있다.

④ **후막포자**(厚膜胞子, chlamydospore) : 일종의 휴면성 세포로, 기중균사의 끝이나 중간에 격막이 생기고, 격막 주위의 원형질이 모여 팽대되고 두꺼운 막으로 싸여서 형성된다. 일반 균사체에 비하여 저항성이 있는 내구성의 세포이다. 특히 균사의 중간에 후막포자가 생기는 경우를 아자(芽子, gemma)라고 한다.

(2) 내생포자(內生胞子, endospore)

① 포자낭포자(胞子囊胞子, sporangiospore)

균사(aerial hyphae)가 위로 뻗은 포자낭병(胞子囊柄, sporngi-ophore)의 선단이 팽대하여 중축(中軸, columella, pl. columellae)을 형성하고, 중축의 주위에 포자낭(胞子囊, sporangium, pl. sporangia)을 만들어서 그 속에 여러 개의 포자들을 내포한다. 성숙하면 포자낭이 파열하거나 용해되어 포자가 밖으로 나와서 발아한다. *Mucor*속과 *Rhizopus*속이 여기에 속한다.

② 유주자(遊走子, zoospore)

편모를 가진 포자낭포자를 유주자(遊走子, zoospore)라고 한다. 유주자낭(zoosporangium) 속에 1~2개의 편모(flagella)를 가지는 유주자를 형성하여 물속에서의 운동에 적합하므로 '운동포자'라고도 한다. 주로 물속에서 생존하는 편모균류에서 볼 수 있다. 유주자는 물속에서 적당한 기질을 만나게 됨으로써 부착하면 편모를 잃고 발아하여 새로운 개체로 된다.

2. 유성포자(有性胞子, sexual spore)

곰팡이의 유성생식은 자웅의 두 배우자(配偶子, gamete)가 접합하여 원형질 융합(原形質融合, plasmogamy)에 의해 2개의 세포핵이 핵융합(核融合, karyogamy)하여 하나의 핵으로 되고, 그 핵을 중심으로 하여 유성포자가 형성된다. 유성생식의 성현상으로는 한 계통의 엽상체 내에서 유성 현상이 일어나는 자웅동주성(雌雄同株性, homothallism)과 두 계통 이상의 엽상체 사이에서 유성 현상이 일어나는 자웅이주성(雌雄異株性, heterothallism)이 있다.

접합포자(接合胞子, zygospore), 자낭포자(子囊胞子, ascospore), 난포자(卵胞子, oospore) 및 담자포자(擔子胞子, basidiospore) 등이 유성포자에 속한다. 유성포자의 성질 · 모양 · 형성방법은 곰팡이 분류의 지표가 된다.

(1) 접합포자(接合胞子, zygospore)

접합균류인 *Mucor, Rhizopus, Absidia*속에서 흔히 볼 수 있는 접합포자는 인접한 2개의 다른 균사가 접합하여 전배우자낭(前配偶子囊, progametangium)으로 되고, 전배우자낭이 점차 팽대되어 양쪽 균사와의 사이에 격막이 생겨 배우자낭(配偶子囊 또는 接合胞子囊, gametangium)으로 되며, 이어 두 배우자낭 사이의 막이 깨어져서 핵이 융합하고 두꺼운 피막이 생기면서 형성된다. 배우자낭을 갖는 균사를 현병(懸柄, suspensor)이라고 한다.

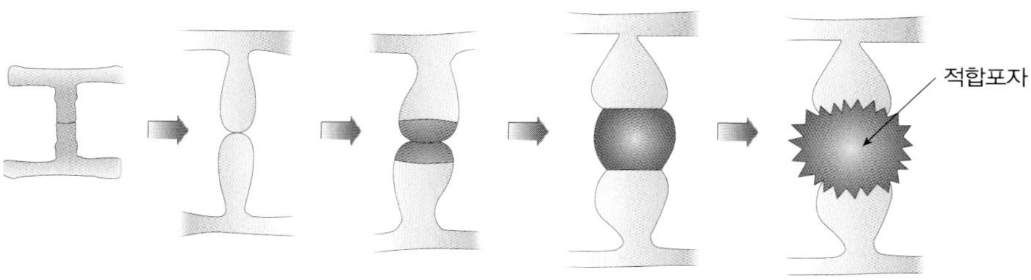

그림 3-5 접합포자의 생성과정

(2) 자낭포자 (子囊胞子, ascospore)

자낭균류의 특징이기도 한 자낭포자는 자낭(子囊, ascus) 안에 유성포자를 내생하는 것으로, *Pyronema, Aspergillus*속 및 효모에서 볼 수 있다. 곰팡이의 경우, 배우자낭의 접합 등에 의해 원형질이 융합되어 2개의 핵을 가진 균사로 발달되고, 마침내 핵융합으로 2배체의 자낭모세포(子囊母細胞, ascus mother cell)로 되며, 이 자낭모세포가 커지면서 자낭으로 된다.

이 자낭 안에서 자웅의 단상핵이 합하여 복상핵으로 되고, 감수분열하여 4개의 단상핵을 만들며, 다시 한 번 더 분열하여 8개의 단상핵이 된다. 이것이 각각 포자핵이 되어 한 자낭 속에 8개의 자낭포자를 형성한다. 종류에 따라서는 16, 32, 64, 128……, 때로는 4개 이하의 것도 있다.

*Pyronema*속은 조정기(造精器, antheridium)와 조낭기(造囊器, ascogonium)가 형성된 후 나중에 생긴 수정관(受精管, fetilization tube)이 조정기와 결합하면 조낭기에서 한 개 또는 여러 개의 자낭형성균사(子囊形成菌絲, ascogenous hypha)가 생겨서 이와 접착한 핵이 들어간다. 이어 핵융합이 일어나고, 감수분열 및 유사분열을 하여 자낭포자를 형성한다.

*Aspergillus*속 등은 둥근 피자기(被子器, perithecium) 안에 자낭을 형성한다.

자낭과(子囊果, ascocarp)는 자낭이 균사의 조직층인 측사(側絲, paraphysis)로 싸인 것으로, 그 종류로는 컵 모양의 나자기(裸子器, apothecium), 플라스크형의 피자기(被子器, perithecium) 및 구형의 폐자기(閉子器, cleistothecium)가 있다.

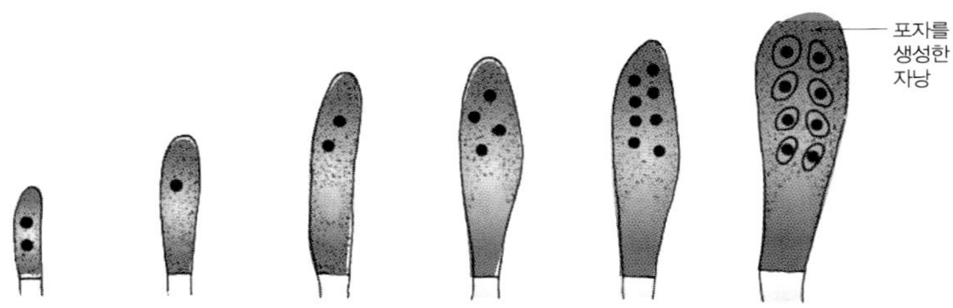

그림 3-6 자낭포자의 생성과정

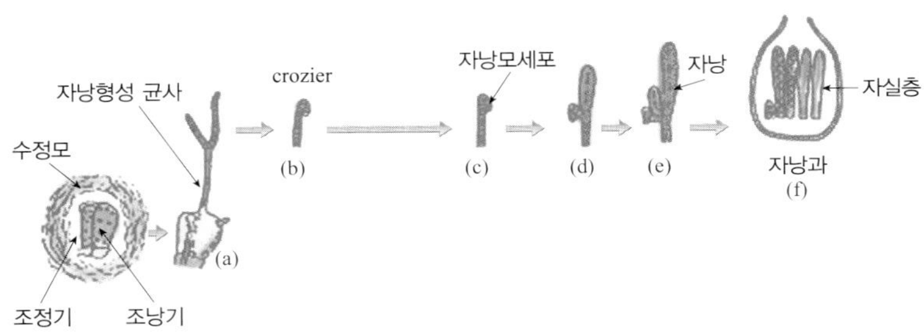

그림 3-7 *Phyronema*속의 자낭 형성과정

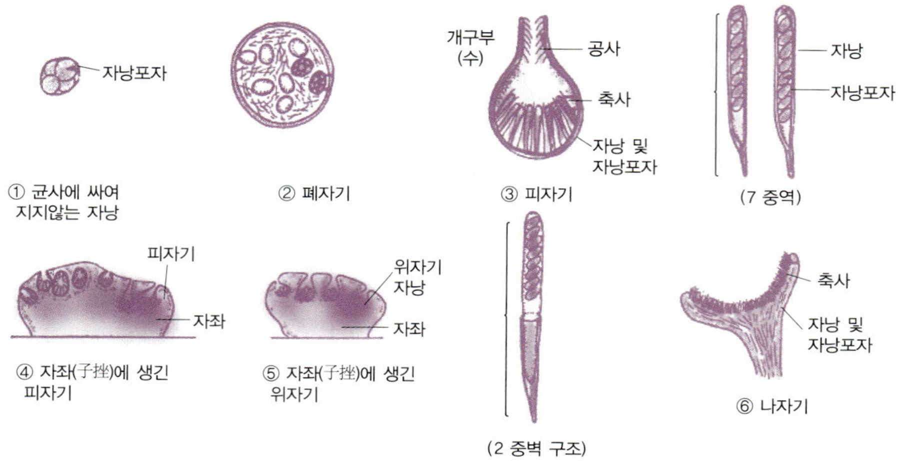

그림 3-8 각종 자낭 및 자낭과의 특징

(3) 난포자(卵胞子, oospore)

자성(雌性) 균사의 끝이 생란기(生卵器, 造卵器, oogonium)로 되고 다른 웅성(雄性)의 균사가 조정기를 형성하여 생란기를 둘러싸며, 이때 조정기(造精器, antheridium) 중의 웅성배우자(雄性配偶子)가 수정관(受精管, fertilization tube)을 통해 생란기의 자성배우자(雌性配偶子)인 난구(卵球, oosphere)와 융합하여 난포자(卵胞子, oospore)를 형성한다. 주로 하등미생물인 편모균류에서 볼 수 있으며, 난포자를 형성하는 미생물을 난균류(卵菌類, oomycetes)라고 한다.

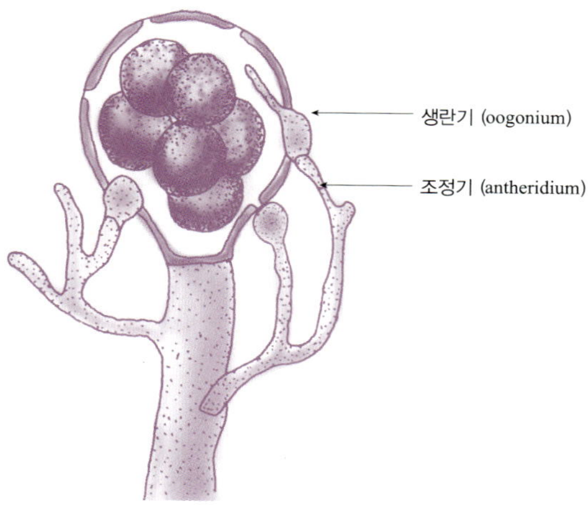

그림 3-9 난포자의 형태

(4) 담자포자(擔子胞子, Basidiospore)

두 개의 접합된 균사가 2핵상으로 존재하다가 핵융합으로 2배체의 전담자기(前擔子器, probasidium)로 된 후담자기(後擔子器, basidium)로 발달되고, 그 끝에 경자(硬子, sterigma)에 보통 4개의 담자포자를 외생한다. 담자포자는 버섯 등의 담자균류에서 주로 볼 수 있다. 담자균은 담자기가 생기기 전에 균사에 클램프 연결(菌絆, clamp connection)을 생성한다.

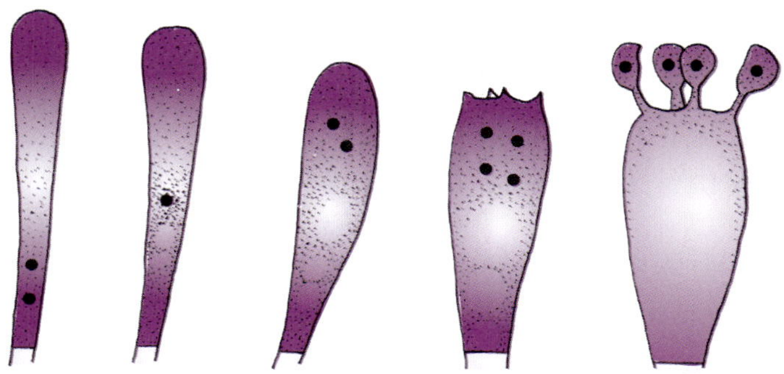

그림 3-10 담자포자의 생성과정

SECTION 3 곰팡이의 분류

곰팡이는 분류학상 균류(菌類, fungi) 중 진균류(眞菌類, 眞正菌類, Eumycetes)에 속하며, 진균류는 다시 격막의 유 · 무에 따라 조상균류(藻狀菌類, Phycomycetes)와 순정균류(純正菌類, Mycomycetes)로 나눈다. 조상균류는 격막이 없는 다핵 사상세포의 균류로 근래에는 편모균류(鞭毛菌類, Mastigomycetes)와 접합균류(接合菌類, Zygomycetes)로 나누기도 한다.

격막이 있는 순정균류는 다시 유성생식기관의 형성방법에 따라 자낭포자를 만드는 자낭균류(子囊菌類, Ascomycetes), 담자포자를 만드는 담자균류(擔子菌類, Basidiomycetes), 유성포자의 형성을 볼 수 없는 불완전균류(不完全菌類, Fungi imperfecti)로 분류한다.

곰팡이의 격막의 유무, 유성 · 무성포자의 종류, 포자낭의 색깔 및 모양, 분생자의 형성법, 포자낭병 또는 분생자병의 분기 여부, 무성포자의 외관 및 가근, 포복지, 병족세포 등의 특별한 구조적 특징이 곰팡이 분류의 지표로 이용되고 있다. 근래에는 전기영동 (電氣泳動, electrophoresis) 등에 의한 화학분류학적 정보를 이용한 보다 정확한 분류를 위해 노력하고 있다.

1. 조상균류(藻狀菌類, Phycomycetes)

조균류라고도 하며, 균사의 격막이 생기지 않는 조상균류는 식품미생물로서 중요한 접합균류(接合菌類, Zygomycetes)와 난균류(卵菌類, Oomycetes), 호상균류(壺狀菌類, Chytridiomycetes)로 나뉜다.

조상균류의 무성생식은 균사의 끝에 포자낭을 만들고 그 속에 다수의 포자낭포자를 형성하여 증식한다. 생성된 무성포자는 편모의 존재 여부에 따라 운동성을 갖는 것도 있다. 조상균류의 유성생식은 자웅의 두 균사가 접합하여 핵융합 이룩하고 세포 내에 난포자를 형성하거나 두터운 막을 가진 접합포자를 형성한다.

식품 미생물로 가장 중요한 접합균류인 털곰팡이목(Mucorales)의 곰팡이는 주로 유기산 · 주류 · 치즈 등의 발효에 관여하고, 식품병원균이나 식품 기타 공산품 변패의 원인이 되기도 한다. 털곰팡이목에 속하는 곰팡이들의 증식방법은, 유성생식은 접합포자에 의하며, 대부분은 포자가 발아 · 성장하여 생긴 포자낭병(胞子囊柄, sporangiophore)의 끝이 팽창하여 중축(中軸, columella)이 되고, 여기에 형성된 포자낭(胞子囊, sporangium)에 포자낭포자(胞子囊胞子, sporangiospore)를 내생하는 무성생식에 의한다. 중축의 형태는 균종에 따라 다르므로 균종의 동정에 표식이 된다.

표 3-1 진균류의 분류

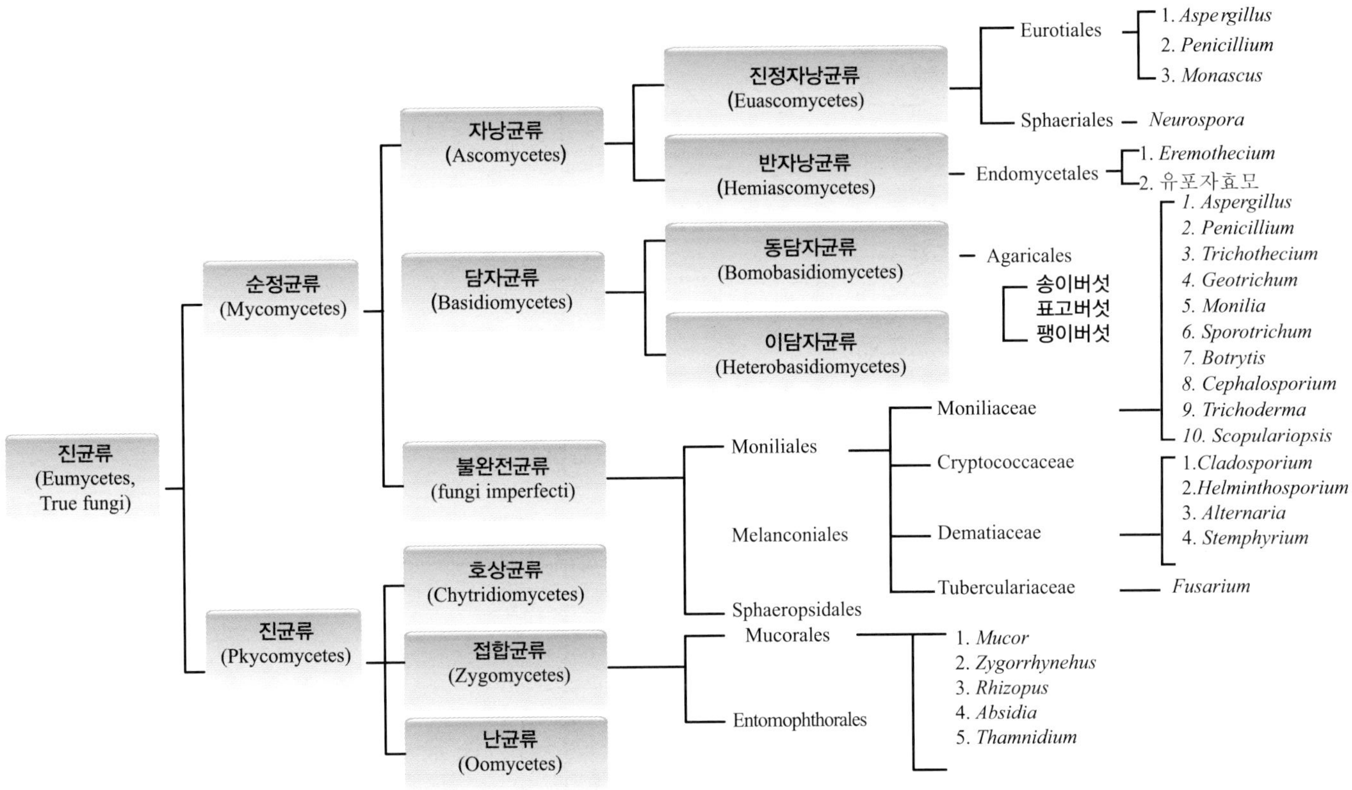
진균류 (Eumycetes, True fungi)
순정균류 (Mycomycetes)
진균류 (Pkycomycetes)
자낭균류 (Ascomycetes)
담자균류 (Basidiomycetes)
불완전균류 (fungi imperfecti)
호상균류 (Chytridiomycetes)
접합균류 (Zygomycetes)
난균류 (Oomycetes)
진정자낭균류 (Euascomycetes)
반자낭균류 (Hemiascomycetes)
동담자균류 (Bomobasidiomycetes)
이담자균류 (Heterobasidiomycetes)
Eurotiales
1. Aspergillus
2. Penicillium
3. Monascus
Sphaeriales
Neurospora
Endomycetales
1. Eremothecium
2. 유포자효모
Agaricales
송이버섯
표고버섯
팽이버섯
Moniliales
Melanconiales
Sphaeropsidales
Moniliaceae
Cryptococcaceae
Dematiaceae
Tuberculariaceae
1. Aspergillus
2. Penicillium
3. Trichothecium
4. Geotrichum
5. Monilia
6. Sporotrichum
7. Botrytis
8. Cephalosporium
9. Trichoderma
10. Scopulariopsis
1.Cladosporium
2.Helminthosporium
3. Alternaria
4. Stemphyrium
Fusarium
Mucorales
Entomophthorales
1. Mucor
2. Zygorrhynehus
3. Rhizopus
4. Absidia
5. Thamnidium

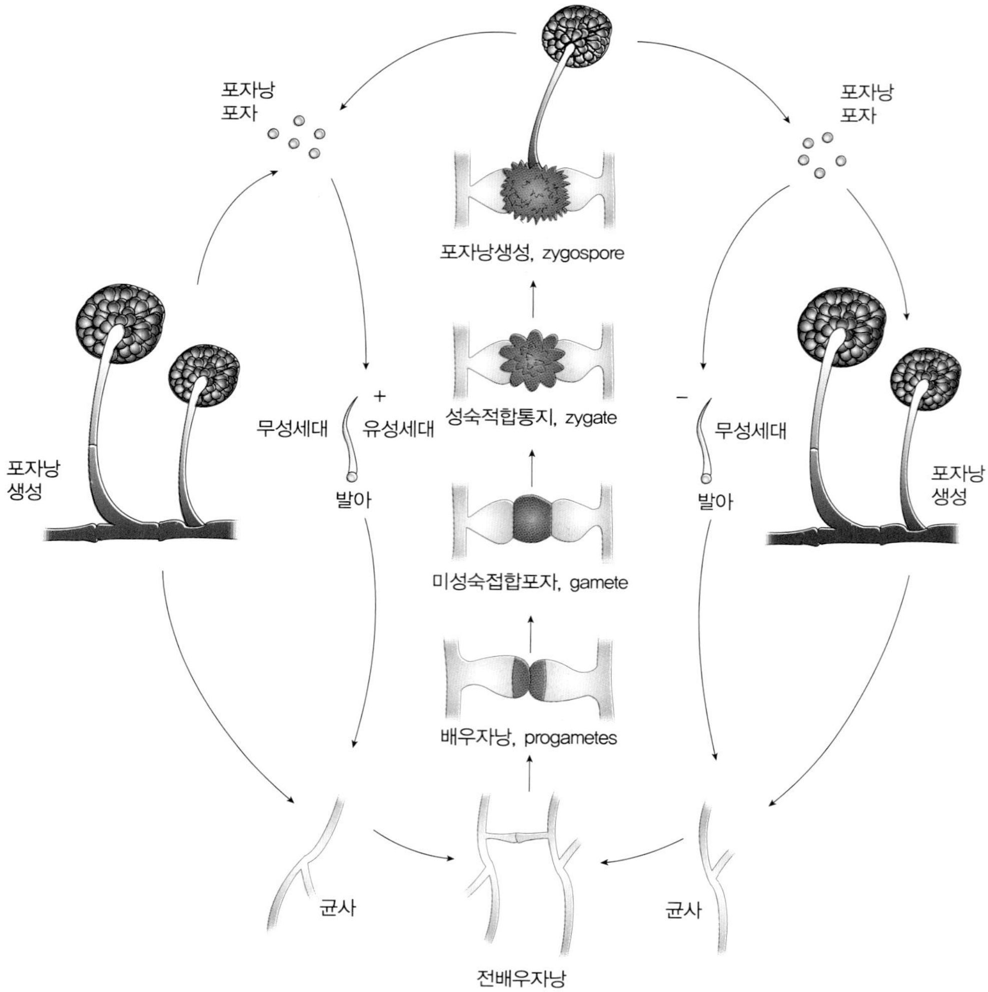

그림 3-11 조상균류(Rh. 속)의 생활환

(1) *Mucor*속 (털곰팡이속)

털곰팡이목의 가장 대표적인 속(屬)으로 토양이나 퇴비 등 부패한 동식물에서 흔히 볼 수 있으며, 발효공업에 중요한 속으로 알려지고 있다. *Mucor*속의 특징은 격막이 없는 균사가 길게 자라서 솜털과 같은 집락(colony)을 만든다.

포자낭병의 분지상태 · 크기, 포자낭의 크기 · 색깔, 포자낭막의 특성, 중축 및 포자의 모양과 크기, colony의 형태와 색깔 등은 *Mucor*속의 분류에 중요한 지표가 된다. 일반적으로 포자낭병의 분지 상태에 따라 포자낭병이 단독으로 뻗어 전혀 분지하지 않는 monomucor, 포자낭병이 처음에는 갈라지지 않으나 나중에 포도송이처럼 불규칙하게 가지가 생기는 racemomucor, 포자낭병이 다른 줄기를 쳐서 가축상으로 분지하는 cymomucor 3가지로 나눈다.

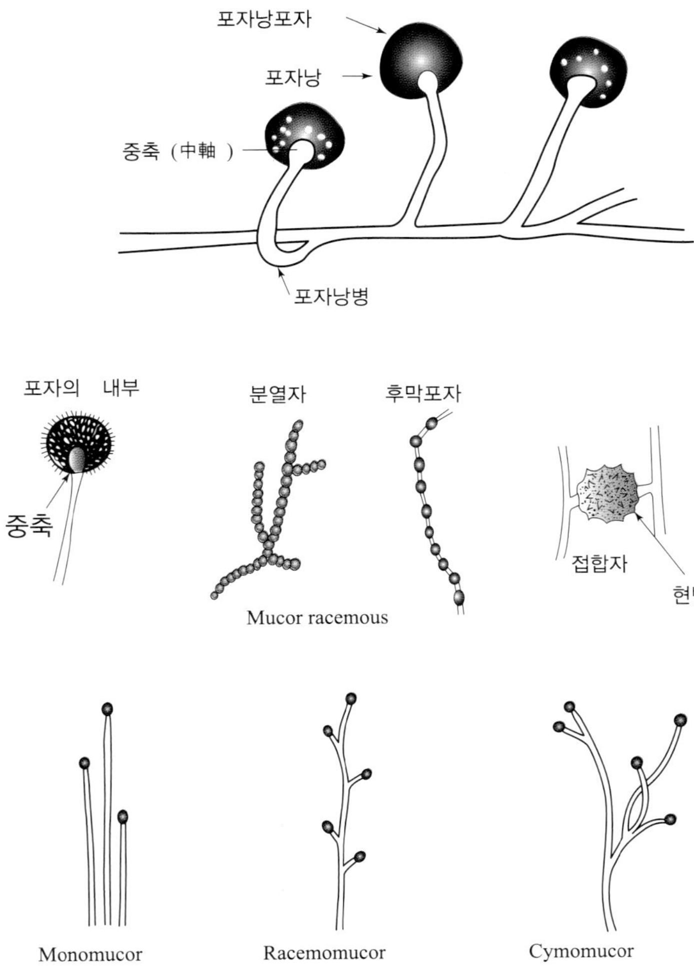

그림 3-12 Mucor속의 형태

① *Mucor mucedo*

Monomucor형으로, 빵 · 채소 · 과일 · 퇴비 · 토양 등에 흔히 발생한다. 생육적온은 20~25℃로 균사는 백색이고, 포자낭은 회백색이며, 중축은 타원형의 등색이다. 구형의 검은 접합포자를 형성한다. 식품공업에 이용성은 없고, 단백질이나 유지를 분해하므로 오히려 낙농 · 피혁공업에서는 유해균이 된다. 약한 glucose 및 maltose 발효력이 있다.

② *Mucor hiemalis*

Monomucor형으로 토양 중에 많으며, pectin 분해력이 강하여 삼의 정련에 이용한다. 약한 알코올 발효력 및 gelatine 분해력이 있다. 생육적온은 30℃이며, 균총은 황회색을 띠고, 포자는 보통 난형이다. 자웅이체로 후막포자를 형성한다.

③ *Mucor racemosus*

Racemomucor형으로 *Mucor*속 중 가장 분포가 넓다. 생육적온은 20~25℃로 균총은 회색 또는 회갈색이고, 중축은 난형 · 구형 및 각추형이며, 포자낭은 구형으로 황갈색의 벽을 가졌다. 포자는 구형 또는 난형으로 무색 또는 황색이며, 후막포자와 분열자를 형성하기도 한다. gelatine을 용해하고, glucose와 maltose 발효력이 있으며, sucrose를 전화(轉化, transformation)하고, 알코올을 최대 7%까지 생성하며, 비타민 B_1과 B_2의 합성력도 강하다. 부패한 채소 · 과일이나 맥아에 잘 발생하며, 간장 koji에 혼입된 다음에 생육하여 간장 koji를 흑변시키고 나쁜 냄새가 나게 한다.

④ *Mucor pusillus*

Racemomucor형으로 자연 발열한 마른 풀 등에서 볼 수 있다. 생육 최적온도가 40℃로 높으며, 치즈 제조에 필요한 rennet의 대용으로 이용되는 응유효소의 생산균주로 주목받고 있다.

⑤ *Mucor rouxii*

Cymomucor형으로 중국의 누룩으로부터 분리되었다. 균총은 회황~회갈색이고, 기균사나 포자낭병이 짧으며, 드물게 분기한다.

접합포자는 형성하지 않으나 후막포자는 잘 형성하며, 중축은 원추형이고, 포자는 타원형이며, 생육적온은 30~40℃이다. 강한 전분당화력과 약한 알코올 발효력을 가지며, 1897년에는 Pasteur연구소의 Calmette와 Boidin이 이 균을 연구하여 amylo법을 창안하고 amylo법에 의한 알코올 발효에 이용하기도 하였다.

(2) *Rhizopus*속(거미줄곰팡이속)

*Mucor*속과 함께 접합균류의 대표적인 곰팡이로 생육이 빠르고, 균사에 격막이 없으며, 무성적으로 포자낭포자를 만들고 유성생식에 의해 접합포자를 형성하는 것이 *Mucor*속과 비슷하나 몇 cm나 되는 포복지(匍匐枝, stolon)와 포복지의 결착부에 가근(假根, rhizoid)을 형성하고, 포자낭병이 연결되는 부분에 깔때기 모양의 지낭(支囊, apophysis)을 가지는 것이 *Mucor*속과 구별된다.

포자낭병은 가근이 있는 곳에 보통 1~3개 생기고, 중축은 반구형 또는 난형이며, 포자는 회갈색 내지 회녹색으로 구형이나 다각형이며, 막이 두텁고 표면에 주름이 있는 것이 많다. 균총은 일반적으로 회색이며 포복지가 계속해서 생기게 됨으로써 거미줄이 엉켜 있는 것 같은 colony를 만든다. 때때로 후막포자와 분열자를 형성하며, 소포자낭은 없다.

종래 우리나라나 중국의 양조에 관여하였으며, 약한 알코올 분해력과 단백질 분해력이 있다. 당화형 amylase 생성이 강하여 amylo법에서 중요하며, 유기산생성능이 강해서 발효공업(醱酵工業)에 중요한 균주가 많다. 토양 · 공기 등 분포가 넓으며, 과일이나 곡류를 부패하게 하고 드물게 동물에 대해서 병원성인 것도 있다.

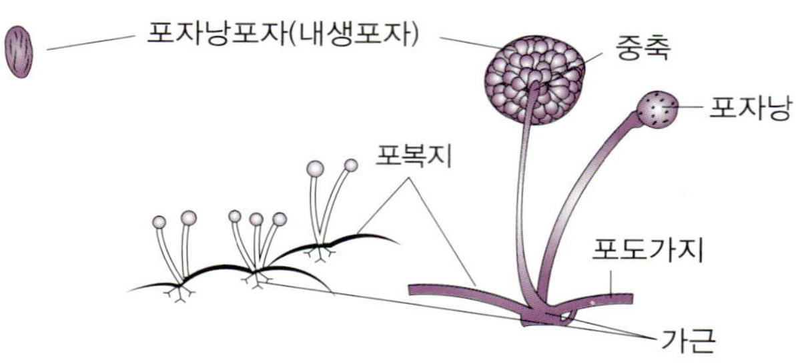

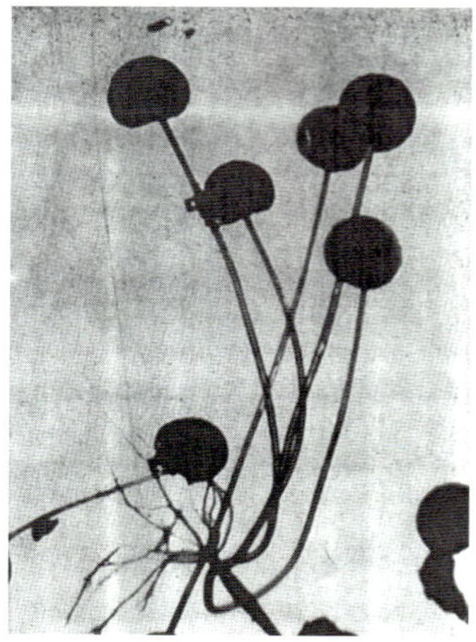

그림 3-13 *Rhizopus*속의 형태

① *Rhizopus nigricans*

*Rhizopus*속의 대표적인 균종으로 맥아 · 곡류 · 빵, 복숭아나 딸기 등의 과일 등 여러 식품에 흔히 발생한다. 균총은 회흑색이며, 접합포자와 후막포자를 형성하고 가근도 잘 발달한다. 포자낭은 반구형이고 포자낭병의 높이가 5cm 이상 되는 것도 있다. 포자의 모양은 일정하지 않으며, 공기 중에는 이것의 포자가 가장 많다고 한다. 생육적온은 32~34℃로 고구마 연부병(軟腐病)의 원인이 되기도 하며, 마섬유의 발효정련(醱酵精練)에 관여하기도 한다. 강한 전분발효력과 약한 알코올 발효력이 있으며 gelatine 용해속도가 빠르고, 옥살산(oxalic acid)이나, 푸마르산(fumaric acid) 생성능이 강하다. 푸마르산을 생성하는 곰팡이는 거의 *Rhizopus*속에 한정되어 있다.

② *Rhizopus javanicus*

생육적온은 36~38℃로 균총은 밀집하여 백색에서 황갈색으로 되며, 번식력이 왕성하여 포자낭의 형성이 많다. 포자낭은 둥글고 표면에 가시가 있으며, 지낭이 발달되어 있다. amylo법에 의한 알코올 발효에 이용되며 전분당화력이 강하다.

③ *Rhizopus delemar*

Amylo법의 곰팡이로서 소흥주[1](紹興酒, 찹쌀을 원료로한 중국의 대표적인 양조주)의 주약(酒薬, koji의 일종)에서 분리한 균으로 생육적온은 25~30℃이다. 산생성력은 약하고, 전분 당화력이 강하여 포도당을 제조할 때에 사용되는 당화효소(glucoamylase)의 제조에 이용되며, amylo균으로 *Rhizopus javanicus*와 더불어 중요시되고 있다. 포자낭은 구형 또는 타원형으로 회색이며, 접합포자를 만들지 않는다.

④ *Rhizopus japonicus*

일본의 쌀 koji에서 분리되었으며, amylo균으로서 간장 koji에도 존재하는 이 균은 일명 amylomyces β라고도 한다. 후막포자를 형성하나 접합포자는 형성하지 않으며, 포자낭은 흑색의 타원형이고, 포자는 난원형 또는 다각형이다. 생육적온은 30℃로 전분당화력이 강하며, pectin분해력도 강하다. amylo법에 이용되기도 하였다. 맥아(麥芽, malt)의 대용으로 사용되기도 하며, Raffinose를 발효한다.

⑤ *Rhizopus tonkinensis*

일명 amylomyces γ로 포도당에서 젖산과 푸마르산(fumaric acid)을 생산한다. amylo균으로 생육적온은 36~38℃이다. raffinose를 발효시키지 못하는 점이 *Rhizopus japonicus*와 다르다.

⑥ *Rhizopus oryzae*

인도네시아에서 Arrak주, Boukrek 및 Tempeh 등의 제조에 이용되는 균으로 전분당화력이 강하며, sucrose를 발효하여 알코올 · 푸마르산 · 젖산을 생성한다. 특히 L-형 젖산을 생성한다. 생육적온은 30~40℃로 균사체는 흑색이며, 접합포자를 만들지 않지만 때때로 후막포자를 만들기도 한다.

---

1) 소흥주 : 찹쌀을 원료로 한 중국의 대표적인 양조주

⑦ *Rhizopus tritici*

우리나라의 누룩에서도 검출되는 이 균은 소흥주의 주약에서 분리되었으며, 전분당화력과 pectin분해력이 강하여 과즙의 청징(淸澄)에 이용되기도 한다.

⑧ *Rhizopus peka* I

대만의 쌀술 제조용 백국(白麴, peika)에서 분리한 균으로 전분당화력이 강하다. 균사체는 백색이고, 포자낭병은 무색에서 다갈색으로 되며, 포자낭은 구형 또는 편원형이고, 포자는 수가 적고, 부정형 또는 구형이며, 담회록색이다. 접합포자를 만들지 않고 후막포자를 만든다.

⑨ *Rhizopus stolonifier*

과일 · 채소 · 빵 등의 식품의 부패에 폭넓게 관여하며, 빵곰팡이로 불리기도 한다.

(3) *Absidia*속 (활털곰팡이속)

포복지와 가근을 형성하는 것이 *Rhizopus*속과 비슷하나, 포자낭병이 가근과 가근 사이의 포복지 중간에서 분기하는 것이 *Rhizopus*속과 구별된다. 서양배 모양의 포자낭을 가지며, 중축은 반구형 또는 원추형이고, 포자는 소원형 또는 난형으로 무색 또는 청록색(青綠色)을 나타낸다.

접합포자는 현병에서 발생하는 모상돌기(毛狀突起)에 싸여져 형성된다. 전분당화력이 강하고, 토양 · 건초 · 곡물 · 발효식품 등에서 잘 검출된다.

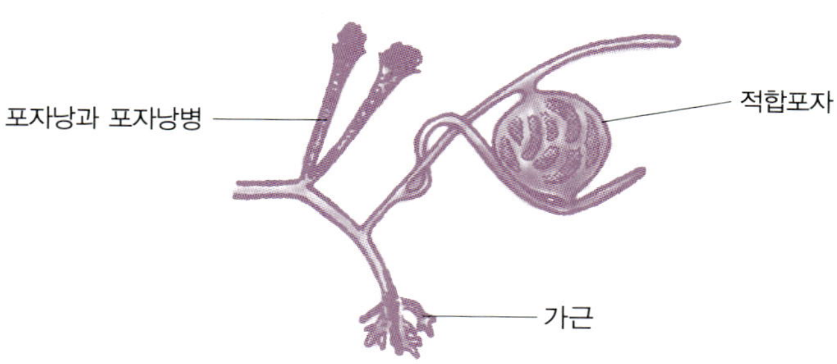

그림 3-14 *Absidia*(활털곰팡이)속의 형태

① *Absidia lichtheimi*

고량주(高粱酒)의 곡자로부터 분리된 균으로, 소흥주의 양조에도 관여한다. 포자낭은 서양배 모양이고, 포자는 작은 난원형(卵圓形)이며, 균사는 백색에서 회색으로 된다.

② *Absidia hyalospora*

간장 koji에서 분리된 균으로, 포자낭은 회색으로 구형이고, 포자낭병은 회흑색이며, 포자는 난원형이다. 후막포자를 형성한다.

(4) *Thamnidium* 속

포자낭의 선단에 큰 포자낭을 형성하고, 옆으로 분기한 가지에는 여러 개의 소포자낭(小胞子囊, sporangiole)을 착생시킨다. 큰 포자낭은 중축이 있으며 많은 포자를 내장하지만, 소포자낭은 중축이 없고, 2~12개 정도의 소수 포자만을 내장한다.

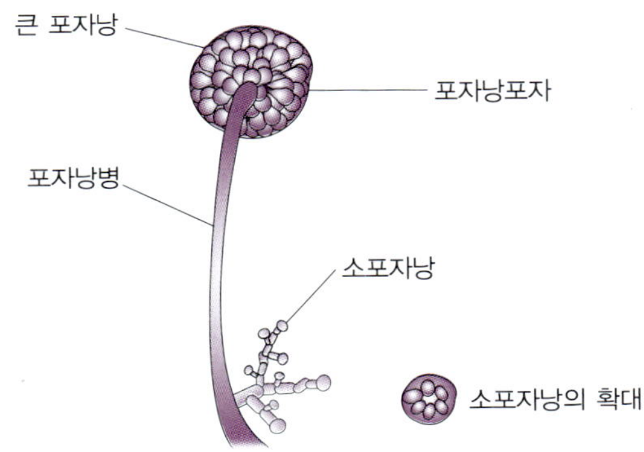

그림 3-15 *Thamnidium*속의 형태

• *Thamnidium elegans*

포복지나 가근이 없으며, 포자낭병의 끝에 흑색의 큰 포자낭을 형성하고, 균사의 아래쪽에 분기된 다른 균사 끝에 소포자낭이 많이 착생된다. 후막포자를 형성하며, 저온저장한 육류에서 잘 발생하는 냉온균이다.

(5) *Phycomyces*속

포자낭병이 20~30cm로 길고, 회녹색이며, 청록색의 금속광택을 보이는 것이 특징이다.

① *Phycomyces nitens* : 유지류(油脂類)나 그 용기, 기름을 짜고 난 깻묵(油粕)에 잘 발생하는 곰팡이로 향광성(向光性)이 있다.

② *Phycomyces blakesleeanus* : 균사에 β −carotene을 생성하고, 향광성이다.

(6) *Zygorhynchus*속

*Mucor*속과 비슷하나, 접합포자의 양쪽 현병(懸柄, suspensor)의 크기가 현저히 다른 점이 *Mucor*속과 다르다.

- *Zygorhynchus moelleri* : 균사는 회색이고, 포자낭은 황회색이며, 중축과 포자는 난형이다.

(7) *Syncephalastrum*속

포자낭병이 포복지에서 cymomucor와 같은 형태로 분지하고, 각 선단은 팽창하여 외부에 방사상으로 많은 흑색의 포자낭을 착생하여 구형으로 된다. 포자낭 안에는 5~10개의 포자가 연쇄상으로 들어 있다. 간장 덧 등에서 분리된다.

- *Syncephalastrum racemosum* : 기균사에서 분지한 짧은 가지의 끝에 포자낭을 형성하여 *Rhizopus nigricans*와 비슷한 집락을 형성한다. 포자는 구형에 가깝고 간장 koji의 유해균이 된다.

(8) *Saprolegnia*속(물곰팡이속)

호수나 하천 담수 중의 어류나 곤충류에 부착하여 생존하는 물곰팡이는 난균류의 대표적인 곰팡이로 유성생식에서는 난포자(卵胞子, oospore)를 형성한다. 무성생식에 의해서는 균사 끝에 형성된 격막에 의하여 포자낭이 생성되고 포자낭 안에 편모를 가진 유주자(遊走子, zoospore)가 다수 형성된다.

(9) *Blakeslea*속

포자낭병 끝에 큰 포자낭을 형성하고, Y자형으로 분기한 끝에 소포자낭을 형성하여 보통 3개의 포자를 가진다. 접합포자는 혀와 같은 모양의 현병(또는 배병)을 가지고, 적갈색의 포자에는 세로로 홈이 있으며, 그 양단에 부속사(spine) 다발로 존재한다. riboflavin과 β-carotene을 생성한다.

(10) *Choanephora*속

한 개의 포자가 형성된 소포자낭인 분생자와 포자낭을 형성한다. 큰 포자낭의 포자에는 홈이 없으나 소포자낭의 포자에는 홈이 있고, 그 양단에 부속사가 있다. 접합포자는 *Blakeslea*속과 비슷하며, Riboflavin과 β -catotene을 발효생산한다. 여름에 나팔꽃과 호박꽃 등의 낙화에 존재한다.

표 3-2 조상균류의 검색표

*Mucor*속	• 자웅이체 또는 자웅동체로서 접합포자의 현병(懸柄, suspensor)의 크기가 같다.
*Rhizopus*속	• 포자낭은 구형이고 포자낭병은 가근의 기부(基部)에서 생긴다. 포복지를 형성한다.
*Absidia*속	• 포자낭은 서양배 모양이고 포자낭병은 포복지에서 분지한다. • 가근과 포복지를 형성하지 않는다.
*Thamnidium*속	• 많은 포자를 가진 대포자낭과 적은 포자를 가진 소포자낭이 있다. • 가근과 포복지를 형성한다.
*Zygorhychus*속	• 자웅동체로 접합포자의 현병의 크기가 다르다.
*Syncephalastrum*속	• 포자낭은 원통상이며 방사상으로 착생한다.

2. 자낭균류 (子嚢菌類, Ascomycetes)

조상균류와는 달리, 균사에 격막이 있는 자낭균류는 유성생식에서는 자낭 안에 1~8개의 자낭포자를 만들고 유주자를 만들지 않는다. 무성생식에서는 균사가 특유한 모양의 분생자병이 되고, 그 위에 여러 개의 분생자(conidia)를 착생한다. 분생포자는 발아하여 균사로 되고, 자실체(子實體, fruiting body)를 형성하여 분생포자를 만드는 무성생식을 반복하지만, 나중에는 조낭기(造囊器, ascogonium)와 조정기(造精器, antheridium)를 형성하여 유성생식을 행한다.

자낭균류는 자낭과(子囊果, Ascocarp)를 만들지 않고 형성된 자낭이 그대로 밖에 나와 있는 반자낭균류(半子囊菌類 또는 原始子囊菌類, Hemiascomycetes)와 자낭이 자낭과에 싸여져 있는 진정자낭균류(眞正子囊菌類, Euascomycetes)로 나누어진다.

성세포가 융합한 후 그대로 자낭이 되어 균사가 퇴화한 효모상 곰팡이와 유포자 효모류가 반자낭균류에 속하며, 성세포가 융합한 후 자낭을 만들기 위한 자낭과를 만들게 되는 진정자낭균류는 자낭과의 형태 및 구조, 자낭벽의 막구조 등에 따라 부정자낭균류(不整子囊菌類, Plectomycetes), 핵균류(核菌類, Pyrenomycetes), 반균류(盤菌類, Discomycetes), 소방자낭균류(小房子囊菌類, Loculoascomycetes)로 나뉜다.

(1) *Aspergillus*(누룩곰팡이속)

강한 전분당화력과 단백질분해력을 가진 균주가 많기 때문에 식품 및 발효공업 등에 중요한 역할을 하는 속으로, 토양이나 식품 및 공업제품 등에 대단히 널리 분포되어 있다. 양조에 많이 사용되며, 디아스타아제(*diastase)*, 글루코아밀라아제(*glucoamylase)* 등 의약 또는 효소제의 생산에도 이용되는 반면, 식품의 부패에도 관여하고 있다. 균사의 일부가 팽창한 병족세포(柄足細胞, 足細胞, foot cell)로부터 분생자병이 뻗어 그 끝이 팽창하여 정낭(頂囊, vesicle)을 형성한다. 정낭의 주위에는 1단 또는 2단의 경자(梗子, sterigma)가 착생하고 그 끝에 분생자가 연쇄적으로 착생한다.

정낭의 모양은 구형 · 플라스크형 · 곤봉형 등이 있고, 분생자의 표면도 평활한 것, 돌기가 있는 것 등이 있으며, 그 색도 종류에 따라 백색 · 황색 · 녹색 · 흑색 · 갈색 등으로 다양하다.

특히, 색깔에 따라 황국균(黃麴菌) · 흑국균(黑麴菌) · 백국균(白麴菌) 등도 코지 제조에 이용되고, 이러한 특징은 균종을 동정하는 지표가 된다.

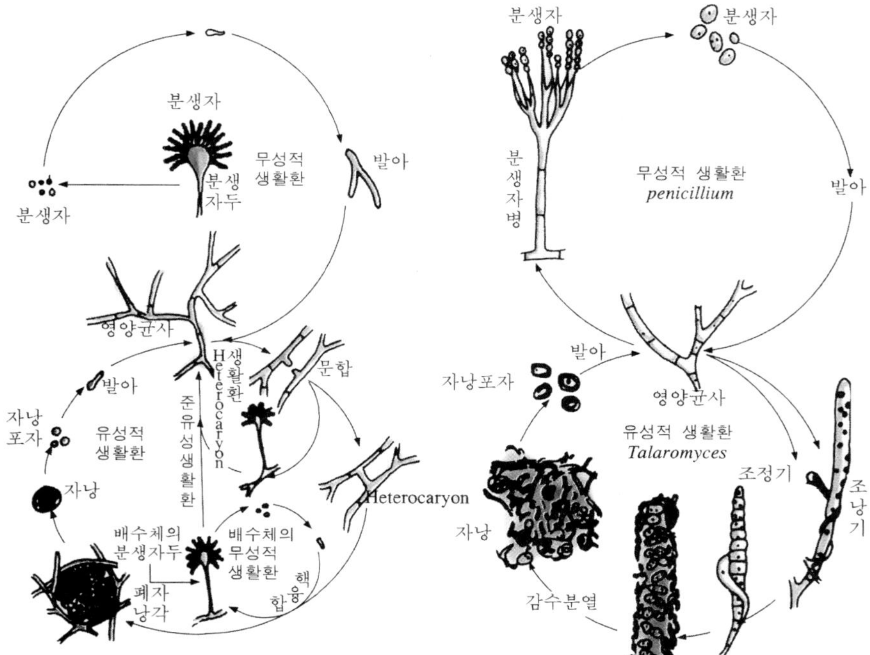

(A) *Aspergillus* 속　(B) *Penicillium* 속

그림 3-16 자낭균류의 생활환

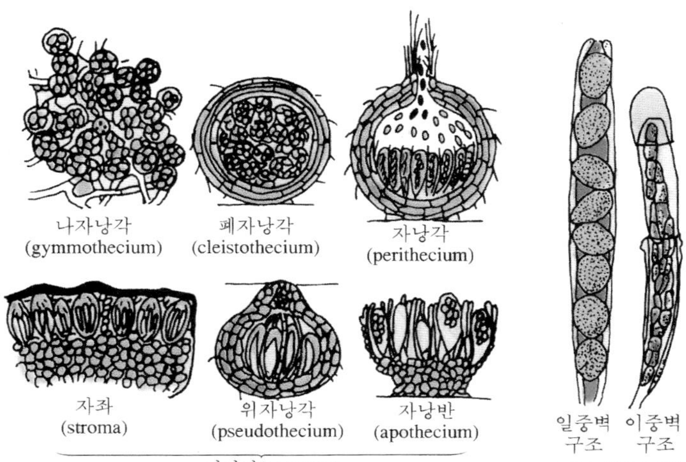

그림 3-17 자낭과와 자낭의 구조

① *Aspergillus oryzae*

일명 황국균(黃麴菌)이라고도 불리는 곰팡이로 청주 · 장류 등의 양조에 사용되는 중요한 koji 곰팡이이다. 균총은 처음에 백색이었다가 분생포자가 생기면 황록색이 되고 오래 되면 갈색으로 변한다. 생육적온은 37℃ 정도이고, 기저경자(metulae)가 없다. 전분당화력과 단백질분해력이 있으나 균주에 따라 그 효력에 차이가 있으므로 용도에 따라 알맞는 균주를 선택하여 사용하는 것이 좋다. 일반적으로 단백질분해력이 강한 것은 단모균(短毛菌)이고, 전분분해력이 강한 것은 장모균(長毛菌)이며, 국산(麴酸, kojic acid)을 생산한다. α-amylase, invertase, cellulase 등 각종 효소를 생산하므로, 추출하여 소화제로 이용하기도 한다. 특수한 대사산물로 kojic acid를 생성하는 것도 있다.

② *Aspergillus sojae*

*Aspergillus oryzae*와 형태가 거의 비슷하나 분생포자 표면에 작은 돌기가 있고, 균총이 낮게 밀집되어 짙은 초록색 또는 짙은 황색을 띠는 것이 *Aspergillus oryzae*와 구별된다. 단백질분해력이 강하여 간장양조용 koji에 흔히 이용된다.

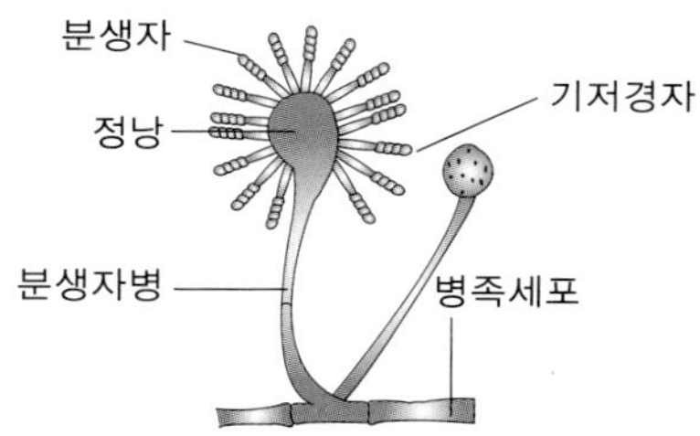

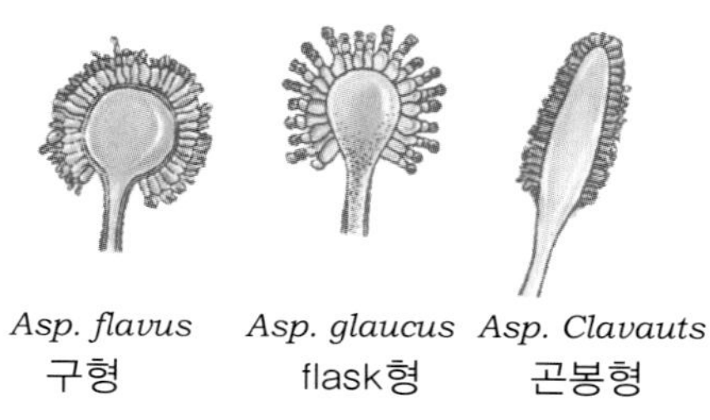

그림 3-18 *Aspergillus*속의 형태

③ *Aspergillus flavus*

토양이나 식품 등에서 흔히 볼 수 있는 곰팡이로, *Aspergillus oryzae*와 비슷한 점이 많으나 분생포자가 처음부터 녹색이고, 정낭이 둥글고 크며, 기저경자가 있는 균종도 있는 것이 *Aspergillus oryzae*와 다르다. 피자기는 없으며, 발암물질인 aflatoxin을 생산하는 균주도 있기 때문에 주목을 받고 있다.

④ *Aspergillus glaucus*

일명 풀색곰팡이라고도 하며, 균총은 녹색이나 청록색에서 암갈색 또는 갈색으로 된다. 분생자에는 가시가 있다. 황색의 피자기(被子器, perithecium)를 만드는 것이 특징으로 고농도의 설탕이나 식염에 내성이 강하여 식품을 잘 변패시킨다. 피혁제품이나 훈제품에서 흔히 볼 수 있으며, 일본의 가쓰오부시[2)](kazuobushi)의 제조에 관여한다. 포도당 및 자당 등을 분해하여 많은 유기산을 생성한다.

⑤ *Aspergillus niger*

분생포자가 흑색인 것이 특징으로 일명 흑국균(黑麴菌)이라고 불린다. 과실이나 빵 등 습기가 많은 식물성 식품에 잘 번식하며, cork에 기생하여 cork 특유의 냄새의 원인이 되기도 한다. 분생포자는 구형이며, 보통 기저경자를 갖는다. amylase, cellulase, pectinase 등의 효소활성이 강하여 이들 효소 제조에 이용되기도 하며, 당액을 발효하여 시트르산(citric acid) 또는 글루콘산(gluconic acid) 등의 유기산을 생산하는 균주가 많아 유기산 발효공업에 많이 이용된다.

⑥ *Aspergillus awamori*

흑국균의 하나로 일본 오키나와의 awamori 제조에 이용되는 균으로, citric acid 생산력이 강하다. 생육적온은 30~35℃로 균총은 회흑색 또는 회갈색이며, 정낭은 구형이다.

2) **가쓰오부시** : 가다랭이의 등을 갈라서 말린 것으로, 잘게 썰어서 음식의 국물에 넣음

⑦ *Aspergillus tamari*

단백질분해력이 강하여 일본의 tamari 간장의 koji에 주로 이용되는 곰팡이로 kojic acid를 다량 생성한다. 균총은 갈색이고, 분생포자에는 가시가 있으며, 생육적온은 35~37℃이다.

⑧ *Aspergillus fumigatus*

저장곡류에 번식하여 피해를 주는 곰팡이로, 토양에 많다. 동물의 폐에 기생하여 아스페르길루스증(aspergillomycosis)을 일으키기도 한다. 생육적온은 37℃이다.

⑨ *Aspergillus ochraceus*

빵이나 건조어류 등에 번식하여 변패를 일으키는 곰팡이로, ochratoxin을 생성하여 간장 및 신장 장해를 일으키기도 한다. 분생포자는 구형 또는 드문 타원형이며, 정낭(頂囊, vesicle)은 구형이다. 생육적온은 30~35℃이다.

⑩ *Aspergillus wentii*

자바 간장의 양조에 관여하는 중요한 곰팡이로, 곡류 등에 분포하며, amylase, cellulase, protease 등의 효소 생성능이 강하다. 생육적온은 37℃이다.

(2) *Penicillium*(푸른곰팡이속)

균사는 무색투명하고, 격막이 있으며, 균총이 청록색인 경우가 많아 푸른곰팡이라 불리나 회백색 · 황갈색 · 적색 등을 나타내는 것도 있다. 분류학상 *Aspergillus*속과 가까우나 정낭을 만들지 않고, 분생자병 끝에서 경자가 직접 분기하여 빗자루나 붓 모양의 추상체(箒狀體, penicillus)를 형성하는 것과 병족세포(柄足細胞, foot cell)가 없는 것이 *Aspergillus*속과 구별된다.

*Penicillium*속의 분류에 중요한 표식이 되는 추상체의 분기형태에 따라 추상체가 분기하지 않은 단륜생(單輪生, monoverticillata), 2단 이상으로 분기하는 쌍륜생(雙輪生, biverticillata), 여러 단으로 분지하는 다륜생(多輪生,

polyverticillata)으로 분류하며, 추상체가 좌우대칭인 것을 symmetrica, 대칭이 아닌 것을 asymmetrica라고 한다. 자연계에 널리 분포하는 곰팡이로 빵, 과일, 채소 등에 번식하여 변패를 일으키고, 황변미(黃變米, yellow disease rice)의 원인이 되기도 하나 cheese의 숙성에 관여하거나 페니실린의 생산에 이용되는 유익한 균종도 있다. 영양분이 적고, 온도가 낮은 환경에서도 잘 자라며, 생육적온은 20~25℃이다.

표 3-3 조상균류와 자낭균류의 차이점

	조상균류	자낭균류
격 막(격벽)	무	유
균사의 명칭	포자낭병	분생포자병
균사의 끝	중축	정낭, 경자
포자의 형태	내생포자(포자낭포자)	외생포자(분생포자)
대표적 곰팡이	*Mucor*속 *Rhizopus*속 *Absidia*속	*Aspergillus*속 *Penicillium*속 *Monascus*속 *Neurospora*속

① *Penicillium chrysogenum*

Asymmetrica에 속하는 곰팡이로, 과일에서 분리된 균이다. 균총은 청록색 내지 밝은 녹색이었다가 시간이 경과하면 자갈색으로 되며, 뒷면은 황색이다. 균총 위에 많은 물방울을 형성하며, 분생포자는 타원형이다. penicillin 생산에 이용되는 유익한 곰팡이로, 생산성이 향상된 변이주(變異株, mutant)를 얻어 penicillin 생산에 사용한다.

② *Penicillium notatum*

*Penicillium chrysogenum*과 함께 penicillin을 생산에 이용되는 곰팡이로, 플레밍(Fleming)에 의해 발견되었다. 최초로 발견된 penicillin 생산균주라는 면에서 큰 의미를 갖는다. 비대칭성(asymmetrica)에 속하는 곰팡이로 분생포자가 구형인 것이 *Penicillium chrysogenum*과 구별된다. 균총은 청록색이고, 뒷면은 담황색이며, 강한 gelatine액화력을 갖는다. penicillin을 비롯하여 notatin이라고 하는 포도당 산화효소(glucose oxidase) 등을 생산한다.

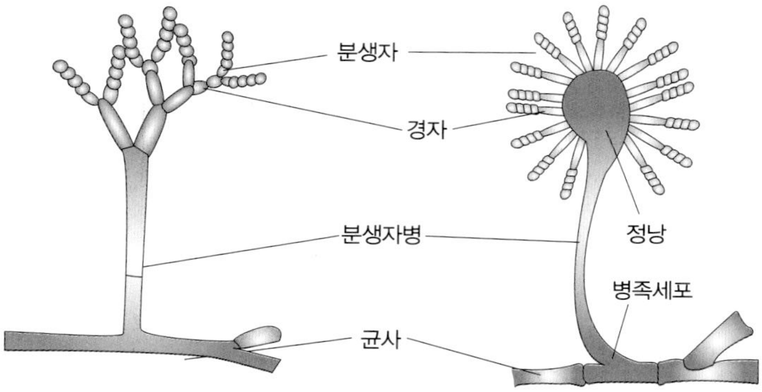

그림 3-19 *Penicillium*속의 형태

③ *Penicillium roqueforti*

Asymmetrica에 속하는 곰팡이로 프랑스의 로크포르(roquefort) 치즈 숙성에 관여하여 casein을 분해, 독특한 향기와 맛을 부여하고, 청록색 반점을 생성한다. 사일리지(silage)와 퇴비 등에서도 검출된다.

④ *Penicillium citrinum*

각종 곡류 및 그 가공품 · 수산제품 · 과자류에 분포하는 균으로, asymmetrica에 속한다. 유독성의 황색색소인 citrinin($C_{13}H_{14}O_5$)을 생성하여 신장장애를 유발하며, 황변미(yellow disease)의 원인이 되기도 한다. 균총은 암청색이며, 분생포자는 구형이다.

⑤ *Penicillium islandicum*

쌍윤생(雙輪生)의 asymmetrica-symmetrica에 속하는 균으로 *Penicillium citrinum*과 함께 황변미의 원인이 되는 곰팡이이다. 쌀과 같은 곡물에서 분리되며, 간장 장해 등을 일으키는 루테오스키린(luteoskyrin)과 같은 독소를 생산하기도 한다.

⑥ *Penicillium toxicarium*

곡류나 토양에서 분리되는 곰팡이로, 황변미를 일으키는 원인균의 하나이다. 곰팡이 독소인 시트레오비리딘(citreoviridin)을 생산하여 전신마비 또는 호흡곤란 등의 중추신경 장해를 일으키기도 한다. 분생포자는 구형이며, 단륜생의 asymmetrica에 속한다.

⑦ *Penicillium camemberti*

Asymmetrica에 속하는 곰팡이로 프랑스의 카망베르(camembert) 치즈 숙성에 관여하여 독특한 향기를 부여한다. 균총은 양털 모양으로 처음에는 백색이었다가 분생포자를 형성하면 엷은 녹색으로 변한다.

⑧ *Penicillium expansum, Pen. digitatum, Pen. italicum*

모두 asymmetrica의 곰팡이들로 과일 부패에 관여하는 대표적인 푸른곰팡이이다. *Pen. expansum*의 균총은 청록색으로 사과나 배 등의 연부병원균이며, 균총이 황록색인 *Pen. digitatum*은 균총이 청록색인 *Pen. italicum*과 함께 감귤류에 기생하여 연부병을 일으킨다.

⑨ *Penicillium cyclopium*

Asymmetrica에 속하는 곰팡이로 곡류 및 딸기 등의 각종 과일에 널리 분포한다.

⑩ *Penicillium javanicum*

단륜생으로 균사에 6~16%의 유지를 축적하고 있으며, 산성에서는 황색의 색소를 생산하고, 알칼리성에서는 보라색의 색소를 생산하기도 한다.

⑪ *Penicillium purpurogenum*

곡류 및 토양에서 검출되는 균으로, 분생포자는 암녹색(暗綠色)이며 구형이다. 루브라톡신(rubratoxin) A 및 B를 생산하여 간장장해를 일으키기도 하며, 쌍륜생의 symmetrica에 속한다.

⑫ *Penicillium albicans*

다륜생 symmetrica의 곰팡이로 분생자병은 짧게 분기되고, 분생포자는 처음에 백색에서 차차 적색으로 되며, 난원형이다.

(3) *Monascus*속(홍국곰팡이속)

균사는 분기하며 격막을 갖는다. 유성생식에 의해 균사의 선단에 폐자기(閉子器 또는 閉子囊殼, cleistothecium)를 형성하고, 그 속에 타원형 또는 구형의 자낭포자를 형성한다. 무성생식의 경우에는 균사의 곁가지에 분생포자가 2, 3개 연결되어 착생한다. 진한 분홍색 색소인 모나스코르빈(monascorbine $C_{22}H_{24}O_5$)을 생성하기 때문에 균총은 선홍색을 띤다.

① *Monascus purpureus*

중국의 남부지방이나 말레이시아 반도 등지에서 찐쌀에 이 곰팡이를 번식시켜 홍국(紅麴, hang-khak)이라는 누룩을 만들어 홍주(紅酒, hong−chu)를 담그는 데 이용한다. 균사는 처음에는 무색이나 차차 분홍색을 띠는데, 이때 관여하는 색소인 모나스코르빈(monascorbine)은 안트라퀴논(anthraquinone)의 유도체로 물에는 녹지 않으나 유기용매에는 녹는다. 글루콘산(gluconic acid) 및 숙신산(succinic acid)를 생산하며, 생육적온은 33~35℃이다.

② *Monascus anka*

*Monascus purpureus*와 성상이 비슷하나 균사의 색깔이 처음부터 분홍색이라는 점이 *Monascus purpureus*와 구별된다. 홍국 · 홍유부(紅乳腐)의 제조에 이용되며, 펙틴 가수분해효소(pectinase) 분비력이 강하여 과즙의 청징제로 이용되기도 한다.

③ *Monascus barkeri*

모로코 지방의 samazu주에 사용되는 쌀 koji에서 분리되는 균으로 균사는 홍색이며, *Monascus purpureus*와 비슷하다.

(A) 분생자에서 생성된 어린균사 측지 끝에 폐자기 착생 (B) 분생자를 생성하는 균사 (C) 폐자기

그림 3-20 *Monascus*(홍국곰팡이)속의 형태

(4) *Neurospora*속(빨간곰팡이속)

유성생식에 의해서 갈색이나 흑색의 피자기를 형성하고 그 속에 원통형의 자낭을 만들어 4~8개의 자낭포자를 내생한다. 무성생식으로 오렌지색 또는 담홍색의 분생포자가 연결되어 오렌지색의 가루덩어리처럼 보인다. 빵을 붉게 변패시켜 일명 빨간빵곰팡이라고 불리며, 옥수수의 속대(芯)나 불에 타고 남은 나무에 번식하여 오렌지색을 띤다. *Neurospora*의 불완전 세대는 *Monilia* 속으로 불린다.

① *Neurospora sitophila*

β-carotene에 의해 난형의 홍색 분생포자를 착생한다. amylase, protease, lipase 등의 여러 효소를 분비한다. 인도네시아에서는 땅콩에 이 곰팡이를 번식시켜 ontjom(땅콩을 원료로 한 과자)이라는 발효식품을 만들기도 한다.

② *Neurospora crassa* : 미생물 유전학의 연구재료로 중요한 곰팡이이다.

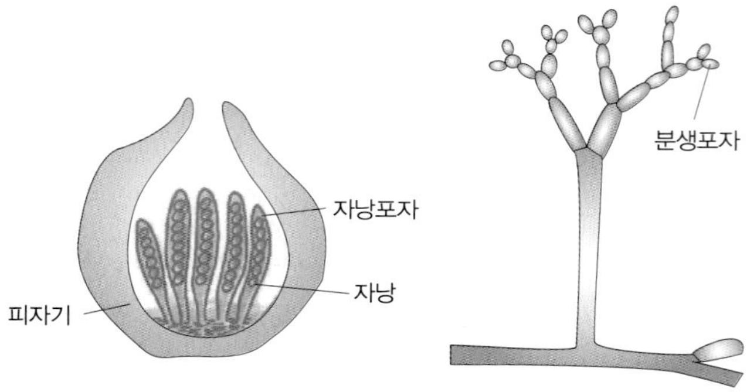

그림 3-21 *Neurospora*(빨강곰팡이)속의 형태

(5) *Eremothecium*속

- *Eremothecium ashbyii*

반자낭균류에 속하는 곰팡이로, 아프리카산 목화씨에서 분리되었다. 균사는 백색에서 황색으로 변하고, 포복지만으로 되어 있으며, 기균사는 없다. 균사에 격막이 없으나 오래 되면 격막이 생기고 방추형의 포자낭을 만들어 4~32개의 포자를 내생한다. rivoflavin(vitamine B_2)의 생성능이 높아 rivoflavin의 공업적 생산에 이용된다.

(6) *Ashbya*속

- *Ashbya gossypii* : *Eremothecium ashbii*와 함께 riboflavin 생산에 중요한 곰팡이로, 목화실 · 커피 · 콩류 등에 기생한다.

(7) *Byssochlamys*속

면모(綿毛) 형태의 암갈색 균총을 가지고, 분생포자는 연쇄적으로 연결되어 있으며, 자낭 안에 8개의 자낭포자를 내생한다.

- *Byssochlamys fulva* : 보통 과수원의 토양에 존재하는 곰팡이로 산소가 적은 배지에서도 생육이 가능하며, 포자가 열에 강하여 과일 통조림이나 병조림의 부패에 관여하여 용기를 팽창시키기도 한다.

(8) *Chaetomium*속

토양 중에 널리 분포하는 균으로, 암색의 피자기 안에 막대 모양의 자낭을 형성하고 그 안에 달갈형 · 타원형 등의 갈색 자낭포자를 내생한다.

- *Chaetomium globosum* : *Chaetomium*속의 대표균종으로, 습한 종이나 천 등의 섬유질에 흔히 발생하므로 섬유제품의 항진균시험에 많이 이용된다. celullose를 분해하는 cellulase 생성균주로도 알려져 있다.

(9) *Claviceps*속 : 무성세대는 *Sclerotium*속 및 *Sphacelia*속으로 불린다.

- *Claviceps purpurea* : 호밀이나 귀리 등에 균사가 들어가서 맥각(麥角, ergot)이라고 하는 검은색의 균핵을 만들므로 일명 맥각균(麥角菌)이라고 한다. alkaloid를 함유하고 의약용으로도 이용되는 곰팡이로 *Claviceps*속의 대표균종이다.

(10) *Gibberella*속

완전세대의 것은 자낭각을 만들며, 이 속의 무성세대는 *Fusarium*속으로 불린다. *Gibberella fujikuroi*나 *Gibberella saubinetti* 등의 식물병원균이 많고, 특히 *Gibberella fujikuroi*는 벼의 키다리병의 원인균으로 식물 호르몬의 일종인 지베렐린(gibberellin)을 생성한다.

(11) *Sclerotinia*속

레몬형의 분생포자가 연쇄상으로 형성되는 균으로, 채소나 과일의 부패에 관여한다. 이 속의 무성세대의 것은 *Botrytis*속이며, pectinase나 lipase를 생산하는 S*clerotinia libertana*가 이 속에 속한다.

표 3-4 자낭균류 및 불완전균류의 검색표

*Aspergillus*속	• 분생포자는 단세포로 되어 있다. • 분생포자는 경자에서 쇄상으로부터 쇠고리 모양으로 만들어진다. • 분생포자병은 거의 병족세포에서 생기고 맨끝이 팽대하여 정낭이 되며, 많은 경자를 형성하고, 그 표면에 분생포자를 연쇄상으로 형성한다.
*Penicillium*속	• 분생포자는 단세포로 되어 있다. • 분생포자는 경자에서 쇄상으로부터 쇠고리 모양으로 만들어진다. • 경자는 한 무더기를 이루고 분생자두는 빗자루 모양이다.
*Neurospora*속	• 분생포자는 단세포로 되어 있다. • 분생포자는 출아상(出芽狀)으로 형성하고 수목상(樹木狀)의 분생자두를 형성한다.
*Geotrichum*속	• 분절포자를 형성한다.
*Cephalosporium*속	• 분생포자는 단세포로 되어 있다. • 분생포자는 분생자병의 끝에 작은 덩어리 모양으로 착생한다. • 분생포자는 점질의 구상의 작은 덩어리로 형성된다. • 분생자병은 분지하지 않는다.
*Trichoderma*속	• 분생포자는 단세포로 되어 있다. • 분생포자는 분생자병의 끝에 작은 덩어리 모양으로 착생한다. • 분생포자는 점질인 구상의 작은 덩어리로 형성된다. • 분생자병은 다수(多數)로 분지한다.
*Botrytis*속	• 분생포자는 단세포로 되어 있다. • 분생포자는 분생자병의 끝에 작은 덩어리 모양으로 착생한다. • 분생포자는 불규칙하게 분지된 분생자병 상에 포도송이 모양으로 착생한다.
*Cladosporium*속	• 분생포자는 1~2세포이고, 연쇄상(連鎖狀)이고, 때로는 분지한다.
*Alternaria*속	• 분생포자는 여러 개의 세포로 형성된다. • 분생포자병에 끝이 뾰족한 분생포자가 쇄상으로 착생하고 분생포자에 가로 또는 세로의 격막이 있다.

3. 불완전균류(不完全菌類, Imperfecti, Fungi Deuteromycetes)

진균류 중에서 유성생식이 알려져 있지 않은 균류, 즉 균사체(菌絲體, mycelium)와 분생자(分生子, conidium)만으로 증식하는 균류와 유성생식이 알려져 있는 균류의 무성생식을 총칭하여 불완전균류라고 한다.

불완전균류의 분생자병(分生子柄, conidiophore)의 끝에 형성되는 분생자는 특히 분생자병이 밀집하여 기부의 세포에 밀착한 것을 분생자층(分生子層, acervulus)이라고 하며, 자실층(子實層, hymenium), 즉 병자각(柄子殼, pycnidium) 속에 형성된 분생자를 병포자(柄胞子, pycnidiospore)라고 부른다. 다발로 된 분생자병인 분생병자속(分生柄子束, coremium)에서나, 밀집된 덩이에서 분생자병이 만들어진 분생자좌(分生子坐, sporodochium)에서도 분생자가 형성된다.

불완전균류 중 식품미생물로서 중요한 곰팡이는 다음과 같다.

(1) *Geotrichum*속

선균과(線菌科, Moniliaceae)에 속하는 곰팡이로 백색 · 황색 · 갈색 · 적색 등의 균총은 윤기가 있고, 단단한 덩어리를 형성하며, 발육 후기에는 연한 크림과 같이 된다. 기균사 끝에서부터 차례로 많은 격막을 형성하며, 그 일부는 분열하여 달걀형의 분절포자(分節胞子, arthrospore 또는 分裂子, oidium)가 된다. *Geotrichum candidum*은 익은 토마토 · 복숭아 · 멜론 등의 과일 병원균으로 *Geotrichum*속의 대표균주이다. 우유 및 유제품에 잘 번식하여 *Oidium lactis* 또는 *Oospora lactis*라고 불리는 백색곰팡이로 제과 · 전분공장의 폐수에도 자주 발생한다.

*Geotrichum candidum*의 유성생식 세대는 *Endomyces geotrichum*이다.

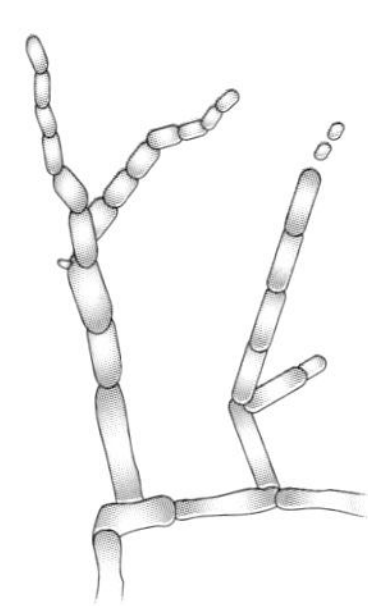

그림 3-22 *Geotrichum*속의 형태

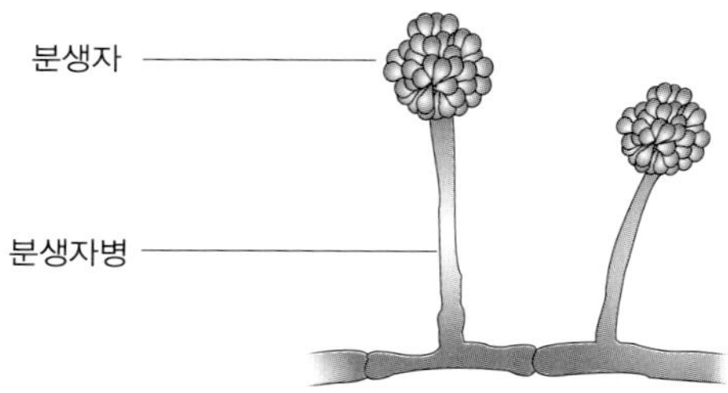

그림 3-23 *Cephalosporium*속의 형태

(2) *Cephalosporium*속

선균과에 속하는 곰팡이로, 토양 중에 널리 분포한다. 균사의 각 부위에서 짧은 분생포자병이 단독적으로 신장하여 이 분생포자병의 끝에 분생포자가 연속적으로 형성되어 분비되는 점액에 의해 구형의 덩어리를 이룬다. *Cephalosporium gramineum*은 소맥의 줄무늬마름병(條斑病)의 원인균이며, *Cephalosporium acremonium*은 항생물질인 cephalosporin C의 생산균으로 잘 알려져 있다.

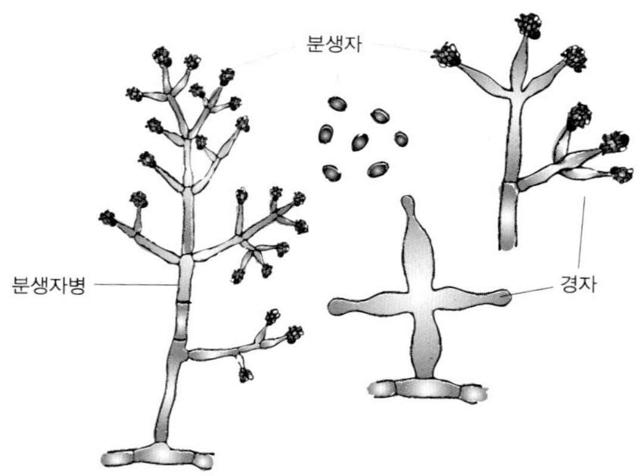

그림 3-24 *Cephalosporium*속의 형태

(3) *Trichoderma*속

선균과에 속하는 곰팡이로, 경자 끝에 짙은 녹색의 분생포자가 덩어리를 이루어 착생한다. 유기질이 풍부한 토양에 많고, cellulase 생산력이 강하여 이 효소의 생산에 이용되기도 하지만, 나무에도 잘 발생하여 때때로 버섯재배용 나무에 번식하여 해를 미치기도 한다. 대표적인 균주로 *Trichoderma viride*가 있다.

(4) *Botrytis*속

선균과에 속하는 곰팡이로, 긴 분생포자병이 끝에서 거의 직각으로 분기하고 그 끝의 세포가 팽대하여 방사상(放射狀)의 분생포자를 착생하며, 균총은 회색으로 된다. 포도나무나 딸기 등에 잘 발생하는 유해균으로 균사가 모여 형성되는 균핵(菌核, sclerotium)을 잘 만든다. 이 속의 유성생식 세대를 *Sclerotinia*속이라 부른다.

*Botrytis cinerea*는 이 속의 대표균종으로, 녹색포도에 번식하여 신맛을 없애고, 수분증발을 촉진됨에 따라 당분이 농축되어 감미가 높아지므로 포도주 양조에 이용된다. 포도에 이 곰팡이가 번식된 것을 귀부(貴腐, edelfaul)라고 하며, 이것으로 만든 포도주를 귀부포도주(bortytized wine 또는 sauterne)라고 부른다. 이 곰팡이의 유성생식 세대는 *Neurospora sitophila*이다.

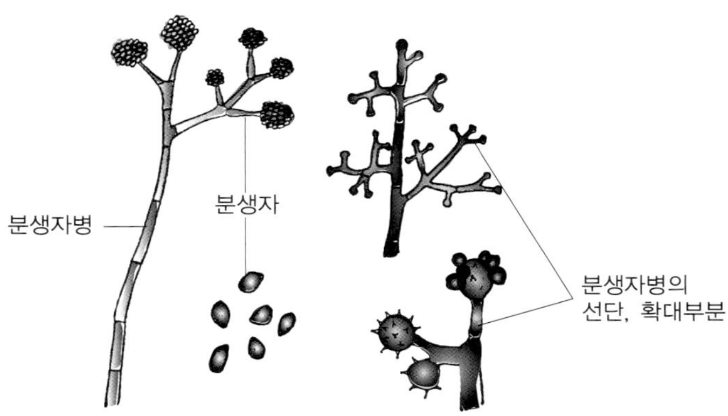

그림 3-25 *Botrytis*속의 형태

(5) *Cladosporium*속

암색선균과(暗色線菌科, Dematiaceae)에 속하는 곰팡이로, 식물의 병원균이 되는 것이 많으며, 사료에 번식하여 가축 중독을 일으키는 경우도 있다. 분생포자병이 분지하여 그 끝에 나무의 싹처럼 구형의 분생포자가 형성되고, 포자가 오래 되면 격막이 생긴다. 균총은 암녹색 또는 흑녹색으로 내장한 수육이나 달걀 껍질 등에 검은 반점을 만들기도 한다. 대표적인 균주인 *Cladosporium herbarum*은 목재 · 종이 · 피혁, 코르크 · 직물 · 식품 등에 잘 번식하는 유해균으로 알려져 있다.

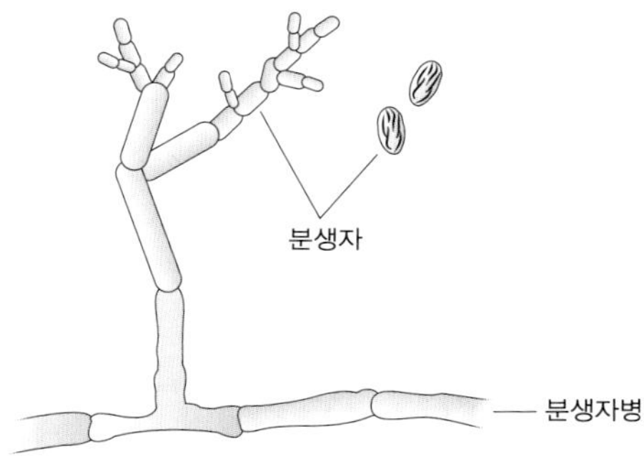

그림 3-26 *Cladosporium*속의 형태

(6) *Alternaria*속

암색선균과의 곰팡이로 균총의 색깔은 어두운 흑녹색이고, 토양 중에 많으며 목재 · 섬유 · 식품에 잘 발생하는 변패균으로, 식물에 흑반병(黑斑病)을 일으키는 원인균이다. 분생포자는 난형 내지 곤봉형으로 크고, 균사에는 격막이 있으며, 끝이 가늘게 된 다세포 분생자(porospore)를 연쇄상으로 착생한다.

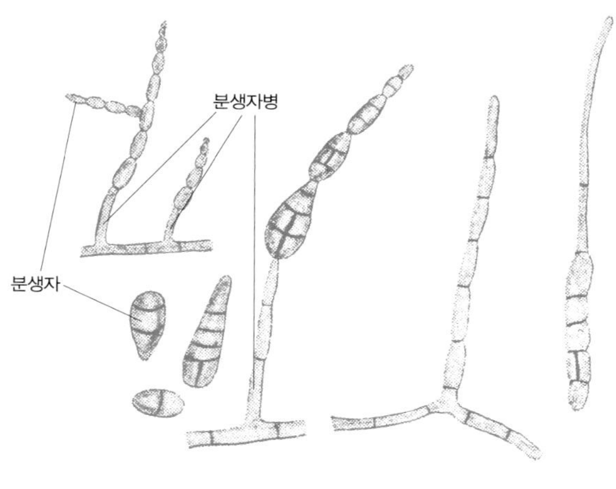

그림 3-27 *Alternaria*속의 형태

대표균종은 *Alternaria tenuis*로 식물병원균이며 butter와 같은 식품의 오염균이다.

(7) *Fusarium*속

분생자좌균과(分生子座菌科, Tuberculariaceae)에 속하는 곰팡이로, 초승달 같은 모양의 대형 분생포자를 착생하는 것이 특징이다. 균총은 분홍색 내지 적자색으로 식품에 잘 발생하며, 토양 중에 널리 분포한다. 이 곰팡이의 유성생식 세대는 자낭각을 만드는 자낭균류로 *Gibberella*속이라고 불린다.

Fusarium moniliforme(*Gibberella fujikuroi*)는 벼의 키다리병의 원인균이며, gibberellin의 생산균으로도 이용된다. *Fusarium graminearum*(*Gibberella saubinetii*)은 보리의 붉은곰팡이병의 원인균이며, *Fusarium lini*는 아마(亞麻, flax)의 시들음병인 위축병(萎縮病)의 원인균으로 이 속에는 식물의 병원이 되는 균이 많다.

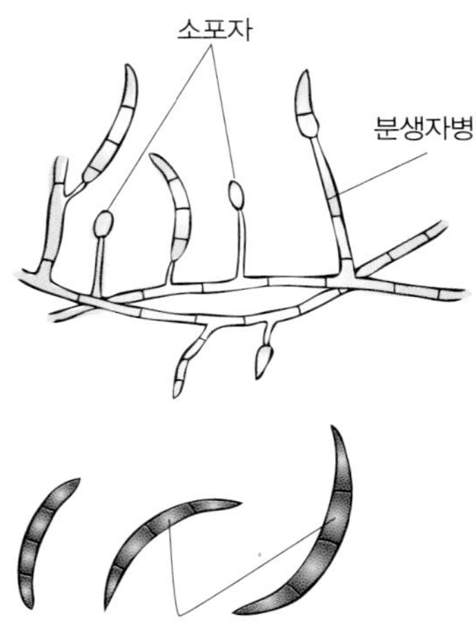

그림 3-28 *Fusarium*속의 형태

4. 담자균류 (擔子菌類, Basidiomycetes)

담자균류는 두 균사가 접합하여 그 끝에 담자기(擔子器, basidium)라는 특정 기관을 형성하고, 그 위에 생긴 보통 4개의 경자 끝에 한 개씩의 담자포자(擔子胞子, basidiospore)를 외생한다. 담자포자는 성숙되면 담자기로부터 사출되므로 사출포자(射出胞子, ballistospore)라고도 불린다.

담자균류는 다시 담자기에 격막이 없고 막대형인 동담자균류(同擔子菌類 또는 眞正擔子菌類, Homobasidiomycetes)와 담자기에 격막이 있거나 격막이 없이 경자가 분기된 상태인 부정형의 이담자균류(異擔子菌類, Heterobasidiomycetes)로 분류된다.

동담자균류는 담자기를 형성하는 자실층이 처음부터 밖으로 나타나거나, 처음에는 나타나지 않으나 성숙하면 나타나는 균심류(Hymenomycetes)와 자실층이 성숙해도 외부로 나타나지 않는 복균류(腹菌類, Gasteromycetes)로 나뉜다. 버섯의 대부분은 담자균류에 속하며 담자균류 외에 일부는 자낭균류에 속한다.

대부분 동담자균류의 송이버섯목에 속하는 식용버섯은, 우리나라의 경우 200~300종에 이르는 것으로 알려지고 있다. 그러나 실제 각 지방에서 식용하고 있는 종류는 수십 종에 불과하다.

버섯은 갓(cap)과 자루(stem)로 되어 있고, 갓의 뒷면에 주름(gills)이 있으며 주름 아래에 균뇌(菌蕾, young body)의 피막이 자루에 그대로 부착하여 남은 각포(脚苞, volva)와 주름 위쪽에 초기에 주름을 덮고 있던 엷은 막이 자루 위에 남은 균륜(菌輪, ring)이 있다.

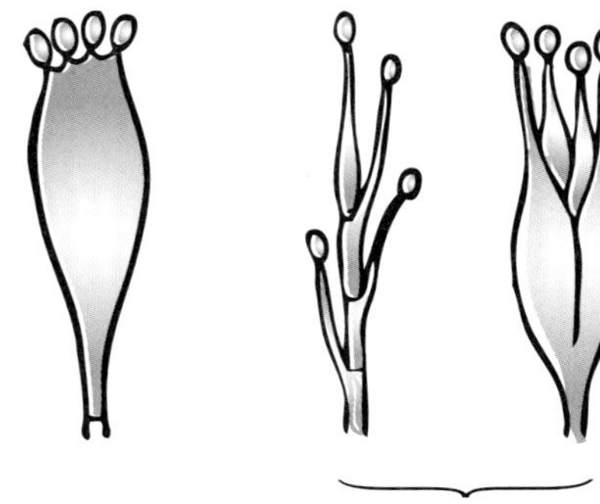

그림 3-29 담자기의 형태

중요한 식용버섯에는 다음과 같은 것이 있다.

(1) 송이버섯(*Tricholoma matsutake*)

균사가 소나무의 잔뿌리에 기생하여 생육하는 외생균근으로 맛과 향기가 좋아 즐겨 먹는 버섯이다. 가을철 솔밭에 군생하며, 갓의 표면 색깔은 담황갈색으로 처음에는 구형이나 성장하면 편평하게 된다.

(2) 표고버섯(*Lentinus edodes*)

상수리나무, 떡갈나무, 참나무, 졸참나무 등의 마른 가지나 그루터기에서 생육하는 사물기생(死物寄生)의 버섯으로 우리나라 이외에도 일본이나 중국 등에서 대량 소비되고 있다. 갓의 가장자리에 무늬가 있고, 표면에 희미한 황백색의 비늘이 있으며 건조되면 균열이 생긴다.

(3) 느타리버섯(*Pleurotus ostreatus*)

굴처럼 생겼다 하여 굴버섯(oyster mushroom)이라고도 하는 느타리버섯은 떡갈나무나 전나무 등의 마른 가지에서 군생하며, 어떤 종류의 나무에서나 잘 자라 상업적으로 유망하다. 갓의 형태는 부채형, 반원형, 신장형이다. 표면의 색깔은 백색, 회백색, 회갈색, 쥐색 등이다.

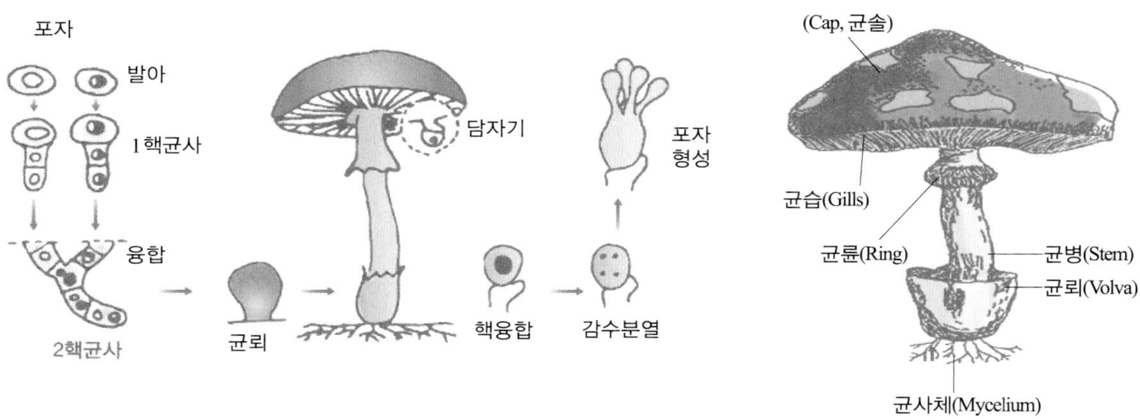

그림 3-30 버섯의 형태

(4) 양송이버섯(*Agaricus bisporus*)

식용버섯으로 우리나라는 물론이고 세계적으로 재배되고 있는 버섯으로 갓이 연하고 자루가 짧다. 갓은 처음에는 구형이나 차차 편평하게 되는데 갓이 핀 것은 상품가치가 없다. 갓 표면의 색깔은 백색 또는 크림색이지만 후에 담황갈색을 거쳐 담적갈색을 띤다. 향기는 적으나 맛이 좋아 대량재배하여 통조림으로 유통되고 있으며, 불란서 요리 등에 많이 사용된다.

(5) 팽나무버섯(*Flammulina velutipes*)

주로 늦은 가을부터 봄에 걸쳐 팽나무, 버드나무, 감나무, 포푸라 등의 썩은 부위에 군생한다. 갓은 처음에 만두형이나 후에 편평하게 되며, 표면은 황갈색으로 점질물이 부착되어 있다. 우수한 식용버섯으로 말뚝이나 톱밥 등에 인공재배되고 있다.

(6) 뽕나무버섯(*Armillariella mellea*)

침엽수나 활엽수의 마른 가지에서 밀집하여 생육하는 버섯으로 갓 표면의 색깔은 담황갈색으로 처음에는 반구형이나 성숙하면 부채형으로 벌어진다.

(7) 목이버섯(*Auricularia polytrica*)

나뭇잎 모양의 버섯으로 수분이 많을 때는 한천(寒天, agar-agar)처럼 피어 있으나 건조되면 아교(阿膠, glue)처럼 된다. 침엽수의 고목에서 생육한다.

(8) 흰목이버섯(*Tremella fuciformis*)

활엽수의 고목에서 군생하는 버섯으로 전체가 순백색이고 물을 흡수하면 반투명의 젤리처럼 된다. 꽃잎이 겹쳐서 핀 모양으로 불로장생 식품으로 귀하게 여겨져 왔다.

(9) 알버섯(*Rhizopogou rubescens*)

소나무 숲의 낙엽이 많이 싸인 땅 속에서 생육하는 버섯으로 갓 표면의 색깔은 붉은 색 또는 등황색이고, 처음에는 구형이나 후에 편평하게 되며, 점성이 있다.

(10) 싸리버섯(*Ramaria botrytis*)

침엽수 또는 활엽수가 있는 땅 속에서 생육하며 자루는 하나이나 위로 가면 불규칙하게 나뭇가지처럼 갈라진다. 가지의 끝은 담홍색으로 아름답고 향기가 좋아 널리 식용되고 있다.

(11) 나도팽나무버섯(*Pholiota nameko*)

가을에 너도밤나무 등의 활엽수의 썩은 나무에서 군생하는 버섯으로 차갈색의 갓에는 점질물이 뒤덮여서 미끈미끈하다.

(12) 독(毒)버섯

버섯 중에는 의외로 유독성분(有毒成分)이 있는 여러 종류의 버섯이 있으며, 산이 많은 우리나라에서는 옛날부터 독버섯을 잘못 식용하여 중독되거나, 사망하는 경우가 있었다. 독버섯은 수십 종류로 알려져 있으며 유독성분을 감별하는 정확한 방법은 아직 미흡하지만 그 중 몇 가지를 보면 다음과 같다.

1) 독버섯의 감별법(鑑別法)

① 줄기가 부스러지는 것은 독이 있고, 세로로 갈라지는(찢어지는) 것은 독이 없다(땀버섯, 알광대버섯은 세로로 갈라지나 유독하다).

② 악취가 있는 것은 독이 있다(알광대버섯은 악취가 없으나 맹독성이 있고, 비단갓버섯은 악취가 나지만 식용 버섯이다).

③ 색깔이 선명(원색)한 것은 유독하다(알버섯과 달걀버섯은 식용이지만 색이 선명하다).

④ 균륜이 칼날 모양이거나, 줄기에 마디가 있으면 유독하다(들버섯은 식용이지만 마디가 있다).

⑤ 쓴맛, 신맛, 찢어서 유즙(乳汁)이 있으면 유독하다.

⑥ 은수저 시험법(silver spoon test) : 독버섯 중의 H_2S가 끓일 때 은(Ag)과 반응하여 Ag 표면에 흑색 AgS이 발생하는 원리로 버섯을 끓일 때 은수저를 넣어서 그것이 검게 변하면 독버섯이라고 판정한다(독버섯만 H_2S를 성분으로 갖고 있다고 볼 수 없으며 식용 버섯에서도 있을 수 있다).

2) 독버섯의 유독성분(有毒成分)

① muscarine group : 광대버섯이나 땀버섯 등에 있는 독성분으로 위경련, 구토, 설사, 발한 등을 일으킨다. 사람은 0.5g의 경구투여, 3~5mg의 피하주사로 사망할 수 있다.

② neurine : 일반 독버섯에 있는 독성분으로 설사, 경련, 마비, 호흡곤란 등을 일으킨다.

③ muscaridine : 광대버섯이나 웃음버섯에 있는 성분으로 뇌 장애를 일으켜서 미친 상태가 되는 경우가 있다.

④ phaline : 알광대버섯 등에 있는 독성분으로 용혈작용(溶血作用)이 있고 독성이 매우 강하다.

⑤ amanitatoxin : 알광대버섯이 함유하고 있는 독성분으로, 내열성 물질이다. 심한 설사를 일으키고 중독사도 나타낸다.

⑥ psilocybin : 버섯이 함유하고 있는 성분으로, 중추신경을 자극하여 흥분하게 만든다.

Chapter 4

효 모(酵母, yeast)

효모는 곰팡이와 같이 진핵세포(眞核細胞, eucaryotic cell)로 된 고등미생물로서 주로 출아(出芽, budding)에 의해 증식하는 진균류를 총칭하며, 효모형의 세포를 갖는 미생물군으로 정의할 수 있다. 그러나 이는 분류학상의 명칭이 아니라, 균사를 만들지 않고 단세포로 증식하는 등 곰팡이와는 다른 성상을 가지므로 이들과 구별하기 위하여 붙여진 명칭이다. 효모는 알코올 발효 때에 생기는, 거품(foam)이라는 네덜란드어인 gast에서 유래한 말로, 프랑스어로는 levare이고, 이태리어로는 lievamento, 스페인어로는 levadura라고 하는데, 이는 모두 라틴어의 '부풀리다' 라는 뜻인 levare에서 유래된 것이다.

효모는 알코올 발효능이 강한 균종이 많아서 예로부터 주류의 양조 · 제빵 등에 이용되어 왔으며, 식량 및 사료용 단백질 · 비타민류 · 핵산물질의 원료 등으로 이용되기도 하는 등 식품 미생물학상 매우 중요하다. 특히 당질원료뿐만 아니라 탄화수소를 탄소원으로 이용하여 생육 · 발효하는 효모가 있기 때문에 단세포단백질(單細胞蛋白質, single cell protein, SCP) 생산에 이용되고 있다. 그러나 저산소에서도 생육하므로 발효형의 변패를 일으키기도 하고, 냉동식품에 위해를 주는 호냉성 효모도 존재하며, 높은 당도의 시럽이나 과즙 및 염도가 높은 침채류 등에도 번식하는 고삼투압성 효모 등 식품에 유해한 효모나 병원성의 효모도 있다.

효모는 과실의 표면 · 나무껍질 · 수액 · 꽃 · 토양 · 바닷물 · 우유 · 공기 · 곤충의 체내 등 널리 분포되어 있다. 자연계에서 분리된 상태 그대로의 효모를 야생효모(野生酵母, wild yeast)라고 하며, 맥주효모 · 빵효모 · 청주효모 등과 같이 자연계에서 우수한 성질의 효모를 분리하여 목적에 따라 순수분리하여 계대배양(繼代培養)한 효모를 배양효모(培養酵母, culture yeast)라 한다.

배양효모는 발효식품의 제조용으로 불려지는데, 포도주효모(wine yeast, *S.ellipsoide*), 빵효모(baker's yeast, *S.cerevisiae*), 맥주효모(brewer's yeast, *S. carlsbergensis*), 청주효모(sake yeast, *S.sake*), 유지효모, 적색효모(*Rhodotorula, Sporobolomyces*), 산막효모(*Candida, Hansenula, Debaryomyces, pichia*), 석유효모(*Petroleum yeast*) 등이 있다. 또 발효 종료 후에도 세포가 액 중이나 액 상층의 거품에 점착하여 혼탁을 지속시키는 효모를 상면효모(上面酵母, top yeast, *S.cerevisiae*), 발효 종료 후 침전하여 배양액을 투명하게 하는 효모를 하면효모(下面酵母, bottom yeast, *S.carlsbergensis*)라고 한다.

SECTION 1 효모의 형태

1. 효모의 기본형태

효모의 형태는 종류에 따라 다르고, 같은 종류일 경우라도 배양조건 · 배양시기 · 영양상태 · 공기의 유무 등에 따라 다를 뿐만 아니라, 증식방법에 따라서도 다르다. 또 세포의 크기도 종류 · 환경 · 발육시기에 따라 크게 다르며, 세균에 비하여 훨씬 크다.

효모의 형태는 대표적으로 구형(球形), 난형(卵形), 타원형(楕圓形), 소시지형, 삼각형, 레몬형, 위균사형(僞菌絲形) 등이 있다. 이들 중 구형 · 난형 · 타원형의 것이 가장 많다.

대표적인 구형의 효모로는 *Torulopsis versatilis*로, 이는 간장의 숙성에 관여하여 맛과 향기를 내는 내염성(耐鹽性) 효모이며, 난형은 효모의 대표적인 형태로 맥주효모인 *Saccharomyces cerevisiae*와 빵효모 및 청주효모 등이 여기에 속하며, 포도주 양조에 사용하는 *Saccharomyces ellipsoideus*는 대표적인 타원형 효모이다.

소시지형의 효모로는 맥주를 양조할 때 불쾌한 냄새를 유발하는 야생효모인 *Saccharomyces pastorianus*와 malt−alcohol발효를 하는 *Schizosaccharomyces pombe*가 있으며, *Trigonopsis variabilis*는 대표적인 삼각형 효모이다.

레몬형은 방추형이라고도 하는데 *Saccharomyces apiculatus*와 *Hanseniaspora*속 및 *Kloeckera*속에서 볼 수 있다. 출아한 세포가 신장하여 곰팡이의 균사 모양으로 연결된 위균사형은 *Candida*속, *Pichia*속, *Hansenula*속 등의 효모에서 볼 수 있다.

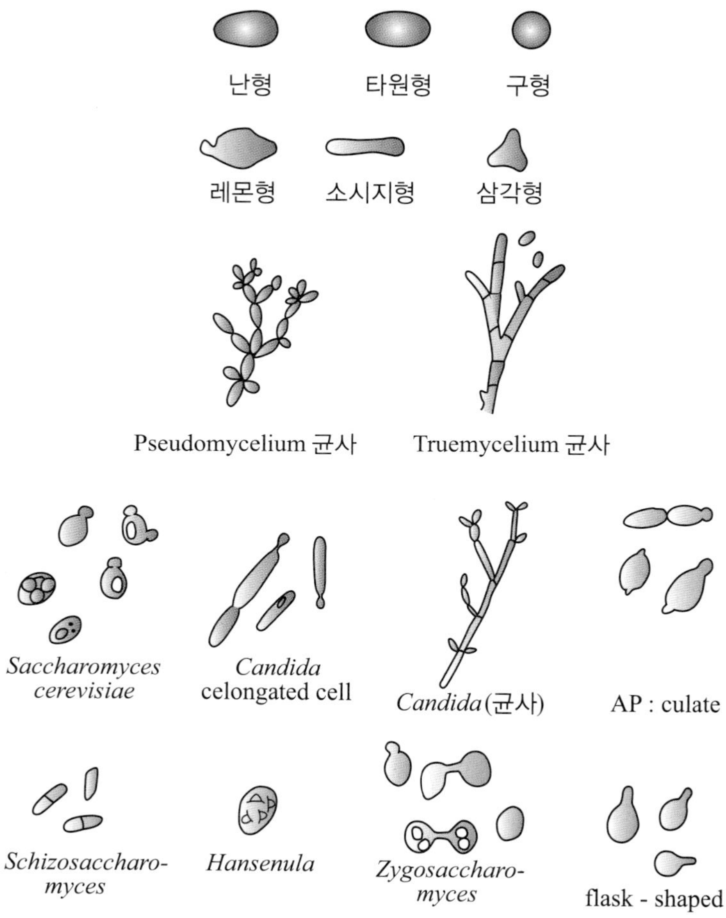

그림 4-1 대표적인 효모의 형태

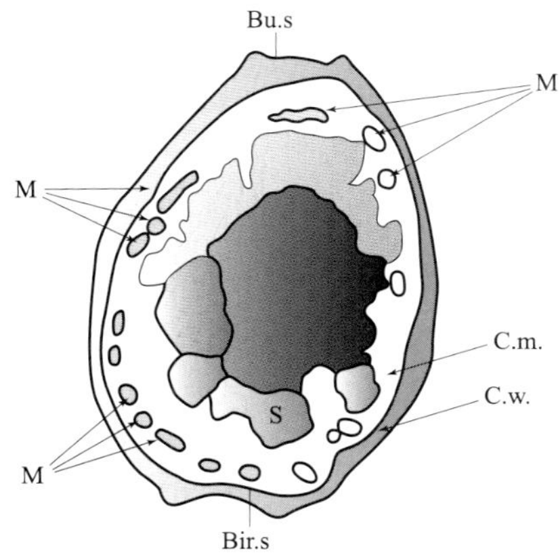

N : 핵(核, nucleus)
V : 액포(液胞, vacuole)
S : 저장립(貯藏粒, granule)
M : 미토콘드리아(mitochondria)
C.m. : 세포막(細胞膜, cytoplasmicmembrane)
C.w. : 세포벽(細胞壁, cell wall)
Bir.s : 탄생흔(誕生痕, Birth Scar)
Bu.s : 출아흔(出芽痕, Bud Scar)

그림 4-2 효모의 세포구조

2. 효모의 세포구조와 기능

효모세포의 크기는 종류와 배양환경에 따라 다르다. 그 크기는 일반적으로 배양효모는 5 ~ 8μ 정도이며, 야생효모는 3 ~ 4μ 정도이다.

효모세포는 두터운 세포벽과 그 내면의 엷은 세포질(원형질)막에 둘러싸여 있으며, 그 속에 세포질이 꽉 차 있다. 또 그 속에 핵, 액포, 미토콘드리아, 저장립, 리보솜 등이 있다.

세포벽은 효모세포의 형태를 유지 · 보호하며, 두께는 0.1~0.4μ 정도이고, glucan · glucomannan 등의 고분자 물질을 비롯해서 단백질과 탄수화물로 되어 있다. 세포질막(원형질막)은 반투막으로, 세포와 외부와의 물질이동이나 투과의 역할을 하고, 핵은 핵막으로 둘러싸여 있으며, 그 속에 핵산(核酸, nucleic acid)과 단백질이 들어 있다. 핵은 유전현상의 기관이다. 미토콘드리아(mitochondria)는 효모세포의 호흡을 담당하는 호흡효소를 가지고 있다. 또 액포는 노폐물을 저장하는 역할을 한다.

또 저장립은 영양소 저장기관이며, 세포질은 단백질로 되어 있다.

SECTION 2 효모의 증식

1. 영양증식

(1) 출아법(出芽法 또는 發芽法, budding)

대표적인 영양증식 방법으로 효모의 증식은 대부분 출아에 의하여 이루어진다. 즉, 성숙한 세포의 표면에 식물의 눈(싹, bud)과 같은 작은 아세포(芽細胞, bud cell)가 생기고, 이것이 점차 커져서 원래 세포와의 사이에 새로운 세포벽이 생기면서 핵이 둘로 나누어져서 독립된 세포로 된다. 이때 원래의 세포를 모세포(母細胞, mother cell)라고 하며, 출아에 의하여 생긴 세포를 낭세포(娘細胞, daughter cell)라고 한다.

출아의 방법으로는 *Saccharomyces cerevisiae*와 같이 세포의 여러 곳에서 출아가 일어나는 다극출아(多極出芽, multilateral budding)와 레몬형 · 소시지형의 효모에서 볼 수 있는 세포의 양끝에서만 출하하는 양극출아체(兩極出芽體, dipolar budding)가 있다. *Candida*속처럼 출아된 세포가 길게 늘어나서 연쇄상으로 연결되어 균사 모양으로 나타나는 것을 위균사체(僞菌絲體, pseudomycelium)라고 하며, 이 중 *Endomycopsis*속과 *Trichosporon*속의 위균사는 곰팡이와 같이 격벽을 가지므로 진균사체(眞菌絲體, truemycelium)라고 한다.

효모는 보통 1~2시간에 1회 정도 출아하고, 영양 · 온도 등의 조건이 좋으면 출아 횟수가 많아지며, 세포가 오래되면 점차 출아할 때까지의 시간이 길어져서 마침내 출아를 멈추게 된다.

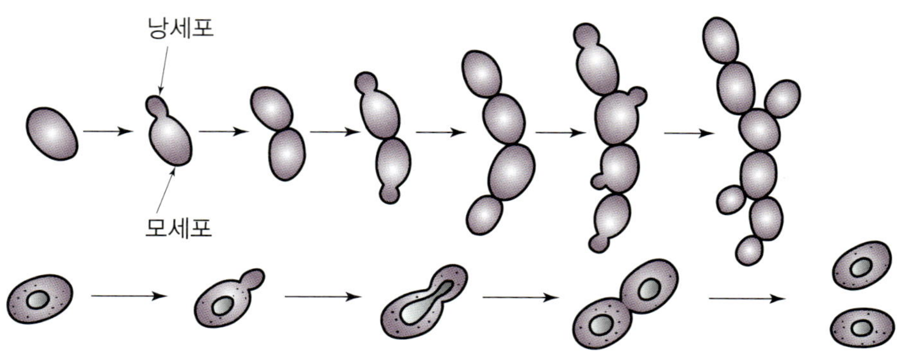

그림 4-3 효모의 구조와 출아증식

(2) 분열법(分裂法, fission)

출아법과는 달리, 세포의 중앙에 격막이 생겨 세포의 원형질이 양분되면서 2개의 세포로 분열하는 방법이다. 이와 같이 분열에 의하여 증식하는 *Schizosaccharomyces*속과 같은 효모를 분열효모(分裂酵母, fission yeast)라고 한다.

또 *Saccharomycodes*속과 같이 출아한 후에 그 끝 부분이 분열하면서 모세포와 떨어지는 출아와 분열의 혼합방식인 출아분열(出芽分裂, bud-fission)에 의해 증식하는 방법도 있다.

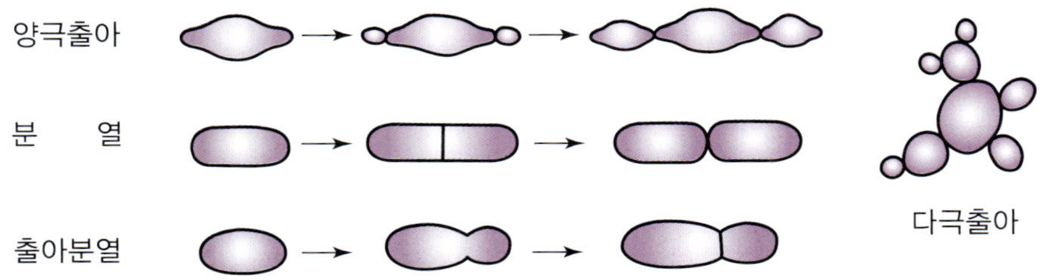

그림 4-4 효모의 영양증식 방법

2. 포자형성

효모는 대부분 출아법이나 분열법으로 증식하지만 생활환경이 불리할 때나 생활환(生活環, life cycle)의 일부로 포자를 형성하기도 한다.

효모는 유포자효모(有胞子酵母, aporogenous yeast)로 자낭포자를 형성하는 포자를 자낭포자효모(ascosporogenous yeast), 담자포자를 형성하는 담자포자효모(擔子胞子酵母, basidiosporogenous yeast) 및 낫형 또는 레몬형의 사출포자(射出胞子, ballistospore)를 형성하는 사출포자효모(射出胞子酵母, ballistosporogenous yeast), 그리고 포자를 만들지 않고 출아 · 증식하는 무포자효모(無胞子酵母, asporogenous yeast)로 대별된다.

이러한 효모의 포자형성은 효모의 분류에 중요한 지표가 된다.

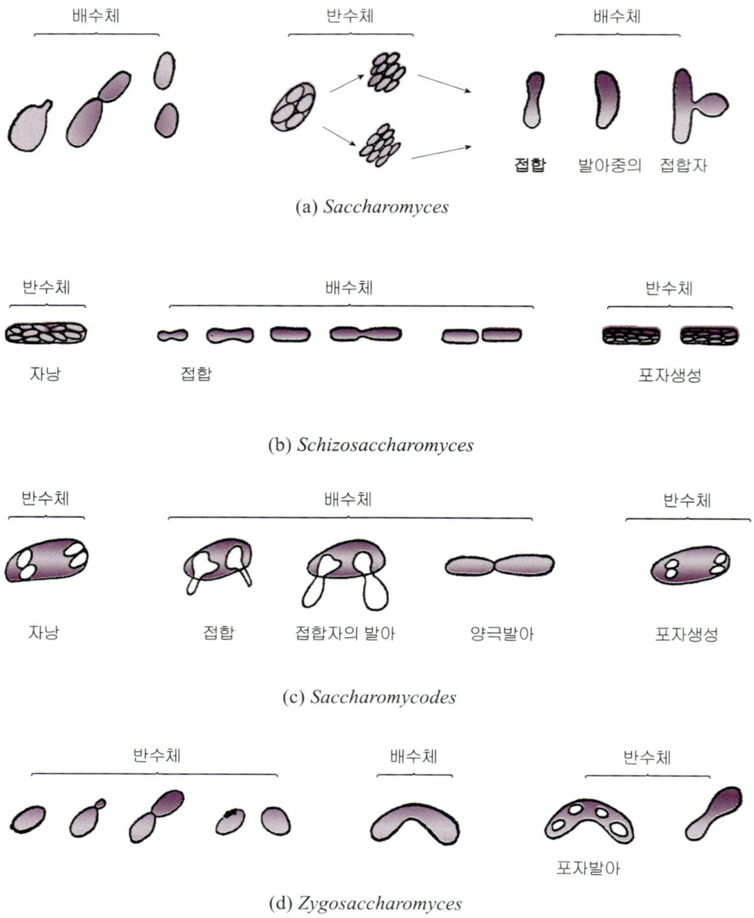

그림 4-5 효자낭포자가 발아한 후 접합하는 효모의 생활환

SECTION 3 효모의 분류

효모의 분류에 기준이 되어 온 Lodder와 Kreger-van Rij의 "The Yeasts, A Taxonomic Study(1952)" 는 1970년 Lodder에 의해 개정되어 2판이 출판되었으며, 1984년에 Kreger-van Rij에 의해 제3판이 출간되었다. 제3판에서는 자낭포자효모(유포자효모)인 자낭균류 33속과 담자포자효모인 담자균류 10속 및 무포자효모 또는 사출포자효모인 불완전균류 17속으로 총 62속, 500여 종으로 분류되고 있다.

효모의 분류 및 동정에는 포자형성의 유무, 포자의 형태, 영양증식법, 유성생식법의 특징, 영양세포의 형태, 탄소원 및 질산염의 동화성, 당류의 발효성, 비타민 요구성, 요소가수분해효소(urease)의 활성 및 기타 여러 가지 배양상의 특징이 이용된다.

1. 자낭포자효모(子囊胞子酵母, ascosporogenous yeast)

(1) *Saccharomyces* 속

각종 주류의 제조 및 제빵 등 발효공업에 이용되는 대부분의 효모가 속하는 가장 중요한 속으로, 알코올 발효력이 강한 것이 많고 당 발효능이 강하다. 다극출아(多極出芽, multilateral budding)로 증식하고, 자낭 속에 1~4개의 구형 및 달걀형의 자낭포자를 형성한다. 알코올효모, 맥주효모, 청주효모, 빵효모 등이 있다.

① *Saccharomyces cerevisiae*

*Saccharomyces*속의 대표균종인 *Saccharomyces cerevisiae*는 영국의 맥주공장에서 분리된 맥주효모로 맥주 주발효가 지나면 액표면에 거품과 함께 떠오르는 상면발효효모(上面醱酵酵母, top fermentation yeast)이다. 맥주나 포도주 등의 각종 주류, 알코올, 빵 등의 제조에 이용되는 등 이용범위가 넓은 효모로 glucose, galactose, maltose, sucrose 및 일부 raffinose를 발효하고 lactose는 발효하지 못한다.

포도주효모인 *Saccharomyces ellipsoideus,* 청주효모인 *Saccharomyces sake*, 고량주효모인 *Saccharomyces manchuricus*와 맥주의 하면발효효모인 *Saccharomyces carlsbergensis* 및 amylo법에 이용되는 *Saccharomyces anamensis* 등의 균종도 Lodder의 'The Yeasts'의 제2판 및 3판에서는 *Sacch. cerevisiae*로 분류되고 있다.

표 4-1 효모의 분류학상 위치

분류 단계	아문(亞門)	강(綱)	목(目)	과(科)	아과(亞科)	주요 屬	
	자낭균류 (Ascomycetes)	반자낭균류 (Hemiascomycetes)	Endomycetales	Spermophthoraceae		*Coccidiascus, Nematospora, Metschnikowia (3)**	자낭포자효모(유포자효모)
				Saccharomycetaceae	Schizosaccharomycoideae	*Schizosaccharomyces (1)*	
					Nadsonioideae	*Hanseniaspora, Nadsonia, Saccharomycodes (4)*	
					Lipomycetoideae	*Lipomyces (1)*	
					Saccharomycetoideae	*Saccharomyces, hansenula, Pichia, Debaryomyces, Zygosaccharomyces Kluyveromyces (24)*	
	담자균류 (Basidiomycotina)		Ustilaginales	Filobasidiaceae		*Chionosphaera, Filobasidium (3)*	
				Teliospore forming yeasts		*Leucosporidium, Rhodosporidium (3)*	담자포자효모
			Tremellales	Sirobasidiaceae		*Fibulobasidium Sirobasidium (2)*	
				Tremellaceae		*Holtermannia, Tremella (2)*	
	불완전균류 (Deuteromycotina)	불완전균류 (Blastomycetes)		Cryptococcaceae		*Candida, Cryptococcus, Oosporidium, Rhodotorula, Sterigmatomyces (15)*	(무포자효모/
				Sporobolomycetaceae		*Sporobolomyces, Bullera (2)*	사출포자효모)

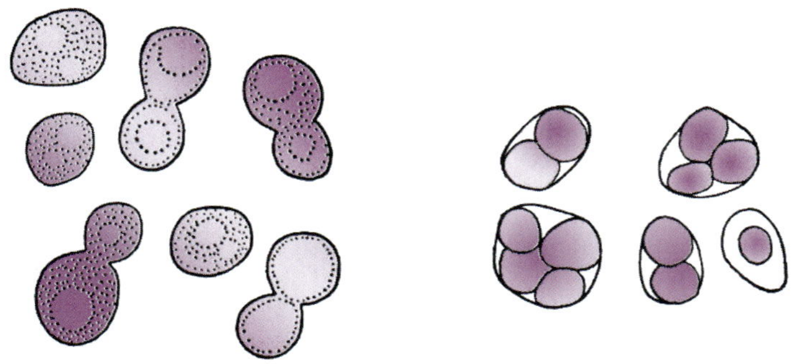

Saccharomyces cerevisiae *Gorodokowa*

그림 4-6 *Saccharomyces cerevisiae*

② *Saccharomyces cerevisiae var. ellipsoideus (Saccharomyces ellipsoideus)*

단독 또는 2개씩 출아 연결되며, 세포는 타원형이다. 포도주 효모로 잘 알려져 있다.

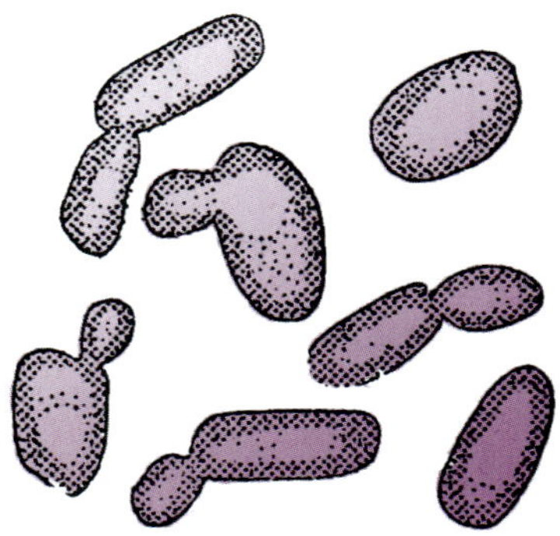

Saccharomyces ellipsoideus

그림 4-7 *Saccharomyces ellipsoideus*

③ *Saccharomyces carlsbergensis*

덴마크의 carlsberg 맥주공장에서 분리한 이후 독일을 비롯한 유럽뿐만 아니라 우리나라에서도 맥주양조에 널리 이용되는 하면발효효모(下面醱酵酵母, bottom fermentation yeast)로, 맥주 주발효의 후반에 균체가 가라앉는다. 멜리비오스(melibiose)를 발효하고, 라피노오스(raffinose)를 완전히 발효하는 것이 상면발효효모와의 큰 차이점이다.

④ *Saccharomyces rouxii*

18% 이상의 고농도 식염이나 jam과 같은 당농도가 높은 곳에서도 잘 견디는 내삼투압성 효모(耐滲透壓性 酵母, osmophilic yeast)인데, 간장 및 된장효모로 알려져 있다. 세포는 구형 또는 난형으로 glucose와 maltose를 발효하지만 galactose, fructose, sucrose는 발효하지 못하며, 알코올 발효력은 약하다.

간장의 독특한 향기에 관여하는 *Zygosaccharomyces soya*와 *Zygosacchromyces major*, 간장에 피막을 형성하는 유해효모인 *Zygosaccharomyces japonicus*와 *Zygosaccharomyces salsus* 등을 Lodder의 〈The Yeasts〉에서는 *Saccharomyces rouxii*로 분류하고 있다.

⑤ *Saccharomyces coreanus*

과거에 탁주효모로 알려진 균종으로, 우리나라의 누룩과 탁주에서 분리한 효모이다. 세포는 구형 · 타원형 · 원통형으로 단독 또는 2개씩 연결되어 있는 것이 많다. maltose와 lactose를 발효하지 못하고, cream색 내지 갈색을 띤 cream색이다.

⑥ *Saccharomyces pastorianus*

맥주나 포도주의 양조 중에 혼입되어 맥주에 불쾌한 냄새와 쓴맛을 주고 청징(淸澄)을 나쁘게 하는 유해효모이다. 세포는 난형 또는 소시지형이며, glucose, maltose, galactose, sucrose, raffinose를 완전히 발효한다.

⑦ *Saccharomyces fragilis*

마유주(馬乳酒, kefir)에서 분리한 효모로, 우유와 유제품에 중요한 효모이다. lactose를 발효하고 maltose를 발효하지 못하며, inulin을 발효한다. 40℃에서 생육이 가능하다. 이와 유사한 효모로 *Saccharomyces lactis*가 있다.

⑧ *Saccharomyces mali-duclaux*

사과주(沙果酒)에서 분리한 상면발효효모로서 사과주에 향기를 준다고 하여 cider-yeast라고도 한다.

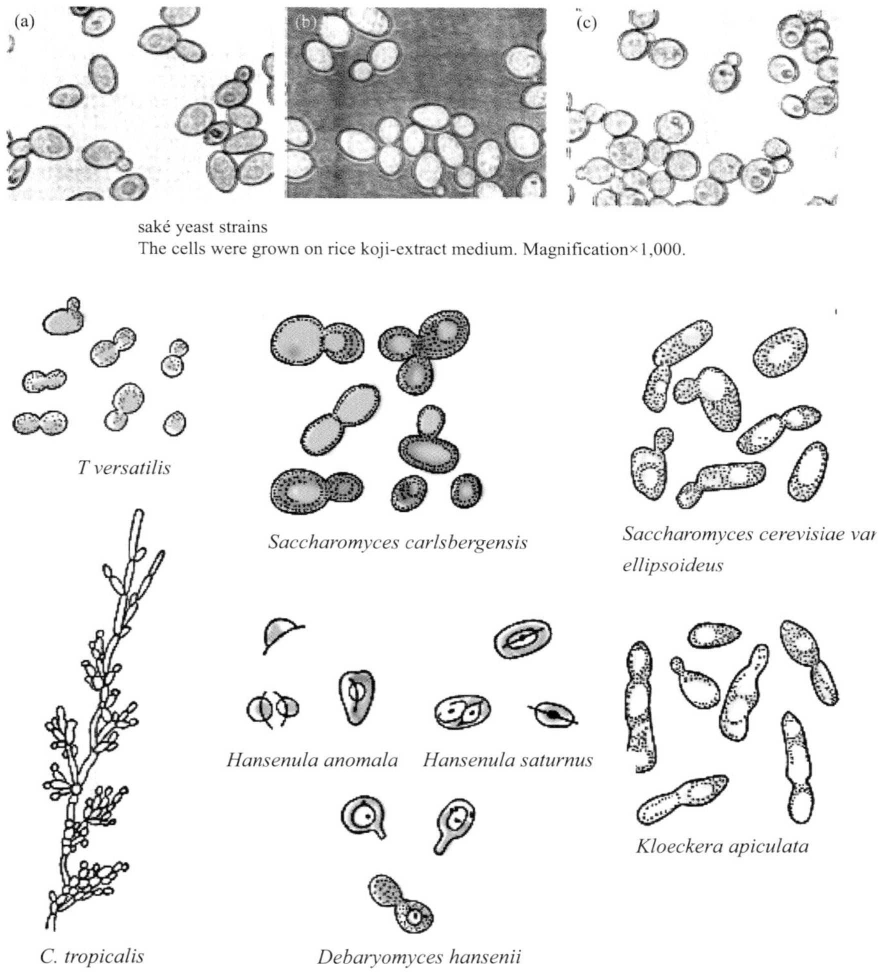

그림 4-8 각종 *Saccharomyces* 속

⑨ *Sacchromyces mellis*

60~70%의 당액에서도 발육하는 내삼투압성 효모로, 벌꿀이나 시럽에 변패를 일으킨다. *Saccharomyces rouxii*와 유사하다.

⑩ *Saccharomyces diastaticus*

맥주를 양조할 때 혼입되면 고형물을 감소시키는 유해효모로, dextrin이나 전분을 분해하여 발효한다.

(2) *Schizosaccharomyces* 속

영양세포는 원통형으로 영양세포의 접합 후 자낭 안에 4~8개의 구형 · 타원형 · 콩팥형 포자를 내생하고, 무성생식으로 세균과 같이 분열에 의하여 증식하며, 분열자를 형성하는 것이 특징이다.

일반적으로 열대과일 · 당밀 · 토양 · 벌꿀 등에서 분리되고, 발효성이 있으며, 생육적온은 37℃로, 다른 효모에 비하여 높다.

① *Schizosaccharomyces pombe*

*Schizosaccharomyces*속의 대표균 종으로 아프리카 토인들이 마시는 pombe라는 옥수수 술에서 분리된 효모이다. 세포는 원통형으로 자낭 속에 4개의 구형 포자를 형성한다. 알코올 발효력이 강하고, glucose, sucrose, maltose는 발효하지만 mannose는 발효하지 못하며, gelatin을 용해하는 상면효모에 속한다.

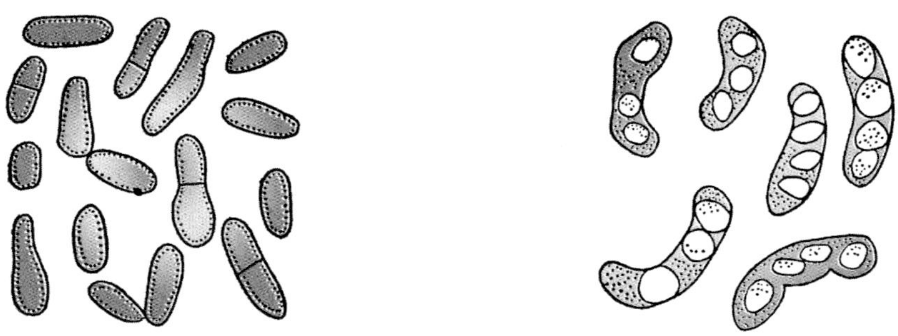

Schizosaccharomyes pombe *Schizosaccharomyes*

그림 4-9 *Schizosaccharomyces pombe*의 영양세포와 포자

② *Schizosaccharomyces octosporus*

건포도에서 분리한 내삼투압성의 효모로, 세포는 구형 또는 둥근 원통형이며, 8개의 자낭포자를 형성한다고 하여 octosporus라고 명명되었다. glucose와 maltose는 발효하나, sucrose와 lactose는 발효하지 못하고, gelatin 용해성이 있다.

③ *Schizosaccharomyces mallacei*

자마이카산 럼주 양조에 사용되는 상면효모로 glucose, sucrose, maltose, mannose를 발효한다.

(3) *Pichia* 속

양조과정에서 주름이 많은 엷은 막을 형성하는 산막효모(film yeast)로 유해균인 것이 많다. 1~4개의 구형 · 반구형 · 모자형 · 토성형 포자를 형성하며, 다극출아를 하고, 위균사를 형성한다. 일부 진균사를 형성하는 것도 있다. *Hansenula*속과 비슷하나 *Hansenula*속은 질산염을 자화하지만 *Pichia*속은 질산염을 자화하지 않는 점이 다르다.

- *Pichia membranaefaciens*

*Pichia*속의 대표균종으로 김치의 표면에 피막을 형성하고, 맥주나 포도주에 유해한 효모이다. ethanol을 소비하고 당 발효성은 없거나 있더라도 glucose를 약하게 발효하며, fumaric acid로부터 대량의 malic acid를 생성하는 fumarase 활성이 강한 균주도 있다.

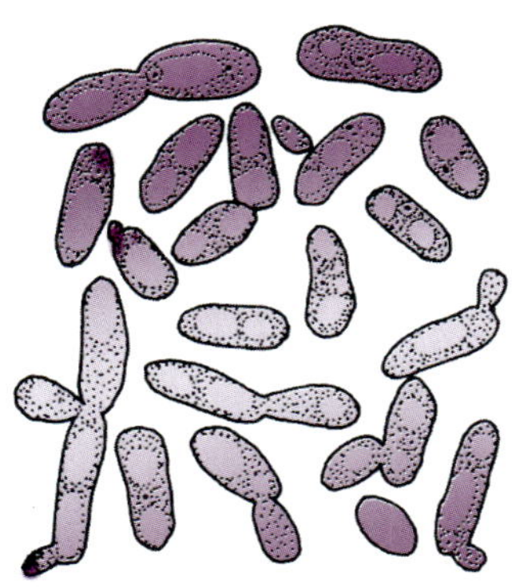

그림 4-10 *Pichia membranaefaciens*의 영양세포

(4) *Hansenula* 속

*Pichia*속과 같이 액체의 표면에 피막을 형성하는 산막효모로, 모자형 · 토성형 · 반구형의 포자를 가지며, 다극출아를 하고, 진균사와 위균사를 형성하기도 한다. 질산염을 자화하는 것으로 *Pichia*속과 구별된다. 일반적으로 알코올로부터 ester를 생성하는 것이 많다.

• *Hansenula anomala*

*Hansenula*속의 대표균종으로, 자연계에 널리 분포한다. 1~4개의 모자형 포자를 형성하며, 야생효모(野生酵母, wild yeasts)로서 과일향과 같은 ester를 생성하고, 청주 등 주류의 후숙(after-ripening)에 관여하는 한편, 양조과정에 혼입하여 표면에 피막을 만들고 알코올을 소비하는 유해균으로도 알려져 있다.

(5) *Debaryomyces* 속

표면에 돌기가 있는 포자를 형성하는 것이 특징인 *Debaryomyces*속은 다극출아를 하며, 일반적으로 모세포(母細胞, mother cell)와 낭세포(娘細胞, daughter cell)의 접합으로 자낭을 형성한다. 발효성은 없거나 매우 약하며, 내염성의 산막효모가 많다. 채소 절임이나 절인 육류에서 흔히 볼 수 있고, 내당성이 강하며, riboflavin을 생성하는 것도 있다.

• *Debaryomyces hansenii*

*Debaryomyces*속의 대표균종으로 호기적 상태에서 저장된 베이컨이나 소시지 등의 육제품에서 점질 물질을 생성한다. 특히 내염성이 강해서 15~24%의 식염농도에서 생육가능하며, 식염에 절인 식품에서 흔히 분리된다.

(6) *Nadsonia* 속

은행나무의 수액(樹液)으로부터 분리되었다. 세포는 타원형, 길쭉한 모양, 때로는 레몬형이다. 양극으로부터 출아분열하여 증식하고, 모세포와 출아세포가 이태접합(異胎接合, heterogamete)을 하여 모세포나 다른 쪽에 생긴 출아세포가 격막으로 구분된 자낭으로 되어 1~2개의 갈색 포자를 형성한다. 피막을 형성하지 않고, 당류 발효성이 있으며, 질산염을 자화하지 못한다. 대표균종으로는 *Nadsonia fulvescens*가 있다.

(7) *Hanseniaspora* 속

덴마크의 토양에서 분리한 효모로 레몬형 · 타원형 또는 길쭉한 모양의 세포를 가지며, 양극출아로 무성생식을 한다. 포자는 처음에 구형이나 나중에는 모자형 또는 띠가 있는 구형으로 된다. 흔히 과일에 착생되는 야생효모로 포도주에 악취를 주고, 알코올을 감소시키며, 휘발산을 증가시키는 유해균으로 apiculate 효모(레몬형 효모)라고도 한다. 포도주 양조 초기에 볼 수 있으며 발효의 경과에 따라 자연 도태된다. glucose를 발효하고, 질산염을 동화하지 못한다. 대표균종으로는 *Hanseniaspora valbyensis*가 있다.

(8) *Saccharomycodes* 속

양극에서 출아분열하는 효모로서 세포는 레몬형이다. 포자는 세포의 접합 없이 형성되며, 포자가 발아할 때 2개가 접합하여 발아하는 경우가 많다. 질산염을 동화하지 못하고, glucose와 sucrose를 발효하나 maltose를 발효하지 못하는 성질을 이용하여 sucrose를 첨가한 맥아즙(mash)에 이 효모를 발효시켜 maltose가 남는 단맛을 가진 술을 만들 수 있다. 떡갈나무의 수액에서 분리한 *Saccharomycodes ludwigii* 한 종만이 이 속에 포함된다.

(9) *Kluyveromyces* 속

다극출아에 의해 증식하며 보통 1~4개의 자낭포자를 형성하나 *Kluyveromyces africanus*와 같이 16개 또는 그 이상의 많은 포자를 형성하는 것도 있다. 유주(乳酒, koumiss)나 요구르트로부터 분리한 *Saccharomyces fragilis*, 우유나 치즈로부터 분리한 *Saccharomyces lactis* 등을 이 속에 포함시켜 *Kluyveromyces fragilis*(*Kluyveromyces marxianus var. marxianus*), *Kluyveromyces lactis*(*Kluyveromyces marxianus var. lactis*)로 바꾸었으며, 이들 효모는 유당을 발효하여 알코올을 생성하는 특징이 있어 유당발효효모로 알려져 있다.

(10) *Endomycopsis* 속

출아에 의해 증식하며, 세포는 위균사나 진균사를 형성한다. 당을 자화하나 당류 발효력은 비교적 약한 편이다.

*Endomycopsis shodatii*는 pectin 분해력이 있으며, 강한 amylase를 분비하는 *Endomycopsis fibuligera*는 포도당 제조에 이용되고 있다.

(11) *Lipomyces* 속

세포가 점성이 있는 협막(莢膜, capsule)으로 싸여 있으며, 발효성은 없고, 독특한 출아세포(出芽細胞, active cell)가 자낭(子囊, ascus)을 형성한다. 오래 배양된 세포는 보통 큰 지방구(脂肪球, fat globule)를 함유하므로 유지효모라고 하여 유지생산균으로 유망시되고 있다. 대표균종으로는 *Lipomyces starkeyi*가 있다.

(12) *Citeromyces* 속

가당연유에서 처음 분리된 효모로 때때로 발효과즙으로부터 분리되기도 한다. 발효성과 내삼투압성의 효모로 다극출아에 의해 증식하며, 자낭에는 주름이 있는 한 개의 자낭포자를 형성한다. *Citeromyces matritensis* 한 균종만이 이 속에 속해 있다.

(13) *Lodderomyces* 속

청량음료에서 분리되는 청량음료 오염균으로 다극출아를 하며, 위균사를 형성한다. 1~2개의 타원형 자낭포자를 형성하며, glucose를 완만하게 발효한다. *Lodderomyces elongisporus*만이 이 속에 속한다.

(14) *Saccharomycopsis* 속

격막이 많은 진균사와 출아세포를 함께 볼 수 있는 효모로 구형 · 토성형 또는 모자형의 포자를 내생하며, 세포 밖으로 amylase를 분비하여 전분을 발효한다. 특히 glucoamylase 활성이 강하다. 각종 발효식품의 starter로 이용되어 인도네시아의 ragi 및 태국의 look pang의 주요균이며, 우리나라의 누룩으로부터도 분리되는 *Saccharomycopsis fibuligera*가 이 속에 속한다.

(15) *Torulaspora* 속

구형 또는 타원형의 세포를 가지며, 영양세포는 주로 반수체로 자낭을 형성하기 전에 세포와 그 출아세포 또는 독립된 두 세포가 접합한다. 다극출아를 하고, 위균사를 형성하기도 하며, 1~4개의 구형 또는 타원형의 포자를 형성한다. 포도나 과즙에서 분리되는 *Torulaspora delbrueckii*가 이 속의 대표균종이다.

(16) *Zygosaccharomyces* 속

*Saccharomyces*속과 같이 구형이나 타원형 또는 원통형의 세포를 가지며, 1~4개의 구형 또는 달걀형의 자낭포자를 형성한다. *Saccharomyces*속과는 달리, 영양세포는 주로 반수체이며, 자낭을 형성하기 전에 독립된 두 세포가 접합하는 것이 특징이다.

간장의 주된 발효효모로, 간장에 독특한 향미를 부여하는 *Zygosaccharomyces rouxii*는 높은 식염농도에서도 생육하는 내염성 효모로 알코올 발효력은 약하고, *Zygosaccharomyces salsus*는 간장표면에 회백색 가루 모양의 피막을 형성하여 간장의 향미를 손상시킨다. *Zygosaccharomyces mellis*는 잼이나 벌꿀 등 당농도가 높은 곳에서 발효하여 그 품질을 저하시킨다.

*Saccharomyces*속과 *Torulaspora*속 및 *Zygosaccharomyces*속은 그 형태나 성질이 유사하여 〈The Yeasts〉 제2판에서는 *Saccharomyces*에 포함되어 있었으나, GC 함량의 차이 등으로 제3판에서는 각각 다른 속으로 분류되고 있다.

2. 담자포자효모(擔子胞子酵母, basidiosporogenous yeast)

(1) *Rhodosporidium* 속

다극출아로 증식하며, 점질성을 가진 균총(菌叢)을 형성한다. 발효성은 없으며, 고체배지에서 오렌지색 또는 분홍색의 carotenoid 색소를 생성한다. 대표균종으로 *Rhodosporidium toruloides*가 있다. 불완전 세대는 *Rhodotorula* 속과 유사하다.

(2) *Leucosporidium* 속

KNO_3과 탄소원의 자화성이 있으며, 소생자(小生子)를 형성한다. *Leucosporidium scottii* 외에 여섯 종이 알려져 있다.

3. 사출포자효모(射出胞子酵母, ballistosporogenous yeasts)

(1) *Bullera* 속

보통 식물에서 분리되는 효모로 사출포자가 좌우대칭의 레몬형인 것이 특징이고, 다극출아를 하며, 위균사를 형성하기도 한다. 백색 또는 크림색의 균총을 가지며, 당을 발효하지 않는다. 식품가공 공장 주변에서 분리되는 *Bullera alba*를 비롯하여 3종이 알려져 있다.

(2) *Sporobolomyces* 속

일반적으로 비대칭의 신장형 또는 낫 모양의 사출포자를 형성하는 것이 특징이다. 다극출아에 의해서 증식하고, 위균사 및 진균사를 형성하기도 한다. 핑크색이나 적색 또는 오렌지색을 띠는 carotenoid 색소를 가지며, 비발효성이다. 식물의 부패에 관여하고, *Sporobolomyces roseus* 외에 8종이 알려져 있다.

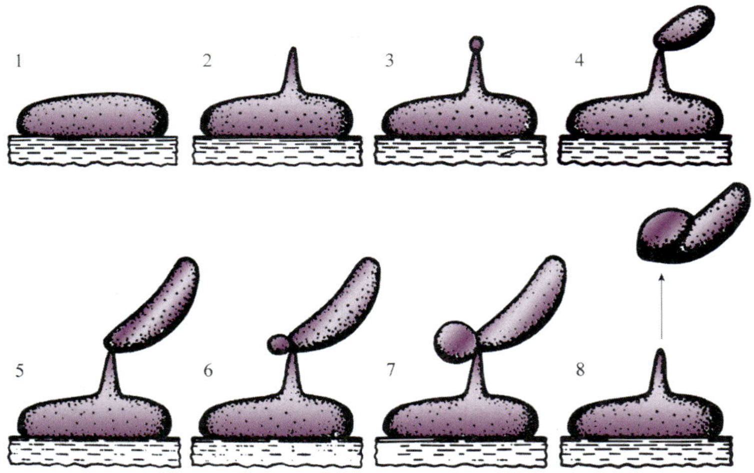

그림 4-11 사출포자의 형성과 그 방출(*Sporobolomyces* 속의 경우)

4. 무포자효모(無胞子酵母, asporogenous yeasts)

(1) *Candida* 속

자연계에 널리 분포하며, 다른 속에 비하여 수가 대단히 많은 균종으로 대부분 다극출아를 하고, 세포는 구형이나 난형 또는 원통형이다. 위균사를 잘 만들며, 균종에 따라 진균사와 후막포자를 형성하기도 한다.

알코올 발효력이 있는 것이 많으며, 세포 내외에 다당류를 생성하여 요오드액에 의해 보라색으로 변색되는 종류도 있다. 최근에는 탄화수소 자화능이 강한 균주가 발견되어 단세포단백질(SCP, single cell protein) 생산균주로 주목되고 있다.

① *Candida utilis*

Xylose를 자화하므로 아황산 펄프폐액 등으로 배양하며, 균체는 사료효모나 이노신산(inosinic acid)의 제조원료로 이용된다. 종전에는 *Torula utilis, Torulopsis utilis, Cryptococcus utilis*라고 불리던 균이다.

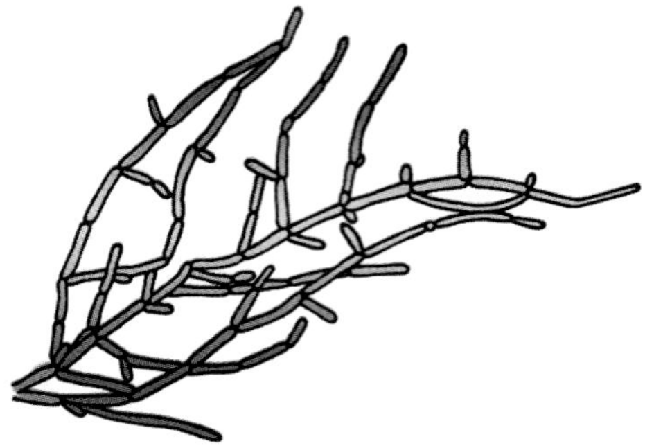

그림 4-12 *C. utilis*의 균사

② *Candida tropicalis*

대표적인 *Candida*속의 효모로, 세포는 크고 짧은 난형으로 위균사를 잘 형성한다. xylose를 잘 동화하므로 사료효모로 사용되며, *Candida lipolytica*와 함께 탄화수소 자화성이 강하여 단세포단백질 제조용의 석유효모로 이용된다.

③ *Candida lipolytica*

버터와 마가린에서 분리되는 효모로, 강한 lipase를 생성한다. 당으로부터 시트르산(citric acid)도 많이 생성하지만, n-paraffin으로부터 대량의 α-ketoglutaric acid나 citric acid를 생성하는 것이 있기 때문에 이들의 공업적인 생산에 이용되고 있다.

④ *Candida guilliermondii*

Riboflavin 생성능이 높은 것으로 알려져 있는 효모로, 세포는 작고 가늘어 길게 분기한 위균사를 형성하며, 수액에서 잘 검출된다.

⑤ *Candida robusta*

*Candida guilliermondii*와 함께 riboflavin 생산균주로 중요한 효모이다. 초산(醋酸, acetic acid)을 단일 탄소원으로 생산한다.

⑥ *Candida versatilis* 또는 *Candida estchellsii*

호염성 효모로, 간장의 방향 생성에 기여하는 후숙(後熟) 효모로 중요하게 생각되고 있다.

⑦ *Candida albicans*

사람의 피부나 점막 등에 Candida증을 일으키는 병원균으로 각종 동물에 기생한다.

(2) *Rhodotorula* 속

Carotenoid 색소를 생성하여 오렌지색 또는 빨간 핑크색을 띠는 균총을 형성하므로 적색효모로 불린다. 원형이나 타원형, 또는 소시지형의 세포를 가지며, 다극출아에 의해 증식하고, 위균사를 형성하기도 한다. 자연계에 널리 분포하여 육류에 착색된 반점을 형성하거나 sauerkraut(소금에 절인 양배추) 등의 침채류에 핑크색으로 착색하는 식품의 오염균이 되는 효모이다. 대부분 점성을 가지며, 당류발효성은 없고, 산화성 자화를 한다. 저온균인 것이 많아 냉장 · 냉동식품에서도 분리된다.

- *Rhodotorula glutinis*

*Rhodotorula*속의 대표균종으로 공기 중에서 잘 검출된다. 통기배양하면 건조균체량의 60%에 달하는 많은 지방으로 축적하므로 *Lipomyces*속과 함께 유지생산균으로 주목되고 있다.

(3) *Torulopsis* 속

대표적인 무포자효모로 작은 구형 또는 난형의 세포를 가진다. 내당성 · 내염성으로 당도나 염도가 높은 곳에서 잘 검출되며, 특히 오렌지 주스나 벌꿀 등의 변패에 관여한다. 위균사를 형성하지 않는 점으로 *Candida*속과 구별하고, 전분유사물질을 생성하지 않는 점으로 *Cryptococcus*속과 구별한다.

- *Torulopsis versatilis*

비교적 작은 구형의 세포를 가지며, 내염성이 강하다. 간장의 덧에 향기를 부여하여 간장발효 후기에 관여하는 *Torulopsis etchellsii*와 함께 유용한 균종으로 알려져 있다.

(4) *Cryptococcus* 속

식물이나 토양 중에 존재하며, 딸기에서 흔히 분리되는 효모로 자외선이나 건조에 대한 저항력이 강하다. 세포는 구형 · 달걀형 또는 길쭉한 모양으로 점성이 있는 협막을 형성하고 있으며, 산성배지에서 전분유사물질을 세포 내에 함유하는 것이 특징이다. carotenoid성 황색을 띠는 것도 있으며, 당 발효성은 없으나 산화성 자화를 한다.

대표균종인 *Cryptococcus neoformans*는 사람이나 가축의 중추신경에 침범하고 기타 폐나 피부에 기생하여 Cryptococcus증을 일으키는 병원성 효모로, 공기 중에서는 잘 검출되지 않는다. 이 외에 carotenoid 색소를 생성하는 *Cryptococcus laurentii*와 pectinase를 생성하는 *Cryptococcus albidus* 등이 있다.

(5) *Brettanomyces* 속

보통 달걀형이지만 흔히 양단이 뾰족한 타원형으로 되는 것이 특징으로, 다극출아를 하고, 위균사를 형성한다.

호기적 조건에서 당으로부터 대량의 아세트산(acetic acid)을 생성하며, 산소가 당 발효를 촉진하는 역 Pasteur효과(negative pasteur effect, custers effect)를 나타낸다. *Brettanomyces bruxellensis*는 이 속의 대표균종으로 상면발효맥주의 후발효에 관여하고, 하면발효맥주 · 포도주 · 청량음료 등에서는 유해균으로 알려져 있다.

(6) *Kloeckera* 속

세포는 레몬형으로 양극출아를 하며, 위균사를 형성하기도 한다. 이 속에 속하는 모든 종이 생육에 비타민을 요구한다. 포도 등의 과일이나 과즙 중에서 흔히 볼 수 있는 대표균종인 *Kloeckera apiculata*는 glucose만을 발효한다.

(7) *Torichospron* 속

다극출아를 하고, 분절포자(分節胞子, arthrospore)를 형성한다. 진균사가 항상 존재하며, 무성의 내생포자(內生胞子, endospore)를 형성하기도 한다.

5. 효모의 생리작용과 영양요구성

효모는 다른 생물이 현성한 물질을 필요로 하며, 가용성의 탄소원, 단백질(아미노산), 무기염류 등을 흡수하여 효모세포의 구성 및 세포증식을 위하여 사용한다. 또한, 효모는 호기적 조건에서 배양할 때, 당류를 완전히 산화분해하는 호흡작용으로 에너지를 얻게 된다.

$$C_6H_{12}O_6+6O_2 \longrightarrow 6CO_2+6H_2O+686kcal(38ATP)$$

효모는 호기성 및 통성혐기성균으로, 혐기적 조건에서는 당류의 산화환원 반응인 발효작용에 의하여 얻으며, 알코올과 CO_2를 생성한다. 이러한 과정을 알코올 발효라고 하며 Neuberg 제1발효형식이 이에 해당된다.

또 효모가 완전한 알코올 발효를 하는 경우, 보통 3% 정도의 glycerine이 부생(副生)되는데, 10배 이상의 glycerine이 생산(1872년 Pasteur)되는 Neuberg의 제2, 3형식이 있다.

Neuberg 제1발효형식 · $C_6H_{12}O_6 \longrightarrow 2C_2H_5OH + 2CO_2 + 58kcal(2ATP)$
(Gay-Lussac식)

Neuberg 제2발효형식 · $C_6H_{12}O_6 \xrightarrow[NaSO_3]{H_2O,\ pH\ 5\sim6} C_3H_5(OH)_3 + CH_3CHO + CO_2$

Neuberg제3발효형식 · $2C_6H_2O_6 \xrightarrow[alkali]{pH\ 8.0} 2C_3H_5(OH)_3 + CH_3COOH + C_2H_5OH + 2CO_2$
($NaHCO_3$, Na_2HPO_4)

노이베르크(Neuberg(1919))는 효모의 발효형식을 3가지로 분류했는데, 제1발효형식은 게이-루삭(Gay Lussac)식이라고도 하며, 정상의 알코올 발효식이다. 제2발효형식은 아황산염을 첨가하여 pH 5~6에서 발효시키면 발생하고, 이때 아황산염은 포촉제(捕促劑, trapping agent)로 작용하여 acetaldehyde(CH_3CHO)와 결합하여 이를 고정하므로 CH_3CHO의 환원이 저해되어 알코올 대신에 glycerol이 생성된다.

또 CH_3CHO가 전부 알코올로 되지 않고 카니자로(Cannizzaro) 반응을 일으켜 초산과 ethanol이 부생되면서 다량의 glycerol이 생성된다. 제3발효형식은 발효액의 pH 8.0($NaHCO_3$, Na_2HPO_4 첨가)로 알칼리성일 때 일어난다.

이와 같이 효모를 당액(발효성당)에서 배양하면 alcohol을 생성하므로 발효공업에서 유용하게 이용하며, 이 대사기구는 1940년대에 더욱 연구되어 EMP(Embden-Meyerhof-Parnas) 경로로 되었다.

또, Hexose 중 glucose, fructose, mannose와 galactose는 양조효모에 의하여 alcohol 발효가 되므로 발효성당(醱酵性糖, zymohexose)이라고 한다.

이당류(disaccharide) 중 sucrose, maltose는 효모에 의해서 발효되지만 삼당류(trisaccharide)인 raffinose는 하면효모(下面酵母, *S. carlsbergensis*)에 의해서 모두 발효되나 상면효모(*S. cerevisiae)*로는 ⅓만 발효한다. 즉, 하면효모는 melibiase(melibiose분해)와, invertase (sucrose분해)를, 상면효모는 invertase만 생산한다.

$$\text{raffinose} = \text{glactose} \xrightarrow{\text{melibiose}} \text{glucose} \xrightarrow[\text{sucrose}]{} \text{fructose}$$

다당류 중에서 전분(starch)과 이눌린(inulin)은 효모에 의해서 직접 이용되지 않는다. 또 공기 중의 질소는 효모가 이용되지 않으며, 무기질소원(황산암모니아, 인산암모니아, 염화암모니아)이 이용되고 질산염은 이용하는 것과 이용하지 못하는 것 때문에 효모의 분류에 응용된다.

또, 유기질소원(요소, 아미노산과 amide, peptone, yeast extract)이 잘 이용된다. 무기염류로는 인산칼륨(KH_2PO_4, K_2HPO_4), $MgSO_4 \cdot 7H_2O$, Fe, Ca, Mn의 미량금속, 생육인자인 biotin, thiamine, inositol, niacin, pantothenic acid, Pyridoxine 등이 잘 이용된다.

Chapter 5

세 균(細菌, bacteria)

세균은 원시핵세포(原始核細胞, procaryotic cell)의 구조를 가진 하등미생물 중에서 남조(藍藻, blue-green alage)를 제외한 미생물이다. 폭이 1μm 내외의 단세포미생물로 분열에 의한 증식이 특징이며, 미생물 중에서 그 크기가 매우 작아서 광학현미경으로 확대하지 않으면 그 형태를 볼 수 없다. 세균은 자연의 공기 · 토양 · 물 등에 널리 분포하며, 그 종류나 수는 대단히 많다.

세균 중에는 일반세균 외에 점액세균(粘液細菌, slime bacteria), 스피로헤타(spirochaeta)가 있으며, 세균과 곰팡이의 중간적 성상을 가진 방선균(放線菌, actinomycetes)도 세균에 포함시킨다.

식품에 이용되는 세균의 일반적 발효미생물을 보면 요구르트 등의 젖산발효세균으로 *Streptococcus,* Lac. Leu. 김치류 등에는 Leu. Lac. Ped. 식초세균인 *Acetobacter*, 청국장류의 *Bac. subtilis*, 아미노산발효세균의 *Corynebacterium*, *Brevibacterium*, 효소 protease Amylase 생산의 *Bacillus* 등이 식품발효에 이용되기도 한다.

SECTION 1 세균의 형태, 크기 및 세포구조

세균은 그 형태에 따라 구형 또는 타원형인 구균(球菌, coccus), 원통형 또는 막대형인 간균(桿菌, bacillus 또는 rods), 그리고 나선형 또는 굽은 형태의 나선균(螺旋菌, spirillum)의 3가지 형태로 나뉘나, 그 형태는 고정된 것이 아니라 배양조건과 배양상태에 따라 달라진다.

세균의 기본형태는 적당한 배지에서 20~24시간 배양한 것을 관찰하는 것이 일반적이다.

1. 세균의 형태

(1) 구균(球菌, coccus)

구균은 분열 후에 세포가 흩어지는 단구균(單球菌, monococcus), 세포가 2개씩 짝을 지어 연결되는 쌍구균(雙球菌, diplococcus), 한쪽 방향으로만 분열하여 길게 연결되어 있는 연쇄상구균(連鎖狀球菌, streptococcus), 두 방향으로 분열하여 연결되는 4연구균(四連球菌, tetracoccus 또는 pediococcus), 3방향으로 분열하여 연결되는 8연구균(八連球菌, octacoccus 또는 sarcina) 및 포도송이처럼 분열방향이 불규칙하게 연결된 포도상구균(葡萄狀球菌, staphylococcus) 등 종류에 따라 특이한 배열을 갖기 때문에 세균의 배열형태는 세균을 분류하는 기준의 하나가 된다. 구균의 세포는 일반적으로 구형이지만 타원형이나 완두콩 모양인 것도 있다.

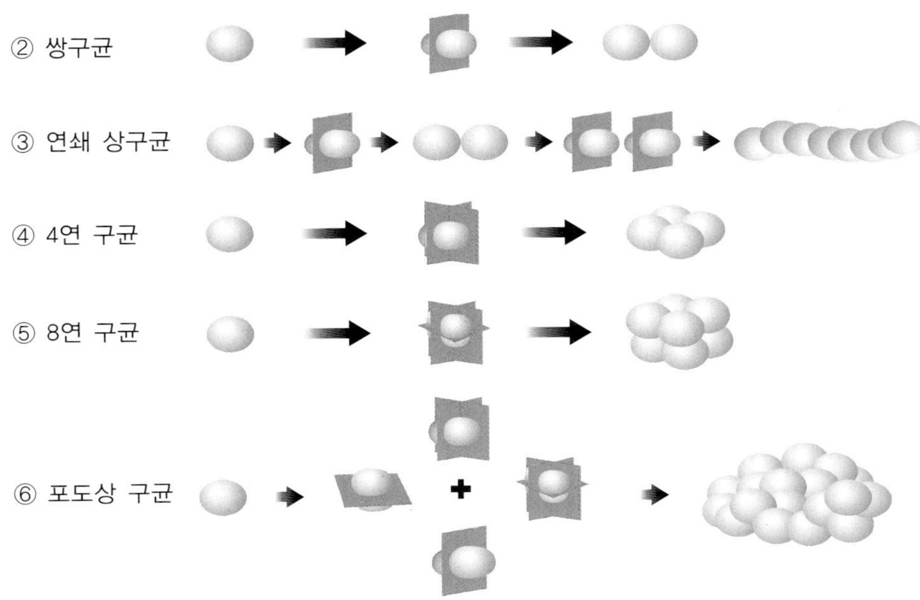

그림 5-1 구균의 분열형태

(2) 간균(桿菌, bacillus)

간균은 크게 그 길이가 폭의 2배 이하로 구균에 가까운 단간균(短桿菌, short rod bacteria)과 길이가 폭의 2배 이상인 장간균(長桿菌, long rod bacteria)으로 구별한다. 간균은 세포의 양끝이 둥근 것이 보통이나, *Bacillus anthracis*와 같이 각이 진 것, 초산균에서 볼 수 있는 예각인 것도 있으며, *Corynebacterium* 속과 같이 세포가 V, Y, L자 모양으로 연결되어 존재하는 것과 *Sphaerotilus* 속과 같이 균초(菌鞘, sheath)에 싸여 균체가 분기한 것처럼 보이는 가성분기(假性分岐, pseudoramification)를 나타내는 균도 있다. 또 포자형성 세균 중에는 포자 때문에 세포의 일부가 팽대하여 중앙이 방추형(紡錐型)처럼 두터워진 clostridium형과 끝이 팽대하여 곤봉처럼 된 plectridium형이 있다.

(3) 나선균(螺旋菌, spirillum)

나선균 중 나선의 정도가 불완전하여 특히 짧은 쉼표 모양을 가진 것을 호균(弧菌, vibrio)이라고 하여 일반 나선균과 구별한다. 분열 중에 모든 나선균은 세포가 흐트러져 배열하는 경우가 없이 나선상으로 연결된다.

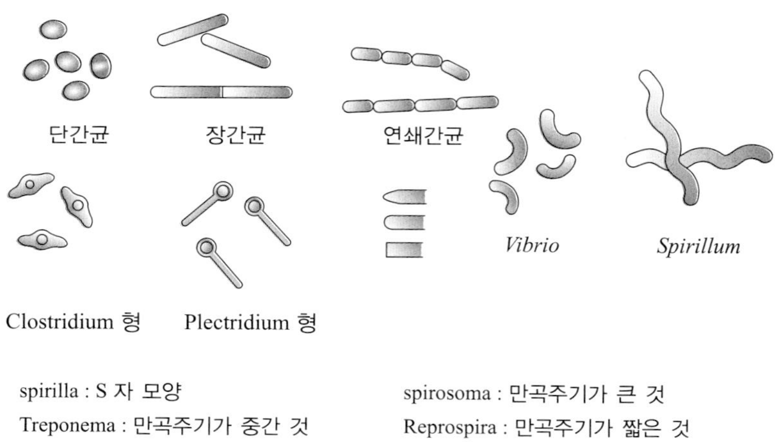

그림 5-2 간균 및 나선균의 형태

2. 세균의 크기

세균의 크기는 광학현미경으로 겨우 볼 수 있는 0.1~0.2㎛의 작은 것부터 폭 10㎛, 길이 40㎛에 이르는 큰 것까지 있다. 그러나 배양조건이나 발육시기에 따라 크기가 달라지고, 흔히 현미경으로 관찰하게 되는 건조, 고정한 염색표본의 경우에는 상당히 수축되어 있는 것이 보통이다. 일반적으로 구균은 0.5~1.0㎛, 간균은 0.5×1.0×3.0㎛ 정도이다. 한 개의 세균세포 중량은 약 10^{-12}g 정도이고, 비중은 물보다 조금 무거운 정도이므로 약 1조(兆) 개의 세균을 한 곳에 모으더라도 그 중량은 1g 정도이며, 그 부피도 1cc 정도에 지나지 않는다.

표 5-1 일반세균의 크기

형 태	균 종	크 기(㎛)
구균	*Streptococcus lactis* *Staphylococcus aureus*	0.5~1.0 0.8~1.0
간균	*Escherichia coli* *Pseudomonas fluorescens* *Bacillus subtilis* *Lactobacillus acidophilus*	0.5×1.0~3.0 0.3~0.5×1.0~1.8 0.7~0.8×2.0~3.0 0.6~0.9×1.5~6.0
나선균	*Vibrio cholerae* *Spirillum volutans*	0.3~0.6×1.0~5.0 1.4~1.7×16.0~28.0

표 5-2 세균세포 구조의 특징

구 조	기 능	화학조성분
편모(flagellum)	운동력	단백질(flagellin)
선모(pilus)	유성적인 접합과정에서 DNA의 이동 통로와 부착기관	단백질(pilin)
협막(또는 점질층) (capsule)	건조와 기타 유해요인에 대한 세포의 보호	다당류나 폴리펩타이드 중합체
세포벽 (cell wall)	세포의 기계적 보호	다른 물질(teichoic acid, lipop oly-saccharide)과의 muco complexs.
세포막(cell membrane)	투과 및 수송능	단백질과 지질
메소솜(mesosome)	세포의 호흡능이 집중된 부위로 추정	단백질과 지질
리보솜(ribosome)	단백질 합성	대부분 RNA와 단백질
세포함유물(또는 액포)	영양원의 저장, 축적	변화가 심하나 대개 탄수화물
핵부위(nucleoid)	세균세포의 유전(genome)	대부분 DNA

표 5-3 그람 양성균과 음성균의 분류

- 세균
  - 그람양성
    - 구 균 (포자, 편모 없음)
    - 간 균
      - 포자, 편모 없음 ······ 티프테이라균, 젖산균, 결핵균, 나균
      - 포자 있음
        - 편모 있음
          - 호기성 ······ 고초균
          - 혐기성 ······ 파상풍균, *Botulinus*균
        - 편모 없음
          - 호기성 ······ 탄저균
          - 혐기성 ······ *Welchii*균
  - 그람음성
    - 구균(포자, 편모, 협막 없음) ······ 임균, 골수염균
    - 간 균
      - 편모 있음
        - 주모 ······ 대장균균, *Salmonella*균
        - 단모 ······ 녹농균
      - 편모 없음 ······ 이질균, 백일해균, 페스트연하감균
    - 나선균 ······ 콜레라, 장염비브리오
    - 스피로헤타 ······ 회귀열보레리아, 매독, 트레포마

표 5-4 식품세균의 분리동정

- 분리균주
  - 아포균 대개는 그람 양성, 운동성
    - 간균
      - 호기성 ········· *Bacillus*속
      - 혐기성
        - Gram 양성 — *Clostridium* 속
        - Gram 음성 — *Desulfotomaculum* 속
    - 구균 ········· *Sporosarcina*
  - 비 아포균
    - 그람 양성
      - 간균 대부분은 비운동성
        - Catalase 양성
          - 균괴체 형성 — 방사선균 ········· *Streptococcus* 속, *Nocardia* 속, *Micromonospora* 속
          - 균괴체 형성하지 않음
            - 간균－간균 ········· *Arthrobacter* 속으로 변함
            - 간균－구균 ········· *Corynebacterium* 속으로 변하지 않음
        - Catalase 음성, 당을 발효 ········· Lactobacillus
      - 구균 비운동성
        - Catalase 음성, 당을 발효
          - 당에서 가스 발생 ···· *Leuconostoc* 속
          - 당에서 가스 발생 하지 않음
            - 간혹 연쇄 ···· *Streptococcus* 속
            - 간혹 사련 ···· *Pediococcus* 속
        - Catalase 양성
          - 당을 발효 ···· *Staphylococcus* 속
          - 당을 발효하지 않음 ···· *Micrococcus* 속
    - 그람 음성
      - 균체색소 생성
        - 당을 발효하지 않음 황, 갈, 적색의 색소 생성 ··············· *Flavobacterium* 속
        - 당을 발효, oxidase 음성 적색 색소 생성 ······························ *Serratia* 속
        - 자색의 색소 생성 ···························· Chromobacterium 속
      - 균체색소 생성하지 않음
        - 비운동성
          - 당을 발효 하지 않음
            - oxidase 양성 ···· *Moraxella* 속
            - oxidase 음성 ···· *Acinetobacter* 속
          - 당을 발효 호염성 ························ *Vibrionaceae*
        - 운동성
          - 당을 발효
            - 극모성 편모 oxidase 양성 ··············· *Vibrionaceae*
            - 주모성 편모 oxidase 양성 ··············· *Enterobacteriaceae*
          - 당을 발효 하지 않음 oxidase 양성
            - 극모성 편모 ··············· *Pseudomonas* 속
            - 주모성 편모 ··············· *Alcaligenes* 속

표 5-5 세균종의 기본적인 분류와 특성

분 류	우세한 형 태	영양 습성	일 반 서식처	O_2요구성 (호기성)	광합성	내생포자 형 성	그람 반응
아세트산 박테리아 (*Acetobacter, Gluconobacter*)	간균 ; 어떤 *Acetobacter*는 과다한 점질층을 형성함	알코올을 섭취하는 것도 있음. 내산성	부패식물	요구	아니다	아니다	음성
Bacillus	간균	다양하다 ; 여러 다른 영양물에 생존	토양	요구	아니다	형성	양성
Clostridium	간균	영양 요구가 다양함	토양	대부분 O_2에 못 견딤	아니다	형성	양성
Corynebacterium	불규칙 형태 ; 이분열로 생식하지 않음 비운동성인 것이 많음	단순 요구	토양, 인체	아니다 ; 그러나 O_2가 존재하면 이용	아니다	아니다	양성
장내 세균 (*E.coli*가 여기에 속함)	간균	단순 유기화합물	어떤 것은 자연적으로 고등동물의 장내에 서식	아니다 ; 그러나 O_2가 존재하면 이용	아니다	아니다	음성
락트산 박테리아 (*Lactobacillus, Streptococcus, Leucononstoc*)	간균 또는 구균	락트산이 영양소비 최종생성물 중 하나 ; 내산성	식물	아니다	아니다	아니다	양성
Pseudomonas	간균	어떤 종은 극히 다양하여 여러 영양물에 생존	토양, 물	요구	아니다	아니다	음성
Rhizobium	간균	콩과식물에서 질소 고정	토양 ; 콩과 식물의 뿌리	요구	아니다	아니다	음성
Zymomonas	간균	글루코오스를 에탄올로 발효	토양	아니다 ; 그러나 다소의 O_2에 견딤	아니다	아니다	음성

3. 세균의 세포구조

세균의 세포는 외측에 세포의 건조와 기타 유해요인에 대하여 세포를 보호하는 협막(莢膜, capsule) 또는 점질층(粘質層, slime layer)과 두껍고 탄성을 가지고 있어 세포를 기계적으로 보호하는 세포벽(細胞壁, cell wall)이 있고, 그 밑에 투과 및 수송에 관여하는 세포막(細胞膜, cell membrane)이 밀착되어 있으며, 세포 내에는 핵(核, nucleus)과 과립(顆粒, granule)을 함유한 콜로이드(colloid)상의 세포질(細胞質, cytoplasm)로 구성되어 있다.

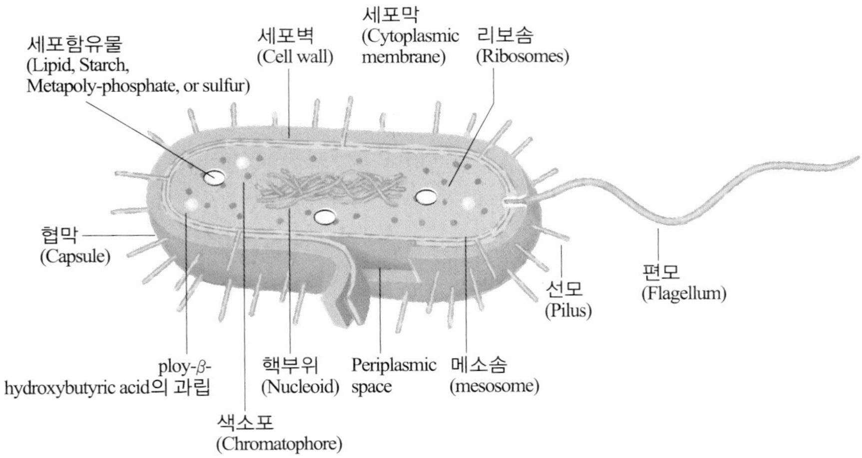

그림 5-3 세균의 세포구조

(1) 협 막(莢膜, capsule)

대부분 세균의 세포벽은 협막 또는 점질층(粘質層, slime layer)이라고 하는 점성물질로 둘러싸여 있는데, 협막은 점질층에 비하여 보다 명확한 구조를 나타내는 말이다. 주로 다당류나 polypeptide 중합체(重合體, polymer)로 구성되어 있는 협막은 세포의 건조를 막고, 기타 유해요인에 대하여 세포를 보호하는 기능을 한다. 협막의 형성이나 양은 세균 세포의 유전적 조성이나 환경에 의하여 달라진다.

(2) 세포벽(細胞壁, cell wall)

주로 mucopeptide(또는 murein, peptidoglycan)로 이루어진 세포벽은 세균 세포의 세포막, 즉 원형질막을 둘러싸고 있는 단단한 막으로 세포를 보호하고 형태를 유지하는 역할을 하며, 리소자임(lysozyme)의 작용을 받는 기질(基質, substrate)이 된다.

그람 양성균은 그람 음성균에 비하여 많은 양의 mucopeptide를 함유하고 있으며, 이 외에도 테이코산(teichoic acid) · 아미노당류 · 단당류 등으로 구성된 mucopolysaccharide를 함유하고 있다. 반면에 그람 음성균의 세포벽은 mucopeptide로 된 내층과 lipopolysaccharide와 lipoprotein으로 된 외층으로 구성되어 있으며, 단백질에는 통상적인 모든 아미노산이 함유되어 있으나 teichoic acid는 존재하지 않는다.

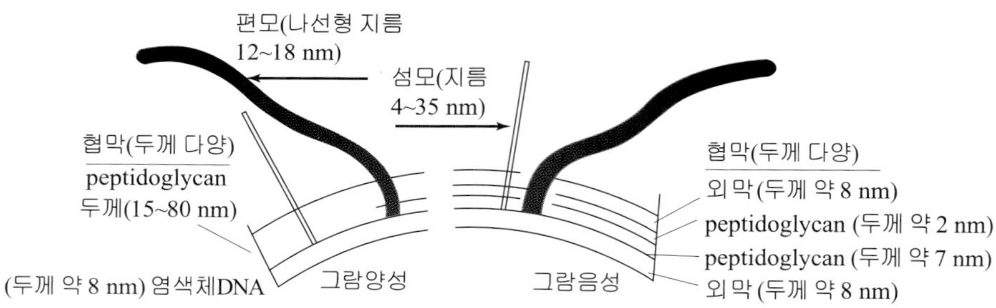

그림 5-4 그람양성균과 음성균의 구조

(3) 편 모(鞭毛, flagellum)

세균은 운동성(motile)의 것과 비운동성(non-motile)의 것으로 나뉘는데, 운동성이 있는 균은 세포의 수축에 의해서 움직이는 특이한 균을 제외하고는 모두 가늘고 긴 털과 같은 모양의 편모를 가진다. 이러한 편모의 유무와 위치 및 수는 세균의 분류에 중요한 지표가 된다.

편모는 착생 위치에 따라 크게 극모와 주모로 나누고, 극모는 다시 단극모(또는 단모)와 속극모(또는 속모) 및 양극모(또는 양모)로 나눈다. 단극모와 속극모는 *Pseudomonas* 속에서 흔히 볼 수 있고, 양극모는 나선균인 *Spirllum* 속에 많으며, *Salmonella, Bacillus* 등은 주모성 편모를 갖는다.

① 극모 (polar flagella)

- 단극모 (monotrichous flagellum)
- 속극모 (lophotrichous flagella)
- 양극모 (amphitrichous flagella)

② 주모 (peritrichous flagella)

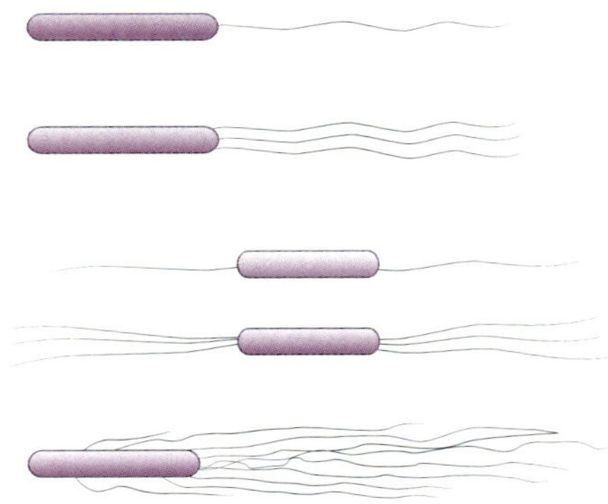

그림 5-5 편모의 종류와 형태

간균에는 종류에 따라 편모가 있는 것과 없는 것이 있고, 나선균은 거의 모두가 편모를 가지고 있으나 구균에는 편모가 있는 것이 드물다. 편모의 길이는 세포의 1.5~2.0배, 굵기는 10~50μm 정도로 특수한 편모염색법을 이용하거나 전자현미경을 이용하지 않으면 관찰이 불가능하다. 편모 수는 균의 종류에 따라 다른데, 수백 개의 편모를 가진 것도 있다. 편모는, 세포에 항상 착생하여 존재하는 것이 아니라, 젊고 발육이 왕성한 시기에만 볼 수 있다. 그리고 환경조건이 나빠지거나 배양이 오래되면 탈락된다.

(4) 선모(線毛, pilus)

선모는 형태적으로 편모와 명확하게 구분되는 균체 조직으로 유성적인 세균의 접합과정에서 웅성세포(雄性細胞)로부터 자성세포(雌性細胞)로의 DNA 이동 통로 역할을 하거나 다른 물체에 부착하는 부착기관으로서의 역할을 한다. 특히 그람 음성균에서 많이 발견된다.

(5) 세포막(細胞膜, cell membrane)

세포벽 바로 밑에서 원형질(原形質, protoplasm)을 둘러싸고 있는 얇은 막인 세포막은 주로 단백질과 지질로 구성되어 있으며, 산소호흡에 관여하는 효소계와 물질의 능동수송(active transport)에 관여하는 투과효소(permease)라고 하는 담체단백(carrier protein)이 함유되어 있어서 세포 속으로 물질을 선택적으로 투과하는 기능과 진핵세포(眞核細胞, eucaryotic cell)의 mitochondria 기능을 수행하는 것으로 알려져 있다.

(6) 핵(核, nucleus)

대부분 DNA로 이루어져 있으며, 유리상태인 단 하나의 DNA가 복잡하게 겹쳐서 원시핵세포의 유전담체(遺傳擔體, genophore)를 형성하고 있다. 세균 세포의 DNA는 자기복제를 하나, 세포 분열은 유사분열(有絲分裂, mitosis)에 의하지 않는다.

(7) 메소솜(mesosome)

그람 양성균인 간균이나 나선균 또는 방선균 등에서 찾아볼 수 있는 기관으로, 세포의 호흡능이 집중되어 있는 부위일 것으로 추정되고 있다.

(8) 리보솜(ribosome)

약 60%의 RNA와 40%의 단백질로 구성된 작은 과립으로, 진핵세포에서와 마찬가지로 단백질을 합성하는 역할을 한다.

(9) 색소포(色素胞, chromatophore)

세균의 광합성 색소와 효소를 포함하고 있는 색소포는 광합성 세균 세포질의 ribosome 속에 분포되어 있다. 주로 단백질과 지질로 구성된 색소포는 건조 균체량의 50% 이상을 차지하는 경우도 있으며, 광합성 색소인 엽록소(葉綠素, chlorophyll)와 carotenoid 및 광화학적인 전자전달계에 관여하는 효소계를 포함하고 있다.

(10) 세포함유물(細胞含有物, inclusion body)

세포는 원형질의 활동에 의하여 2차적으로 생성된 후형질(後形質, metaplasm)을 세포 내에 함유하고 있다. 세균 세포가 물에 용해되지 않는 여러 가지 종류의 후형질을 세포 내에 축적할 경우, 이러한 물질은 세포질 부위에 명확한 과립(顆粒) 또는 유적(油跡)의 형태로 퇴적된다. 그런데 세균 세포가 세포 내에 가지고 있는 후형질은 대개의 경우에 세포의 저장물로 된다.

세균 세포의 저장물질은 그 화학적 조성과 생리학적 기능의 차이에 따라 탄소원 및 에너지원으로서의 역할을 하는 유기중합체(有機重合體, organic polymer), 인산의 저장원으로서의 역할을 하는 볼루틴 과립(volutin granule) 및 황세균(sulfur bacteria)에서 에너지원의 역할을 하는 황의 유적(sulfur droplet)의 3가지 유형으로 구분할 수 있다.

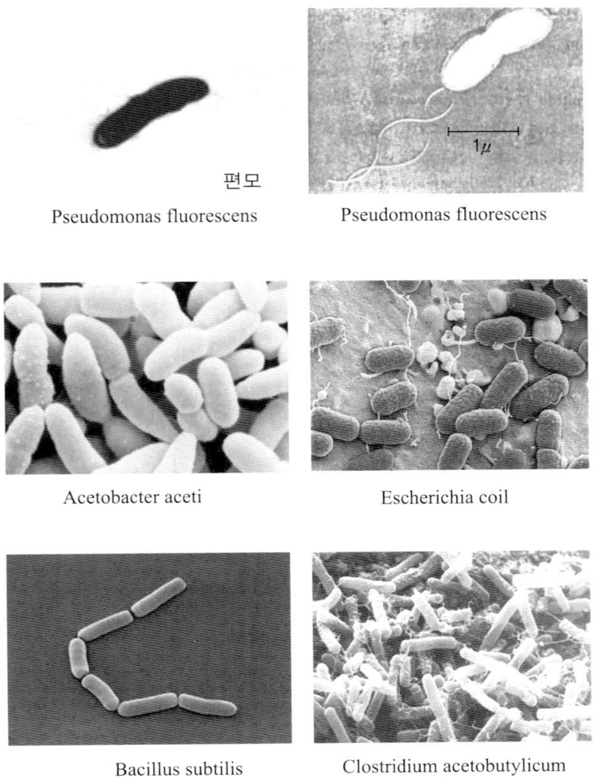

그림 5-6 각종 세균의 형태

SECTION 2 세균의 증식

1. 분열법(分裂法, fission)

세균의 가장 대표적인 증식방법으로, 구균의 경우에는 세포가 타원형으로 된 후에 격막(膈膜, septum)이 생겨 분열(binary fission)되는데, 분열 방향은 1방향(一方向, streptococcus), 2방향(二方向, pediococcus), 3방향(三方向, sarcina), 부정방향(不定方向, staphylococcus) 등 여러 방향으로 진행된다. 간균이나 나선균은 세포 밖의 영양분을 이용하여 세포 내에서 균체성분의 생합성을 하게 되고, 세포가 신장하여 2배 정도로 길어지면 세포의 중앙에 격막이 형성되어 2개의 세포로 분열하며, 분열이 되풀이되어 증식하게 된다.

2. 내생포자 형성(內生胞子形成, endospore forming)

세균의 증식이 진행되어 배양후기가 되거나 영양 등의 환경조건이 나빠지면 세포 내에 외부적 조건에 대한 저항력이 강한 포자를 형성하는데, 이러한 균을 내생포자형성균(內生胞子形成菌, endospore forming bacteria)이라고 한다.

포자를 형성하는 세균은 주로 그람 양성, 운동성의 간균으로 호기성 세균인 *Bacillus*속과 혐기성인 *Clostridium*속이 있으며, 드물게 *Sporosarcina*속과 같은 구균의 것도 있다.

포자가 형성된 세포를 포자낭(胞子囊, sporangium)이라고 하며, 이에 대하여 보통의 균체, 즉 포자를 형성하지 않고 분열번식하여 생장대사를 수행하는 일반적인 세포를 영양세포(營養細胞, vegetative cell)라고 한다. 이러한 세균의 포자형성 유무는 세균 분류학상 중요한 분류 기준이 되고 있다.

포자가 형성된 포자낭의 형태에는 세포의 형태가 변하지 않는 bacillus형, 세포의 중앙이 팽창되는 clostridium형, 그리고 세포의 끝이 팽창되는 plectridium형이 있다. 포자의 형태는 구형 및 타원형이 많고, 보통 한 개의 세포 중앙이나 말단에 한 개의 포자가 형성된다.

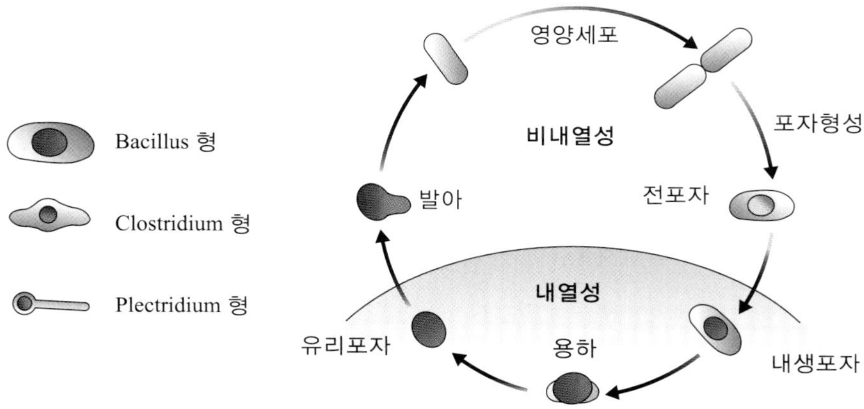

그림 5-7 포자낭의 형태와 내생포자형성균의 생활환

영양세포에 포자가 형성되면 주위의 균체는 자가소화되고 포자는 유리상태로 된다. 포자는 영양세포에 비해 열 · 약품 · 방사선 등에 대한 저항성이 대단히 강하지만, 환경조건이 적당하게 되면 발아하여 다시 영양세포로 되어 생존의 의미를 가져 분열과 증식을 하게 된다.

SECTION 3 세균의 분류

세균은 거의 모든 종류가 세포 분열에 의해서 증식하므로 분열균류(分裂菌類, schizomycetes)라고 불리기도 한다.

세균의 분류법에는

① 균의 형태
② 그람 염색성
③ 산소요구성
④ catalase 활성
⑤ 당 발효성
⑥ 색소 생성 유무
⑦ 편모의 유무 · 형태 및 위치
⑧ 영양요구성
⑨ 호염성 또는 내염성 및 삼투압성
⑩ 포자의 형성 유무 · 형태 및 위치
⑪ 협막의 유무 · 형태 및 위치
⑫ 탄소원 및 질소원의 자화성

등 생리 · 생화학적 성질에 따라 여러 가지 방법이 있다.

그러나 보통 Bergey's Manual of Determinative Bacteriology에 따르는 것이 관례로 되어 있다.

표 5-6 Bergey's Manual of Systematic Bacteriology의 개요

Volume 1	**SECTION 2**
SECTION 1	**Aerobic/Microaerophilic, Motile, Helical/**
The Spirochetes	**Vibrioid Gram-Negative Bacteria**
Order Ⅰ : Spirochaetales	Genus : Spirillum
Family Ⅰ : Spirochaetaceae	Genus : Campylobacter
Genus Ⅰ : Spirochaeta	**SECTION 3**
Family Ⅱ : Leptospiraceae	**Nonmotile(or Rarely Motile), Gram-Negative**
Other Organisms	**Curved Bacteria**
	Family Ⅰ : Spirosomaceae
	Other Genera

SECTION 4

Gram-Negative Aerobic Rods and Cocci

Family Ⅰ : Pseudomonadaceae
Genus Ⅰ : Pseudomonas
Genus Ⅱ : Xanthomonas
Genus Ⅳ : Zoogloea
Family Ⅱ : Azotobacteraceae
Genus Ⅰ : Azotobacter
Genus Ⅱ : Azomonas
Family Ⅲ : Rhizobiaceae
Genus Ⅰ : Rhizobium
Family Ⅳ : Methylococcaceae
Genus Ⅱ : Methylomonas
Family Ⅴ : Halobacteriaceae
Genus Ⅰ : Halobacterium
Genus Ⅱ : Halococcus
Family Ⅵ : Acetobacteraceae
Genus Ⅰ : Acetobacter
Genus Ⅱ : Gluconobacter
Family Ⅶ : Legionellaceae
Family Ⅷ : Neisseriaceae
Genus Ⅰ : Neisseria
Genus Ⅱ : Moraxella
Genus Ⅲ : Acinetobacter
Other Genera
Genus : Flavobacterium
Genus : Alcaligenes

SECTION 5

Facultatively Anaerobic Gram-Negative Rods

Family Ⅰ : Enterobacteriaceae
Genus Ⅰ : Escherichia
Genus Ⅱ : Shigella
Genus Ⅲ : Salmonella
Genus Ⅳ : Citrobacter
Genus Ⅴ : Klebsiella
Genus Ⅵ : Enterobacter
Genus Ⅶ : Erwinia
Other Genera of the Family Enterobacteriaceae
Family Ⅱ : Vibrionaceae
Genus Ⅰ : Vibrio
Genus Ⅱ : Photobacterium
Genus Ⅲ : Aeromonas
Family Ⅲ : Pasteurellaceae
Genus Ⅰ : Pasteurella

Other Genera

Genus : Zymomonas
Genus : Chromobacterium

SECTION 6

Anaerobic Gram-Negative Straight, Curved and Helical Rods

Family Ⅰ : Bacteroidaceae
Genus Ⅰ : Bacteroides

SECTION 7

Dissimilatory Sulfate-or Sulfur-Reducing Bacteria

Genus : Desulfovibrio

SECTION 8

Anaerobic Gram-Negative Cocci

Family Ⅰ : Veillonellaceae

SECTION 9

The Rickettsias and Chlamydias

Order Ⅰ : Rickettsiales
Family Ⅰ : Rickettsiaceae
Tribe Ⅰ : Rickettsieae
Tribe Ⅱ : Ehrlichieae
Tribe Ⅲ : Wolbachieae
Family Ⅱ : Bartonellaceae
Family Ⅲ : Anaplasmataceae
Order Ⅱ : Chlamydiales
Family Ⅰ : Chlamydiaceae

SECTION 10

The Mycoplasmas

Order Ⅰ : Mycoplasmatales

Family Ⅰ : Mycoplasmataceae

Family Ⅱ : Acholeplasmataceae

Family Ⅲ : Spiroplasmataceae

Other Genera

SECTION 11

Endosymbionts

A : Endosymbionts of Protozoa

B : Endosymbionts of Insects

C : Endosymbionts of Fungi and Invertebrates other than Arthropods

Volume 2

SECTION 12

Gram-Positive Cocci

Family Ⅰ : Micrococcaceae

Genus Ⅰ : Micrococcus

Genus Ⅳ : Staphylococcus

Family Ⅱ : Deinococcaceae

Other Genera

Genus : Streptococcus

Lactic Acid Streptococci

Genus : Leuconostoc

Genus : Pediococcus

Genus : Aerococcus

Genus : Sarcina

SECTION 13

Endospore-forming Gram-Positive Rods and Cocci

Genus : Bacillus

Genus : Sporolactobacillus

Genus : Clostridium

Genus : Desulfotomaculum

Genus : Sporosarcina

SECTION 14

Regular, Nonsporing, Gram-Positive Rods

Genus : Lactobacillus

Genus : Brochothrix

SECTION 15

Irregular, Nonsporling, Gram-Positive Rods

Genus : Corynebacterium

Genus : Arthrobacter

Genus : Brevibacterium

Genus : Microbacterium

Genus : Cellulomonas

Genus : Propionibacterium

Genus : Eubacterium

Genus : Actinomyces

Genus : Bifidobacterium

SECTION 16

The Mycobacteria

Family : Mycobacteriaceae

Genus : Mycobacterium

SECTION 17

Nocardioforms

Genus : Nocardia

Volume 3

SECTION 18

Anoxygenic Phototrophic Bacteria

Purple bacteria

Family Ⅰ : Chromatiaceae

Family Ⅱ : Ectothiorhodospiraceae

Purple Nonsulfur Bacteria

Green Bacteria

Green Sulfur Bacteria

Multicellular, Filamentous, Green Bacteria

Genera Incertae Sedis

SECTION 19

Oxygenic Photosynthetic Bacteria

Group Ⅰ : Cyanobacteria

Subsection Ⅰ : Order Chroococcales

Subsection Ⅱ : Order Pleurocapsales

Subsection Ⅲ : Order Oscillatoriales

Subsection Ⅳ : Order Nostocales
Subsection Ⅴ : Order Stigonematales
Group Ⅱ : Order Prochlorales
Family : Prochloraceae
Other taxa
SECTION 20
Aerobic Chemolithotrophic Bacteria and Associated, Organisms
A : Nitrifying bacteria
Family : Nitrobacteraceae
Genus Ⅰ : Nitrobacter
Genus Ⅱ : Nitrosomonas
Genus Ⅲ : Nitrosococcus
B : Colorless Sulfur Bacteria
Genus : Thiobacterium
Genus : Thiobacillus
C : Obligate Hydrogen Bacteria
D : Iron and Manganese Oxidizing and/or Depositing bacteria
Family : Siderocapsaceae
E : Magnetotactic Bacteria
SECTION 21
Budding and/or Appendaged Bacteria
Ⅰ : Prosthecate Bacteria
A : Budding Bacteria
B : Bacteria that divide by binary transverse fission
Ⅱ : Nonprosthecate Bacteria
A : Budding Bacteria
B : Nonbudding, Stalked Bacteria
Genus : Gallionella
C : Other Bacteria
SECTION 22
Sheathed Bacteria
Genus : Sphaerotilus
Genus : Leptothrix
SECTION 23
Nonphotosynthetic, Nonfruiting, Gliding Bacteria
Order Ⅰ : Cytophagales
Family : Cytophagaceae
Order Ⅱ : Lysobacterales
Family : Lysobacteraceae
Order Ⅲ : Beggiatoales
Family : Beggiatoaceae
Other families and genera
Family : Simonsiellaceae
Family : Pelonemataceae
Other genera
SECTION 24
Fruiting, gliding, Bacteria : The Myxobacteria
Order : Myxococcales
Family Ⅰ : Myxococcaceae
Family Ⅱ : Archangiaceae
Family Ⅲ : Cystobacteraceae
Family Ⅳ : Polyangiaceae
SECTION 25
Archaebacteria
Group Ⅰ : Methanogenic Archaebacteria
Order Ⅰ : Methanobacteriales
Family Ⅰ : Methanobacteriaceae
Family Ⅱ : Methanothermaceae
Order Ⅱ : Methanococcales
Family : Methanococcaceae
Order Ⅲ : Methanomicrobiales
Family Ⅰ : Methanomicrobiaceae
Family Ⅱ : Methanosarcinaceae
Other taxa
Family : Methanoplanaceae
Other genus
Group Ⅱ : Archaeobacterial Sulfate Reducers
Order : Archaeoglobales
Family : Archaeoglobaceae

Group Ⅲ : Extremely Halophilic Archaebacteria

Order : Halobacteriaceae

Group Ⅳ : Cell Wall-lass Archaebacteria

Group Ⅴ : Extremely Thermophilic S0-Metabolize rs

Order Ⅰ : Thermococcales

Family : thermococcaceae

Order Ⅱ : Thermoproteales

Family Ⅰ : Thermoproteaceae

Family Ⅱ : Desulfurococcaceae

Order Ⅲ : Sulfolobales

Family : Sulfolobaceae

Volume 3

SECTION 26

Nocardioform Actinomycetes

Genus : Nocardia

SECTION 27

Actinomycetes with Multilocular Sporangia

SECTION 28

Sctinoplanetes

SECTION 29

Streptomycte and Related Genera

Genus : Streptomyces

SECTION 30

Maduromycetes

SECTION 31

Thermomonospora and Related Genera

Genus:Thermomonospora

SECTION 32

Thermoactinomycetes

SECTION 33

Other Genera

표 5-6 그람양성균과 음성균의 분류

	세포	운동성과 편모착생상태	산소 요구도	포자	기타 특징	추정되는 속
그람 양성균	구균	없음	호기성	없음	당의 분해는 약함 당을 염기적으로 분해	*Micrococcus* *Staphylococcus*
			미호기성	없음	세포는 연쇄상이며 당에서 젖산을 생성함	*Streptococcus* *Leuconostoc*
		있음	호기성	없음		*Planococcus* *Sporosarcina*
	간균	거의 없음	미호기성	없음	당에서 젖산을 생성함 propionic acid 발효	*Lactobacillus* *Propionibacterium*
			호기성	없음	여러 모양으로 됨	*Corynebacterium* *Arthrobacter*
		주편모 또는 없음	호기성 혐기성	있음 있음		*Bacillus* *Clostridium*
그람 음성균	구균	없 음	호 기 성			*Neisseria*
			혐 기 성			*Veillonella*
	간균	주편모	통성혐기성		당을 발효적으로 분해	*Escherichia* *Erwinia* *Enterobacter* *Serratia*
			호 기 성		질소 고정 공생적 질소고정 식품암(癌)을 형성 당의 분해가 특히 미약 알코올을 강하게 산화함	*Azotobacter* *Rhizobium* *Agrobacterium* *Achromobacter* *Alcaligenes* *Flavobacterium* *Acetobacter*
	나선균	극편모	호 기 성 혐 기 성		세포는 콤마 모양 세포는 나선 모양	*Vibrio* *Spirillum*

1880년 Chrsitina gram이 고안한 방법인 그람 염색(gram's stain)은 세균을 분류하는 가장 중요한 염색법으로, 염색이 되는 것을 그람 양성균(gram positive bacteria), 염색되지 않는 것을 그람 음성균(gram negative bacteria)이라고 한다.

이러한 염색성의 차이에 관해서는 아직 확실하게 규명하지 못하고 있지만, 어떤 종류의 ribo핵 단백질의 존재가 그람 염색성을 결정하게 되는 것이라고 추측되고 있다. 염색성이 다른 세균에서는 세포벽의 화학적 조성, 항생물질에 대한 감수성 등 여러 가지 성질에 있어서 현저한 차이점을 나타내고 있다.

대표적인 그람 양성균으로는 *Streptococcus lactis, Staphylococcus aureus, Lactobacillus acidophilus, Bacillus subtilis* 및 파상풍균인 *Clostridium tetani*가 있고, 그람 음성균으로는 대장균인 *Escherichia coli,* 티푸스균인 *Salmonella typhi,* 콜레라균인 *Vibrio cholerae* 및 녹농균인 *Pseudomonas aeruginosa*가 있다.

1. 젖산균 (乳酸菌, lactic acid bacteria)

당류를 발효하여 대량의 젖산(乳酸, lactic acid)을 생성하는 세균을 총칭하는 젖산균은 치즈, 버터, 요구르트, 젖산균음료, 김치, ensilage 및 젖산의 제조, 간장의 양조 등에서 중요한 역할을 한다.

정장제(整腸劑), dextran 제조 및 아미노산이나 비타민의 미생물정량(微生物定量, microbioassay) 등에도 이용되며, 포도주 · 맥주 · 청주 등의 주류나 우유와 같은 식품의 변패 원인이 되기도 하는 중요한 미생물이다.

젖산균은 그람 양성균으로 포자를 형성하지 않으며, 비운동성이고, catalase음성의 통성혐기성균이다. 색소를 생성하지 않는 구균 또는 간균으로 당을 발효하여 젖산이나 젖산 이외의 부산물을 생성한다. 또 생육을 위한 영양요구성이 복잡하여 비타민 B군, 각종 아미노산, purine 및 pyrimidine을 요구한다.

주요 젖산균에는 구균인 *Streptococcus, Leuconostoc, Pediococcus*속과 간균인 *Lactobacillus*속이 있으며, 젖산 생성적온은 35~50℃ 범위이다.

젖산균은 당으로부터 젖산만을 생성하고 그 외의 부산물은 생성하지 않는 정상발효젖산균(正常醱酵乳酸菌, homo lactic acid bacteria)과 젖산 이외에 ethanol, 초산, CO_2 등의 여러 가지 부산물을 생성하는 이상발효젖산균(異常醱酵乳酸菌, hetero lactic acid bacteria)의 2종류가 있다.

Homo형

$$\underset{\text{Glucose}}{C_6H_{12}O_6} \xrightarrow[\text{(MW 180)}]{} \underset{\text{Lactic acid}}{2CH_3 \cdot CHOH \cdot COOH} \quad (\text{MW } 2\times90=180)$$

Hetero형

$$C_6H_{12}O_6 \longrightarrow \underset{\text{Lactic acid}}{2CH_3 \cdot CHOH \cdot COOH} \cdot \underset{\text{Ethanol}}{C_2H_5OH} \cdot CO_2$$

$$\underset{\text{Glucose}}{2C_6H_{12}O_6} \longrightarrow \underset{\text{Lactic acid}}{2CH_3 \cdot CHOH \cdot COOH} + \underset{\text{Ethanol}}{C_2H_5OH} \cdot \underset{\text{Acetic acid}}{CH_3COOH} + 2CO_2 + 2H_2$$

*Streptococcus*속, *Pediococcus*속, *Sporolactobacillus*속은 모두 호모형 젖산균이며, *Leuconostoc*속은 헤테로형 젖산균이고, *Lactobacillus*속은 균종에 따라 호모형과 헤테로형의 것 2가지가 있다.

*Leuconostoc*속이나 *Lactobacillus*속의 헤테로 젖산균은 만니톨 탈수소효소(mannitol dehydrogenase)라는 효소를 가지고 있어서 fructose를 발효하여 acetic acid와 함께 mannitol을 생성한다.

$$\underset{\text{Glucose}}{3C_6H_{12}O_6} + H_2O \longrightarrow \underset{\text{Mannitol}}{2C_6H_{14}O_6} + \underset{\text{Lactic acid}}{CH_3 \cdot CHOH \cdot COOH} + \underset{\text{Acetic acid}}{CH_3COOH} + CO_2$$

Pentose를 발효하는 경우에는 호모형 젖산균이나 에테르형 젖산균 모두가 젖산과 초산을 생성한다.

$$\underset{\text{Pentose}}{C_5H_{10}O_5} \longrightarrow \underset{\text{Lactic acid}}{CH_3 \cdot CHOH \cdot COOH} \cdot \underset{\text{Acetic acid}}{CH_3COOH}$$

*Streptococcus*속은 L-형 젖산을 생성하고, *Leuconostoc*속은 D-형 젖산을 생성하며 *Pediococcus*속은 DL-형 젖산을 생성하는 등 젖산균의 종류에 따라서 다른 형태의 젖산을 생성한다.

또 *Rhizopus oryzae* 곰팡이는 L-형 젖산만을 생성하는데, 이 곰팡이를 이용하여 인체에서 대사되는 L-젖산만을 공업적으로 발효생산하는 방법이 연구되고 있다.

표 5-8 주요 젖산균속의 특징과 젖산 생성량

젖산균속	세포의 형태 및 배열	Glucose의 발효형식	GC함량(mole%)
Streptococcus	연쇄상구균	Homo형	34~46
Leuconostoc	연쇄상구균	Hetero형	38~41
Pediococcus	4연구균	Homo형	34~42
Lactobacillus	연쇄상간균	Homo형 Hetero형	32~53 34~53

표 5-9 젖산 생성량(%)

Sc. lactis	0.8~1.2	*L. bulgaricus*	1.8~3.0
Sc. thermophilus	0.8~1.0	*L. acidophilus*	1.8~2.0

표 5-10 호모형 및 헤테로형 젖산균의 생리적 성질

homo형 발효균 당에서 젖산만을 생성		hetero형 발효균 당에서 DL젖산, 초산, 에탄올, CO_2 등을 생성	
Thermobacterium 45℃에서 증식, 15℃ 이하에서 비발육, 생육적온 37~45℃, 좌선성~racemi체 젖산생성	Streptobacterium 45℃에서 발육 ±15℃에서 발육, 생육적온 25~30℃ 우선성~racemi체 젖산생성	당발효성은 약하다. 알코올 내성 : 15~18% 잘 알려져 있지 않음.	
L. acidophilus *L. bulgaricus* **L. delbriieckii* *L. helveticus* *L. jensenii* *L. lactis* **L. leichmannii* *L. salivarius*	*L. curvatus* *L. casei* *L. coryneformis* *L. homohiochii* *L. plantarum* *L. xylosus*	**L. brevis* *L. buchneri* *L. cellobiosus* *L. coprophilus* *L. fermentum* *L. viridescens*	*L. desidiosus* *L. fructovorans* *L. heterohiochii* **L. hilgardii* **L. trichodes*

* 유당을 발효하지 못하는 균

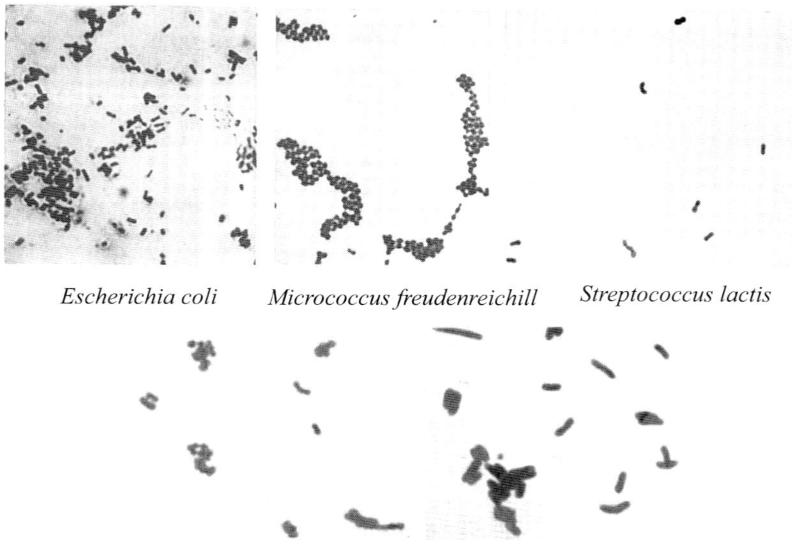

Escherichia coli *Micrococcus freudenreichill* *Streptococcus lactis*

Leuconostoc mesenteroides *Lactobacillus plantarum*

그림 5-8 젖산균의 형태

(1) *Streptococcus* 속

균종이나 조건에 따라 쌍구균 또는 짧거나 긴 연쇄상 구균의 형태를 나타내는 *Streptococcus*속은 catalase 음성의 통성혐기성균이다. *Streptococcus*속 균종은 yogurt, cheese, ensilage 등의 생산에 관여하고 있는 한편으로 동물의 구강 · 기도 · 장관 · 비뇨기 등 체내에 기생하는 병원균이기도 한다. 우유, 유제품, 냉동식품, 건조식품 이외에 식물의 표피에서도 분리된다.

① *Streptococcus thermophilus*

고온으로 커드를 가열하는 cheese 제조에 있어서 중요한 균으로 *Lactobacillus delbrueckii subsp. bulgaricus*와 함께 예로부터 요구르트 제조에 이용되고 있다. 비교적 내열성이어서 소의 분변이나 침에서 유해되는 *Streptococcus bovis*와 함께 저온살균된 우유에서 볼 수 있다. 이들 균은 45℃에서 생육할 수 있고, 10℃에서 생육하지 않는다.

② *Streptococcus lactis*

*Streptococcus lactis*는 10℃에서 생육할 수 있으나, 45℃에서는 생육할 수 없다. *Streptococcus lactis*로 통합된 *Streptococcus cremoris*는 치즈 및 일부 요구르트를 제조 시에 starter로 *Leuconostoc*속 세균과 함께 이용되는 한편, 원료유의 산패에 관여하고 있다. 이들 젖산균의 내염성은 2~4% 이하이므로 김치와 같은 소금에 절인 배추의 발효에서는 볼 수 없다. *Streptococcus lactis*에 통합된 *Streptococcus diacetilactis*는 구연산을 분해하여 우유발효 시에 향기성분이 되는 diacetyl을 생성하는 것으로 유명하다.

③ *Streptococcus agalactiae* 및 *Streptococcus pyogenes*

*Streptococcus agalactiae*는 용혈균(溶血菌)으로, 소의 유선염(乳腺炎)의 원인이 되는 균이며, *Streptococcus pyogenes*는 사람의 후두염과 성홍열(猩紅熱)의 원인균이다. 이들 세균은 10℃ 이하, 45℃ 이상에서는 생육할 수 없고, 원료유(原料乳)에서 볼 수 있다.

④ *Streptococcus faecalis* 및 *Streptococcus faecium*

*Streptococcus faecalis*는 사람이나 동물의 장관에 서식하는 장구균의 일종이며, *Streptococcus faecium*도 비슷한 균이나 *Streptococcus faecalis*가 보다 내열성이다. *Streptococcus faecalis*는 사람의 장관에서 유래되는 데 비해, *Streptococcus faecium*은 식물에서 유래되는 경우가 많다. 이들 장내세균은 10℃와 45℃에서 생육한다. 그리고 다른 *Streptococcus*균과는 달리, 비교적 내열성으로 저온살균 후에도 생존한다. 내염성은 6.5% 이상으로 강하고, pH 9.6에서도 생육할 수 있으며, 그 생육 온도범위도 넓어서 5~8℃에서 생육할 수 있는 것도 있고, 대부분 48~50℃에서도 증식한다.

*Streptococcus faecalis*는 젖산균 제제나 미생물 정량에도 이용되고, 배설물에 의한 식품오염이나 공장의 위생상태의 지표로 이용되기도 한다. 이들은 낙농제품에서도 생존할 수 있고, 식품용기나 장치를 오염시킬 수도 있다.

(2) *Pediococcus* 속

단구균, 쌍구균, 짧은 연쇄상 또는 4연구균의 상태로 존재하는 *Pediococcus* 속은 카탈라아제(catalase) 음성, 미호기성 젖산균이다. 당으로부터 0.5~0.9%의 젖산을 주로 생성하며, 식염농도 5.5%까지 잘 증식하고 약 10%까지는 대단히 완만하게 증식한다. 증식 온도범위는 약 7~45℃이며, 25~32℃에서 가장 잘 증식한다. 소금에 절인 채소의 발효 시에 볼 수 있으며, 알코올 음료의 부패에 관여한다.

① *Pediococcus damnosus*

*Pediococcus cerevisiae*로 불리던 균으로, 맥주양조에 있어서 diacetyl을 생성하는 유해균이다.

② *Pediococcus halophilus*

간장 덧에 존재하는 균으로 20% 이상의 식염농도에서도 발효하여 간장양조에 있어서 중요한 호염성 젖산균이다.

(3) *Leuconostoc* 속

두 개 또는 연쇄상으로 연결되어 존재하는 균으로, 최적 생육온도는 20~30℃이다. hetero형 젖산균으로 당을 발효하여 젖산 이외에 상당량의 ethanol과 CO_2를 생성하고, 균종에 따라서는 일부 ethanol 대신으로 초산을 생성하기도 한다. 우유제품의 발효에서 diacetyl 등의 향기성분을 생성한다.

① *Leuconostoc mesenteroides*

내염성으로 김치나 사우어 크라우트(sauerkraut)의 발효초기에 증식하고 다른 젖산균보다 급속히 발효하여 생성된 산으로, 다른 세균의 증식을 억제한다. 또 내당성이어서 당도가 높은 시럽이나 아이스크림 믹스 등에서도 증식하고, 치즈에 번식하여 발생하는 CO_2 gas로 구멍을 만들기도 한다. 제당공장에서 발생하여 sucrose로부터 점질물질인 텍스트란(dextran)을 생성하는 유해균이기도 하나 이 성질을 이용하여 설탕(sucrose)으로부터 dextran을 제조하여 대용혈장이나 식품의 안정제로 사용하고 있다.

② Leuconostoc mesenteroides subsp. dextranicum(*Leuconostoc dextranicum*) 및 Leuconostoc mesenteroides subsp. cremoris (*Leuconostoc cremoris*)

우유의 구연산을 발효하여 향기물질인 diacetyl과 더 환원된 acetoin 및 2, 3-butanediol을 생성하는 균으로 *Streptococcus*속의 균과 함께 butter, cheese 제조에 starter로 사용되어 *Streptococcus*균의 생육을 촉진한다.

(4) *Lactobacillus* 속

대부분의 균종이 연쇄상으로 연결되어 있는 길고 가는 간균으로 catalase 음성이고, 미호기성이나 일부 편성혐기성인 것도 있다. 대부분은 소량의 초산, CO_2 및 기타 흔적량의 부산물을 생성하는 homo형 젖산균으로 45℃에서 생육하고 15℃에서는 생육하지 않는 *Lactobacillus delbrueckii, Lactobacillus acidophilus* 등과 15℃에서 생육하고 45℃에서는 생육이 일정치 않은 *Lactobacillus casei, Lactobacillus plantarum* 등의 두 군으로 나눌 수 있다.

젖산 이외에 상당량의 휘발산과 알코올을 생성하는 헤테로형 젖산균은 최적 생육온도가 높은 *Lactobacillus fermenti,* 최적 생육온도가 낮은 *Lactobacillus brevis, Lactobacillus buchneri, Lactobacillus kefier* 등이 있다.

식품과 관련되는 *Lactobacillus*속의 중요한 특성으로는 우유제품의 발효나 젖산의 발효생산 등에 이용되는 한편, 포도주나 맥주의 품질을 저하시키는 젖산발효능, 식품의 품질을 저하시키는 헤테로형 젖산균에 의한 가스와 기타 휘발성 물질의 생성, 생육을 위하여 필요로 하는 비타민 합성능의 결여, 가열조건이나 저온살균에서도 생존하여 숙성에 관여하는 내열성 등으로 요약된다. *Lactobacillus*속은 일반적으로 다른 젖산균보다 산에 대한 내성이 강한 편이며 pH 4~5 부근에서도 잘 생육한다. 그러므로 대부분의 젖산발효식품의 발효, 숙성의 최종단계에서 그 작용이 활발하다. *Lactobacillus*속은 특히 유제품의 발효에 많이 이용되며, 병원성의 것은 드물다.

① *Lactobacillus delbrueckii subsp. bulgaricus* (*Lactobacillus bulgaricus*)

젖당으로부터 많은 젖산을 생성하고, 요구르트 제조에 널리 이용되는 균으로 최적온도는 40~50℃이다.

② *Lactobacillus acidophilus*

*Lactobacillus bulgaricus*와 비슷한 균으로, 장내에 정장되기 쉽고 정장작용이 강하여 오래 전부터 젖산균 제제나 acidophilus milk의 제조에 이용되고 있다.

③ *Lactobacillus delbrueckii*

곡류나 발효채소 등으로부터 분리되며, 최적온도가 높고 젖산생성능이 강해서 전분당화액이나 당밀로부터의 젖산제조에 이용되는 균으로, 젖당은 발효하지 않으므로 발효유에는 이용하지 않는다.

④ *Lactobacillus plantarum* 및 *Lactobacillus brevis*

피클(Pickle), 사우어 크라우트(sauerkraut) 등의 채소발효식품, ensilage나 cheese 등에 많은 균으로 특히 *Lactobacillus plantarum*은 *Leuconostoc mesenteroides*와 함께 김치발효의 주된 젖산균이다.

⑤ *Lactobacillus sake* : 일본 청주의 양조에 관여하는 균이다.

⑥ *Lactobacillus homohiochi* 및 *Lactobacillus heterohiochi*

일본 청주 저장 중의 백탁 및 산패(火落, hiochi)의 원인이 되어 화락균(火落菌)이라고 한다.

2. 초산균(醋酸菌, acetic acid bacteria)

에탄올(ethanol)을 산화발효하여 대량의 초산(醋酸, acetic acid)을 생성하는 그람 음성, 호기성 간균으로 운동성이 있는 것과 없는 것이 있다. 비교적 내산성이 강하여 대부분의 균주는 pH 5.0 이하에서도 생육할 수 있다. 각종 주류 등 ethanol을 함유하는 원료로부터 초산을 생성하는 식초생산균으로 유명하며, 포도당으로부터 글루콘산(gluconic acid)을 만드는 것도 있다.

특히 초산발효는 산화발효로서 ethyl alcohol 1,000mL 초산으로 산화발효하는 데 필요한 산소량은 8m³이다.

$$\underset{\text{(ethyl alcohol)}}{C_2H_5OH + \frac{1}{2}O_2} \longrightarrow \underset{\text{(acetaldehyde)}}{CH_3CHO + H_2O}$$

$$CH_3CHO + \frac{1}{2}O_2 \longrightarrow CH_3COOH$$

$$C_2H_5OH + O_2 \xrightarrow{\text{초산균}} \underset{\text{(acetic acid)}}{CH_3COOH + H_2O}$$

(1) *Acetobacter* 속

비운동성이거나 운동성일 경우에 주모를 갖고 있는 속으로, ethanol을 빠른 속도로 초산으로 산화하는 초산생성력이 강한 균속이다.

① *Acetobacter aceti* 및 *Acetobacter schutzenbachii*

식초 양조에 가장 많이 이용되는 균이다. 특히 *Acetobacter schutzenbachii* 는 속초균이다.

② *Acetobacter pasteurianus*

식초를 양조할 때 두꺼운 cellulose 피막을 형성하는 유해균이다.

③ *Acetobacter liquefaciens*

글루코오스(Glucose)로부터 2, 5−diketogluconic acid를 생성한다.

(2) *Gluconobacter* 속

포도당을 산화하여 글루콘산(gluconic acid)을 생성하는 능력이 강한 속으로, 비운동성이거나 운동성일 때는 3~8개의 극모를 가진다.

- *Gluconobacter oxydans*

포도당으로부터 gluconic acid나 5-ketogluconic acid를 생성하고, 또 D-sorbitol을 산화하여 L-sorbose를 생성하는 sorbose발효로 비타민 C를 합성하는 전단계에서 공업적으로 이용되고 있다.

*Acetobacter pasteurianus*와 함께 식초제조에 있어 유해균이다.

3. 프로피온산균 (propionic acid bacteria)

당류나 젖산을 발효하여 프로피온산(propionic acid)을 생성하는 세균이다.

- *Propionibacterium* 속

그람 양성, catalase 양성, 비운동성으로 비포자형성균이며, 혐기성 내지 내기성의 작은 단간균 또는 구균으로 흔히 구형으로 변하고 때로는 연쇄상으로 존재한다. 유기산, 탄수화물, 다가 알코올(多價 alcohol) 등을 산화하여 프로피온산, 초산, CO_2, 호박산(琥珀酸, succinic acid) 등을 생성하고 에너지를 획득한다.

스위스의 emmental cheese에서 처음 발견된 *Propionibacterium freudenreichii subsp. shermanii*(*Propionibacterium shermanii*)는 스위스의 치즈 제조에 있어서는 *Streptococcus*속과 *Lactobacillus*속의 호모형 젖산균과 함께 starter로 사용된다. curd를 형성할 때에 호모형 젖산균에 의하여 젖당으로부터 젖산이 생성되고, curd가 수축된 후에는 프로피온산균이 급속히 증식하여 젖산으로부터 프로피온산이 생성되어 치즈의 향미에 관여하게 되며, 동시에 발생한 CO_2는 치즈 내의 조직이 약한 곳에 모여서 치즈의 눈(eye)이라고 불리는 스위스 치즈 특유의 많은 구형의 구멍을 만들게 된다.

*Propionibacterium shermanii*와 함께 비타민 B_{12}를 생성하는 *Propionibacterium freudenreichii subsp. freudenreichii*(*Propionibacterium freudenreichii*)가 있다.

4. 내생포자형성균(內生胞子形成菌, endospore forming bacteria)

호기성 또는 통성호기성의 *Bacillus*속과 편성혐기성의 *Clostridium*속은 내생포자 형성균으로 가장 잘 알려져 있는 속으로, 이들 세균의 포자는 내열성이 대단히 강하고, 기타 불리한 환경조건에서도 잘 견디며, 토양 중에 비산하여 자연계에 널리 분포되어 있다. 두 속 모두 보통 주모가 있는 운동성이며, 그람 염색성이 일정치 않은 간균으로 식품에 혼입될 기회가 많기 때문에 식품 저장, 특히 통조림 저장에 문제가 되는 구균이다.

내생포자형성균은 종류에 따라 포자의 형태나 포자낭 안에 형성되는 위치에 차이가 있으므로 이들 세균의 분류에 중요한 특징으로 이용된다.

표 5-11 내생포자형성균의 특징

내생포자형성균속	영양세포의 형 태	특 징	GC함량 (mole%)
Bacillus	간 균	호기성 또는 통성호기성, catalase 생성	32~69
Clostridium	간 균	편성혐기성, 발효, 황산염 환원 않음	25~54
Sporolactobacillus	간 균	미호기성, catalase 생성 않음	38~40
Desulfotomaculum	간 균	편성혐기성, 황산염 환원	37~50
Sporosarcina	4연구균	편성호기성	40~42

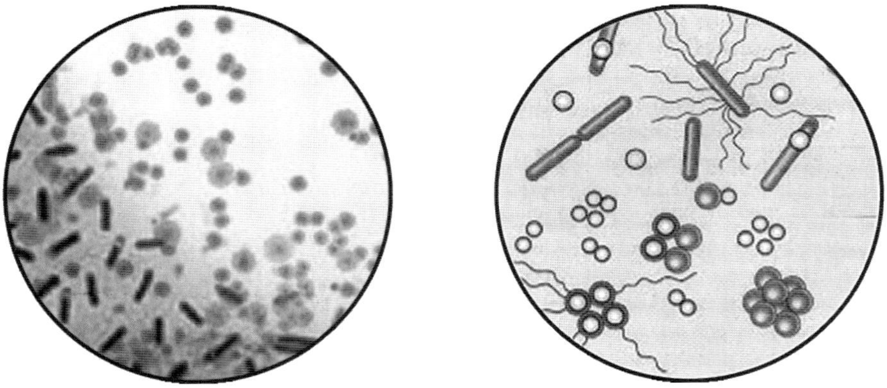

그림 5-9 내생포자형성균

(1) *Bacillus* 속

그람 양성, 호기성 또는 통성혐기성의 유포자 간균으로 catalase와 superoxide dismutase를 생성한다. 토양에 널리 분포하고 있어 토양시료를 80℃에서 10~30분동안 열처리하여 호기적 조건 하에서 순수분리하면 *Bacillus*속의 균을 얻을 수 있다. 포자형성 시에 세포의 형태가 변하지 않으며 중온균 또는 고온균으로 당과 유기산 또는 알코올을 탄소원으로 하고 암모늄염을 질소원으로 한 조성이 비교적 단순한 합성배지에서 잘 생육한다.

① *Bacillus subtilis*

고초균(枯草菌)으로 밥이나 빵에 증식하여 부패시키는 경우가 많고, 85~90℃의 고온액화효소인 α-amylase 및 protease를 분비하므로 이들 효소의 생산에 이용되기도 하며, subtilin이라는 항생물질을 생산하는 균주도 있다. 생육하는 데 biotin을 필요로 하지 않는 점이 *Bacillus natto*와 구별된다.

② *Bacillus natto*

삶은 콩에 잘 번식하고, 백색의 끈끈한 점질물을 만드는 균으로 청국장 제조에 관여하는 일종의 고초균이다. 콩단백질의 일부를 가용성 질소화합물로 분해하여 소화가 잘 되게 하므로 식품의 가치를 향상시킨다. 강력한 amylase와 protease를 분비하며, 생육적온은 42℃로 비교적 높다. *Bacillus subtilis*와 비슷하나, 생육하는 데 biotin을 필요로 하는 점이 서로 다르다.

③ *Bacillus megaterium* 및 *Bacillus cereus*

모두 토양에 많은 거대균으로, *Bacillus megaterium*은 비타민 B_{12}를 생성하고, *Bacillus cereus*는 일반적으로 단백질 분해활성이 높다.

④ *Bacillus coagulans* 및 *Bacillus stearothermophilus*

병조림 식품이나 포장 가열식품의 부패균으로, 고온에서 생육하며, 내열성(耐熱性)이 강한 포자를 형성한다. *Bacillus coagulans*는 고온균으로 산패식품이나 ensilage에서 흔히 분리되며, 젖산생성능이 강하여 젖산제조에 이용되기도 한다. 어육 소시지에 반점 모양으로 번식하면서 부패를 일으키며, 통조림 변패의 일종인 flat sour의 원인이 된다. *Bacillus stearothermophilus*는 생육 최적온도가 50~65℃로 높으며, *Bacillus coagulans*와 마찬가지로 flat sour의 원인이 된다.

⑤ *Bacillus anthracis*

탄저균(炭疽菌)이라고 불리는 이 균은, 가축이나 사람의 탄저병의 원인균으로 알려지고 있다.

⑥ *Bacillus larvae, Bacillus popillae* 및 *Bacillus thuringiensis*

이 균들은 곤충에 대한 독성물질을 만들므로 최근에는 곤충을 생물학적으로 방제하기 위한 방법으로 이들 균의 이용이 주목되고 있다.

(2) *Clostridium* 속

그람 양성 유포자 간균으로 catalase를 생성하지 않으며 superoxide dismutase도 그 활성도가 낮아 산소분자로부터 생성되고 독작용이 있는 H_2O_2와 O_3^-를 없앨 수 없기 때문에 편성혐기성이 되는 것으로 생각되고 있다. 포자는 종류에 따라서 다르지만 보통 세포의 중앙이나 말단에 형성되고, 포자낭이 그 부위에서 팽창된다. 발효능이나 발효생성물이 다양하고 종류에 따라 차이가 있기 때문에 이러한 특징이 분류의 기준이 되고 있다.

균종에 따라 아미노산을 발효하여 부패로 악취에 원인이 되는 대사생성물을 생성하는 것과 탄수화물을 발효하여 낙산(酪酸, butyric acid), 초산과 같은 유기산과 CO_2, H_2 가스, 알코올 및 아세톤을 생산하는 것이 있다.

① *Clostridium butyricum*

당을 발효하여 낙산을 생성하는 낙산균(酪酸菌, butyric acid bacteria)의 일종으로 치즈 또는 단무지 등에서 분리되며, 생육적온은 35℃이다.

$$C_6H_{12}O_6 \longrightarrow C_4H_8O_2 + 2CO_2 + 2H_2$$

② *Clostridium acetobutylicum*

1차 세계대전 당시 옥수수나 감자와 같은 전분질 원료를 발효하여 acetone과 butanol의 공업적 생산에 이용되었던 균. acetone, butanol, ethanol, butyric acid, aciditic acid, CO_2, H_2 등을 만들어 acetone−butanol균이라고 불린다. 생육적온은 35~37℃이다.

③ *Clostridium pasteurianum*

*Clostridium*속의 균 중 가장 질소고정능이 강한 균주이다.

④ *Clostridium cellobioparum* 및 *Clostridium thermocellum*

토양 중에서 혐기적으로 cellulose를 분해하여 초산, 젖산, 호박산, 알코올 등을 생성한다. 농산 폐기물인 cellulose로부터 ethanol을 생산할 목적으로 유전자 조작에 의해서 이들 균의 ethanol수득률을 향상시키고 산생성을 억제하는 연구가 이루어지고 있다.

⑤ *Clostridium sporogenes*

혐기적 조건 하에서 육류나 어육 등의 단백질 식품을 부패시키며, 내열성이 강한 포자를 만들어 통조림의 부패 및 팽창의 원인이 되기도 하는 부패균이다.

⑥ *Clostridium botulinum*

식품의 부패보다는 식중독을 일으키는 botulism균으로, 이 균이 생성하는 신경독소(neurotoxin)은 독극물 중에서 독성이 제일 강하며, 이 균은 번식하여 exotoxin(外毒素)이라는 독소를 생성하기 때문에 발병한다. 내열성이 강하여 통조림 살균 후에도 생육하는 경우가 있어 문제가 되는 식중독 세균이다. A, B, C, D의 4가지 종류 중 A, B, E형이 가장 독성이 강하다. 사람에게 중독원인이 되고, C와 D형은 가축에 중독을 일으킨다.

⑦ *Clostridium perfringens*

Welchii형 식중독의 원인균으로, *Clostridium botulinum*과 마찬가지로 exotoxin이 생성된 식품을 섭취함으로써 발병한다. 또 사람의 상처부위에 조직이 파괴됨으로써 혐기적 환경이 형성되고, 그 부위에 이 세균이 생육하여 독소를 생성함에 따라 가스 괴저(gas gangrene)를 일으키기도 한다.

⑧ *Clostridium tetani*

파상풍(破傷風)의 원인균으로, 파상풍균이라고 불린다.

(3) *Desulfotomaculum* 속

그람 음성 간균으로 주모 또는 극모성의 운동성을 가지며, 편성혐기성이다. 세포의 말단이나 말단 부근에 포자를 형성하며, 그 부위가 팽창하여 포자낭을 형성한다. 보통 토양 · 민물 · 반추동물의 제1위(rumen) 등에서 볼 수 있으며, 이 속의 균에 의해 유황화합물이 최종전자수용체로 되어 H_2S로 환원된다.

• *Dusulfotomaculum nigrificans*

이전에 *Clostridium nigrificans*로 불리던 균으로, 통조림의 황화물 부패균이다.

(4) *Sporosarcina* 속

다른 내생포자형성균과는 달리, 구균인 것이 특징인 균종으로 구형 내지 타원형 세포가 4연구균이나 8연구균 또는 그 이상으로 뭉쳐 있는 상태로 존재한다. 그람 양성, 운동성의 편성호기성균이다.

① *Sporosarcina ureae*

보통 토양에 존재하고 요소를 CO_2와 NH_3로 분해한다.

② *Sporosarcina halophila*

바닷물에서 유래되고 생육에는 Na^+을 요구한다.

(5) *Sporolactobacillus* 속

그람 양성, 운동성의 간균으로 세포말단에 타원형의 내생포자를 형성한다. 내생포자에는 다른 내생포자와 같이 dipicolinic acid가 함유되어 있으나, 포자의 내열성이 약하고 100℃ 이하에서는 사멸한다. 미호기성으로 호모형 젖산발효를 하며, 여러 가지 성질이 *Lactobacillus*속과 유사하다.

5. 대장균형 세균

(1) *Escherichia* 속

통성혐기성, 그람 음성, 포자를 형성하지 않는 작은 간균으로 장내세균군이다. *Escherichia coli*는 이 속의 대표균종으로 좁은 뜻에서의 대장균을 의미하며 온혈동물의 정상적인 장내세균이다. 비운동성 또는 주모를 가진 운동성으로 젖산을 분해하여 CO_2와 H_2 가스를 생성하는 특성이 있으므로 이러한 성질을 이용하여 대장균 검사를 한다.

일부 균주를 제외하고는 병원성은 없으나 음료수나 음식물에서 이 균이 검출되면 동물의 배설물로 오염되어 있다는 것을 뜻하게 되고, 장관 내에서 번식하는 이질균이나 장티푸스균이 존재할 위험성이 있는 것으로 추측할 수 있으므로 식품위생상 중요한 지표로 우유 · 아이스크림 · 빙과류 · 어개류 등에 대한 대장균 검사는 필수적이다.

(2) *Salmonella* 속

보통 주모를 가진 운동성으로 *Escherichia*속과 유사하여 DNA의 염기배열도 45~50%가 같다. citric acid를 이용하는 점이 *Escherichia*속과 다르다. *Salmonella typhi*(티푸스균) 등의 감염병균과 함께 식중독균인 *Salmonella enteritidis*(腸炎菌), *Salmonella typhimurium*(쥐 티푸스균) 등이 있다. 이들 균은 보통 병원성균이다.

(3) *Enterobacter* 속

주모를 가진 운동성이며 2, 3−butanediol을 생성하고 *Escherichia*속 등의 혼합산 발효균과는 다르다. 대표균종으로는 *Enterobacter cloacae*가 있으며 장관 내의 것은 병원성이 없다. 그러나 오줌, 담, 화농, 호흡기 계통에서 기회병원균으로 분리된다. *Enterobacter aerogenes*도 기회병원균이며, 장관 내보다 물 · 곡류 · 목초 등 자연에 널리 분포한다.

(4) *Serratia* 속

그람 음성, 호기성, 단간균으로 주모를 갖는 운동성 세균이다. 적색의 균체색소인 prodigiosin을 생성하며, 토양 · 하수 · 우유 · 수산물 등에서 분리되고, 식품의 표면에 적변(赤變)을 일으킨다. 대표균종인 *Serratia marcescens*는 빵, 육류, 우유 등에 번식하여 빨간색으로 변하게 하거나 단백질 분해력이 강하여 식품에 심한 부패취를 나게 한다.

(5) *Proteus* 속

그람 음성, 주모에 의해 활발한 운동성을 갖는 간균으로 *Salmonella*속, *Shigella*속과 더불어 병원성 장내세균이다. 단백질 분해력이 강한 호기성 부패균으로, 육류 · 해산물 · 달걀 등을 부패시켜 H_2S를 생성한다. 아스파르타아제(aspatase) 활성이 강하고 fumaric acid를 높은 수득률로 aspartic acid로 전환시키는 균주도 있다. 대표균종인 *Proteus vulgaris*는 식품 중에서도 특히 육류의 부패균으로 알려져 있으며, 단백질 분해력이 강하여 심한 부패취를 발생한다. 설탕을 분해하여 산과 gas를 생성하고, 발효식품의 변패에도 관여하며, 우유를 산패시켜 불쾌한 냄새를 나게 한다. 이 균은 생육소(生育素, growth factor)로서 nicotinic acid를 요구한다. 그 밖에 알레르기성 식중독의 원인균으로 알려져 있는 *Proteus morganii*가 있다.

6. 그 밖의 주요세균

(1) *Pseudomonas*속

토양, 민물, 바닷물 등의 자연에 널리 분포하고 어개류 등의 식품 표면에서 급속히 증식하여 부패를 일으키는 부패균이다. 그람 음성, 무포자의 운동성 편모가 있는 간균으로 현광성인 녹, 청, 보라, 홍, 황색 등의 수용성 색소를 생성하는 특성이 있다. 일반적으로 영양요구성이 단순하며 탄소원으로서 탄화수소, 방향족화합물(芳香族化合物, aromatic compounds) 등을 포함하는 다양한 종류의 유기화합물을 분해 · 이용하고, 항생물질이나 여러 종류의 방부제(防腐劑, antiseptics)에 강한 저항성을 나타냄으로써 중요한 부패세균으로 취급되고 있으나, 고분자화합물을 monomer까지 분해하지는 못한다.

포도당 발효에 의한 가스 생성을 볼 수 없는 점이 특징이며, 높은 수분활성도(0.97~0.98)에서 생존하고 건조에 약하다. 증식속도가 빠르고, 대부분이 20℃ 이하의 저온에서 잘 생육하고 43℃ 이상에서는 거의 생육하지 않는 호냉균(好冷菌, psychrophile)으로 가열에 의해서 쉽게 사멸한다. 부패 생성물로서 암모니아 등의 생성량이 많고, 단백질 및 유지에 대한 분해력이 강하다.

자연에서는 동식물 분해물의 산화적 분해에 관여하고 있으므로 생태학적으로 중요하며, 공업폐수의 처리에 유망하게 생각되는 균도 있다.

① *Pseudomonas fluorescens*

녹색의 형광색소를 생성하는 형광균(螢光菌)으로 토양이나 물 속에 널리 분포한다. 호냉성 부패균으로 겨울철에 살균하지 않은 생유(生乳, raw milk)에 번식하여 쓴맛을 내는 고미유(苦味乳)의 원인이 되기도 한다. 탄화수소 자화성이 있으며, 포도당으로부터 2-ketogluconic acid를 생성한다.

② *Pseudomonas aeruginosa*

상처의 화농부에 번식하여 녹색 내지 청색색소인 피오시아닌(pyocyanin)을 생성하므로 녹농균(綠膿菌)이라고 불린다. 식품을 부패시키고 우유를 청색으로 변하게 하는 청변(青變)의 원인균이다. *Pseudomonas fluorescens*와 마찬가지로 탄화수소를 자화하고 포도당을 산화하여 2-ketogluconic acid를 생성한다. 이들 세균은 저항성이 저하된 숙주에만 기생하는 기회병원균(opportunistic pathogen)이다.

(2) *Vibrio* 속

그람 음성, 무포자, 통성혐기성의 간균으로, 이들 대부분은 극모성의 편모를 가지며, 일부는 주모성의 편모를 갖는 것도 있다. oxidase 양성인 점이 장내세균과 서로 다르다. 이들 세균은 주로 물 속에서 생존하고 *Vibrio cholerae*(콜레라균)은 병원균이지만 민물이나 바닷물에서 발견되며, pH 9 이상에서도 잘 생육하는 특징이 있다. *Vibrio parahaemolyticus*(장염 Vibrio)는 해양미생물로 대부분 생선에서 유래되는 위장염의 원인균으로 바닷물이나 개각류로부터 흔히 분리된다.

(3) *Erwinia* 속

흑반병(黑斑病, necrosis), 연부병(軟腐病, soft rots), 시듬병(wilts), 오배자(五倍子, galls)의 원인이 되는 식물병원균이며, 채소류의 부패균이다. *Erwinia carotovora*는 세균성 연부병에, *Erwinia carotovora subsp. carotovora*는 많은 식물의 부패에, *Erwinia carotovora subsp. atroseptica*는 감자의 흑반병에, *Erwinia carotovora subsp. betavasculorum*은 사탕수수의 연부병에 각각 관여하고 있다.

(4) *Micrococcus* 속

그람 양성, 호기성, catalase 양성인 구균으로 공기 · 민물 · 바닷물 · 우유 · 유제품 · 육류 등 자연계에 널리 분포되어 있으며, 균종에 따라 그 특성이 다양하다.

식품에 있어서 중요한 균종으로는

① 당으로부터 산을 생성하는 균종
② 질소원으로서 암모늄염이나 간단한 질소화합물을 이용하는 균종

③ 단백질 분해성의 균종
④ 내열성으로 저온살균에 의해서도 살균되지 않는 균종
⑤ 내염성으로 비교적 낮은 수분활성도에서도 생육할 수 있는 균종
⑥ 10℃ 이하의 온도에서도 잘 생육하는 균종
⑦ 황색 또는 적색 색소를 생성하는 균종 등이 있다. 대표균종으로 식빵에 번식하여 분홍빛으로 변색시키는 *Micrococcus roseus*가 있다.

(5) *Staphylococcus* 속

단구균, 쌍구균, 4연구균 또는 포도상구균의 상태로 증식하는 균으로, 대표균종인 *Staphylococcus aureus*(황색 포도상구균)는 보통 황색 내지 오렌지색을 나타내고 생육에 유기질소원을 요구한다. 대표적인 화농균으로 *enterotoxin*(腸管毒)을 생성하는 식중독 원인균이다.

(6) *Sarcina* 속

세포는 8개 또는 그 이상이 입방형의 뭉치(packets)로 존재하고 3방향으로 분열하는 내기성 혐기성균(耐氣性嫌氣性菌, aerotolerant anaerobes)으로 탄수화물을 발효하여 산을 생성하며, pH 약 1~9.8에서 생육한다.

(7) *Azotobacter* 속

세포는 지금 2μm 이상으로 크고 그람 음성의 간균으로 구상(球狀)으로 되는 경우도 있다. 비공생적으로 호기적 조건 하에서 유리질소를 고정한다. *Clostridium*속에 비하여 질소 고정능이 높다. 대량의 다당류를 균체 밖에 생산하므로 고체배지 상태에서는 특징이 있는 평활하고 광택이 있는 colony를 나타낸다. cyst라고 불리는 휴식세포를 형성하는데, 이 cyst는 세균의 내생포자와 같이 건조와 자외선 및 방사선 조사에 대한 내성이 있으나, 내열성이 없는 점이 내생포자와 다르다. 대표균종으로 *Azotobacter chroococcum*이 있다.

(8) *Rhizobium* 속

콩과식물의 뿌리에 공생하여 질소를 고정하는 뿌리혹균으로 그람 음성, 운동성 간균이다. *Azotobacter*속과 함께 질소고정균으로서 농업에 있어서 중요하나, cyst를 형성하지는 않는다. 공생하는 콩과의 종류에 따라 *Rhizobium leguminosarum*(완두콩의 뿌리혹균), *Rhizobium trifolii*(클로버의 뿌리혹균) 등으로 분류된다.

(9) *Corynebacterium* 속

Catalase 양성으로 통성혐기성 균이나 일부 호기성인 것도 있다. 이 속에는 *Corynebacterium diphtheriae*와 같은 디프테리아균이나 *Corynebacterium bovis*와 같이 젖소의 유방에 공생하여 유선염을 일으키는 병원균도 있다. 그런가 하면 *Corynebacterium glutamicum*과 같이 glutamic acid 등의 아미노산을 생산하는 유용균도 있으며, 탄화수소 자화성을 가진 균도 있다.

(10) *Brevibacterium* 속

편성호기성으로 catalase를 생성한다. glutamic acid 또는 lysine 생산균주인 *Brevibacterium lactofermentum*과 *Brevibacterium flavum* 및 adenine 요구성을 이용한 IMP 등의 nucleotide의 생산균인 *Brevibacterium ammoniagenes*는 아미노산 및 핵산 발효생산에 이용되고 있다.

(11) *Microbacterium* 속

소형의 호기성 간균으로 호모형 젖산발효를 하며, 내열성이 대단히 강하고 80~85℃의 가열처리에 의해서도 생존하므로 저온살균된 우유나 분유 등에서 많이 나타난다. 생육온도는 15~35℃로 최적온도는 30℃이다. 흔히 관찰할 수 있는 균으로 *Microbacterium lacticum*이 있으며, *Microbacterium ammoniaphilum*과 같이 glutamic acid를 생산하는 균과 inosine 생산균이 알려져 있다.

(12) 질화 세균(窒化細菌, nitrifying bacteria)

암모니아를 산화하여 아질산염으로 만드는 *Nitrosomonas*속이나 *Nitrosococcus*속 등의 아질산균(nitrite bacteria)과 아질산을 다신 질산염으로 산화하는 *Nitrobacter*속 등의 질산균(nitrate bacteria)을 질화 세균이라고 한다. 모두 호기적인 화학 합성 독립영양균으로 토양 중에서 질소의 순환에 관여하는 중요한 균이다.

(13) 유황산화 세균(硫黃酸化細菌, sulfur-oxidizing bacteria)

대부분 소형으로 육지뿐만 아니라 바닷물에도 널리 분포하는 극편모를 가지는 간균인 *Thiobacillus*속과 해저의 흙에 분포하는 나선상의 *Thiomicrospira*속 및 온천과 같은 높은 온도환경에서만 볼 수 있는 비운동성의 균열이 있는 구형의 *Sulfolobus*속의 세균이 여기에 속한다. *Thiobacillus*속, *Thiomicrospira*속 등은 호기성의 화학합성 독립영양균으로 분류되고 pH가 중성인 곳에 분포하며, *Sulfolobus*속은 고세균(古細菌, archaebacteria)으로 분류되어 있으며 산성의 곳에 분포되어 있다.

유황산화 세균은 thiosulfate를 이용하여 대단히 빠른 속도로 증식한다. 이들 세균의 공통된 특징은 산에 대한 높은 내성으로 일부의 것은 pH 1~2와 같은 낮은 산성에서 생육하고 pH가 6 이상이면 생육하지 않는 것도 있다. *Thiobacillus thiooxidans*는 FeS_2를 함유하는 광산에서 널리 볼 수 있고 H_2SO_4를 생성하며 pH 0 가까이에서도 생육한다. 원유의 탈황(脫黃)이나 광석의 미생물정련(微生物精鍊, bacterial leaching)에 관여하는 균이다.

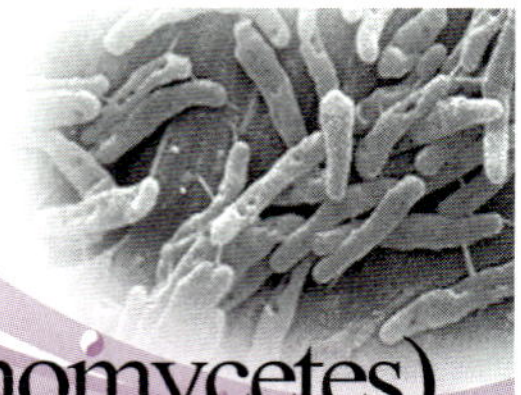

Chapter 6
방선균(放線菌, Actinomycetes)

방선균(ray fungi)은 실 모양의 균사가 분기하여 방사상으로 신장하는 특징이 있는 균사상의 미세한 사상세균(絲狀細菌)으로, 분류체계에 있어서의 범위와 관계없이 효모와 곰팡이 등과 같은 특정 미생물군에게 주어진 명칭이다. 곰팡이와 세균의 중간적인 존재이나 분류학상으로는 세균에 속하며, 2분열법(二分裂法, binary fission)으로 분열하고, 외생포자를 형성하는 것과 형성하지 않는 것이 있다. 균사가 분지(分枝)되고, 균사의 구조가 미세하며, 전형적인 원시핵세포를 가지고 있다. 세포벽의 화학적 성분이 그람 양성 세균과 유사하여 기본성분으로서 muco복합체를 함유하고 있을 뿐만 아니라 테이코산(teichoic acid)도 함유하고 있다.

대부분의 방선균은 토양 중에 존재하므로 토양으로부터 분리되는 총 미생물 수의 10~40%를 차지하여 흙냄새의 원인이 되기도 한다. 그러나 극히 일부이기는 하지만 동식물의 병원균으로 분리되는데, 항생물질(抗生物質, antibiotics)을 생산하는 균주가 많으므로 중요하게 생각되고 있다.

SECTION 1 방선균의 형태

일반적으로 방선균은 배지 속으로 신장(伸長)하는 일차균사[1]와 공기 중으로 신장하는 이차균사[2]로 되어 있다. 이들 균사는 속의 특징에 따라 연쇄상이나 단독으로 분생포자 또는 포자낭을 형성한다.

1) 1차균사(一次菌絲, primary mycelium)인 영양균사(營養菌絲, vegetative mycelium), 즉 기중균사(基中菌絲, submerged mycelium)
2) 2차균사(二次菌絲, secondary mycelium)인 기균사(氣菌絲, aerial mycelium)

포자형성사(胞子形成絲, sporulating hyphae)의 형태는 직쇄상, 나선상, 윤생상, 속상 등이 있다. 균총의 형태는 가루 또는 우단처럼 보이며, 처음에는 백색이었다가 균종에 따라 점차 갈색, 분홍색, 청색, 회색 등 각기 다른 색으로 변하므로 분류상의 특징이 된다. 그 밖에 균핵(菌核, sclerotium)과 분포자기(紛胞子器, pycnidium)와 유사한 구조물과 점질포자융합체(粘質胞子融合體, actinosporangium) 등을 형성하는 것도 있다.

표 6-1 항생물질을 생산하는 방선균

균 주	항생물질
Streptomyces griseus	*streptomycin, cycloheximide, candicidin*
Streptomyces aureofaciens	*aureomycin, chlorotetramycin, tetracycline*
Streptomyces venezuelae	*chloramphenicol*
Streptomyces rimosus	*terramycin, oxytetracycline*
Streptomyces kanamyceticus	*kanamycin*
Streptomyces hachijoensis	*trichomycin*
Streptomyces kasugaensis	*kasugamycin*
Streptomyces antibioticus	*actinomycin*
Streptomyces erythreus	*erythromycin*
Streptomyces fradiae	*neomycin*
Streptomyces nodosus	*amphotericin B*
Streptomyces noursei	*nystatin*

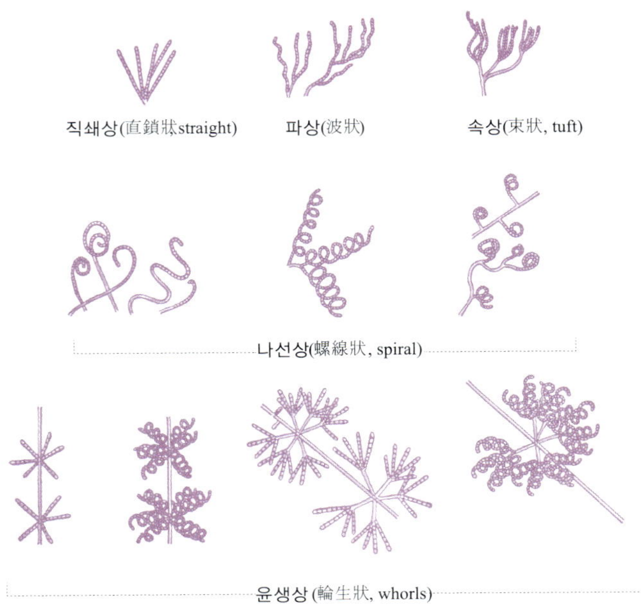

그림 6-1 방선균의 형태와 포자모양

SECTION 2 중요한 방선균

1. *Streptomyces*속

500균종 이상의 많은 균종이 속해 있는 속으로 다른 방선균과 같이 길게 분기된 균사로 생육하지만 기균사를 만들어 성숙되면 잘려서 conidia(분생자)로 불리는 연쇄상의 포자를 착생하는 것이 특징이다.

그 형태는 직선상 · 굴곡상 · 다발상 · 나선상 · 윤생상 등 다양하고, 포자는 구형과 난형 또는 원통형을 나타내며, 그 표면은 평활하거나, 돌기 또는 가시 모양의 것 등이 있다. 이와 같은 표면의 성상이 분류하는 데 있어 중요한 요소가 된다.

방선균은 전에는 병원균이나 토양미생물로만 취급되어 왔으나, 1944년 Waksman에 의해서 streptomycin이 발견된 이래 500종류 이상의 항생물질이 방선균, 특히 *Streptomyces*속에 의해서 생산된다는 것이 밝혀져 항생물질 등의 생산에 있어 중요한 미생물이 되고 있다.

*Streptomyces griseus*는 강력한 protease를 생산하고, *Streptomyces olivaceus* 등은 비타민 B_{12}를 생산한다. 또 *Streptomyces aureus*는 5′ −phosphoesterase와 같은 핵산분해효소 생산균으로 알려져 있으며, *Streptomyces griseus*는 세포벽 용해효소 생산균으로 알려져 있다.

2. *Actinomyces*속

편성혐기성 또는 미호기성의 그람 양성균으로 분기되는 균사로 생육하며, 엉킨 상태의 균사체는 쉽게 끊어져서 간상 및 구상으로 되고 포자를 형성하지 않는다. *Actinomyces bovis* 및 *Actinomyces israelii*는 각각 소 및 사람의 방선균병(放線菌病, actinomycosis)의 원인이 된다.

3. *Nocardia*속

호기성이며 토양 중에 광범위하게 분포한다. 병원균인 *Nocardia asteroides* 및 *Nocardia brasiliensis*가 있다.

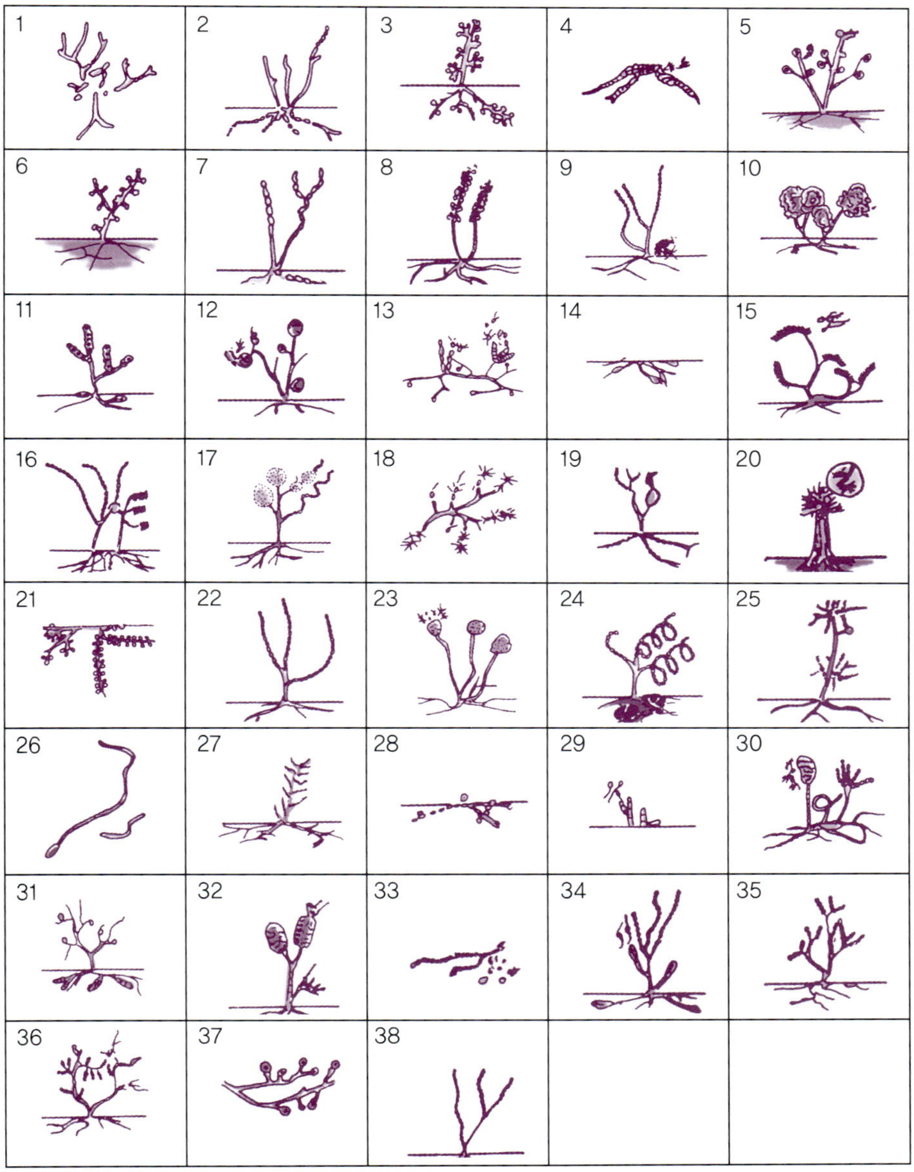

그림 6-2 여러 속의 방선균의 형태

1. *Actinomyces*
2. *Nocardia*
3. *Thermoactinomyces*
4. *Dematophilus*
5. *Streptasporangium*
6. *Microlbispora*
7. *Pseudonocardia*
8. *Thermomonospora*
9. *Actinopycnidium*
10. *Amorphosporangium*
11. *Microellobosporia*
12. *Spillospora*
13. *Dactylosporangium*
14. *Intrasporangium*
15. *Planomonospora*
16. *Actinomadura*
17. *Actinosporangium*
18. *Oerskovia*
19. *Actinopolyspora*
20. *Actinosynnema*
21. *Micromonospora*
22. *Streptomyces*
23. *Actinoplanes*
24. *Chainia*
25. *Streptoverticillium*
26. *Bacterionema*
27. *Micropolyspora*
28. *Promicromonosora*
29. *Sporichthya*
30. *Ampullariella*
31. *Elytrosporangium*
32. *Pilimelia*
33. *Geodermatophilus*
34. *Kitasatoa*
35. *Microtetraspora*
36. *Planobispora*
37. *Kineosporia*
38. *Streptoalloteichus*

Chapter 7

박테리오파지 (Bacteriophage)

SECTION 1 virus와 phage

바이러스는 독물질(毒物質, poisonous substance)이란 뜻을 가진 라틴어로서 병의 모든 원인인자를 나타내는 말이었으며, 근대에 있어서는 세균 및 진균류를 포함한 병원성 미생물은 모두 바이러스라고 생각되어 왔다.

그 후 1930년경부터는 동식물의 세포나 세균세포에 기생하여 증식하고, 광학현미경으로는 볼 수 없는 직경 0.5μ 정도의 대단히 작은 초여과성(超濾過性) 미생물을 지칭하게 되었다.

바이러스는 DNA와 RNA 중 어느 한쪽의 핵산과 그것을 보호하는 단백질 외각(外殼, coat, shell)으로 구성되어 있어, 독자적인 대사기능을 거의 갖지 못하고 반드시 살아 있는 동식물이나 미생물의 세포에 증식하여 기생하므로 생물과 무생물의 중간적인 존재라 할 수 있다. 그러나 바이러스는 숙주(宿主, host) 세포를 파괴하여 외계로 나와 다시 새 숙주에 감염 · 증식하며, 병원성 · 유전성을 가지는 것으로 볼 때는 생물임에 틀림없다. 바이러스는 각각 고유의 숙주를 가지는 숙주특이성(宿主特異性, host-specificity)으로, 동물을 숙주로 기생하는 동물 바이러스, 식물을 숙주로 기생하는 식물 바이러스 및 세균을 숙주로 기생하는 바이러스인 bacteriophage(또는 phage)로 분류할 수 있다.

파지는 독성 파지(virulent phage)와 용원 파지(temperate phage) 두 종류로 나눌 수 있다. 독성 파지는 숙주에 흡착 후에 숙주 세포 내에서 증식하고 숙주를 용균하여 외계로 유리된다.

이 파지는 숙주를 공격하여 반드시 용균하는 독성이 강한 파지이다. 용원 파지는 두 가지 생활환을 가지고 있다. 즉, 숙주세포의 생리상태에 따라 숙주를 공격하여 용균하게 되는 경우와 숙주에 기생하여 공존하게 되는 용원화(溶源化, lysogenization)의 경우가 있는 비교적 온화한 파지이다.

바이러스가 숙주가 되는 것 중에서 세균은 동 · 식물에 비하여 쉽게 배양할 수 있고, 파지가 초기에 병원성 세균에서 발견되었기 때문에 병원성 질환의 치료적 측면에서 연구의 대상이 되었고, 파지는 자기복제에 필요한 정보를 가진 가장 작고 단순한 생물체로서 유전연구에 널리 이용되어 왔다. 그러나 그 후로 식품과 의약품이 세균을 이용한 발효에 의하여 공장규모로 생산하게 됨에 따라 식품 · 항생물질 · 효소 · 유기용매 등 세균을 이용하는 경우는 파지에 의한 발효성 세균의 오염(汚染, contamination)이 문제가 되어 왔으며, 이에 대한 예방대책 또한 여러 측면에서 연구되어 왔다.

SECTION 2 phage의 형태 및 화학조성

1. phage의 형태

파지의 전체적인 형태는 마치 올챙이처럼 생겼는데, 두부(頭部, head)와 미부(尾部, tail) 및 6개의 spike가 달린 기부(基部, base)가 있고 말단에는 짧은 미부섬조(尾部纖條, tail fiber)가 달려 있다. 유전정보원(遺傳情報源)이 되는 DNA 또는 RNA는 머리 부분에 존재하고 꼬리 부분은 대부분 숙주에의 흡착 기관으로 이용된다. 파지의 꼬리 부분은 대부분 단일단백질의 관상구조(管狀構造)이며 파지의 종류에 따라 내관인 core를 싸고 있는 두터운 초(鞘, sheath)로 불리는 외관을 가지고 있다.

파지 자체는 단백질로 되어 있으므로 열에 약하여 60~75℃에서 30분 정도로 가열처리하면 일반 단백질의 변성과 마찬가지로 변성하여 활성을 잃게 되지만, 약품에 대한 저항력은 일반세균보다 훨씬 강하여 약품에 의한 살균은 효과가 없다.

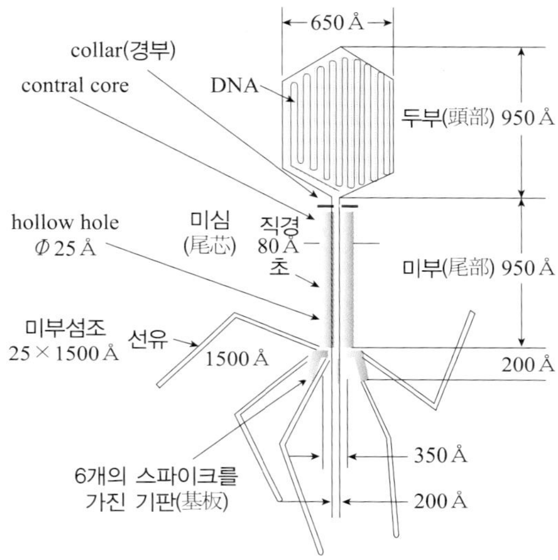

그림 7–1 Bacteriophage (T_2, T_4, T_6)의 대표적인 형태

2. phage의 화학조성

(1) 핵 산

파지는 자기복제에 필요한 유전정보를 DNA 또는 RNA의 형태로 가지고 있다. 핵산의 종류는 분자량 등과 함께 파지의 종류에 따라 특이적이며, 형태가 다른 형의 파지는 다른 형의 핵산을 가지고 있다.

(2) 단백질

파지의 구성단백질은 파지의 형태를 유지하고, 핵산과 nuclease와의 접촉을 막아 유전자를 보호하며, 감수성 세포에 파지가 부착할 때 풀과 같은 역할을 한다. 일부 파지는 한 종류의 단백질 subunit를 가지고 있으나 대부분의 것은 화학적으로 다른 여러 종류의 단백질 subunit를 가지고 있다.

(3) 지 질

외피가 있는 파지는 그 외피에 지질이 함유되어 있어서 ether나 유기용매에 대해서 감수성을 나타내고, 이들 유기용매에 의해서 파지의 지질이 손상되거나 소실되어 파지는 감염성을 잃게 된다. 일반적으로 지질이 함유되지 않는 파지는 ether 처리로 실활하지 않는다.

지질은 파지의 성숙과정이나 숙주에 대한 감염과정과 밀접한 관계가 있는 것으로 생각되고 있다. 이 인지질은 대부분 숙주의 세포막으로부터 유래된다.

(4) 탄수화물

외피에는 단백질이나 지질 이외에 상당량의 탄수화물이 glycoprotein으로 존재한다. 당단백질(glycoprotein)은 glucosamine, fructose, galactose, mannose 등의 단당류를 함유하고 있다.

SECTION 3 phage의 증식

파지는 숙주세균에 접착함과 동시에 수축성 단백질로 되어 있는 미부와 초는 수축하여 내측의 관을 숙주세균의 세포 속으로 주삿바늘 꽂듯이 깊이 삽입한다. 이때 효소를 분비하여 숙주세균의 세포벽에 작은 구멍을 뚫고, 두부 속에 들어 있는 DNA를 숙주세균의 세포 속으로 주입시켜 새로운 파지로 증식하게 된다.

1. 증식과정

(1) 흡착(吸着, attachment, adsorption)

파지 증식의 첫단계는 흡착으로 꼬리 부분의 끝이 세균의 세포벽이나 선모 또는 편모에 흡착된다. 파지와 감염되는 세균의 흡착되는 receptor site 간에 특이성이 있어서 서로 보조적인 분자배열을 가지고 있으며, 이 부위는 단백질이나 다당류 또는 지단백질-다당류 복합체 등으로 구성되어 있다.

만일 receptor site가 없으면 파지는 세포의 표면에 흡착할 수 없고 감염되지 않는다. 따라서 돌연변이나 화학처리에 의해서 이 site를 변화시키면 파지는 흡착되지 않고, 세균은 파지감염에 대해서 저항성을 획득하게 된다.

(2) 침입(侵入, penetration)

파지가 세포 내로 침입(侵入, penetration)하는 방법은 숙주세포의 표면 구조에 따라 다르다. T_4 phage의 경우를 보면 *E.coli* 부유액에 이 파지를 가하면 먼저 tail fiber로 *E.coli*의 세포벽에 흡착하게 되고, 그 후에 tail fiber가 수축하면 꼬리부분의 끝이 세포벽에 흡착된다. 흡착부분에 lysozyme과 같은 효소작용에 의해서 작은 구멍을 뚫게 된다. 꼬리 부분이 sheath의 수축으로 내부의 심(芯, core)이 세포에 주삿바늘과 같이 꽂혀져서 머리 부분의 DNA는 심의 구멍을 통해서 세균세포 내로 주입된다. 세포 내로 DNA가 들어가면 단백질로 된 phage의 외각만이 세포 밖에 남게 된다.

(3) 초기단백질의 합성

파지 DNA는 세포질 내로 침입한 후에 곧 숙주 DNA의 합성을 멈추게 하고 파지 DNA의 유전정보의 일부가 숙주의 전사효소(轉寫酵素, transcriptase ; RNA polymerase)의 작용에 의해서 초기 m-RNA로 전사되어 초기단백질(early protein)의 합성을 시작한다.

초기단백질이란 파지 DNA의 복제에 필요한 DNA polymerase, nucleoside triphosphate의 합성에 필요한 kinase, thymidylate synthase 등의 효소류를 말한다.

(4) DNA의 합성

초기단백질의 합성에 이어서 DNA 파지에 있어서는 DNA가 합성되는데, 그 수는 파지의 종류나 배지의 성질에 따라 다르지만, 많은 경우에 한 개의 세포 내에서 수백 개의 copy가 만들어진다. 이때 배지 중의 물질과 숙주 DNA의 분해물이 그 DNA합성의 소재가 된다.

(5) 후기단백질의 합성

파지 DNA의 유전정보는 전부 m-RNA로 전사되어 세포 내에서 파지의 외각 단백질, 숙주세포의 mucopeptide를 녹이는 lysozyme 등과 같은 후기단백질이 합성된다.

파지가 세포에 감염된 후에 이 시기까지 세포 내에 감염성의 파지 입자를 볼 수 없으므로 이 기간을 암흑기(暗黑期, eclipse period)라고 부른다.

(6) 성 숙

합성된 파지 DNA는 coat단백질에 싸여 머리 부분을 형성하고, 이것에 꼬리 부분과 tail fiber가 차례로 결합하여 완전한 파지 입자를 형성하게 된다.

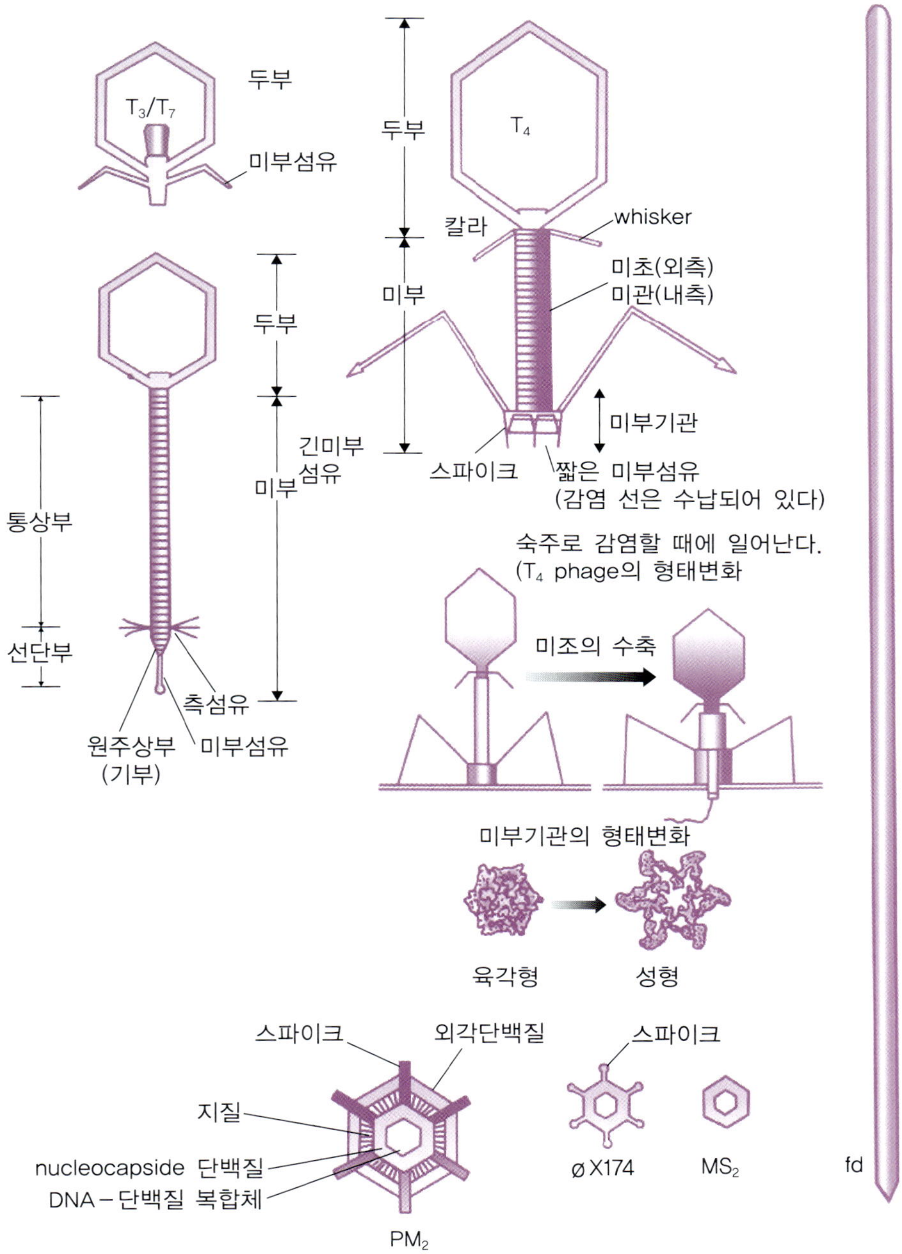

그림 7-2 Bacteriophage의 형태

(7) 용 균(溶菌, lysis)

파지의 형성이 끝나면 숙주의 세포벽은 lysozyme의 작용으로 약해지고 세포는 자체의 삼투압에 의해서 파열되는 용균(溶菌, lysis) 현상이 일어나서 활성 파지는 외계로 방출된다.

2. 일단증식곡선(one-step growth curve)

파지입자의 존재나 그 형태는 전자현미경으로 직접 관찰할 수 있지만 그 감염성은 숙주세포 내에서의 증식의 유무에 의해서 간접적으로 확인할 수밖에 없으며, 파지 부유액 중의 파지 수를 측정하여 증식정도를 확인하는 방법도 있다.

소수의 파지를 세균에 흡착 감염시킨 후에 그 현탁액을 증식 · 용균한 결과로 생긴 파지가 다른 세균에 다시 감염되지 않을 정도로 한 주기의 증식만 일어나도록 희석한다.

다음에 이 희석부유액을 일정시간마다 일정량을 취하여 세균과 함께 한천평판배지에 옮겨 배양하면 며칠 후에는 용균반(溶菌斑, plaque)을 볼 수 있게 되는데, 그 용균반의 수를 측정함으로써 시간의 경과에 따른 파지 증식의 결과를 알 수 있다. 이러한 방법을 일단증식법(one−step growth experiment)이라고 한다.

파지는 감염 후에 잠시동안 감염성 바이러스를 볼 수 없는 잠복기(潛伏期, latent period)를 지난 다음, 많은 파지가 용균 방출되는 증식기(增殖期, rise period)로 되고, 얼마 후에 증식이 끝난다. 일단증식주기(one−step cycle)의 시간 및 한 개의 세균에서 방출된 파지의 수를 나타내는 burst size는 파지나 숙주세포에 따라 다르다.

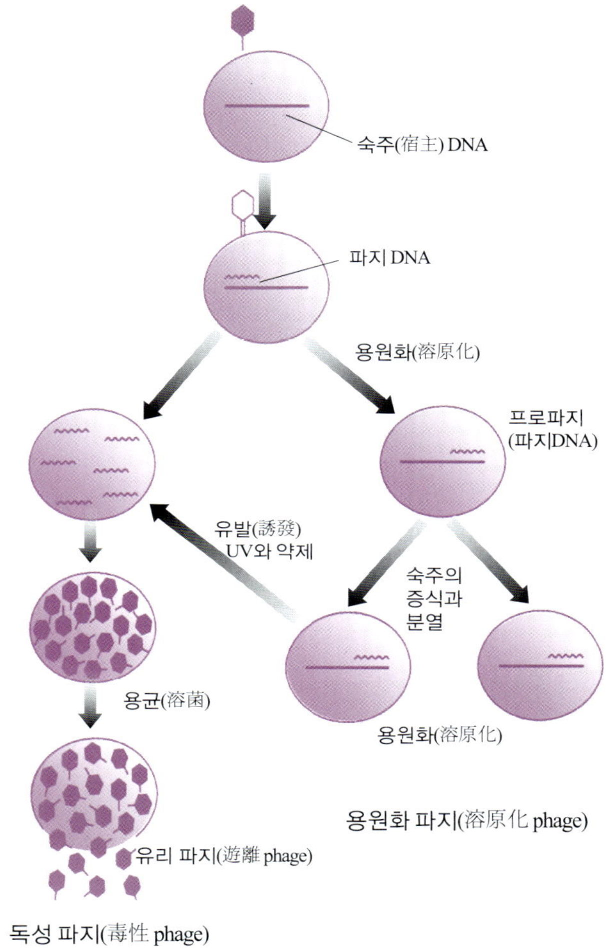

그림 7-3 Bacteriophage의 생활환과 용원화

SECTION 4 phage의 종류

파지를 분류하는 기준은 아직까지 확립되어 있지 않으며, 현재는 T계 파지 이외에 많은 종류의 파지가 알려져 있다. 주요한 파지의 종류와 성질은 다음과 같다.

표 7-1 Bacteriophage의 종류 및 성질

phage	숙주	성질	핵산의 종류	핵산의 크기 ($\times 10^{-6}$dalton)	phage 입자의 크기 ($\times 10^{-6}$dalton)
T-even	*E. coli*	Virulent	DNA	130	215
T_5	〃	〃	〃	70	–
T_7	〃	〃	〃	26	50
ΦX174	〃	〃	〃	1.7	6.2
fd	〃	〃	〃	1.3	11.3
λ	〃	Temperate	〃	32	57
Plkc	〃	〃	〃	58	–
R_{17}	〃	Virulent	RNA	1.1	3.6
MS_2	〃	〃	〃	1.1	4.0
P_{22}	*Salmonella typhimurium*	Temperate	DNA	26	–
SP_8	*Bacillus subtilis*	Virulent	〃	69	–

SECTION 5 phage의 대책

파지는 동식물의 질병의 원인이 될 뿐만 아니라 acetone, butanol, amylase, cheese, glutamic acid, yoghurt, 납두, 항생물질, 핵산관련물질 등의 발효생산에 있어서도 큰 피해를 주게 된다.

파지의 오염을 막는 대책으로는 내성균이나 약재에 의한 방지법은 발효공업에서 거의 효과가 없으므로 무엇보다도 공장주변이나 공장 내부, 그리고 사용설비 및 기구 등의 청결, 살균조작을 철저히 하는 것이 중요하다.

공업적으로 파지의 오염에 적극적으로 대처하는 방법으로는 파지에 대해서 감수성이 다른 생산 균주를 여러 종류 준비하여 2종류 이상으로 한 계열을 만들고, 2~3일마다 이 계열을 바꾸어 사용하는 rotation system을 사용하는 것이 가장 효과적이다.

실제로 cheese의 starter 등에는 이 방법이 이용되는데, 이것은 파지의 숙주 특이성을 이용하여 파지가 기생하기 시작할 때에 숙주세균을 바꾸어 파지가 증식할 기회를 주지 않는 방법이다. 이 방법 외에 저농도 chloramphenicol이나 streptomycin 등의 항생물질에 잘 견디고, 정상적으로 발효를 행하는 내성균주(耐性菌株)를 이용하기도 한다.

Chapter 8

조 류(藻類, algae)

조류는 분류학상의 용어가 아니고 습관적으로 사용되는 말이다. 원생동물(原生動物, protozoa)과 마찬가지로 고등식물과 뚜렷한 차이가 없으므로 구별하기 어려우나 조직의 분화정도가 낮아 비교적 간단한 체제를 하고 있기 때문에 구별이 가능하다.

넓은 의미로는 수중에서 생육하며, 탄소동화색소를 가지고 독립영양생활을 하는 하등식물을 총칭한다. 그러나 남조류를 제외한 조류는 고등미생물에 속한다. 일반적으로 크기로 볼 때 미생물이라고 하기에는 너무 크지만 *Chlorella*, 남조류와 같은 것은 주로 단세포이다.

보통 연두벌레식물(euglenophyta), 황색식물(chrysophyta), 황갈색식물(pyrropyta), 남조식물(cyanophyta), 갈조식물(phaeophyta), 녹조식물(chlorophyta), 윤조식물(charophyta), 홍조식물(rhodophyta)의 8문(門)이 있다. 대개는 녹조, 갈조 및 홍조식물의 3문(門)을 말한다. 특히 해조류라 하면 갈조류와 홍조류 및 녹조류의 3문(門)이 여기에 속한다. 담수조류는 주로 남조식물, 황색식물, 황갈색식물, 녹조식물, 연두벌레식물 등이다.

보통 조류는 세포 내에 엽록체를 가지고 광합성을 하지만, 남조세포에는 특정의 엽록체가 없고, 엽록소는 세포 전체에 분산되어 있다. 조류의 광합성은 기타 식물과 본질적으로 같은 것이고, 빛은 chlorophyll 혹은 carotenoid 등의 색소에 흡수된다.

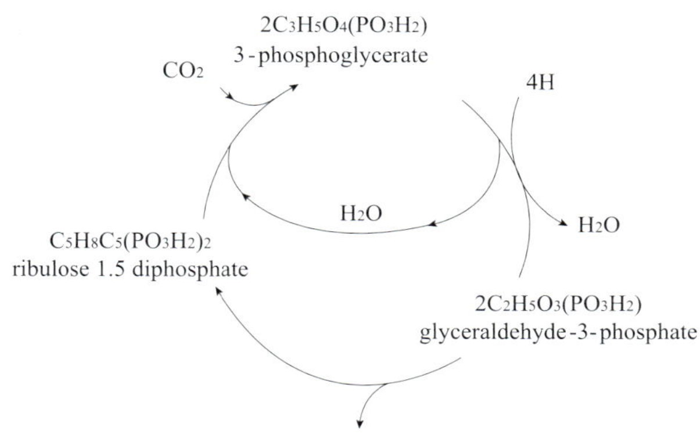

그림 8-1 광합성 cycle

SECTION 1 주요 조류

조류는 세포 안에 있는 색소의 생산, 생산물의 종류 및 생식법 등에 의하여 분류된다.

표 8-1 중요한 조류

종 류	크기 및 구조	증 식	품종별	존재장소
Euglena 류(類)	현미경적, 단일세포	종축분열(縱軸分裂), 간단한 성세포(性細胞)도 있다.	*Euglena gracilis*	담수(淡水)
남조류(藍藻類, bule-greenalgae)	현미경적, 가장 원시적인 종류로 세균과 비슷한 성상을 갖는다.	유성생식은 없고, 무성생식(분열, 유주자)	*Nostoc Anabaena*	담수, 토양
녹조류(綠藻類, green algae)	현미경적, 눈으로도 보인다.	무성생식과 유성생식	*Chlorella ellipsoidea, Chlamydomonas*	담수, 토양 나무껍질
규조류(硅藻類, Diatoms)	현미경적, 단세포, 규산을 갖는다. 석유의 중요한 근원이라고 생각된다.	보통 무성생식이나 유성생식도 있다.	규조(硅藻)	담수, 염수, 토양, 고등식물
갈조류(褐藻類, brown algae)	눈으로 보인다. 단세포형(單細胞形)	무성생식과 유성생식	다시마, 미역, 톳	염수(냉)
홍조류(紅藻類, red algae)	눈으로 보인다. 다세포형, 한천(寒天)을 갖는다.	무성생식과 유성생식	김, 우뭇가사리	염수(냉)

1. 남조류(藍藻類, blue-green algae)

남조류는 가장 원시적인 조류로 세포구조상 원시핵세포로 되어 있어서 일반조류와는 전혀 다르고, 세균과 비슷한 성상을 가진다. 핵에는 핵막이 없고, 또 chlorophyll a와 같은 색소는 엽록체 속에 있지 않고 세포 중에 분포되어 있다. chlorophyll a를 가지고 산소발생이 있는 광합성 작용으로 남조전분(藍藻澱粉, cyanophycean starch) 또는 glycogen 등을 생성하는 점에서는 세균이나 방선균과는 다르다. 그러나 원시핵세포 구조를 하고, 유성적 생식법이 없으며, 유주자나 분열에 의한 무성생식을 한다.

또 특유한 세포단백질인 phycocyan과 phycoerythrin을 세포주변부 chromoplasm에 가지고 있기 때문에 남청색을 나타내고, 기타 함유되는 색소로 $\beta-$ carotene과 myxoxanthin이 있다. 세포는 점질물에 싸여 있는 것이 보통이며, 독특한 활주운동을 한다. 수중, 토양 중에 널리 분포되어 있다. *Chrococcus*속, *Oscillatoria*속(흔들말속) 등과 질소고정능이 있는 *Nostoc*속(염주말속) 및 *Anabaena*속 등이 있다.

2. 규조류(硅藻類, diatom)

규조류는 황색식물에 속하는 특수한 형태의 조류로 단세포 또는 균체를 이루고 있다. 민물, 바닷물, 습기가 많은 토양, 고등식물 등에 널리 분포하는 대표적인 식물 플랑크톤이다. 세포의 형태는 뚜껑이 있는 상자처럼 2장의 세포벽이 겹쳐 있고, 비타민 A와 D가 풍부한 유적(油滴)도 함유한다.

껍질에는 규산질이 함유되어 있으므로 단단하며, 그 표면에는 무늬나 구멍 등의 미세한 구조로 되어 있다. 세포가 좌우대칭인 우상류(羽狀類, pennatae)와 방사대칭인 중심류(中心類, centricae)로 대별된다. 세포에는 엽록소 이외에 황갈색의 조황소(藻黃素, phycoxanthin)를 가진다. 생식은 무성생식이 보통이나 유성생식이라고 생각되는 증대포자(增大胞子, auxospore)를 형성하여 세포의 원형을 유지한다. 우상류로 *Navicula*속(깃돌말속), 중심류로 *Chaetoceros*속(불돌말속) 등이 있다.

3. 녹조류(綠藻類, green algae)

녹조류는 담수, 토양, 목피 등에 널리 분포하고 425속이 있으며 현미경적인 것과 육안으로 볼 수 있는 것도 있다. 이 균은 세포구조와 생식법이 대단히 다양하며, chlorophyll a 및 b를 다량 함유하는 색소체를 가진다. 단세포, 단세포의 균체, 사상형, 편평형 등 여러 가지가 있다. 단세포 각 객체는 1개의 엽록체를 가지고 있다.

영양체가 단세포의 운동성이며 2편모성인 *Chlamydomonas*속, 4편모성인 *Charteria*속을 비롯하여 단세포의 무편모인 부동성의 *Pleurococcus*속, 연결생활체를 형성하는 *Volvox*속 다핵세포가 사상으로 되는 *Cladophora*속, 단세포의 1핵이며 주로 구형인 *Chlorella*속 그리고 청태(靑苔, *Ulva conglobata*) 등이 잘 알려져 있다.

무성적 생식은 유주자(遊走子, zoospore)를 비롯하여 부동포자(不動胞子, aplanospore), 휴면포자(休眠胞子, hypnospore) 및 자동포자(自動胞子, autospore)를 형성하거나 단세포체가 2분열하는 것도 있다. 유성생식은 동형배우 또는 이형배우 등이 있다.

세포막은 cellulose성의 종과 mannose성의 종이 있으며, 세포 내의 동화생성물은 주로 전분으로 이것은 엽록체 중에 있는 핵양체(核樣體, pyrenoid) 주위에 저장된다.

*Chlorella*는 2~12μ 크기의 구형으로 분열에 의하여 한 세포가 4~8개의 딸세포로 증식하고 편모는 없다. 빛이 존재할 때에 간단한 무기염과 CO_2의 공급으로 쉽게 증식하며, 이 경우에 CO_2를 고정하여 산소를 낸다. 그러므로 학문적으로는 광합성 기작을 연구하는 좋은 재료가 되며, 응용면으로는 양질의 단백질을 다량 함유하고 있어 식재료용 조류로 중요시되고 있다. 대표적인 것으로는 *Chlorella ellipsoidea, Chlorella pyrenoidosa* 등이 있다.

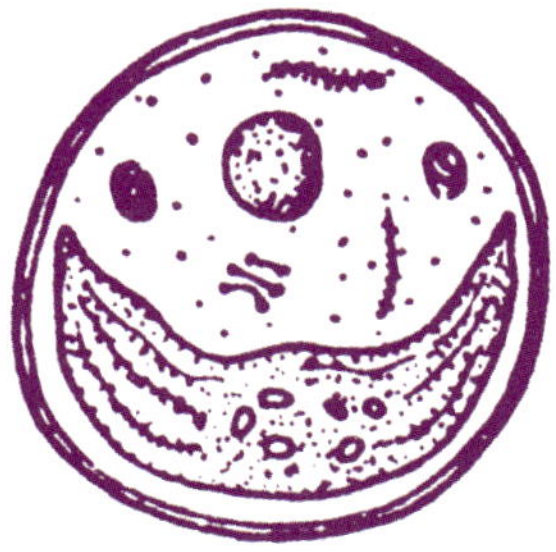

그림 8-2 Chlorella

4. 갈조류 (褐藻類, brown algae)

눈으로 볼 수 있는 다세포형으로 한류해수(寒流海水)에 잘 서식한다. 품종으로는 다시마(Laminaria), 미역(Undaria), 톳(Hizikia) 등의 약 250종이 알려져 있다. 유주자를 형성하는 무성생식과 유성생식을 한다.

세포 내에 xanthophyll을 다량 함유하고 있다. xanthophyll로서 violaxanthin, flavoxanthin, neoxanthin, fucoxanthin, neofucoxanthin A 및 B의 6종류가 있으며, fucoxanthin, neofucosanthin A와 B는 갈조류 특유의 색소이다. 저장 동화생성물로 중요한 것은 laminarin, mannite, algine 등이 있다.

5. 홍조류 (紅藻類, red algae)

눈으로 볼 수 있는 다세포형으로 난류해수(暖流海水)에 서식하며, 홍색이나 자색 또는 때때로 청록색을 띤다. 유주자를 형성하는 무성생식과 유성생식을 한다.

chlorophyll a와 b, carotene, xanthophyll, phycoerythrin, phycocyan 등의 색소를 함유하며, phycoerythrin을 다량 함유하기 때문에 홍색을 띤다. 세포막은 보통 cellulose와 pectin으로 되어 있으나, 칼슘을 침착시키는 것도 있다. 동화생성물은 전분유사물질과 유지(油脂)이다. 우뭇가사리(*Gelidium amansii*), 김(*Porphyra tenera*) 등이 있다.

6. 연두벌레식물류 (euglena류)

담수에서 생육하는 현미경적 단세포체로 대부분 1~3개의 편모를 지니고 운동성이 있다. 유성생식은 분명하지 않으며, 증식은 보통 세포의 분열에 의하고, 후막의 휴면상태에 있는 cyst를 만드는 것도 있다. 세포 내에 chlorophyll a 및 b와 β −carotene, xanthophyll 등의 색소를 함유한다. *Euglena*속, *Colacium* 속 등 25종이 있다. *Euglena gracilis*, *Euglena elastica*, *Euglena intermedia* 등이 잘 알려져 있다. 이들 종은 비타민 B_{12}의 미생물 정량에 이용된다.

SECTION 2 김과 Chlorella의 성분

1. 김

일반적으로 조류는 소화가 잘 안 되지만 김은 소화율이 약 70%로 비교적 좋으므로 식료품으로 애용되고 있다.

표 8-2 김의 성분(100g)

수 분(g)	11.4~13.4	P(g)	0.28~0.51
단백질(g)	29~35.6	Fe(mg)	12~36
지 질(g)	0.6~0.7	비타민 A(IU)	20,000~44,500
당 질(g)	39.1~39.6	비타민 B_1(mg)	0.12~0.25
섬유질(g)	4.7~7.0	비타민 B_2(mg)	0.89~1.24
회 분(g)	8.0~10.9	niacin(mg)	10.0
Ca(g)	0.26~0.51	비타민 C(mg)	20

2. 클로렐라(Chlorella)

독립영양균이며 단세포의 녹조류(chlorophyta)인 클로렐라는 당질 대신 CO_2를 가지고 태양광선을 이용하는 특징이 있다. 즉, 조류의 광합성은 다른 식물과 본질적으로 같아서, 빛은 chlorophyll 또는 carotenoid 등의 색소에 의해서 흡수된다.

광합성식은 다음과 같다.

$$6CO_2+12H_2O \longrightarrow C_6H_{12}O_6+6O_2+6H_2O$$

녹조류의 배양을 농업생산과의 비교를 보면, 대두 등의 농작물에 비해 증식속도가 30배 이상 빠르고, 태양 에너지의 효율적인 이용면에서도 재배식품이 2% 이하인 반면에 녹조류는 30% 이상이다. 관심을 갖는 클로렐라는 *Chlorella Pyrenoidosa*와 *ch. vulgaris*이다.

배양 최적온도는 25~25% 그 외에도 A, B_1, B_2, C 등을 함유하고 있기 때문에 단백질 급원이기도 하다.

클로렐라 배양은 우주선에서 인간이 배출하는 CO_2를 동화하여 O_2를 방출하고 배설물을 분해이용하여 SCP를 합성하며 오줌을 물로 변화시킬 수 있는 장점이 있다. 그러나 효모나 세균배양에 비하여 넓은 공간이 필요하고 효율이 좋은 CO_2 공급의 문제가 있다.

클로렐라는 1g당 약 5.5kcal의 열량을 가지고 있으며, 좋은 단백질원으로 이용될 수 있다.

Chlorella 단백질의 주요 아미노산은 arginine, leucine, lysine, isoleucine 등이며, 여러 종류의 비타민이 함유되어 있다. 특히, 비타민 A와 C가 많으며, 기타 엽록소의 함량이 많을 경우는 4~5%로 보통 식물에 비하여 훨씬 높다.

녹색 클로렐라 분말이나 탈색한 균체를 각종 식품에 단백질이나 비타민 강화용으로 첨가할 수 있다. 면류 · 된장 · 비스킷 · 껌 등에 이용한 경우에 일종의 향기를 내는데, 이것은 녹차나 청태의 성분인 methyl sulfide로 불쾌한 냄새는 아니다.

표 8-3 클로렐라와 주요 식품의 일반성분 비교

식 품	단백질	지 방	탄수화물	회 분
Chlorella	40~50	10~30	10~25	6~10
대 두	39	17~19	36	6
소 맥	11	2	85	2
쌀	7	1	91	1

표 8-4 클로렐라 단백질의 주요 아미노산 조성

arginine	7.8	phenylalanine	4.1
leucine	7.7	tyrosine	2.7
lysine	5.7	methionine	1.5
isoleucine	5.5	histidine	1.2
valine	4.9	tryptophan	1.1
threonine	4.3	cystine	0.9

표 8-5 클로렐라의 비타민 함량(γ/1g)

A	1,000~3,000
B_1	4~24
B_2	21~58
B_6	9~23
niacin	120~240
C	2,000~5,000

Chapter 9

세포의 미세구조와 기능

미생물에서 고등 동 · 식물에 이르기까지 모든 생명체는 세포라고 하는 기본단위로 구성되어 있다. 생물체 중에는 세균과 같이 단일의 세포가 하나의 개체로서 성장하고 증식할 수 있는 것이 있는가 하면 고등 동 · 식물처럼 고도로 분화된 세포 집단 간의 상호협력에 의해 하나의 생명체로서의 기능을 영위할 수 있는 것도 있다. 하나의 세포는 대개의 경우에 매우 작지만 복잡한 구조를 가지고 있으며, 이 복잡성은 생명유지에 필요한 기능을 내포하고 있다.

미생물은 공통성을 가지고 있으나, 전자현미경에 의한 초박절편 관찰방법의 개발과 세포학이나 생화학의 진보에 의하여 미생물에 따라 세포의 구조가 다르다는 것이 밝혀지고 있다. 예를 들면 효모와 세균에서는 그 세포구조가 기본적으로 다르고, 효모에서는 유전정보를 맡은 DNA가 핵막에 의하여 구분되어 있다.

세균에서는 DNA가 핵막으로 싸여 있지 않고 소위 알몸의 DNA가 효모의 핵과 같은 기능을 가지고 있다.

효모와 같은 핵을 가진 세포를 진핵세포라고 하며, 이와 같은 세포로 된 생물을 진핵생물(眞核生物, eukaryote)이라고 한다. 또 세균과 같은 핵을 가진 세포를 원핵세포라고 하며, 원핵세포로 된 생물을 원핵생물이라고 한다.

표 9-1 원핵세포와 진핵세포의 차이점

	원 핵 세 포	진 핵 세 포
크 기	거의가 소형 세포(1~10μm), 대부분이 미생물	거의가 대형 세포(10~100μm), 일부가 미생물이며, 대부분이 큰 생물
핵	핵막은 없다.	핵은 핵막으로 싸여 있다.
유사분열	없다.	있다.
감수분열	없다.	있다.
조 직	단세포생물, 다세포생물은 드물고 조직형성은 없다.	다세포생물에는 발단된 조직이 있다
호흡계	mitochondria가 없다.	mitochondria가 있다.
광합성 기관	chloroplast가 없다.	chloroplast가 있다.
세포벽	화학적으로 복잡한 구조	존재하는 경우 간단한 조직
편 모	전자현미경으로 관찰되는 크기, 1본의 섬유로 되어 있다.	광학현미경으로 관찰되는 크기, 중앙의 2본의 외측에 9본의 섬유가 있고 외측의 섬유는 각각 2본의 미소섬유로 되어 있다.
소 재	세균, 고세균, 방선균, cyanobacteria	고등동 · 식물, 원생동물, 조류(남조 류 제외), 균류(곰팡이, 효모, 버섯)

SECTION 1 원핵세포(原核細胞, procaryotic cell)

원핵세포는 생명활동에 절대적으로 필요한 세포막(細胞膜, cell membrane), ribosome, 핵역(核域, nuclear region)이 있고, 특수 기능체로서 세포벽, 편모(鞭毛, flagellum), 선모(線毛, pilus), 협막(莢膜, capsule), 점질층(粘質層, slime layer), 부착근(附着根, holdfast), 봉입체(封入體, inclusion body), 가스공포(空胞, gas vacuole), 내생포자(內生胞子, endospore) 등 여러 가지 구성물로 이루어져 있다.

원핵세포는 대부분 세포벽을 가지고 있으며, 그 화학적 조성은 복잡하다. 이 세포벽 안쪽에는 세포막(원형질막)이 위치한다. 이 세포막은 세포 내부로 깊숙이 들어간 형태의 구조물을 갖기도 한다. 세포질 내에는 진핵세포와 같이 핵막이나 mitochondria 등의 막성기관을 만들지는 않으므로 세포 내부는 비교적 단순하다.

유전물질은 세포 내의 핵역에 위치하며, ribosome과 핵막이 없는 핵 및 봉입체는 세포질에 흩어져 있는 형상을 취한다. 편모는 이들 세포들에 운동성을 부여한다. 또한 많은 종류의 세포들이 세포벽 외부에 협막이나 점질물에 의해 둘러싸여 있다.

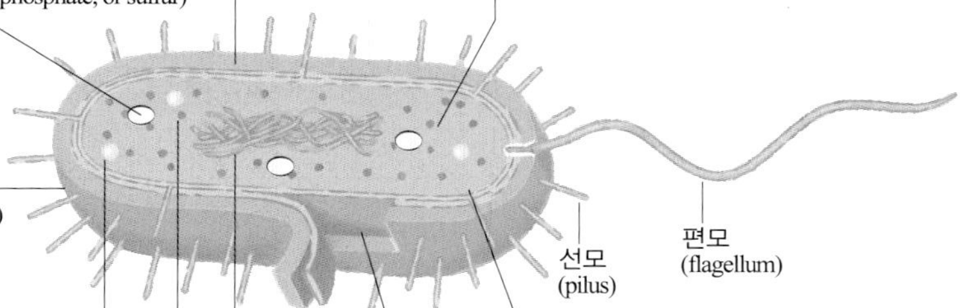

그림 9-1 원핵세포의 구조

표 9-2 원핵세포 구성물의 주요 기능

세포막	선택투과성, 영양원 및 노폐물 운송, 호흡, 광합성과 같은 여러 가지 대사 수행, 외부환경 인자의 감지, 외부와의 경계
리보솜	단백질 합성
핵 역	DNA의 보존 및 복제
세포벽	세균의 형태유지, 저장액 조건에서 용균 방지
편 모	이동
선 모	표면부착능, 접합
협막과 점질층	식세포에 대한 저항성 및 표면부착 능력
봉입체	탄소원, 인, 황 등의 저장
가스공포	수성환경에서 부력 부여
내생포자	열, 건조, 화학물질, 방사선 등에 대한 저항성 부여
메소솜	분열 중 세포벽 형성

1. 세포막(細胞膜, cell membrane)

세포벽의 안쪽에 세포질을 싸고 있는 세포막은 세포질막(細胞質膜, cytoplasmic membrane) 또는 원형질막(原形質膜, plasma membrane)이라고도 하며, 그람 음성균에서는 외막과 구별하는 뜻에서 내막(內膜, inner membrane)이라고도 한다. 세포막은 세포를 환경으로부터 보호하고 있는 장벽으로 막이 터지면 세포는 파괴되어 사멸한다.

세포막은 세포벽 쪽의 외엽(外葉, outer leaflet), 세포 안쪽의 내엽(內葉, inner leaflet) 및 그 중간에 존재하는 중엽(中葉, intermediate leaflet)의 3층막 구조(trilamellar structure)를 갖는다. 막의 기본구조는 인지질의 2분자층(bimolecular leaflet)과 그 층에 묻혀 있는 단백질(內在性 蛋白質, intrinsic protein)로 되어 있고, 건조중량으로 20~30%의 지질과 50~70%의 단백질을 가지고 있다.

인지질 분자는 소수성(疏水性) 부위인 장쇄 지방산측쇄가 막의 내부에 친수성(親水性) 부위인 glycerol 인산 부분이 막의 양쪽 표면에 오도록 배열되어 인지질의 2중층막(double-layerd membrane)을 형성하고 있다. 또 지질막을 관통하거나 막의 외엽 또는 내엽에 존재하는 단백질도 친수성 아미노산은 막 표면으로, 소수성 아미노산은 막 내부로 향하도록 배열되어 있다. 그리고 막의 구성성분 모두가 친수성기는 막 외부로, 소수성기는 막 내부로 향하는 형태로 구성되어 있다. 세포막의 기능을 보면 다음과 같다.

① 우선 세포질을 외부와 분리시키는 물리적 기능 외에 선택적인 투과막으로서의 기능, 즉 특별한 이온이나 분자의 세포막 내외로의 통과를 허용하며, 그 밖의 다른 분자들의 이동을 차단하는 등 외부로부터 생육에 필요한 물질을 선택적으로 받아들여서 세포의 내부환경을 가능한 한 일정하게 유지되도록 하는 기능과 함께 물질수송의 작용을 한다. 세포막의 물질수송에는 용질의 농도에 따라 진한 쪽으로부터 묽은 쪽으로 수송되는 수동수송(受動輸送, passive transport)과 용질이 농도차와 반대로 묽은 쪽에서 진한 쪽으로 수송되는 능동수송(能動輸送, active transport)의 두 형식이 있다.

② 세포막 위에는 cytochrome, quinone, 각종 탈수소효소 등을 포함한 전자전달계(電子傳達系, electron transport system)와 산화적인 산화(酸化的 燐酸化, oxidative phosphorylation)의 반응계가 존재하여 진핵세포의 mitochondria의 기능을 한다.

③ 단백질, 다당류, 지질 등의 고분자 물질을 이용하는 미생물에 있어서 이러한 고분자 물질이 세포막을 통과할 수 있도록 저분자로 가수분해하는 효소를 분비하거나 세포질 내에서 생성된 대사산물과 각종 고분자물질 등을 밖으로 분비하는 작용을 한다.

④ DNA의 일부가 결합하고 있는 세포분열이나 DNA의 복제의 조절에 관여하고 있다.

2. 리보솜 (ribosome)

Ribosome은 세포질에 분산되어 있거나 세포막에 느슨히 결합된 형태로 존재하는 단백질 합성기관이다. 세포질 중에 분산된 리보솜은 세포 내부에 충당되는 단백질을 합성하고, 세포막에 결합된 형태의 리보솜은 세포막으로 운송되는 단백질을 합성한다.

리보솜은 매우 작은 무정형의 입자로 전자현미경으로만 관찰되며, 원핵세포의 리보솜은 진핵세포의 리보솜보다 작고 가볍다. 리보솜의 화학조성은 60%가 RNA이고, 40%가 단백질이며, 균체중량의 30%, 균체 총 RNA의 80%를 차지하고 있다. 세포 내에서 높은 밀도로 존재하고, polyribosome으로 불리는 여러 가지 크기의 덩어리로 존재하기도 하며, 세포를 파괴하면 리보솜으로 분산된다.

3. 핵 역 (核域, nuclear region)

진핵세포와 원핵세포의 가장 두드러진 차이점은 이들이 유전물질을 세포 내에 저장하고 있는 형태일 것이다. 진핵세포는 막에 의해 경계가 지어진 핵이라는 곳에 2개 이상의 염색체를 갖고 있다. 그러나 원핵세포는 막이 없이 한 분자의 이중나선 DNA가 세포의 중앙 부위에 불규칙한 경계를 이루며 위치하고 있는데, 이를 '핵역'이라고 한다. chromatinic body 또는 nuclear structure 라고 부르기도 하는 핵역의 두 가닥 사슬 DNA는 환상을 이루고 있으며, 핵의 수는 세균세포의 생리적 조건에 따라 달라지지만 한 개의 핵은 1분자의 거대한 nucleotide 분자로 되어 있다.

핵역은 세포막이나 mesosome과 접촉하고 있는 것으로 관찰되며, 따라서 DNA 분자는 세포막과 결합되어 있는 것으로 생각된다. 순수하게 분리된 핵역의 화학적 조성은 DNA가 약 60%, 약간의 RNA, 그 밖에 소량의 단백질 등을 포함하고 있다.

많은 종류의 세균들이 핵역 DNA와는 별도로 plasmid라고 하는 자기복제성의 DNA 분자를 갖는데, 이는 환상의 두 가닥 사슬 구조로 염색체와는 별도로 독립적으로 존재하거나 복제될 수 있으며 자손에게로 전달될 수도 있으나, 핵역 DNA에 비하면 훨씬 작고 세균에게 필수적인 유전정보는 가지지 않는다. 성선모(性線毛) 형성, 항생물질 내성, 탄화수소 등의 분해성에 관여하는 특수한 유전정보를 가진 것들이 알려져 있다.

4. 세포벽 (細胞壁, cell wall)

세포벽은 대부분의 원핵세포에 있어서 매우 중요한 구조물 중의 하나로, mycoplasm이나 약간의 archaeobacteria를 제외한 대부분의 세균이 견고한 세포벽을 가지고 있다. 세포벽은 고유의 세포형태를 보존하고 세포내부의 높은 삼투압을 유지하므로 균체가 삼투압에 의해 파괴되는 것을 막아 준다. 또한 병원성 균에 있어서 세포벽에 기인하는 병원성을 갖게 하며, 유해물질로부터의 보호역할을 하기도 하고, 항생물질의 작용점이 되기도 한다.

세균은 그람 염색성의 차이에 따라 양성과 음성으로 구별되며, 이 양자 간에는 세포벽 구조에 있어서 분명한 차이를 볼 수 있다. 세포벽을 이루는 peptidoglycan은 원핵세포에서 만들어지는 거대분자로 그람 양성균의 세포벽은 20~80nm 두께의 두터운 peptidoglycan층으로 싸여 있으며, 세포막과 peptidoglycan층으로부터 바깥쪽으로 테이코산(teichoic acid)이 연결되어 있다.

이에 비해 그람 음성균은 그 구조가 복잡하여 내층(inner layer)에 1~3nm의 엷은 peptidoglycan층과 이를 둘러싸고 있는 7~8nm 두께의 외층(outer layer)인 단백질과 lipopolysaccharide의 모자이크 층으로 되어 있다. 세포질(細胞質, cytoplasm)을 싸고 있는 세포막과 이 외층의 막구조를 구별하여 외막(外膜, outer membrane)이라고도 하며, 또 세포막과 세포벽을 총칭하여 세포표층(細胞表層, cell envelope)이라고 불리기도 한다.

이들의 외부구조는 여러 가지 물질이 유기적으로 결합되어 있어서 세포질과 구별된다. 세포막과 세포벽의 기초구조인 peptidoglycan층의 사이에는 주변세포질(periplasm)이라고 하는 좁은 공간이 있다. 그 곳에 가수분해효소나 영양성분을 세포 내로 끌어들이는 데 필요한 단백질이 존재하고 있다.

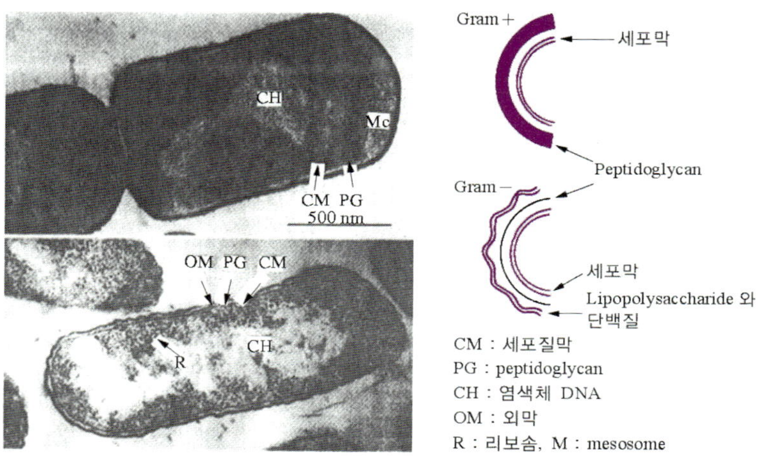

그림 9-2 그람양성균과 그람음성균의 구조

(1) peptidoglycan층

peptidoglycan층은 골격부분으로 여러 종류의 subunit으로 구성된 거대분자이다. N-acetylglucosamine(NAG)과 N-acetylmuramic acid(NAMA)의 2개의 아미노당이 β-1, 4 glycoside 결합을 반복하면서 중합되고 이 glycan의 N-acetylmuramic acid에 결합한 tetrapeptide의 측쇄가 인접한 다른 glycan의

것과 서로 교차결합(cross linkage)한 것으로 그물과 같은 구조의 단단한 주머니(sacculus)를 만들고 있어서 세포벽은 탄성과 신장성을 보유하며, 그물눈 사이로 분자들이 쉽게 통과할 수 있다.

골격부분은 모든 세균에 있어서 동일하지만 tetrapeptide와 그 교차결합 양식은 균종에 따라 다르고, 교차결합 양식의 경우에는 펩티드 가교를 구성하고 있는 아미노산의 수와 종류 역시 균종에 따라 다르다. Peptideglycan쇄의 길이, 교차결합의 양식 및 범위에 따라 세균의 형태가 결정된다. peptidoglycan층은 형태를 유지하고 세포질을 보호하며, 외부환경에 대해서 분자체와 같은 장벽의 역할도 하고 있다.

peptidoglycan층을 구성하고 있는 N-acetylmuramic acid나 diaminopimelic acid는 진핵세포에서는 볼 수 없는 성분이며, D형의 alanine과 glutamic acid는 일반단백질의 아미노산과 다른 원핵세포 특유의 것이다. peptidoglycan층을 용해하는 효소로는 N-acetylmuramic acid와 N-acetylglucosamine 간의 glycoside결합을 가수분해하는 lysozyme이 알려져 있다.

세포의 성장은 autolysin이라는 lysozyme과 유사한 효소의 작용으로 peptidoglycan 구조를 절단하여 틈을 만들고 이 부위에 새로 합성된 peptidoglycan층이 채워져서 세포벽이 늘어난다. penicillin 등의 β -lactam계 항생물질은 peptidoglycan의 peptide 가교의 형성을 촉매하는 transpeptidase의 작용을 저해하므로 증식단계의 세포에서는 건전한 세포벽이 형성되지 못하여 사멸하게 된다. 그러나 휴식단계의 세포에서는 autolysin의 작용은 볼 수 없으므로 penicillin의 작용도 받지 않는다.

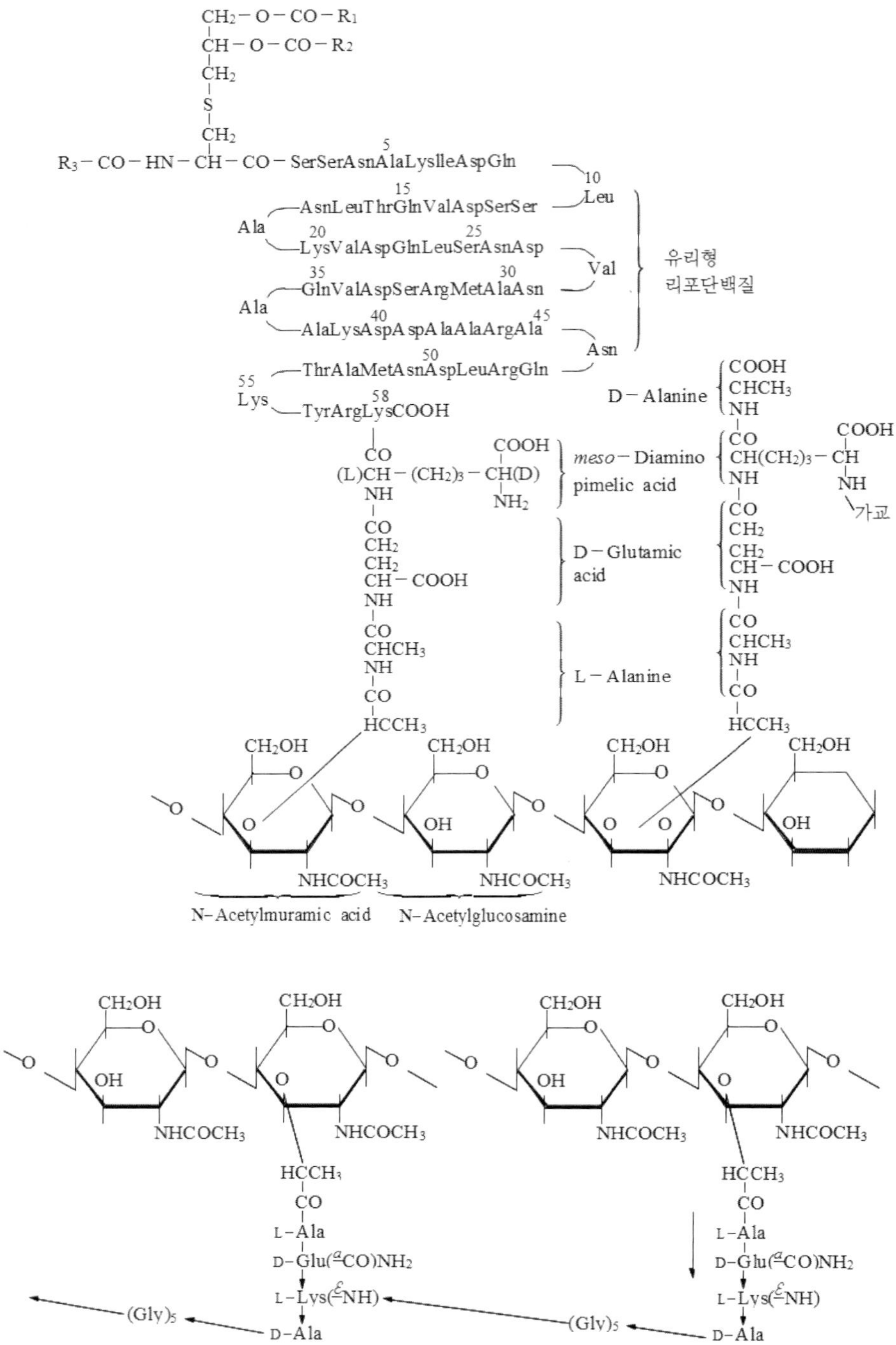
유리형
리포단백질
D－Alanine
meso－Diamino
pimelic acid
가교
D－Glutamic
acid
L－Alanine
N-Acetylmuramic acid
N-Acetylglucosamine

(a) 황색 포도상구균

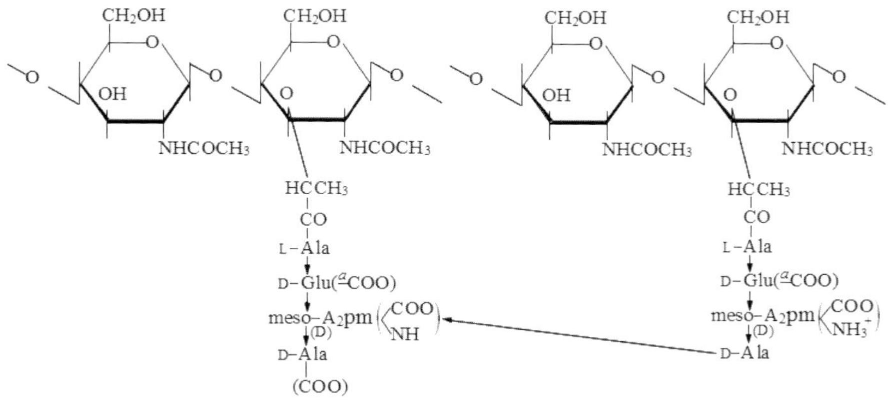

(b) 대장균

그림 9-3 Peptidoglycan의 화학구조

(2) gram염색성과 세포벽의 구조

그람 염색에 있어서 crystal violet과 요오드의 염색으로 세포 내에 이들의 불용성 complex가 생성되고, 알코올로 탈수하면 그람 양성균의 경우에는 두터운 peptidoglycan층의 구멍이 막혀서 탈색이 되지 않는 데 비하여, 그람 음성균은 외막과 엷은 peptidoglycan층을 통해서 쉽게 탈색되기 때문에 그람 염색성이 다르게 나타나는 것으로 알려지고 있다.

효모의 세포벽도 그람 양성균과 그 화학조성은 전혀 다르나, 세포벽이 두터워서 그람 양성으로 나타난다. 그러므로 그람 염색성은 일반적으로 세포벽 구조의 차이에 기인되는 것으로 생각되고 있다. 그러나 원핵미생물인 남조의 표층구조에는 teichoic acid의 존재가 확인되지 않으며, peptidoglycan층이 엷고 두터운 lipopolysaccharide (LPS)의 층으로 싸여 있어서 그람 음성균과 비슷하지만 그람 양성으로 나타나기 때문에 세포벽 구조상의 차이가 그람 염색성과 직접 관계되는 것으로 생각할 수 없다는 주장도 있다.

(3) gram양성균의 세포벽

그람 양성균의 세포벽은 대체로 약 90%에 달하는 peptidoglycan을 주성분으로 균일하게 이루어져 있으며, 일반적으로 상당량의 teichoic acid를 함유하고 있다. teichoic acid는 그람 양성균에서만 발견되는 물질로 phosphate와 결합된 glycerol 또는 ribitol의 중합체이며, D-alanine과 같은 아미노산이나 glucose, galactose, N- acetylglucosamine 등의 당이 ribitol이나 glycerol에 결합되어 있다.

균종에 따라 thichoic acid가 함유되는 부위와 종류는 일정하여 ribitol teichoic acid는 주로 peptidoglycan층의 N-acetylmuramic acid와 결합하므로 cell wall teichoic acid라고 불리며, glycerol teichoic acid는 세포막의 lipid와 결합하고 있어 membrane teichoic acid 또는 lipoteichoic acid라 불린다. teichoic acid는 peptidoglycan 표면 전체에 걸쳐 존재하며, 전기적으로 음성을 띠고 있으므로 그람 음성균의 세포벽을 음성을 띠게 한다.

테이코 산의 기능에 대해서는 잘 알려져 있지 않으나, 세포벽에 고밀도의 하전(荷電)을 부여하고 있으므로 이온류의 표층통과에 대해서 영향을 미치고 있으며, 또 생장과 분열 시에 세포벽 용해효소 autolysin의 활성조절에 관여하고 있는 것으로 생각되고 있다.

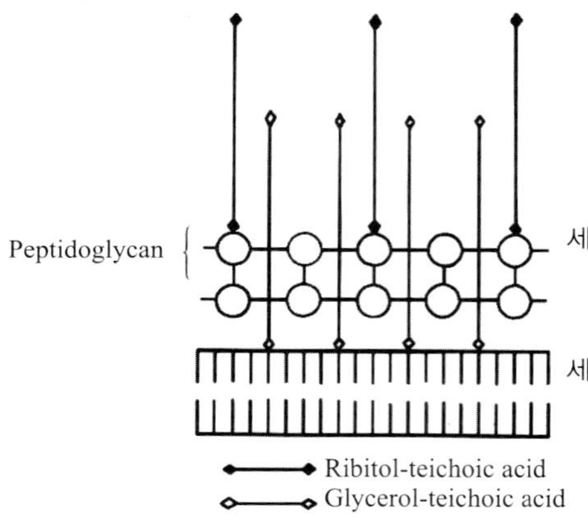

그림 9-4 Ribitol-teichoic acid와 glycerol-teichoic acid의 존재부위

(4) gram음성균의 세포벽

그람 음성균이 갖는 peptidoglycan의 함량은 세포벽 전체 중량의 5~10%에 불과하며, 그 두께도 매우 얇다. peptidoglycan층의 바깥쪽에 있는 외막의 주요성분은 인지질 이외에 그람 음성균 특유의 LPS와 단백질로 구성되어 있기 때문에, 외막을 lipopolysaccharide층이라고도 한다.

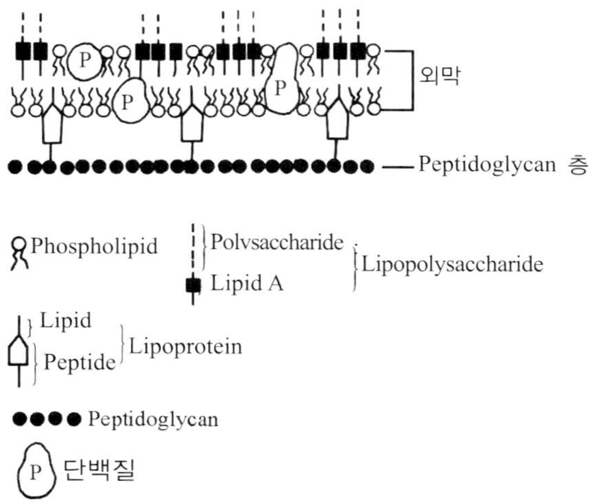

그림 9-5 그람 음성균의 세포벽 구조

외막은 외엽(外葉, outer leaflet)과 내엽(內葉, inner leaflet)의 두 개의 층으로 구성된 이중막 구조로 인지질 분자의 소수기(疏水基, hydrophobic group)가 막 안쪽으로, 친수기(親水基, hydrophilic group)는 바깥쪽으로 향하도록 배열되어 2분자층을 만든다. 내엽은 주로 인지질로 되어 있는 데 비하여, 외엽은 일부 지질 이외에 대량의 LPS로 되어 있다. 그리고 이 LPS분자의 소수기는 막 안쪽에, 친수기는 세포 바깥에 존재한다. 내엽과 외엽에는 단백질이 존재하고, 단백질 중에는 이중막을 관통하고 있는 것도 있으며, 이들 몇 분자가 모여서 물질투과를 위한 구멍을 형성하고 있다.

외막과 peptidoglycan층과는 일부의 특수한 단백질로 결합되어 있을 뿐만 아니라 peptidoglycan과 공유결합한 lipoprotein에 의해서도 연결되어 있다. 즉, lipoprotein 분자는 구성 아미노산의 C말단이 peptidoglycan층의 DAP와

peptide 결합하고, peptidoglycan층으로부터 밖으로 아미노산이 이어져서 그 N말단이 지질과 결합하고 있으며, 이 지질은 외막에 존재하여 peptidoglycan 층과 외막을 결합하고 있다.

외막은 같은 막구조의 세포막과는 달리 인지질이 내엽에, LPS는 외엽에 주로 존재하고 있어서 막의 표리가 크게 다르고, LPS의 존재로 세포막에 비해 인지질의 함량이 훨씬 적은 것이 특이하다.

LPS는 막이 갖는 가장 특징적이며 주요한 성분으로 미생물에 따라 또는 한 가지 미생물에서도 매우 복잡한 화학구조를 갖는 화합물이다. LPS는 보통 lipid A, core polysaccharide region 및 O side chain 등 3개의 subunit으로 구성되어 있으며, 이들은 lipid A 위치에서 phosphate bridge를 통해 서로 연결되어 있다.

lipid A 부분은 phosphate 또는 pyrophosphate와 결합한 glucosamine dimer에 긴 사슬 지방산이 다시 에스테르 결합되어 있으며, core polysaccharide는 lipid A 중의 어느 한 glucosamine 잔기에 이어져 있다. 이 부분은 흔히 볼 수 없는 두 물질인 2-keto-3-deoxyoctonic acid(KDO)와 heptose를 포함하고 있다. O side chain 또는 O antigen은 core에서 바깥쪽으로 신장되어 있는 다당류 사슬이며, core보다 훨씬 길고, 4~5개의 당을 주기적으로 반복시키는 구조를 갖고 있다. 이 부분은 균종에 따라 여러 가지 특별한 당을 가지기도 하며, 그 종성에 있어서도 매우 다양함을 보인다.

lipid A와 core 3개의 KDO를 포함하는 부분도 세균의 생존에 필수적인 것으로 보이며, 그 밖의 부분은 가변적인 것으로 추정된다. LPS는 gram 음성균의 주요 항원결정인자 역할을 하며, O-side chain은 숙주의 항체에 의해 쉽게 인식된다. 그러나 세균은 O- side chain의 성질을 재빨리 바꿈으로써 숙주의 방어를 회피해 갈 수 있다. LPS는 core 부위에 하전된 당이나 인산을 함유하여 세균 표면을 음으로 하전시키며, lipid A 부분이 외막의 주요 성분이 되어 LPS가 막구조 안정화에 중요한 역할을 하게 한다. Lipid A는 또한 세균감염의 증상을 야기하는 endotoxin의 역할을 하며, LPS는 bacteriophage의 흡착시에 receptor 역할을 하기도 한다.

(5) protoplast와 spheroplast

세포를 낮은 삼투압 용액(低張溶液, hypotonic solution) 중에서 lysozyme과 같은 효소로 세포벽을 용해 · 제거하면 세포 내로 물이 흡수되고 팽창하여 용균(溶菌, lysis)된다. 이때 sucrose나 KCl 등을 첨가하여 세포 내의 삼투압과 같게 만든 등장용액(等張溶液, isotonic solution)에서 lysozyme을 작용시키면 세포는 팽창하지 않고 세포 내의 원형질은 세포막에 싸인 채로 일부 파괴된 세포벽(ghost)으로부터 빠져 나와서 구형의 세포로 된다. 이것을 protoplast라고 하며, 그람 음성균과 같이 peptidoglycan층이 제거된 후에 외막과 같은 세포벽의 일부가 남아 있는 세포를 spheroplast라고 한다.

세포를 높은 삼투압용액(高張溶液, hypertonic solution)에 두면 세포는 탈수되어 세포질은 수축되지만 세포벽의 형태는 그대로 유지되므로 원형질분리(原形質分離, plasmolysis)를 일으킨다. 이와 같이 대개의 세균들은 생존에 손상되지 않은 세포벽을 필요로 하는데, 일부 세균은 그렇지 않은 것도 있다.

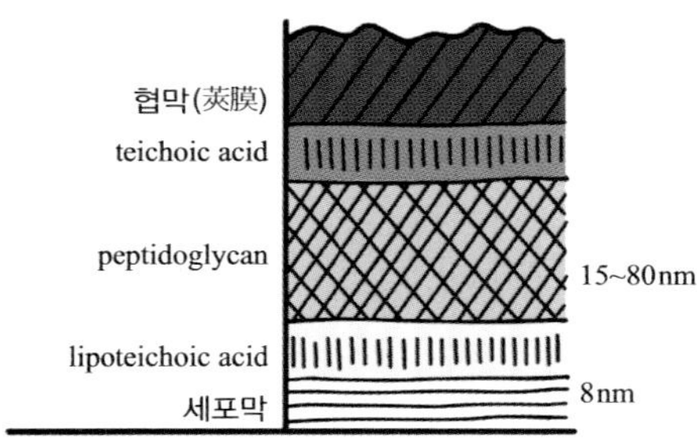

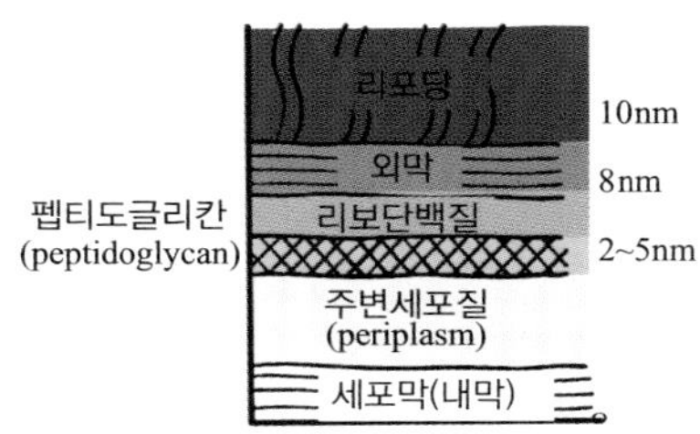

그림 9-6 세균 표층구조의 모형도

5. 편모와 선모

균체 주위의 섬유성 부속기관으로 편모와 선모가 있다. 편모와 선모는 모두 세포막에서 기원하여 세포벽 밖으로 신장되어 나온 기관들이다.

(1) 편 모(鞭毛, flagellum, flagellar)

편모는 형태 · 크기 · 기능에 있어 선모와 구분되며, 많은 세균은 고유의 운동을 하는 독립된 운동기관인 편모를 가지고 있다. 편모는 세균의 종류에 따라 세포에 부착 부위나 수가 다르기 때문에 세균을 분류하는 유용한 수단이 된다.

편모에는 세포의 끝에 부착되어 있는 극모(極毛, polar flagella)로 하나의 편모를 가진 단극모(單極毛, monotrichous), 균체의 양끝에 하나씩 모두 2개의 편모를 가진 양극모(兩極毛, amphitrichous) 및 균체의 어느 한 쪽에 술 모양의 편모다발을 가진 속극모(束極毛, lophotrichous)가 있고, 균체 표면 전체에 걸쳐 골고루 편모를 가진 주모(周毛, peritrichous)가 있다.

편모의 기본구조를 보면 일정한 두께로 바깥에 돌출되어 있는 편모 섬유(纖維, flagellar filament)는 세포 밖으로 돌출한 hook에 연결되어 있고, 이 hook와 연결되어 세포에 묻혀 있는 부위를 기부체(基部體, basal body)라고 한다. 기부체는 세포표층에 연결시키는 복잡한 구조로 그람 음성균의 경우는 중심축(中心軸, central rod)에 4개의 환이 걸려 있는 형태를 가진다. 즉, 바깥쪽의 L환은 LPS층에, P환은 peptidoglycan층에, 그리고 가장 안쪽의 M환은 세포막에 접촉해 있고, 그 위의 S환은 펩티도글리칸층의 안쪽 면에 위치하고 있다. 반면에 그람 양성균은 바깥쪽의 펩티도글리칸층이 두꺼운 탓인지 L환 및 P환이 없으며, S환 및 M환이 각각 세포막과 펩티도글리칸층에 접해 있다. 어느 경우에 있어서도 세포막과 결합한 M환과 중심축이 연결되어 있다.

편모의 섬유는 직경 5nm의 구상단백질로 이어진 8가닥의 원섬유가 나선상으로 감겨서 관 모양의 구조를 형성하고 있다. 구상단백질은 flagellin이라고 불리며, 그 아미노산 조성은 세포 단백질에 비해서 함유황 아미노산과 방향족 아미노산의 함량이 적고 aspartic acid와 glutaic acid가 비교적 많다. 편모의 진폭과 파장은 이 편모단백질의 구조에 따라 달라진다.

편모의 성장에 있어서는 세포에서 합성된 flagellin분자가 편모섬유의 중공(中空, hollow core)을 통하여 끝 부분에 추가되면서 연속적으로 신장된다. 또 세포분열에 있어서는 극모의 경우에는 새로 분열된 부위에 새로운 편모가 생기며, 주모의 경우에는 이미 존재하는 편모 사이에 새로운 편모가 생기게 된다.

세포의 운동은 주로 편모에 의한 것이다. 세균의 배양액을 과격하게 진탕하면 편모가 탈락하여 운동은 정지되지만, 세포의 생육에 따라서 단시간에 편모는 재생되어 운동성이 회복된다. 편모는 회전운동에 의해서 액체를 뒤쪽으로 밀어내고 세포는 전진하게 된다. 속모의 경우에 있어서는 반시계 방향의 나선형으로 생긴 많은 편모가 서로 엉키지 않고 개개의 편모가 함께 반시계 방향으로 회전함으로써 세포는 이동하게 된다.

편모의 구조는 앞에서 설명한 바와 같이 중심축에 고정되어 있는 M환이 세포표층에 고정되어 있는 S환에 대해서 회전하기 때문에 hook의 회전에 의하여 편모가 회전하게 되어 있으며, 그람음성균에서는 세포벽과 결합하고 있는 L환과 P환이, 그람양성균에서는 두터운 펩티도글리칸 층이 중심축의 받침 역할을 하고 있는 것으로 생각되고 있다.

세균운동은 직진 이외에 방향전환도 한다. 많은 편모가 한 다발이 되어서 똑같이 반시계 방향으로 회전하면서 직진하던 것이 일제히 시계방향으로 회전방향을 바꾸게 되면 편모의 다발이 풀어지면서 방향전환을 하게 된다. 이 행동을 twiddling이라고 한다. 이와 같이 세균세포는 편모의 회전방향을 바꾸어 가면서 직진과 방향전환을 되풀이하게 된다.

방향전환은 주성(走性, taxis)과 깊은 관계가 있다. 주성이란 세포가 어떤 외부의 자극에 대해서 일정한 방향성을 가지고 운동하는 것을 말하는 것으로 유인물질(誘因物質, attractants) 쪽으로 가까이 가거나, 해를 미치게 되는 기피물질(忌避物質, repellents)로부터 멀어지려는 성질로, 영양물질과 빛 및 공기에 대한 이와 같은 성질을 각각 주화성(走化性, chemotaxis)과 주광성(走光性, phototaxis) 및 주기성(走氣性, aerotaxis)이라고 한다.

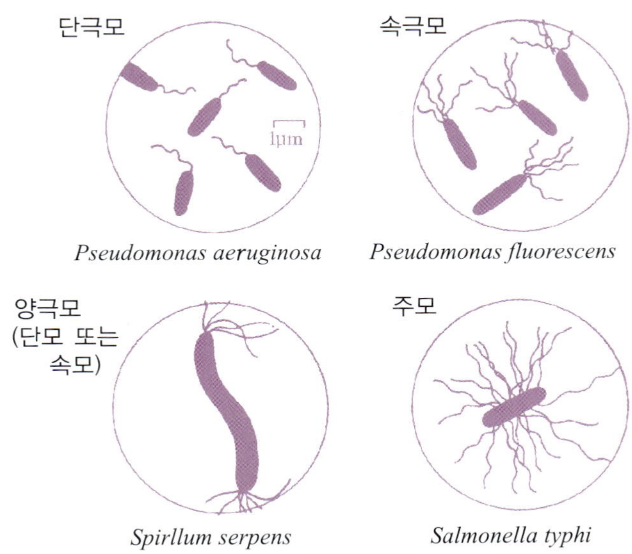

그림 9-7 세균의 편모형태

(2) 선 모(線毛, pilus 또는 fimbria)

많은 종류의 그람 음성균에는 모양과 화학조성이 편모와 비슷하지만 세균의 운동과는 관계없는 선모라고 불리는 섬유상 구조체를 가지고 있다. 선모는 편모보다 짧고 가늘며, 선모를 구성하는 물질은 필린(pilin)이라는 비교적 분자량이 작은 단백질 입자로 이 pilin 분자가 나선상으로 배열되어 원통형을 이루고, 그 중심부에는 중공(中空, hollow core)이라는 공간을 이루고 있다.

선모에는 fimbriae라 불리는 보통선모(common pili)와 pili라 불리는 성선모(性線毛, sex pili)가 있는데, 보통선모는 세포가 물체의 표면에 부착한다든가 세포끼리 붙어서 액체표면에 피막(皮膜, pellicle)을 형성하는 기능을 하고, 성선모는 자기증식성의 F인자(性因子, fertility factor, F factor), R인자(藥劑耐性因子, drug resistance factor, R factor), colicin I 인자(colicin I Factor) 등을 가지는 균에 의하여 각각 형성되는 F선모, R선모, I선모에 의해 세포끼리의 유전물질을 전달하는 기능을 가진다. 성선모의 수는 세균의 종류에 따라 다르고 보통선모에 비하여 그 수가 훨씬 작다.

6. 협 막(莢膜, capsule)

세균의 종류에 따라서는 세포벽 밖에 점액물질을 분비하는데 분비물질이 막 모양으로 치밀하게 세포 전체를 싸고 있을 때에 이를 협막이라고 하며, 경계가 선명하지 않는 점성막을 형성할 경우에는 점액층(粘液層, slime layer)이라고 한다. 협막은 다당류, polypeptide 또는 다당류와 단백질의 복합체로 세포에 대해서 필수의 성분은 아니지만, 특정의 장소에 부착한다든가 식세포나 원생동물에 의해서 포식되는 것을 막고 생존에 도움을 주고 있는 것으로 생각되고 있다. 협막 생성 능력은 유전되며 변이에 의해서 상실되는 경우도 있다.

협막이 세균에 대해 갖는 몇 가지 유익한 역할을 보면, 첫째로 숙주가 갖는 탐식세포에 대한 저항성을 주는 것이다. *Streptococcus pneumoniae*는 협막을 만들지 못할 경우에 쉽게 파괴되나, 협막형성균의 경우는 마우스에 치명적이다. 둘째로 협막은 많은 양의 수분을 보유하기 때문에 세포가 건조에 잘 견딜 수 있게 한다. 그 밖에 바이러스의 감염이나 세척제와 같은 소수성 유독물질로부터 자신을 보호하는 기능을 가지며, 다른 물체의 표면에 부착할 수 있는 기능을 부여하기도 한다.

그람 양성균 및 그람 음성균 또는 Archaeobacteria 등은 표면에 단백질이나 glucoprotein으로 구성된 잘 조직되어 있는 S층이라는 구조물을 갖기도 하는데, 이 물질 역시 균체에 병원성을 부여하거나 이온이나 pH 변동, 삼투압, 분해효소 또는 탐식세포 등으로부터 자신을 보호하는 역할을 한다.

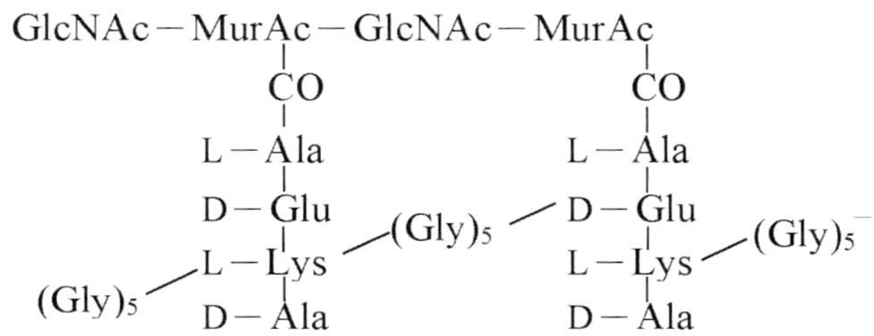

그림 9-8 세균(*St.aureus*)의 세포벽 peptide구조

7. 내생포자(內生胞子, endospore)

대부분의 그람 양성균은 환경조건에 따라 균체 내에 내생포자라고 불리는 휴면체(dormant structure)를 형성한다.

영양조건이 좋으면 분열증식을 되풀이하여 영양세포(營養細胞, vegetative cell)로 존재하지만 주변환경이 나빠지면 증식을 멈추고 균체 내에 포자를 형성하게 되며, 성숙하여 모세포가 용해되면 마침내 포자는 유리된다. 포자는 장기간에 걸쳐서 분열 증식하지 않고 생존할 수 있으며, 건조 · 열 · 산 · 살균제 등의 화학약품 및 방사선에 대해서 저항성이 강하다. 포자는 일반적으로 한 개의 세포에 한 개씩 균체의 중앙 또는 끝 부분에 형성된다. 이 포자의 위치와 크기는 균종에 따라 다르므로 균의 종정에 이용된다.

포자형성(胞子形成, sporulation)을 유발하는 인자는 질소원과 탄소원 또는 질소원 및 탄소원의 결핍 등 영양조건의 변화이다. 포자형성의 과정에서는 영양세포 성분의 소실에 따라서 많은 다른 효소나 포자의 구성성분이 생성된다. 이것은 포자형성과 포자의 구성성분을 결정하는 일련의 유전자가 활성화되고 영양세포의 기능을 지배하는 계열의 유전자가 불활성화되는 것을 뜻하며, 일종의 분화(differentiation)로 생각할 수 있다.

포자형성은 염색체가 길어져서 축상 chromatin이 형성되고 mesosome의 유도에 의해서 세포막이 세포 양측으로부터 세포질 내로 접혀 들어가서 세포 끝에 위치한 핵을 격리하면서 시작된다. 크기가 다른 모세포와 prespore가 생기고 모세포막은 인지질 합성을 활발하게 계속하여 prespore를 싸서 두 개의 막을 가진 준포자(準胞子 또는 前胞子, forespore)로 된다. 이 두 막 사이에 피층(皮層, cortex)이 생기고, 균종에 따라 포자외막(胞子外膜, exosporium)을 형성한다. 이 포자외막의 형성과정에서 바깥쪽 막 밖에 단편적인 단백질이 침착되고 융합하여 포자각(胞子殼, spore coat)으로 성장한다. 포자는 성숙되고 모세포는 용해되어 포자가 유리된다.

포자는 그 표층구조가 다층인 것이 특징이다. 포자의 세포질(spore cytoplasm)은 core로 불리며 포자벽(spore wall)으로 싸여 있다. core는 발아하였을 때에 영양세포의 원형질로 되는 부분이며 포자벽은 세포벽이 된다. core는 효소, RNA, DNA, ribosome 및 각종 저분자화합물 등을 함유하고 있다. 포자의 내열성은 포자가 자유수가 거의 없는 탈수상태이고 영양세포에는 볼 수 없는 5~15%의 calcium dipicolinate가 존재하기 때문인 것으로 생각되고 있다. 포자벽은 포자막(胞子膜, spore membrane)의 외층이며 peptidoglycan을 함유하고 있다.

피층은 포자벽의 바깥쪽의 두터운 층이며, 포자벽의 peptidoglycan보다 교차결합이 적고 lysozyme에 대한 감수성이 강하다. 포자가 발아하여 성장함에 따라 자기용해로 소실된다. 포자의 제일 바깥쪽에는 포자각이 있고 외피(外皮, outer spore coat)와 내피(內皮, inner spore coat)로 구성되어 있다. 포자각은 주로 cystein 함량이 많은 단백질로 되어 있으며 포자단백질의 80%를 차지하고 있다. 포자가 항생물질에 대해서 내성이 비교적 강한 것은 이 층이 불투과성이기 때문인 것으로 생각되고 있다.

포자는 발아하고 생육하여 영양세포로 된다. 포자가 높은 율로 발아(發芽, germination)하기 위해서는 포자각을 자극하여 포자를 활성화하는 동시에 환경의 영양조건이 좋아야 한다. 포자의 활성화의 방법으로서는 물리적 손상, 가열, 낮은 pH, disulfide 환원제 등에 의한 처리가 알려져 있다.

발아가 시작되어 영양증식에 필요한 영양조건이 충족되면 팽창하여 영양세포로 성장하고 자기용해효소가 활성화되어 피층과 포자각이 분해되면서 세포벽이 급속도로 두터워진다. 그 후에 mesosome이 발달되면 발아세포가 표층구조를 뚫고 외부로 출현하여 세포분열이 시작된다.

포자의 발아과정에서는 이와 같이 세포구조가 변화할 뿐만 아니라 세포화학적 · 생리적인 급격한 변화가 일어난다. 내열성이 상실되고 광학현미경으로 관찰하였을 때에 희게 빛나 보이던 포자가 그 광굴절성을 상실(暗色化, darkening)하게 되며 쉽게 염색된다. 이 발아가 완료되어 암색화한 포자는 발아포자(發芽胞子, germinated spore)로 불린다. 발아포자가 첫 번째 세포분열을 할 때까지의 생체합성의 과정을 '발아 후 성장(outgrowth)'이라고 한다.

SECTION 2 진핵세포(眞核細胞, eucaryotic cell)

진핵세포는 그 구조가 원핵세포에 비하여 복잡하다. 세포 내의 기능은 분화되어 세포 내의 구조인 핵, mitochondria, 엽록체 및 여러 세포기관(cell organelle)이 특정기능을 분담하고 있다. 또 세포분열, 유성생식도 원핵세포에 비하여 복잡하다.

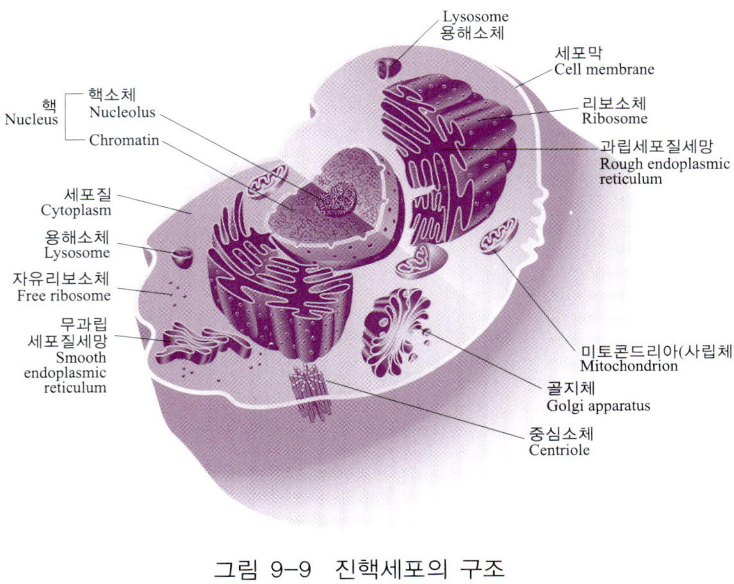

그림 9-9 진핵세포의 구조

그러나 진핵세포의 구조가 복잡한 만큼 그 화학적 작용은 복잡하지 않으며, 오히려 그 화학조성은 같은 기능을 하는 원핵세포의 기관보다도 단순한 경우도 있다. 고등생물인 동 · 식물의 세포는 모두 진핵세포이며 미생물 중에서도 균류와 원생동물 및 남조 이외의 조류는 진핵세포이다.

1. 세포막(細胞膜, cell membrane)

세포막은 원핵세포의 것과 구조적으로는 비슷하나 단백질과 지질의 비가 2에 가깝고 단백질이 많은 편이며 막의 구성단백질과 인지질의 종류가 다르다. 또 원핵세포의 막에는 sterol이 드물게 존재하는 것도 있으나 일반적으로는 존재하지 않으며, 진핵세포의 막은 sterol의 인지질에 대한 분자비가 1 이상으로 비교적 많은 sterol이 존재하고 있는 큰 특징을 지닌다.

진핵세포의 세포막은 생체막으로서는 mitochondria나 핵막과 함께 가장 중요한 기능을 가진 막의 하나이다. 그러나 진핵세포의 세포막은 세균의 세포막과 같은 다양한 기능을 가지고 있지 않으며 많은 기능이 다른 생체막 소기관에서 이루어지고 있다.

세포막은 세포의 내부와 외계를 격리시켜서 세포의 내부환경을 일정하게 유지하는 기능을 하는 한편, 세포의 생명활동을 유지하기 위해서 외계와 선택적으로 물질을 교환수송하는 역할을 하고 있다.

2. 소포체(小胞體, endoplasmic reticulum, ER)

소포체는 긴 관 또는 주머니 모양의 막으로 된 구조물로 세포 내에 널리 분포되어 있다. 그리고 핵막, 세포질, ribosome, mitochondria, 엽록체 등과 연결되어 있다. 막은 다른 소기관의 것과 같이 지질과 단백질로 되어 있다. 소포체에는 막의 바깥쪽 표면에 ribosome이 높은 밀도로 부착되어 있는 활면소포체(滑面小胞體, smooth- surfaced endoplasmic reticulum, SER)와 부착된 리보솜에서 분비단백질이나 막단백질을 합성하고 단백질은 소포체의 내강(內腔)에 들어가서 활면소포체를 통하여 golgi체 등 필요한 장소로 보내주는 역할을 하는 조면소포체(粗面小胞體, rough endoplsmic reticulum)가 있다.

조면소포체는 이들 단백질 합성 · 수송의 장소이며, 인지질과 steroid 등의 막지질은 조면소포체와 활면소포체의 양쪽에서 합성된다. 또 소포체의 일부는 핵막을 형성하는 등 세포 내의 여러 소기관의 모체로서의 역할도 하고 있다.

3. Golgi체(golgi body)

Golgi체는 납작한 주머니가 여러 장 밀집한 편평낭(扁平囊, cisterna)과 그 주변에 산재하는 액포(液胞, vacuole) 및 소포(小胞, vesicle) 등의 dictyosome 집합체이다. 골기체가 소포체와 분명히 다른 점은 표면에 리보솜 입자가 결합하고 있지 않다는 점이다. 조류와 원생동물의 일부에는 고등생물에서 볼 수 없는 이러한 전형적인 형태의 것이 있으나 균류에서는 이와 같은 형태의 것은 볼 수 없고, 주로 소포와 같은 형태이며, 그 존재도 확실하지 않는 경우가 많다. 효모에 있어서는 접합 시에 높은 빈도로 나타나기도 한다.

골기체의 기능은 소포체에서 합성된 단백질의 저장, 세포벽 다당류의 합성, 일부 단백질의 수식에 의한 당단백질의 합성, 분비 과립 및 lysosome의 형성 등이 있다. 조면소포체에서 합성되어 온 분비성단백질, 펩티드 및 리소좀 효소는 골기체에서 합성된 다당류로 수식되어 골기층의 편평낭 말단에 농축 · 저장되고, 마침내 분단되어 분비과립(分泌顆粒, secretory granule)이나 라이소솜을 형성한다. 이 분비과립은 세포막과 융합하여 내용물인 단백질을 세포 밖으로 방출한다.

골기체가 저장 · 운반하는 효소에는 세포표층 구성 합성효소뿐만 아니라 소포체에서 합성된 여러 가지 가수분해 효소도 있어서 리소좀으로 전달된다. 이와 같이 golgi체는 물질의 저장과 합성 및 운반의 역할을 하고 있다.

4. 리소좀(lysosome)

골기체에 유래되는 소포에는 리소좀이 있다. lysosome은 한 층의 단위막으로 싸여 있는 과립으로 일정한 형태를 가지고 있지 않다. 리소좀 내부에는 효소만을 함유하고 있고, RNA · DNA · 단백질 · 다당류 · 인지질 · 인산

에스테르 등을 가수분해하는 광범위한 산성가수분해효소들이 포함되어 있으며, 기능 면에서는 세포 내의 소화(intracellular digestion) 또는 이물소화(異物消化, heterophagy)의 기관으로 생각되고 있다. 이들 효소는 리소좀의 막 내에 들어 있어서 세포의 구성성분에는 작용하지 않는다.

세포 내의 소화, 분해계는 외래물질과 세포 내의 물질을 분해하는 두 가지 계가 있다. 앞의 세포막에서 설명한 내포작용에 의해서 세포 내로 들어온 외래물질은 리소좀과 융합하여 분해된다. 이때 기질과의 접촉이나 소화활동을 하지 않고 있는 불활성의 것을 1차 리소좀이라고 하고, 내포작용에 의한 액포와 융합하여 실제로 소화활동을 하고 있는 것을 2차 리소좀이라고 한다. 또 세포 내의 물질이 소포체나 골기체 등의 막에 싸여서 자기탐식포(自己貪食胞, autophagic vacuole)를 형성하여 이것에 1차 리소좀이 융합하여 소화되는 경우라든가 리소좀 자체가 세포 내의 물질을 싸서 소화하는 경우가 알려져 있다.

이와 같이 소화분해되어 생긴 아미노산이나 단당류는 리소좀 막을 투과하여 세포 내로 확산되어 다시 세포 내의 성분합성에 이용된다. 그러나 분해되지 않고 리소좀 막을 투과할 수 없는 물질은 리소좀 내에 축적되어 잔류소체(殘留小體, residual body)로 되고 마침내는 세포막과 융합하여 내용물을 세포 밖으로 방출한다.

이 과정은 많은 원생동물이나 원시적 무척추동물의 주된 섭식기구이며, 동물에 있어서는 이 과정을 통해서 체액이나 조직에 침입한 잠재적으로 위험한 미생물을 파괴함으로써 생체를 방어하는 역할을 하고 있다.

5. 미토콘드리아 (mitochondria)

미토콘드리아는 외막(外膜, outer membrane)과 내막(內膜, inner membrane)의 내외 두 층의 단위막으로 된 소기관으로 여러 가지 모양의 것이 있다. 일반적으로 내막은 많은 부분에서 안쪽을 향하여 빗 모양으로 돌출하여 능선(cristae)을 형성하고 있으며 균류에서는 이 cristae의 구조가 훨씬 간단한 것이 많다. 이 내막 위에는 작은 자루가 붙은 구상의 입자가 존재한다. 미토콘드리아는 흔히 소포체를 통해서 핵막이나 세포막과 연결되어 있다.

미토콘드리아의 가장 중요한 기능을 호흡에 의한 에너지의 생산이다. 즉, 해당경로의 최종산물인 피루브산(pyruvate)을 완전히 산화분해하는 TCA회로나 이것과 접속된 cytochrome계를 포함한 산화적 인산화 경로의 여러 효소를 함유하고 있으며, 이외에 지방산의 β 산화계나 아미노산 변환반응의 효소군이 미토콘드리아에 존재하고 있고, 이들 효소계에 의한 반응생성물인 acetyl CoA나 케토산도 TCA를 거치게 된다.

외막에는 cytochrome b5나 지방산 acyl CoA synthetase, 내막에는 전자전달계와 공역하는 산화적 인산화계, 내막 내부의 matrix에는 TCA회로계, 지방산 β 산화계, 아미노산 변환반응의 여러 효소군이 각각 고유성분으로 존재하고 지질대사의 효소계는 뚜렷하게 특이적인 분포를 나타내지 않는다. 이와 같이 미토콘드리아 전체로서는 에너지 생산, 즉 ATP 생성과 아미노산 공급원으로서의 기능을 하고 있다. 따라서 미토콘드리아는 원핵세포의 세포막이 가지는 기능의 일부를 담당하고 있는 소기관이라고 할 수 있다.

미토콘드리아의 막은 다른 단위막과 같이 지질층 중에 단백질이 붙어 있는 2분자층으로 지질조성은 외막에 비하여 내막의 cholesterol 함량이 대단히 적고, 카르디올리핀(cardiolipin)은 내막에 존재한다. matrix 안에는 적은 양이기는 하나 DNA와 DNA 의존 RNA polymerase가 존재하며 ribosome 상에서 단백질이 합성된다. 미토콘드리아에 존재하는 리보솜의 침강계수는 70S로 진핵세포 내의 다른 부분인 80S 리보솜 상에서의 단백질 합성과는 분명히 다른 것으로 미토콘드리아는 진핵세포 내에 있어서 원핵세포에 유래되는 독특한 존재로 풀이되고 있다.

6. 엽록체(葉綠體, chloroplast)

엽록체는 광합성 색소와 광합성에 필요한 효소를 가지고 있는 광합성을 하는 소기관으로 그 크기나 수는 종류에 따라 다양하다. 엽록체는 단위막으로 된 외막에 싸여 있으며 내부는 틸라코이드(thylakoid)라고 불리는 여러 겹의 내막이 붙어 있는 중층(lamella) 구조로 되어 있다. thylakoid막의 초질(礎質, stroma)층에 chlorophyll과 carotenoid와 같은 광합성 색소가 존재한다.

광선이 강하면 클로로필 양은 증가되고 클로로필 양이 적으면 내막형태도 퇴화한다.

엽록체에도 미토콘드리아와 같이 리보솜, 엽록체 DNA(genophore) 등의 단백질 합성기구가 있어서 자체단백질의 일부가 엽록체 내에서 자율적으로 합성되고 있으며, 이 리보솜의 침강계수는(sedimentation coefficient) 70S로 세균과 유사하다.

7. 세포벽(細胞壁, cell wall)

대부분의 균류와 조류에는 고등식물과 같이 세포가 일정한 형태와 강도를 갖게 되는 세포벽에 싸여 있으며, 많은 원생동물과 일부조류에는 세포벽 구조를 갖지 않는 것도 있다. 이들 세포벽은 일반적으로 원핵세포의 것에 비해서 훨씬 두텁고 화학조성은 간단하며 고등식물 세포의 세포벽과 유사한 chitin, glucan, cellulose 등으로 되어 있다.

균류의 세포벽은 사상세포(균사)의 경우에는 원통상태이고 이 긴 세포 내에 격막이 있는 것과 없는 것이 있으며, 효모나 포자와 같이 구형 또는 타원형의 것도 있다.

균류 세포벽의 주성분은 다당류로, 다당류의 종류와 함량은 균류의 종류에 따라 크게 차이가 있다. 균류 세포벽의 주된 다당류는 β-1, 4-glucan(cellulose), β-1, 3-glucan, α-1, 6-mannan, chitin 및 chitosan이며, 이외에 β-1, 6-glucan의 존재도 알려져 있다.

β-1과 4-glucan은 조류 및 일부 하등균류의 주성분이며, β -1과 3-glucan은 곰팡이 · 버섯 · 효모 등의 고등균류와 많은 하등균류에 주로 존재한다. β-1, 4-glucan은 결정형의 섬유형이지만 β-1, 3-glucan은 비결정형이므로 이것의 세포벽은 섬유상이 아니다. α-1, 6-mannan은 효모 특유의 성분으로 5~10%의 단백질을 함유하며 세포의 강도를 유지하고 있는 글루칸 층 속에 존재한다. chitin은 N-acetylglucosamine이 β-1, 4 결합한 것으로 곰팡이에 널리 분포하고 있는 성분이며, 일반적으로 셀룰로오스 세포벽을 가지는 균류에는 존재하지 않는다. 또 β-1, 6-glucan은 다당류 간의 가교구조의 역할을 하

여 세포벽의 3차원 구조를 형성하게 된다. 진균류 중에는 균사형과 효모형의 두 형태를 나타내는 것이 있으나, 이 변화에 따라 chitin과 mannan의 양이 변화한다. 이와 같이 세포의 형태와 세포벽 조성은 밀접한 관계가 있다는 것을 알 수 있다. 세포벽의 단백질은 대부분 다당류와 결합하고 있다.

*Saccharomyces cerevisiae*나 *Candida*의 효모는 일부 protease에 의해서 용균되므로 단백질이 세포벽의 안정화에 관여하고 있음을 나타내고 있다. disulfide 결합을 가지는 단백질도 세포벽 구조의 안정화에 기여하고 있는 것으로 추측되고 있다. 또 세포벽 지질은 대부분 중성지질이며 세포를 탈지하여 건조하면 납작하게 되므로 지질도 세포를 단단하게 하는 데 기여하고 있는 것으로 생각되고 있다.

8. 핵(核, nuclear)

유전물질인 DNA를 가지는 염색체(染色體, chromosome)는 핵막(核膜, nuclear membrane) 안에 존재한다. 핵의 크기는 미생물의 종류에 따라 다르나 대체적으로 세포의 크기에 비례한다.

핵막은 다른 세포막 구조보다 복잡하며 내막(內膜, inner membrane)과 외막(外膜, outer membrane)의 간격이 일정하지 않는 분리된 두 단위 막으로 되어 있다. 내막은 단순한 주머니이지만 외막은 소포체와 곳곳에서 연결되어 있다. 핵막에는 많은 작은 원형의 핵막공(核膜孔, nuclear pore)이 있고, 이 구멍의 주변은 내외막이 연결되어 있으며, 핵 내외의 물질의 선택적인 수송에 관여하고 있다. 이를테면 RNA나 ribosome의 성분을 핵 내에서 합성하여 이 핵막공을 통해서 세포질 내로 나가서 기능을 하게 된다. 또 DNA 전구체, 미소관 단백질, 기타의 저분자 물질이 이곳을 통하여 핵내로 들어오게 된다.

핵의 내부에는 DNA를 함유하는 chromatin(染色質)과 RNA를 함유하는 작은 과립인 인(仁, nucleolus, 核小體)이 함께 구조체로서 존재하며 핵액(核液, nuclear sap)으로 싸여 있다. chromatin은 섬유상의 구조를 나타내며 핵산과 단백질의 복합체로서 핵산으로서는 DNA와 소량의 RNA, 단백질로서는 염기성 단백질인 histone과 비histone성 단백질을 함유하고 있다. 히스톤의 양은 DNA량과 거의 같고 비 히스톤성 단백질은 DNA의 반 정도 존재한다.

히스톤은 어떤 질서에 따라 긴 두가닥 사슬인 DNA 분자와 결합하고 있고 밀접한 상호관계를 유지하면서 DNA를 접고 보호하며 그 기능을 조절하는 작용을 하고 있는 것으로 생각되고 있다.

세포분열기에 이 chromatin은 응집하고 histone의 밀도도 높아져서 염색체를 보기 쉽게 한다. 각 염색체에는 단일분자의 DNA로 존재하고 고등생물의 단일염색체의 DNA 분자의 길이는 원핵세포의 DNA의 몇 배나 되지만 효모나 기타 많은 미생물의 단일염색체의 DNA의 길이는 원핵세포보다 짧다. 핵에 존재하는 DNA 함량은 생물의 종에 따라 다르고 핵의 크기와 거의 비례한다. 또 염색체의 수도 몇 개로부터 수백 개에 이르기까지 다양하고 유전자의 수도 생물의 종류에 따라 다르다.

인(nucleolus)은 굴절률이나 밀도가 높은 입자로 핵 내의 중심에서 벗어난 부분에 존재한다. 인의 구성성분은 RNA와 그 염기배열을 결정하는 DNA 그리고 단백질로 되어 있다. RNA는 세포질에 존재하는 ribosome RNA 또는 그 전구체로 인에서 ribosome RNA를 만드는 것은 분명하므로 세포질 내의 단백질 합성을 지배한다고 할 수 있다. 인은 세포분열을 할 때에 소실되고 분열이 끝난 후에 낭세포의 핵 내에서 재생된다.

핵액은 광학현미경으로 투명하게 보여서 액상의 것으로 생각되기 쉽다. 그러나 단백질 합성계, RNA 합성계, DNA의 합성 수복계 등을 함유하는 핵의 실질 부분이 되고 있다. 또 한편 해당계의 여러 효소 등 세포질과 공통된 효소군도 함유되어 있어서 세포질과의 연속성을 볼 수 있다.

원핵세포의 핵은 핵막이 없고 DNA가 응집해서 존재하는 핵역으로 존재하지만, 진핵세포의 핵은 세포질과는 분리된 하나의 소기관으로 유전적 제어의 중추로서 중요하고, 포유동물의 적혈구와 같이 핵이 없는 세포는 분열이나 증식은 할 수 없다.

9. 리보솜(ribosome)

단백질을 합성하는 장소인 ribosome은 원핵세포에서와 같이 세포 내에 존재하는 미소과립이다. 리보솜(ribosome)은 세포질 내에 분산해서 존재하는 것

이외에 소포체 표면에 부착해서 조면소포체를 형성하고 핵 내에서는 인 중에 집중적으로 존재하며, 미토콘드리아나 엽록체에도 존재한다.

진핵세포의 세포질 중의 리보솜의 침강계수는 80S로 40S와 60S의 구성단위(subunit)가 결합되어 있다.

10. 편모(鞭毛, flagellum)와 섬모(纖毛, cilium)

편모는 세포에 부착된 긴 섬유와 같은 형태를 하고 있고 채찍 모양으로 움직여서 세포가 운동을 하게 된다. 편모의 수와 배열은 조류, 균류, 원생동물을 분류하는 데 있어서 특징으로 이용된다.

진핵생물의 편모는 원생생물의 것과 같은 이름으로 불려지고 있으나 그 구조는 전혀 다르고 복잡하다. 편모는 세포막이 연장된 부분인 바깥쪽의 외초(outer sheath), 축구조를 하고 있는 축사(軸絲, axoneme) 및 기부구조로 되어 있는 키네토솜(kinetosome)으로 구성된다. 2개의 singlet 미소관(微小管, 6K microtube)으로 된 중심섬유(中心纖維, central fibril)와 2개씩 짝이 되어 있는 doublet 미소관으로 된 외위섬유(外圍纖維, outer fibril)의 9쌍이 그 주위를 둘러싸고 있으며, 이들 섬유는 유기기질 속에 들어 있다. 이들 섬유는 단백질의 일종인 tublin 분자로 되어 있으며, tublin 분자가 2개의 subunit를 만들고 이 subunit이 나선형으로 꼬여서 형성된 미소관 축사이다. 외위섬유는 A관과 B관으로 되어 있으며, A관에는 2개의 디네인(dynein)이라고 불리는 단백질로 팔이 붙어 있어서 ATP의 화학에너지를 편모운동의 기계적 에너지로 바꾸는 작용을 하고 있다.

편모는 kinetosome으로 세포와 연결되어 있고, A, B, C관으로 된 triplet 미소관 9조가 주위에 있으며, 중심미소관은 없다. 이들과 외위섬유가 연결되어 있다. 선모의 미세구조는 편모와 본질적으로 같으나 길이가 짧고 수가 많은 점이 편모와 다르다.

11. 세포분열

진핵세포의 세포분열은 유전물질을 배로 증가시키는 DNA 합성, 유사분열에 의한 핵분열, 세포분열과 세포막의 형성 및 두 세포의 분리 각 과정을 거치게 된다. 진핵생물의 세포주기(細胞週期, cell cycle)에서 그 주기의 ⅓~½의 기간에 DNA의 합성이 이루어지며 원핵세포에 있어서는 분열의 전 기간을 통해서 DNA가 합성되는 것과는 대조적이다.

세포주기 중 유사분열의 기간은 가장 뚜렷한 변화가 나타나는 시기이지만 전 기간의 불과 10%에 지나지 않는다. 유사분열(有絲分裂, mitosis)의 기간은 다음과 같이 전기, 중기, 후기 및 말기로 나누어진다.

① 전기(前期, prophase) : chromatin이 코일 상태로 되고 응축하여 낭염색분체(娘染色分體, sister chromatin)로 된다. 중심소체(中心小體, centriole)가 양극으로 분리되고 이곳에서 성상체(星狀體, aster)가 신장된다. 전기 끝에 핵막이 소실된다.

② 중기(中期, metaphase) : 양극으로 이어지는 방추사(紡錘絲, spindle fibre)와 연결된 낭염색분체는 적도면에 위치하고 있다. 방추사는 미소관(微小管, microtube)으로 연결되어 있다.

③ 후기(後期, anaphase) : 낭염색분체가 양극의 중심소체로 향하여 방추사에 의해서 당겨져서 이동한다.

④ 말기(末期, telophase) : 염색체의 코일이 풀리고 응축상태가 해제된다. 새로운 핵막이 형성되고 마침내 세포질분열(cytokinesis)이 된다.

이와 같은 과정을 통해서 유전적으로 같은 내용의 2개의 낭세포로 된다.

12. 유성생식

일부 원핵세포에서는 고등생물과 전혀 다른 일부 유성생식을 볼 수 있을 뿐이지만 진핵미생물에서는 동 · 식물과 비슷한 유성생식을 흔히 볼 수 있다. 유성생식은 배우자(配偶者, gamete)라 불리는 2개의 세포가 접합(接合, conjugation)하여 접합자(接合子, zygote)라는 1개의 세포를 형성하고, 2개의 배우자의 핵은 융합(融合, fusion)하여 접합자의 핵이 된다. 접합자의 핵은 배우자의 2배의 염색체를 가지게 되므로 염색체의 수에 있어서 배우자는 반수체(半數體, haploid)이며 접합자는 배수체(倍數體, diploid)이다.

감수분열(減數分裂, meiosis)은 배수체가 반수체로 변하는 과정이다. 유사분열은 염색체를 복사하여 배로 만들어 원래의 염색체 수를 가진 2개의 세포로 되는 데 대해서 감수분열은 염색체 수가 반감되면서 생식세포(germ cell)로 될 반수체의 세포로 되는 과정이다. 배수체의 염색체는 항상 상동염색체(相同染色體, homologous chromosome)로 불리는 한 쌍의 염색체의 상태로 존재하고 감수분열에 의해서 이 상동염색체 중의 하나씩을 갖는 배우자로 된다.

유전자의 재조합은 이 감수분열의 시기에 상동염색체 간에 일어난다. 이 한 쌍의 염색체는 유사분열 때와 같이 2개의 핵으로 분열하고 이어서 제2의 분열로 상동염색체가 2개의 핵으로 나누어진다.

감수분열의 결과, 보통 4개의 반수체를 형성하게 된다. 진핵미생물에 있어서는 많은 경우에는 반수체의 세포는 배우자로 되기 전에 영양증식을 하기도 하며, 또 자연 속에서 종속보전의 역할을 하는 휴면세포인 포자로 되는 경우도 있다. 이들 포자는 발아하여 바로 배우자로 되거나 뒤에 배우자로 되는 영양세포로 된다.

Chapter 10

미생물의 일반적인 생리

SECTION 1 미생물학의 발전사

1. 미생물의 영양요구성

미생물은 세포막을 통하여 영양분을 흡수하여 에너지 생성반응으로 필요한 에너지를 얻고 균체 구성성분의 합성과 기타 작용을 영위함으로써 자신의 생명현상을 유지한다.

미생물이 어떤 화합물을 이용하려면, 첫째로 그 화합물이 세포막을 통과하여야 하고 또 탄수화물이나 단백질에서는 구성성분인 단당류나 아미노산까지 분해하는 효소를 분비하여야 한다. 둘째로는 세포 내에 그 화합물을 필수대사 중간산물로 변화시키는 효소를 가져야 한다. 셋째로 적응효소의 작용이 필요할 경우는 균을 그 화합물에 미리 순응시켜야 한다.

미생물 중 원생동물은 완전동물성영양(holozoic nutrition)을 하여 미세한 고형물을 섭취할 수 있으나, 기타 미생물은 완전식물성영양(holophytic nutrition)으로 모든 영양분을 수용액의 상태로 흡수한다.

미생물이 요구하는 영양물질은 균종에 따라 상당한 차이가 있으며 미생물은 우선 이용할 수 있는 탄소원에 따라 두 가지로 나눈다.

① CO_2 gas를 탄소원으로 균체를 구축하는 균류를 독립영양균(獨立營養菌 또는 自力營養菌, autotrophic microbe, autotroph)이라고 한다. 독립영양

균에는 광합성 색소를 가지고 태양 에너지를 이용할 수 있는 광합성 독립영양균(光合成 獨立營養菌, photosynthetic microbe, photoautotroph)과 H_2, S, H_2S, S_2O_3, NH_3, NO_2 등과 같은 무기물을 산화하여 에너지를 얻는 화학합성 독립영양균(化學合成 獨立營養菌, chemosynthetic microbe, chemoautotroph)이 있다.

② 무기물을 이용하여 유기물을 합성하지 못하고 탄수화물과 같은 유기화합물을 필요로 하는 미생물군을 종속영양균(從屬營養菌, heterotrophic microbe, heterotroph)이라고 한다. 조류를 제외한 발효미생물이나 부패균 등 대부분의 미생물은 종속영양균에 속한다. 종속영양균에는 동식물의 생체에 기생하는 생체기생균(生體寄生菌, parasite)과 살아있는 동식물이 아니더라도 유기물이 존재하면 발육하는 사물기생균(死物寄生菌 또는 腐生菌, saprophyte)의 두 종류가 있다. 동식물의 병원균 또는 뿌리혹균 등은 생체기생균에 속하고, 일반적인 발효미생물이나 부패미생물은 사물기생균에 속한다.

표 10-1 영양요구성에 따른 미생물의 분류

		탄 소 원		질 소 원			발육소	에 너 지 원			균종의 예
		CO_2 HCO_3^-	유기 C	N_2	NH_4^+ NO_3^-	유기 N		빛	무기물산화	유기물분해	
독립 영양균	화학합성균	+	−	−	+	−	−	−	+	−	*Nitrosomonas* *Nitrobacter*
	광합성균	+	−	−	+	−	±	+	−	−	홍색유황세균
종속 영양균	질소고정균	(+)	+	+	(+)	−	−	−	−	+	*Azotobacter*
	Non-exacting균	(+)	+	−	+	−*	−	−	−	+	*Escherichia coli* 곰팡이
	Exacting균										
아미노산 요구균		(+)	+	−	+	+	−	−	−	+	*Salmonella typhi*
발육소 요구균		(+)	+	−	+	−*	+	−	−	+	*Proteus vulgaris*
아미노산 및 발육소 요구균		(+)	+	−	+	+	+	−	−	+	젖산균

* 이용할 수도 있다.

(1) 독립영양균(獨立營養菌, autotrophic microbe)

유기물을 필요로 하지 않으며 무기물만으로 생육하는 종류로 CO_2, HCO_3^- 등의 무기 탄소원으로부터 탄소화합물을, NH_4^+, NO_3^- 등의 무기 질소원으로부터 질소화합물을 합성한다.

① 광합성균 (光合成菌, phototrophic microbe)

광합성 색소로 빛 에너지를 이용하는 균으로, 이 미생물의 광합성 색소는 고등동물의 chlorophyll과 비슷한 Mg-porphyrin이며 측쇄의 구조가 다르다. 대부분의 편성혐기성균이 여기에 속한다. *Chromatium*, *Thiocapsa* 등의 홍색유황세균은 다음과 같이 H_2S를 환원제로 이용하여 CO_2를 환원시켜 이용한다.

$$CO_2+2H_2S \longrightarrow (CH_2)n+H_2O+2S$$

식물의 광합성에 있어서는 수소공여체(H－acceptor)로서 H_2S가 이용되므로 O_2를 발생하게 되나 광합성 세균에서는 H_2O 이외의 환원된 화합물이 수소공여체가 되어 O_2의 발생은 볼 수 없다.

② 화학합성균 (化學合成菌, chemotrophic microbe)

무기물의 산화에 의해서 균체합성의 에너지를 얻는 균으로 직접 산화반응을 하므로 산소를 필요로 하며 호기적 조건을 갖춘 상태에서 발육한다. 질화세균, 유황산화세균, 수소세균, 메탄산화세균, 철세균, 일산화탄소세균 등이 포함된다.

질화세균은 토양 중의 질소화합물의 변화에 관여하며, 농업에 있어서 중요한 역할을 한다. *Nitrosomonas*는 NH_3를 아질산으로 산화하여 에너지를 획득한다.

$$2NH_3+3O_2 \longrightarrow 2HNO_3+2H_2O+79cal$$

*Nitrobacter*는 이 아질산을 질산으로 산화한다.

$$HNO_2+O \longrightarrow HNO_3+21.6cal$$

또 유황세균인 *Thiobacillus thiooxidans*는 유리유황을 황산으로 산화한다.

$$S+1\frac{1}{2}O_2+H_2O \longrightarrow H_2SO_4+141.8cal$$

이 균은 배지의 황산을 축적하며, 강산성에 대해서 저항력이 강하다. pH 2.0, 0.2M 정도의 고농도에서도 정상적인 발육이 계속되고 완전히 발육이 저지되지 않는다. 온천지대에서 볼 수 있다.

이 외에 *Hydrogenomonas, Methanomonas, Gallionella*는 수소, 메탄, 제1철 이론을 각각 산화하여 생성되는 유리 에너지를 이용한다.

(2) 종속영양균(從屬營養菌, heterotrophic microbe)

호흡이나 발효 등의 유기물의 분해에 의해서 생기는 유리 에너지를 이용하여 생육하는 화학합성 종속영양균이 주가 되며, 질소원으로 무기 또는 유기의 질소화합물을 이용한다. 자연에는 이런 종류의 미생물이 가장 많고, 효모 및 곰팡이는 전부 이 종류에 속하며 세균도 대부분 여기에 속한다.

종속영양균이 에너지원으로 이용할 수 있는 화합물은, formic acid, methanol과 같은 간단한 화합물로부터 다당류 · 단백질 · 핵산 등의 거대분자의 것까지 광범위하고, 종속영양균에서는 유기화합물은 에너지원인 동시에 탄소원인 경우가 많다. 그러나 영양요구가 복잡한 젖산균은 탄소원의 대부분을 아미노산 · 핵산염기 · 비타민류의 형태로 요구하고, 에너지원인 당류는 극히 일부만 탄소원으로 이용될 뿐이며, 거의 정량적으로 발효생산물로 전환된다.

① 질소고정균(質素固定菌, nitrogen fixing microbe)

*Azotobacter*나 *Rhizobium* 등이 포함되며 토양을 비옥하게 하므로 농업에 있어서 중요하다. *Azotobacter*는 호기성균이며 토양에 존재하고 발효성 탄수화물이 있으면 대기 중의 질소만으로 생육하고 다른 질소원이 필요 없다.

② *Nonexacting*균

탄소원으로서는 유기물을 필요로 하고 질소원으로서 NH_4^+나 NO_3^-와 같은 무기화합물을 이용하며, 그 밖에 무기염류가 있으면 이들로부터 모든 균체성분을 합성할 수 있다. 유기질소원으로도 잘 생육하나 아미노산이나 발육소를 필수적으로 요구하지 않는다. 대장균, *Aerobacter aerogenes, Pseudomonas*속 등의 세균과 곰팡이 등이 여기에 속한다.

③ *Exacting*균

생육에 아미노산이나 생육인자를 요구하는 균으로, 이들의 합성능이 결여되어 있는 균이다. 질소원으로서 무기질소원만으로는 생육하지 못하고 아미노산과 같은 유기질소원을 필요로 하는 *Salmonella typhosa*와 같은 아미노산요구균이 있고, 또 고등동물의 생존에 필요한 비타민과 같은 미량의 유기화합물을 요구하는 균도 있다. 이러한 화합물을 생육인자(生育因子, growth factor)라고 한다. 아미노산과 생육인자를 모두 요구하는 균도 있으며, 여러 가지 영양소를 골고루 풍부하게 함유하는 우유 중에서 생육하는 젖산균이나 당밀 중에 존재하는 *Clostridium acetobutylicum* 등은 영양요구성이 복잡한 예이다.

2. 미생물 균체성분

미생물의 균체성분은 미생물의 종류, 증식기, 배양조건, 배지조성에 따라 차이가 있다. 그러나 일반적으로 고등생물과 거의 비슷하게 제일 많은 성분이 수분으로 70~80%, 건조균체에서는 탄수화물이 효모에서는 25~40%, 단백질 35~40%, 핵산 5~10%, 지방 2~50%, 회분 3~9% 함유되어 있다. 이와 같이 여러 가지 물질이 함유되어 있으며, 제각기 세포 내에서 생리기능에 관여하고 있다. 지질은 대부분의 세균과 *Saccharomyces cerevisiae*에서는 2~3%, *Rhodotorula gracilis*에서는 60%로 변화가 심하다.

*Escherichia coli*의 건조균체의 원소분석값은 탄소 50~55%, 수소 20%, 산소 10%, 질소 8~15%, 인 30%, 황 · 칼륨 · 나트륨 각 1%, 칼슘 · 마그네슘 · 염소 각 0.5%, 철 0.2%, 그 밖의 원소합계가 0.3%라고 한다.

생균(生菌)은 수분을 증발시키고 남은 것을 건조균체(乾燥菌體)라 하며, 건조균체에는 단백질 · 탄수화물 · 지방 · 핵산 및 회분 등 여러 가지 성분이 함유되어 있다.

표 10-2 미생물 세포의 화학조성(건조 중 %)

성 분 / 미생물명	탄수화물	단백질	핵 산	지 방	회 분
곰팡이	30~60	15~25	1~3	2~50	5~7
효 모	25~40	5~10	5~10	2~50	3~9
세 균	15~30	40~70	15~25	5~30	5~10
클로렐라	10~25	40~50	1~5	10~30	6~7
버 섯	44.7	43.5	-	19	9.4

3. 미생물의 영양소

모든 미생물은 그들의 생체의 구축과 유지를 하기 위해서 필요한 구조단위와 에너지원을 모두 외부로부터 섭취하는데, 이를 영양소(營養素, nutrient)라고 한다.

미생물의 영양섭취 양식은 균에 의해서 큰 차이가 있다. 이것은 미생물의 체제가 작고 지구상의 어느 곳에서도 생활하며 원시형의 영양형태의 것도 그것에 적응된 환경에서 현재에도 생존하는 것들이 있고, 체제의 단순은 환경의 영향을 받기 쉬우며, 여러 가지 형으로 진화(퇴화)되었기 때문이다. 그러나 기본적으로는 다른 생물들과 같이 에너지 이용기구와 탄소원 또는 질소원들로부터 원형질을 구축하는 등 공통점이 많다.

복잡한 영양환경 상태에서 생활하는 것에서는 현재까지도 아직 배양되지 않는 것과 모든 세대를 통해서 배양되지 않는 것, 배양되어도 자연계에 비해서 대단히 나쁜 것, 그리고 영양의 측면으로부터 연구할 필요가 있는 것도 많다. 또 영양조건이 변하면 미생물의 활성과 형태를 변화시키고 생물의 여러 가지 능력이나 자기조정의 능력도 다르게 된다.

식품미생물의 대부분은 종속영양균(從屬營養菌, heterotrophic microbe, heterotroph)에 속하는 것이 많기 때문에 그들이 요구하는 영양성분은 단백질, 핵산, 지질, 세포벽 등 거의 모든 균체 구성물질을 만든 것만이 아니고 에너지 생성에 필수인 탄소원, 질소원, 무기염류, 생육인자 등도 있다.

미생물에는 고등생물이 이용하지 않는 것도 분해 이용하는 것들이 많다. 섬유소는 목재부후균(木材腐朽菌)인 곰팡이나 버섯, 단독으로 생존하고 있는 섬유소분해균(纖維素分解菌)이나 반추동물(反芻動物)의 위 속에 있는 rumer균 등에 의해서 다시 지상의 탄소의 순환으로 들어간다. 그 밖에 lignin이나 석유 등을 이용하는 균도 있다.

(1) 탄소원(炭素源, carbon source)

미생물에 이용되는 탄소원의 범위는 넓은 편이어서 이용의 효율은 화합물의 형태나 균의 종류에 따라서 다르다. 같은 종류의 균 중에서도 계통의 차이에 따라서 이용되는 화합물이 다르고, 이용하는 양에도 차이가 있는 것은 흔히 볼 수 있는 현상이다.

곰팡이, 효모, 세균 등 일반적인 미생물의 탄소원 및 에너지원으로 잘 이용되는 것은 glucose나 fructose 등의 단당류, sucrose나 maltose 등의 2당류이다. lactose는 장내세균이나 젖산균의 일부는 잘 이용하지만 많은 효모는 이용하지 못한다.

전분이나 pectin 등의 고분자 탄수화물은 그대로 세포 내에 들어갈 수 없으므로 이들을 가수분해하는 효소인 amylase이나 pectinase를 세포 밖으로 분비하는 능력을 가진 미생물만이 고분자 탄소원을 이용할 수 있다. 일반적으로 곰팡이류와 방선균 및 부패세균은 강력한 amylase를 분비하므로 전분이나 dextrin을 탄소원으로 하여 잘 생육하지만 대부분의 효모나 일부세균은 생육하지 않는다. cellulose는 곰팡이와 방선균 및 일부세균에 의해서 분해 이용된다.

해조(海藻)에 함유되어 있는 fucoidin, fucose, laminarin 및 sodium-alginate 등을 이용하는 효모도 있다. 또한 citric acid, lactic acid, acetic acid, fumaric acid, malic acid, succinic acid 등의 유기산류와 ethanol, methanol, glycerol, mannitol, sorbitol과 같은 alcohol류를 탄소원으로 이용하는 미생물도 있다. 이를테면 초산균은 ethanol을 탄소원으로 하여 초산으로 산화하여 생육하고, mannitol이나 sorbitol과 같은 다가 알코올도 gluconic acid균에 의해서 각각 fructose와 sorbose로 산화한다. 특히 glycerol은 방선균이 잘 이용한다. 그 밖에 n−paraffin이나 methane 등의 탄화수소를 이용하는 미생물도 있다.

미생물이 발육하는 데 적당한 당농도는 일반적으로 곰팡이나 효모는 2~5%, 세균은 0.1~2%이지만, 발효공업에서는 10~15% 또는 그 이상의 당농도에서 배양한다.

(2) 질소원(窒素源, nitrogen source)

질소원은 단백질 합성의 소재가 되는 각종 아미노산의 생합성을 위해서 반드시 필요하고 배지 중의 질소원의 양에 따라 그 미생물의 증식량은 영향을 받게 된다.

무기질소원으로서는 $(NH_4)_2SO_4$, $(NH_4)_2HPO_4$ 등의 암모늄염을 곰팡이, 효모 및 방선균, 대장균, 고초균 등의 세균이 잘 이용한다. 그리고 질산염은 곰팡이, 조류 및 일부 세균에 의해 질소원으로 이용된다. 그러나 효모 중에는 이것을 동화시킬 수 있는 것과 없는 것이 있기 때문에, 효모 분류의 한 지표로 이용되기도 한다.

유기질소원으로 요소, 아미노산, amide 등은 곰팡이, 효모, 세균 및 방선균에 의하여 잘 이용되며, peptone, yeast extract, meat extract, malt extract 등은 대체로 모든 미생물이 잘 이용한다. 그리고 효모는 단백질을 직접 이용하지 못하나 aspartic acid, asparagine, glutamic acid, glutamine 등을 다른 아미노산보다 더 잘 이용한다.

각종 미생물이 일반적으로 잘 이용하는 질소원은 아미노산류이다. 맥아즙 또는 국즙과 같은 각종 아미노산을 함유하는 천연배지에서의 생육은 암모늄염을 질소원으로 한 합성배지보다 빠른 것이 보통이다. 미생물 중에는 영양요구성이 복잡해서 한 종류 이상의 특정 아미노산이 없으면 생육할 수 없는 것도 있고, *Lactobacillus*속과 *Streptococcus*속 등의 젖산균 중에는 18종류의 아미노산이 모두 있어야 생육하는 것도 있다.

Peptone이나 단백질과 같은 고분자 화합물은 그대로 세포 내에 들어갈 수 없으나 세포 밖으로 분비된 단백질분해효소에 의해서 저분자의 peptide나 아미노산으로 분해되어 이용된다. *Aspergillus*속이나 *Penicillium*속 등의 곰팡이와 *Bacillus*속이나 *Proteus*속 등의 부패세균은 강력한 단백질분해효소를 세포 밖으로 분비하므로 단백질이나 peptone을 질소원으로 하여 잘 생육한다.

효모나 일부 젖산균은 단백질분해효소를 분비하지 않으므로 단백질만으로는 생육하지 않는다. 이와 같이 균종에 따라 질소원의 이용성에 차이가 있다. 미생물을 배양하는 경우, 생육에 필요한 질소원의 양은 배지 중의 질소로서 0.1~0.5% 정도이다. 실제의 발효공업에서는 황산암모늄, 요소, casein, 대두박, yeast extract, 옥수수 침지액(corn steep liquor) 등이 질소원으로 사용된다.

(3) 무기염류 (無機鹽類, inorganic salts, menerals)

무기염류는 미생물의 세포 구성성분, 세포 내의 삼투압 조절, 무기질대사의 보효소(補酵素) 및 배지의 완충작용 등 미생물의 생육에 필요불가결한 것으로 P, S, Mg, K, Na, Ca이 0.05~0.1%의 비교적 많은 양이 필요하고, 그 밖에 Fe, Mn, Co, Zn, Cu, Mo, Cl 등은 극히 미량을 필요로 하므로 미량원소(微量元素, trace element)라고 한다.

P는 생체 내에서 인단백질, volutin, lechthin, 인지질, 인산 에스테르의 구성성분으로서 필요하다. 특히 해당효소계 및 산화효소계에 있어서 에너지 대사의 중심적인 역할을 하는 ATP 등의 인산 에스테르 생성에 중요한 역할을 한다. S는 cysteine, methionine, glutathione, biotin 등의 구성성분이다. 그리고 Mg나 Mn 등은 효소의 구성성분 또는 부활제로 필요하다.

Fe는 cytochrome, catalase, peroxidase 등에 Fe의 화합물인 hemin으로 중요하다. 그 밖의 효모에 대해서는 Zn염, 젖산균에 대해서는 Mn염이 생육촉진 작용을 한다. 미생물의 생육에 대한 미량원소의 영향은 미생물의 종류에 따라 다르다.

미생물 배지로서 peptone, yeast extract, 맥아즙 등을 이용하는 경우에는 그 중에 섞여 있는 무기염류로 충분하기 때문에 따로 무기염류를 첨가할 필요는 없다. 하지만 합성배지에서는 K_2HPO_4, $MgSO_4$, $CaCl_2$, $FeSO_4$ 등의 무기염류를 첨가하고 수돗물이나 우물물을 사용할 경우에는 미량금속은 그 중에 용존하는 양으로 충분하므로 따로 첨가할 필요가 없다.

발효공업에 있어서는 배지 중의 무기염류의 양이 큰 영향을 미치는 경우가 있다. 예를 들면 *Aspergillus niger*에 의한 citric acid 발효에서는 배지 중의 Cu, Zn 및 Fe 이온의 양이 적당하지 않으면 수득률이 저하되고 penicillin이나 riboflavin의 생산에 대해서는 Cu 이온이 생산을 저해하게 된다.

표 10-3 미생물이 요구하는 비타민류

비 타 민	요구하는 균주의 예
비타민 B_1(Thiamine)	*Staphylococcus aureus* *Lactobacillus fermenti*
비타민 B_2(Riboflavin)	*Lactobacillus casei* *Streptococcus lactis*
비타민 B_6 (Pyridoxine 또는 Pyridoxal)	*Lactobacillus casei* *Streptococcus faecalis*
Nicotinic acid	*Lactobacillus casei* *Proteus vulgaris*
Panththenic acid	*Saccharomyces cerevisiae* *Lactobacillus plantarum*
Biotin	*Sacchromyces cerevisiae* *Leuconostoc mesenteroides* *Bacillus subtilis*
Folic acid (엽산)	*Lactobacillus casei*
ρ-Aminobenzoic acid	*Gluconobacter oxidans* *Clostridium acetobutyricum*
비타민 B_{12}	*Lactobacillus delbrueckii*

(4) 생육인자(生育因子 또는 發育素, growth factor)

미생물의 생육을 위해서 탄소원 · 질소원 · 무기염류 이외에 일부의 미생물은 소량 가하면 생육이 촉진되는 물질인 생육인자(生育因子, growth factor)를 필요로 한다. 이러한 생육인자는 미생물의 종류에 따라 요구하는 종류가 다르다. 즉, thiamine, riboflavin, pyridoxine, nicotinic acid, pantothenic acid, biotin, folic acid, p-amino−benzoic acid, inositol, 비타민 B_{12}와 같은 비타민류 이외에 아미노산류, 핵산염기류, 기타의 생육인자를 요구하는 것도 있다.

젖산균류에는 비타민 합성능력이 약해서 비타민 B군을 첨가하지 않으면 생육하지 못하는 균종이 많으며 비타민류 이외에도 adenine, guanine, uracyl 등의 purine 및 pyrimidine 염기를 필요로 하고 미지의 인자를 필요로 하는 것도 있다. 이와 같이 생육인자에는 핵산염기와 같이 핵산과 같은 생체 성분의 소재가 되는 것과 비타민류와 같이 조효소의 소재가 되는 것이 포함되어 있다.

효모의 경우, *Saccharomyces cerevisiae*에 속하는 효모 중에도 빵효모나 청주효모는 일반적으로 pantothenic acid를 필요로 하고 맥주의 하면발효효모는 biotin을 요구한다. 그러므로 실제 생산에 이용되는 효모 균주의 분류에 비타민 요구성의 차이가 이용되기도 한다. 또 비타민 요구성은 배양온도에 따라서도 달라지는 예가 있는데, 맥주효모는 12℃의 낮은 온도에 서 배양하게 되면 biotin 이외에 pantothenic acid나 inositol을 요구하게 된다.

이와 같이 저온에서 비타민 요구성이 다양해지는 것과는 반대로 고온에서 오히려 비타민 요구성으로 되는 경우도 있다. 또 미생물의 영양요구성은 변이에 의해서도 용이하게 유도된다.

미생물의 배지로서 육즙, peptone, 맥아즙, 국즙 등 천연배지를 사용했을 경우에는 일반미생물이 필요로 하는 비타민류는 이미 충분히 함유되어 있으며 합성배지의 비타민 공급원으로서는 yeast extract나 corn steep liquor 등이 사용된다. 배지 중의 비타민 양이 균체의 수득량이나 목적으로 하는 생산물의 수득량에 영향을 미치게 되는 경우가 많으므로 최적량을 첨가하도록 하여야 한다.

4. 미생물 영양상의 특징

미생물의 영양에 있어서 특히 탄소원 또는 에너지원의 이용은 대단히 다양한 것이 특징이다. 이를테면 단백질의 변성제로 알려져 있는 phenol은 많은 생물에 대해서 유독하지만 *Pseudomonas*속의 균과 같은 일부 미생물에게는 에너지원이 되기도 한다. 또 N_2와 같이 다른 생물에 대해서는 불활성 물질도 질소고정 미생물에 대해서는 좋은 질소원이 된다.

그러므로 어떤 특정화합물이 모든 미생물에 대한 영양물이라거나 독물이라고 정의할 수는 없다. 또한 같은 화합물이라도 농도에 따라 미생물에 대한 영향은 다르다. 즉, 1% 정도의 sucrose는 많은 미생물에게는 좋은 탄소원이 되지만 10~50%로 농도를 높이면 정균작용(靜菌作用, bacteriostatic action)을 하게 되고, 식염도 저농도에서는 많은 세균의 증식을 촉진하지만 고농도에서는 살균작용(殺菌作用, bacteriocidal action)을 하게 된다. 그러나 곰팡이나 효모 중에는 고농도의 당이나 식염에 대해서 저하성의 내삼투압성 미생물이 있어서 당장(糖藏) 또는 염장(鹽藏)식품을 변패시키는 원인이 되는 경우도 있다.

미생물이 증식하기 위해서는 증식에 필요한 모든 영양원이 충족되어야 하며, 필수 영양원이 하나라도 부족되면 증식은 정지된다. 미생물의 증식에 미치게 되는 어떤 특정영양원의 효과를 보기 위해서는 다른 모든 영양원의 양을 충분히 첨가하고, 특정 영양원의 첨가량을 0에서부터 단계적으로 증가시켜 그 물질이 증식을 제한하는 인자가 되도록 배지를 조제한다. 조제한 각 배지에 식균 및 배양하여 증식을 비교한다.

이와 같이 미생물의 증식에 특정 영양물질이 요구되거나 반대로 항생물질과 같은 어떤 특정 물질에 의해서 증식이 저해되기도 하는 관계를 이용해서 미생물 증식의 촉진 또는 저해하는 물질을 정량하는 방법을 미생물정량법(微生物定量法, microbial bioassay)이라고 한다. 이 정량법은 물리적 또는 화학적 방법으로 간단하게 정량할 수 없는 물질의 정량에 이용되면 비교적 미량의 시료로 정량이 가능하고 특이성이 높은 이점이 있다. 그러나 조작이 복잡하고 정량하는 데에 긴 시간이 소요된다는 단점도 있다.

증식을 촉진하는 L-아미노산이나 비타민류의 정량에는 영양요구성이 복잡한 젖산균이 주로 이용된다. 그 밖에 효모, *Acetobacter, Clostridium* 등의 세균, *Euglena* 등의 원생동물도 이용된다. 정량하고자 하는 물질의 종류에 따라서 그 물질을 생육인자로서 요구하는 균주를 선택하고 그 균주를 위한 완전합성배지 조성을 결정한다. 아미노산의 정량에 있어서는 그 배지성분 중 정량하고자 하는 특정 아미노산 이외의 영양소는 필요량 이상의 충분한 양을 첨가한 다음에 배지를 조제한다. 그리고 이것에 시료를 첨가하여 균을 배양한다.

일정시간 배양 후의 균체량 또는 생성된 산의 양을 측정하고, 따로 시료 대신에 특정 아미노산을 각 단계 농도로 첨가하여 같은 방법으로 측정함으로써 작성한 표준곡선과 비교해서 시료의 농도를 산출한다. 정량하고자 하는 아미노산의 농도는 표준곡선이 직선을 나타내는 범위 내에 있어야 하므로 단계적으로 희석 또는 농축하여 동시에 실시한다. 비타민류의 정량도 같은 원리로 실시된다.

증식을 저해하는 원리를 이용한 정량의 예는 항생물질의 경우이다. 정량에는 목적하는 항생물질에 대해서 감수성의 균주를 이용한다. 항생물질을 함유하는 액체배지를 사용하여 증식이 저지되는 최저농도, 즉 최대 희석배수로부터 정량하는 경우도 있다.

그러나 일반적으로는 검정균을 접종한 평판배양 위에 금속성의 컵을 세우고 그 안에 시료와 기준이 되는 농도의 항생물질을 각각 채워서 일정시간 배양한 다음에 증식이 저지되어서 생긴 컵 주위의 생육저지원의 직경 크기로부터 항생물질을 정량한다. 이와 같은 방법을 컵법이라고 한다. 금속성의 컵 대신에 원형의 여지(濾地)를 사용하는 경우도 있는데, 이를 paper disk법이라고 한다.

SECTION 2 미생물의 증식

1. 미생물의 증식도 측정법

(1) 미생물량의 측정

① 건조균체량(乾燥菌體量, dry cell weight)

배양액의 일정량을 채취하여 여과 또는 원심분리에 의해서 균체를 분리하고 물로 깨끗이 세척한 다음에 100~110℃에서 건조하고 다시 건조기(desiccator) 중에서 항량이 될 때까지 건조시켜 중량을 칭량한다. 이 방법은 가장 기본적인 방법으로 세균과 효모는 물론이고 비탁법 등의 다른 방법으로 측정하기 어려운 곰팡이나 방선균도 일반적으로 이 방법을 이용한다. 이 측정치는 개체수의 증가와는 직접 결부되지 않지만 균의 전성분의 증가를 구하는 것으로 대대로 생장량을 표시하는 지수로서도 사용된다.

② 균체질소량

균체량을 측정하는 대신에 균체의 질소량을 정량하여 증식도를 측정하는 방법으로, 생물활성(生物活性)을 나타내는 물질은 단백질이기 때문에 단백질의 양을 측정하면 생물활성량과 비례하는 경우가 많은데, 균체의 단백질을 성장의 지수로서 활용할 수 있다. 이 경우, 균체의 전단백질을 알칼리로 추출해서 동(銅)−folin법 등으로 측정하는 방법과 Kjeldahl method에 의한 단백질의 질소를 암모니아로 분해해서 적당한 방법으로 암모니아를 정량하는 방법 등이 있다. 그러나 질소의 함량은 균종이나 배양조건에 따라 다른 경우가 많으며, 모든 미생물에 사용되지만 증식과 일치되지 않는 경우도 있다.

③ 원심침전법 (Packed cell volume)

균체부유액(菌體浮游液)을 바닥 쪽이 가늘게 되어 있는 원심분리관에 일정량 취하고 일정한 조건으로 원심분리하여 침전된 균체의 용적을 읽는 방법으로, 이 용적은 균체의 부피 이외에 균체 사이의 공간도 포함하고 있으므로 같은 양의 균체라고 할지라도 균의 형태나 크기에 따라 달라지며, 균체의 중량에는 대응하지만 균수에는 대응되지 않는다. 세균류는 작기 때문에 원심침전이 쉽지 않으므로 효모와 같이 대형세포 생물에 사용한다.

④ 비탁법(比濁法, turbidometry)에 의한 측정법

세균이나 효모와 같이 균체가 균일하게 현탁되는 미생물은 균체현탁액의 광학적 밀도(光學的 密度, optical density)와 균체량은 비례하므로 광전비색계(光電比色計, spectrophotometer)로 탁도(濁度, turbidity)를 측정하여 증식도를 알아보는 방법이다. 균액이 무색일 때에는 500~530nm, 착색되어 있을 때에는 660nm 부근의 파장에서 현탁액을 적당한 농도로 정확하게 희석하여 탁도를 측정한다. 측정치는 흡광도(吸光度, absorbancy optical density)로 표시한다.

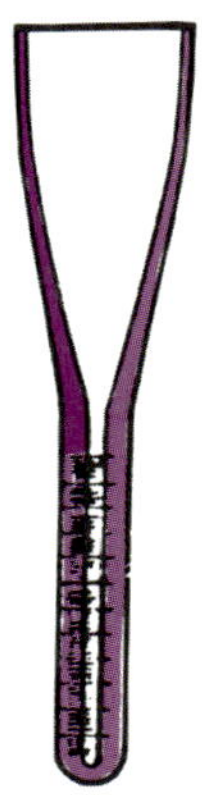

그림 10-1 Packed cell volume 측정용 원심분리관

배양 전체의 구성이 균일하지 않은 곰팡이나 방선균의 경우에는 건조균체량이나 균체질소량에 의하는 방법 이외에 고체배지에서의 colony의 직경을 측정하거나 Ryan tube를 사용하여 colony의 길이를 측정하는 방법이 이용되기도 한다.

그림 10-2 Ryan tube

이와 같은 여러 방법 이외에 미생물 균체의 DNA나 ATP의 양을 측정하는 방법이나 또 미생물 배양 중의 산소 소비량, 가스 발생량, 유기산의 생산량 등으로부터 간접적으로 증식도를 측정하는 방법 등이 있다.

(2) 총 균수의 측정

① 계수반(計數盤, counting chamber)법

현미경으로 계수반을 이용하여 일정 용적 중의 균수를 직접 세는 방법으로, 계수반에는 바둑판 무늬의 눈금이 새겨져 있으며 이 위에 균액을 채워서 cover glass로 씌우면 액의 깊이가 일정하게 되도록 되어 있으므로 눈금의 일정 구획 내에 들어 있는 세포수를 세어서 세포농도를 산출한다.

크기가 큰 효모와 같은 미생물에는 혈구계수반(血球計數盤, haematometer)을, 세균의 경우에는 Petroff-Housser 계수반이 각각 이용된다. 또 0.1% methylene blue를 첨가하여 관찰하고 염색된 것을 사멸한 세포로 보고 생균과 사멸균을 구별하여 계산할 경우도 있다. 그러나 이 방법은 세포의 생사를 정확하게 식별하기 어렵고 또 세포의 밀도가 높아야 하는 단점이 있다.

미생물의 현탁액을 적당한 배수로 희석하여 희석액 중의 균수를 직접 현미경을 사용하여 계수하기 때문에 대형의 미생물에 대해서 유효한 방법이며, Thoma혈구계수반(Thoma-Zeiss counting chamber)을 사용한다.

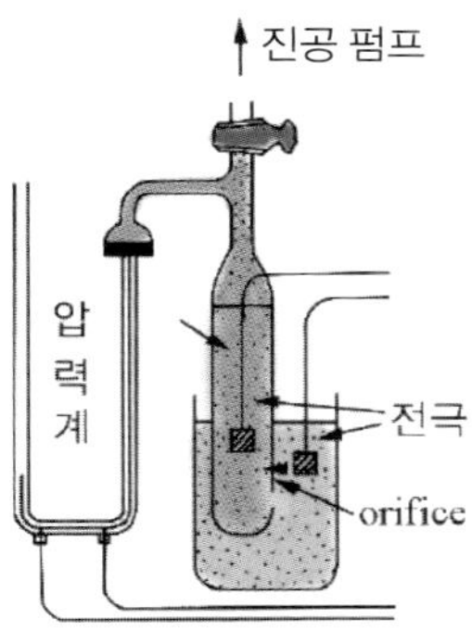

그림 10-3 입자계측기 (coulter counter)

② 입자계측기(粒子計測器, coulter counter)법

세포를 생리식염수와 같은 적당한 전해질 용액에 부유시키고 감압에 의해서 미세한 구멍을 통해 일정량의 균액이 통과하는 동안에 구멍 내외의 전기저항을 측정하면 전기저항이 큰 세포가 구멍을 통과할 때에 양전극 간의 전류는 pulse로 나타나고 그 빈도와 강도로부터 세포수와 세포용적의 분포를 알 수 있다.

③ Membrane filter법

미생물이 통과할 수 없는 membrane filter를 이용하여 일정량의 균액을 여과시킨 후에 막 위의 세포수를 직접 계수하는 방법이다. 균수가 100mL 중 100개 미만의 밀도가 낮은 경우에도 이 방법에 의하면 측정이 가능하다.

(3) 생균수의 측정

① colony 계수법

적당한 배수로 정확하게 희석한 균액의 일정량을 미리 가열 용해하여 45℃ 정도로 냉각한 한천배지에 가하고 평판배양하여 발생한 콜로니 수를 계수한다. 1개의 콜로니가 1개의 세포로부터 형성된 것으로 간주하여 콜로니의 수로부터 균액 중의 생균농도를 산출한다.

이 페트리 접시를 이용한 평판배양법(平板培養法, plate counting method)은 생균수측정(生菌數測定, viable count)의 가장 일반적인 방법이며, 정확한 계수를 위해서 1개의 평판배양에서 콜로니 수가 30~300개가 되도록 균액은 희석되어야 한다. 페트리 접시 대신에 눈금이 있는 모세관을 이용한 모세관법(毛細管法, capillary tube method)도 있다. 또 일정량의 균액을 멸균한 membrane filter로 여과한 후 막을 한천평판배지나 배지를 적신 여과지 위에 밀착시켜 배양하고 형성된 콜로니의 수로부터 세포수를 산출하는 membrane filter법이 있다.

이들의 콜로니 계수법에서는 사용하는 배지조성에 따라서 발육하지 않는 균도 있으므로 배지의 선택에 주의하여야 하며, pH 배양온도 · 배양시간 등의 배양조건도 계수하고자 하는 모든 세포에 대해서 충족되도록 하여야 한다.

② 최확수법(最確數法, most probable number method, MPN법)

균체농도를 알 수 없는 균현탁액을 10배씩 여러 단계로 희석하여 각 단계의 일정량씩을 시험관에 든 배지 5개에 각각 접종하여 배양한 결과, 10^{-5} 희석액을 접종한 시험관에서는 전부 생육을 볼 수 있고 10^{-6} 희석액에서는 2개가 생육하고 10^{-7}에서는 모두 생육하지 않았다고 가정한다면 원래의 균액의 농도는 10^5~10^6/mL의 범위에 있는 것으로 추측할 수 있으며, 통계적 방법에 의하면 더 정확하게 추정할 수가 있다.

이 추정되는 균농도를 MPN(most probable number, 최확수)이라 부르고, 이와 같은 방법으로 MPN법이라고 한다. 측정에 액체배지를 사용하여야 할 경우에 이용되는 방법을 균농도가 묽은 경우에도 membrane filter법과 함께 이용할 수 있다.

2. 미생물 증식의 세대시간

어떤 미생물이 증식하기에 적당한 배지에서 1개의 미생물이 접종(接種, inoculation)되어 얼마간의 시간이 지나면 2개의 낭세포(娘細胞)로 되고 차례차례 분열을 반복하게 된다. 이와 같이 분열 또는 출아에 의해서 생긴 새로운 세포가 생장해서 또다시 2개로 분열 또는 출아할 때까지를 1세대(世代, generation)라고 하며, 소요되는 시간을 세대시간(世代時間, generation time)이라 한다. 세대시간은 미생물의 종류와 계통에 따라 다르며, 일정한 배양조건에서는 균종에 따라 고유의 시간을 나타낸다.

그 밖에 pH, 온도, 산소공급량, 대사산물의 축적량, 미생물의 노화 등의 영향도 강하게 받는다. 세대시간은 대수기의 균에 대하여 일정기간의 최초 및 최종 시간의 생균수를 측정하면 계산할 수 있다. 실제로 세대시간을 구하기 위해서는 최적의 조건에서 균을 배양해야 한다.

지금 X개의 균이 증식을 시작했다고 하면 세포수는 세대가 바뀔 때마다 2배가 되므로,

$$\text{제1세대 균수} = X \times 2 = 2X$$

$$\text{제2세대 균수} = X \times 2 \times 2 = 4X$$

$$\vdots$$

제n세대 균수 $= X \times 2^n$(n은 세대수)로 n세대 후의 총 균수(Y)는

$Y = X \times 2^n$이 된다.

n세대를 거치는데 소요되는 시간을 t로 하면 세대시간 T는

$$T = \frac{t}{n}$$ (여기서 t시간의 사이, 즉 세대시간이 일정하지 않으면 안 된다)

로 되므로 총 균수(Y)는

$$Y = X \times 2^{t/T}$$

로 된다. 이 세대시간은 증식이 빠를수록 작은 값이 되고 대장균이나 젖산간균은 약 20분이며, 특별히 좋은 조건에서는 15분 정도로 단축되기도 한다. 곰팡이의 경우에는 균사가 연속으로 자라서 길어지기 때문에 균체수에 의한 세대시간을 계산할 수 없으므로 일반적으로 균체량의 증가로서 생육을 비교한다.

3. 미생물의 증식곡선

미생물을 액체배지에 접종하여 배양하면 배양시간과 생균수의 대수(對數) 사이에는 그림과 같은 관계가 성립한다. 이 그림을 증식곡선(增殖曲線, growth curve)이라고 한다.

새로운 배지에 균을 접종하면 바로 일정한 속도로 분열을 개시하는 것이 아니고, 얼마동안 생균수는 일정하게 유지되며, 이 시기를 유도기(誘導期, lag phase, induction period)라고 한다. 계속해서 배양시간의 경과에 따라 세포수가 점차로 증가하여 증식이 매우 활발하게 일어나는 시기를 대수기라고 한다.

그 후 증식속도가 점차 감소되는 시기를 감속기(減速期, retardation phase, decreased logarithmic growth phase)라고 하며, 세대시간이 길게 되고 균수의 증가가 보이지 않고 일정한 생균수로 되는 시기를 정상기(定常期, stationary phase, maximum phase)라고 한다. 그 이후에 배양시간이 경과함에 따라 생세포수가 감소하는 시기를 사멸기(死滅期, death phase)라고 한다. 이들 각 증식기에 따라 세포의 생리적 성질도 크게 다르다.

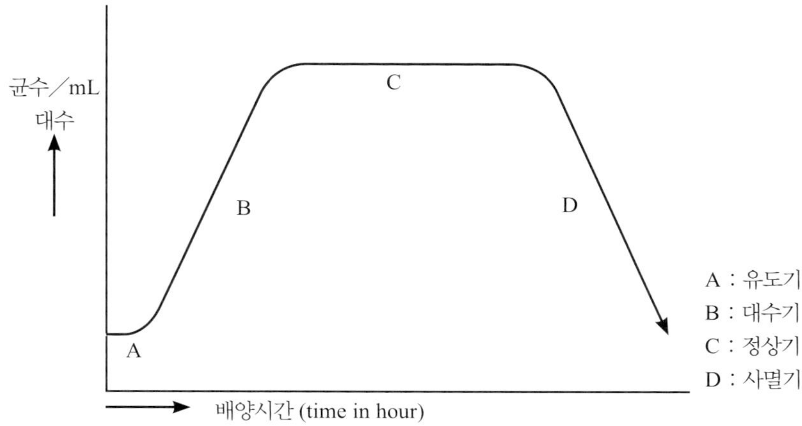

그림 10-4 미생물의 증식곡선

(1) 유도기(誘導期, lag phase, induction period)

유도기는 균을 새로운 배지에 접종 및 배양하였을 때, 다음 대수기의 왕성한 증식을 위하여 균이 그 배지조건에 적응하는 시기이다. 유도기에서는 균의 체적은 증가하고, 세포 내의 RNA의 양도 현저하게 증가하나, DNA량은 변화하지 않고 일정하다.

접종균이 정상기 이후의 것이었든지 전배양배지와 배지조성이 바뀌었을 경우에는 유도기가 길어지게 되지만, 대수기의 균을 접종하거나 접종량을 증가시키면 단축된다.

(2) 대수기(對數期 또는 對數增殖期 log phase, logarithmic phase)

유도기에서 새로운 환경에 대한 준비가 끝나면 세포수는 대수적으로 증식하며, 이때의 세대시간이나 세포의 크기는 일정하다.

이 시기는 세포의 생리활성이 가장 강한 시기로 세포합성 및 증식은 배양조건이 적당하면 일정하게 반복되어 세포질의 합성속도와 세포수의 증가는 대략 비례하고 또 사멸균은 거의 볼 수 없다. 이 시기의 증식속도는 배지의 영양, pH, 온도, 산소분압 등의 환경인자에 의해서 결정된다. 이 시기의 세포는 다른 시기의 균에 비하여 물리적 · 화학적 처리에 대한 감수성이 높은 시기이다.

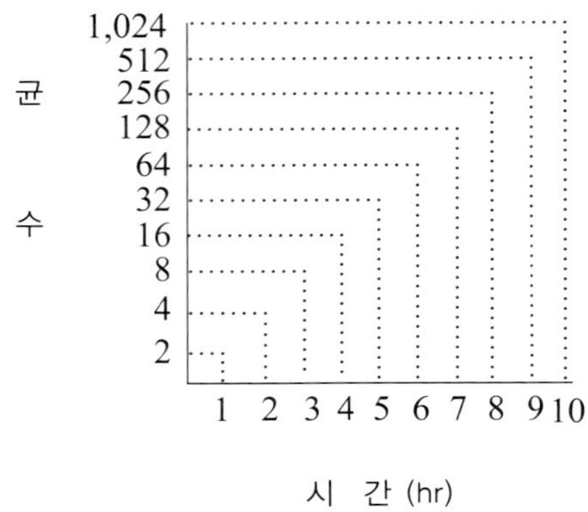

그림 10-5 대수기의 세포수 증가

(3) 정상기(定常期, stationary phase)

대수기 이후 생균수가 거의 일정하게 유지되고 전체 배양기간 중 최대의 세포수가 유지되며, 세포의 형태가 일정한 시기로 세포증식이 정지되어 있거나 일부의 세포가 사멸하는 대신에 다른 일부의 세포가 증식하여 사멸하는 세포수와 증식하는 세포수가 거의 동일한 시기이다. 이 시기에는 영양물질의 고갈, 대사생산물의 축적, 배지 pH의 변화, 산소공급의 부족 등 부적당한 환경이 되어 생균수가 증가하지 않게 된다. 정상기는 보통 몇 시간 내지 며칠 동안을 계속되고 내생포자형성균은 일반적으로 이 시기에 포자를 형성한다. 세포의 효소분비도 대수기 후기부터 정상기에 걸쳐서 일어나는 경우가 많다.

(4) 사멸기(死滅期, death phase)

배양의 최종기로서 생균수가 감소하는 시기이다. 세포가 사멸하는 원인은 균주나 배양조건에 따라 다르다. 그러나 미생물의 증식이 정지되면 핵산분해효소에 의한 DNA 및 RNA의 분해, 단백질분해효소에 의한 단백질의 분해, 세포벽분해효소에 의한 세포벽의 분해 등의 효소에 의한 세포구조의 파괴 및 효소단백질의 변성, 실활 등에 의한다.

사멸균은 이들 효소의 작용으로 자기소화(自己消化, autolysis)를 일으켜 용해된다. 균이 죽고 용균(溶菌)되기 쉬운 조건에서는 생균수의 감소와 더불어 흡광도(吸光度)와 탁도(濁度)도 감소된다.

SECTION 3 미생물의 증식에 영향을 미치는 요인

미생물은 모든 생물의 경우와 마찬가지로 생활에 적합한 환경과 부적당한 환경이 있으며, 미생물의 증식과 생리적 성질은 주어진 환경에 따라 달라진다. 미생물의 종류에 따라 적합한 환경은 원래 결정되어 있으며 이것을 밝히게 됨으로써 인위적으로 특정미생물에 적합한 환경으로 만들어 왕성하게 증식시켜서 유용하게 이용할 수도 있고 또 증식을 억제하거나 사멸케 하는 조건을 이용하여 방부나 살균의 목적을 효과적으로 이룰 수 있게 된다.

미생물의 증식에 영향을 미치는 요인으로는 온도, 광선, 압력 등의 물리적인 요인과 수분, pH, 산소, 식염, 화학물질 등의 화학적 요인 그리고 공생(共生)이나 길항(拮抗) 등의 생물적인 요인이 있다.

표 10-4 생육온도 범위에 따른 미생물의 분류

미생물군		저온균	중온균	고온균
생육온도(℃)	max.	30	45	70
	opt.	15~25	25~45	50~60
	min.	≦0	5~10	40
대표적인 예		*Pseudomonas*속, *Achromobacter*속 등	*Bacillus subtilis* *Escherichia coli* 병원세균 곰팡이 효모	*Bacillus thermofibrinoides* *Bacillus coagulans*, *Clostridium thermosaccharolyticum*

1. 물리적 요인

(1) 온 도

미생물은 어느 일정한 온도범위에서만 생육하여 증식할 수 있고 미생물의 생육에 적당한 온도범위, 고온에 대한 내성, 저온에 대한 내성 등은 그 종류에 따라 상당한 차이가 있다.

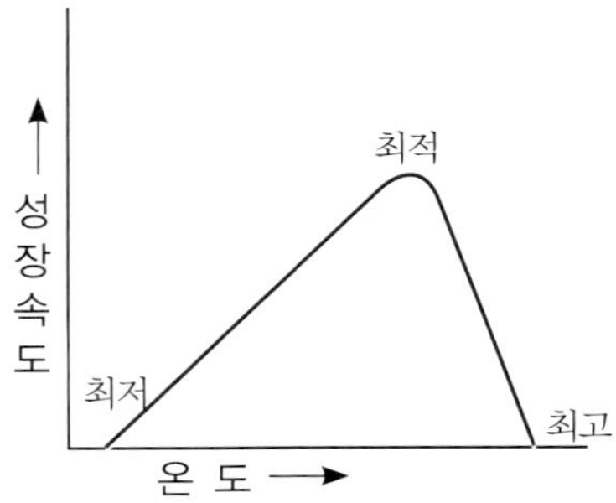

그림 10-6 미생물의 성장속도에 영향을 미치는 온도의 영향

미생물에는 그 온도 이하에서는 성장이 되지 않는 최저온도(最低溫度, minimum temperature), 성장이 가장 활발하게 진행되는 최적온도(最適溫度, optimum temperature), 그 온도 이상에서는 성장이 되지 않는 최고온도(最高溫度, maximum temperature)가 있고 최적온도는 최저온도보다 최고온도에 가깝다. 최저와 최적 및 최고의 온도는 기본적 온도(cardinal temperature)라고 불리며, 각 미생물의 특징이 되기는 하나 pH 또는 영양 등의 환경조건에 따라서 변화한다.

일반적으로 미생물이 생육할 수 있는 온도 범위는 30~40℃로 생육이 가능한 온도범위에 따라서 고온균(高溫菌, 好熱菌, thermophiles), 중온균(中溫菌, mesophiles), 저온균(低溫菌, 好冷菌, psychrophiles)의 3군으로 나눈다. 식품의 보존에 저온을 이용하는 경우가 많다. 그러나 이것은 식품을 저온에 유지함으로써 미생물의 생육을 저지하고 동시에 그 식품 자체가 가지고 있는 효소의 작용을 억제하기 위해서이다.

미생물이 생육할 수 있는 최저한계온도는 온도 이외에 환경 중의 수분의 빙결 여부가 중요한 인자가 된다. 수분이 빙결되면 빙결되지 않은 남은 수분에 기질이 농축되어 삼투압이 높아지므로 세균류는 일반적으로 생육하기 어렵게 된다. 곰팡이나 효모에는 예외의 내삼투압성의 종류도 있다. 그러나 어떠한 미생물도 －10℃ 이하에서는 생육할 수 없다.

미생물은 냉동상태에서도 미생물의 생육이 억제될 뿐이며, 살균효과는 거의 없다. 그러므로 냉동식품이라 할지라도 가공 중의 처리가 불결하면 위생적으로 안전하지 못하다. 또 냉동식품을 상온으로 환원시켰을 때, 동결과정 중에 식품의 조직이 손상되어 미생물의 번식에 적합하게 변해 있는 경우가 많다. 그 때문에 부패가 더 빨리 진행되기 쉬우므로 해동한 냉동식품은 단시간 내에 처리하는 것이 바람직하다.

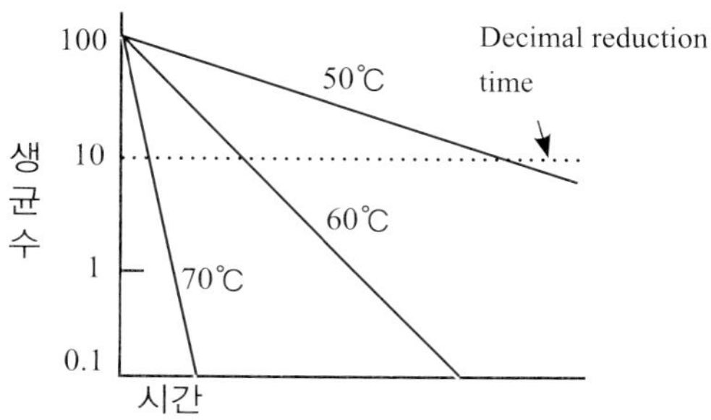

그림 10-7 중온균에 미치는 온도의 치사효과

이와 같이 미생물은 동결상태에서 대사활동이 억제되고 잘 사멸되지 않으므로 균주의 보존방법으로 동결보존법이 이용된다. 동결균체는 일반적인 동결온도인 −25℃보다 dry ice(약 −70℃) 또는 액체질소(−196℃)를 이용하여 될 수 있는 대로 낮은 온도에서 보존하는 편이 생존율이 높아진다. 균체는 15% 정도의 glycerol 등의 동해방지제(凍害防止劑, cryoprotectant)와 섞어서 서서히 동결시켜 세포 밖의 빙결정에 의한 세포의 파괴를 줄이도록 한다.

미생물은 최고온도 이상으로 온도가 상승하면 사멸하게 된다. 가열시간의 경과에 따라 미생물은 대수적으로 사멸하고 고온이 될수록 단시간에 사멸하게 된다. 그러므로 미생물의 열저항성은 온도와 시간으로 나타내게 된다.

일정온도 하에서 균농도가 1/10로 감소하는 데에 요하는 시간을 90% 사멸시간(DRT)이라고 부르며, 식품멸균의 온도범위에서는 DRT와 온도 간에는 지수관계가 성립한다.

또 열에 대한 감수성을 주어진 온도에 있어서 현탁액 중의 모든 세포가 사멸하는 시간인 가열치사시간(加熱致死時間, thermal death time, TDT)으로 간단하게 나타내기도 한다. 세포의 농도가 높으면 보다 장시간의 열처리가 필요하게 되므로 TDT는 같은 세포농도에서 비교되어야 한다. TDT와 온도와의 관계는 직선을 나타낸다. 또 일정 균농도의 현탁액을 10분 동안 가열하여 완전히 사멸시키게 되는 최저온도를 가열치사온도(加熱致死溫度, thermal death point, TDP)라고 불리며, 이는 균농도와 시간을 정해서 온도로 표시하는 방법이다.

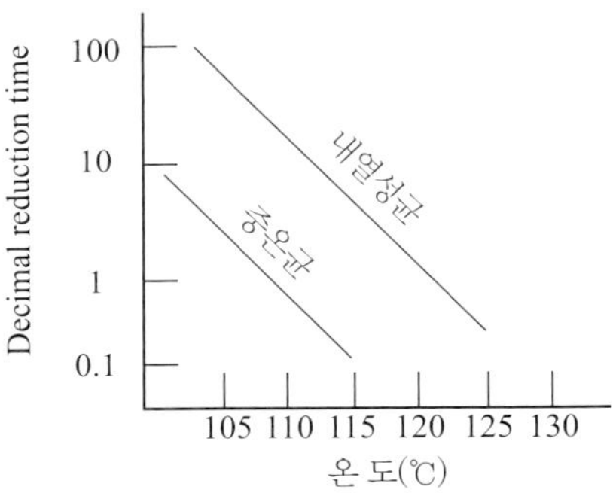

그림 10-8 1/10 감소기간(Decimal reduction time)과 온도와의 관계

열에 대한 감수성은 미생물의 종류나 균수에 따라 다르고 저온균이 열에 대해서 민감하고 고온균이 보다 내열성이며 어떤 종류의 미생물일지라도 포자는 그 영양세포보다 내열성이 강하다. 곰팡이나 효모의 경우에는 두 세포형태 사이의 내열성의 차가 크지 않으나, 세균의 경우에는 그 차가 대단히 크다.

가열 시에 환경의 화학적인 조성도 미생물의 사멸에 영향을 미치게 된다. 산성에서 내열성은 크게 저하되고 당 · 단백질 · 지질이 고농도로 존재하면 내열성이 높아진다. 또 염분농도가 높아지면 일반적으로 내열성은 저하된다. 가열 시의 습도에 따라서도 내열성이 달라지면 습한 환경에서보다 건조된 환경에서 내열성이 높아진다.

포자를 포함하여 모든 미생물은 완전히 사멸시키는 것을 멸균(滅菌, sterilization)이라고 하며, 가열멸균에는 수증기나 온탕을 이용하는 습열멸균 (濕熱滅菌, wet heat sterilization)과 건조한 상태에서 가열하는 건열멸균(乾熱滅菌, dry heat sterilization)의 두 방법이 있다. 습열멸균은 autoclave를 이용하여 15 lb/in^{2}의 증기압(120℃)에서 10~15분간을 가열하는 고압멸균(高壓滅菌, autoclaving)의 방법과 간헐살균법(間歇殺菌法, fractional steam sterilization, tyndallization)의 두 방법이 이용된다. 간헐살균법은 100℃에서 30분간을 가열하여 영양세포를 사멸시킨 다음, 1일 동안 실온에 방치하면 거의 모든 포자는 발아하여 영양세포로 되므로 2일째에 다시 100℃에서 30분간을 가열하여 발아영양세포도 사멸시키고 완전한 살균을 위해서 3일째에 다시 이 조작을 반복하여 그 용액 중의 모든 미생물을 살균하는 방법이다.

(2) 광 선

미생물은 극히 일부의 것을 제외하고는 그 생육에 광선을 필요로 하지 않는다. 일반적으로 미생물은 밝은 곳보다는 어두운 곳에서 잘 생육한다. 광선은 오히려 유해하지만 많은 종류의 곰팡이의 경우에는 포자형성, 포자발아, 자실체 형성, 균핵 형성 등의 형태 형성에 대한 빛의 유도효과가 알려지고 있다. 이러한 효과는 곰팡이의 종류와 광선의 파장에 따라 다르다.

미생물은 가시광선(可視光線, visible light)에 의해서 저해되는 경우가 있다. 생물세포는 산소의 존재 상태에서 가시광선이 조사되면 포르피린(porphyrin) 등의 감작색소가 감작(感作, sensitization)되어 결과적으로 세포가 사멸하게 되는 특수한 생물작용을 광동력학적 작용(光動力學的作用, 광감작용 photodynamic action)이라고 한다. 광동력학적 작용에 관여하는 빛의 파장은 근자외선(320nm)부터 근적외선(900nm)까지의 가시광선 부분이다. 산소분자가 없으면 광동력학적 작용은 볼 수 없으며, 흡수광은 해작용 없이 소멸되고 만다.

직사광선은 살균력이 상당히 강하여 일반세균의 영양세포는 몇 분만에, 포자도 몇 시간만에 각각 사멸된다고 한다. 일일 광선 중에서 강한 살균력을 발휘하는 광선은 파장이 짧은 쪽의 자외선(紫外線, 200~300nm) 부분이다. 자외선을 미생물에 조사(照射, irradiation)하면 그 조사량에 따라서 변이가 일어나거나 사멸한다. 자외선 중에서도 치사효과가 가장 큰 파장은 어느 미생물의 경우에도 265nm이며, 생물체에 있어서의 DNA의 최대흡수파장과 같아서 자외선에 의한 변이나 살균작용은 생명유지에 중요한 DNA에 대한 치명적인 작용 때문인 것으로 풀이할 수 있다.

자외선을 조사하여 증식력을 잃은 세균에 파장이 짧은 쪽의 가시광선(可視光線, 310~400nm)을 조사하면 일부세포는 다시 활성화하게 된다. 이러한 현상을 광회복(光回復, photoreactivation)이라고 한다. 이것은 세포 내에 있는 광회복 효소가 가시광선에 의해서 활성화되기 때문이다.

자외선에 대한 저항성은 미생물에 따라 다르다. 일반적으로는 그람 양성의 구균은 그람 음성의 균에 비하여 내성이 강하며, 건조세포는 습한 세포보다, 포자는 영양세포보다 내성이 강한 편이다. 효모는 세균포자와 같은 정도의 내성이며, 곰팡이에도 강한 내성의 것이 많다. 색소를 갖는 세포는 자외선이 색소에 흡수되어 핵 부위에 도달하게 되는 자외선이 감소되므로 자외선에 대한 내성이 높다.

자외선은 살균작용이 강하지만 유리 등을 거의 투과하지 못하므로 위생상의 이용은 한정된다. 자외선은 물이나 식품 등에 조사하였을 경우에 투과력이 거의 없으므로 표층의 일부만이 살균된다.

흡수된 물체의 분자를 여기(勵起, excitation)시킬 뿐만 아니라, 이온화(ionization)하는 가지광선보다 짧은 파장의 X선, γ선, β선 등의 방사선을 전리방사선(電離放射線, ionizing radiation)이라고 한다. 전리방사선에는 α선이나 중성자(neutron)도 있으나, 살균의 목적으로는 사용되지 않는다. γ선과 같은 전리방사선을 세포물질 분자의 화학구조와 관계없이 통과하여 그 궤적에 따라서 무차별하게 세포 구성성분의 반응성을 높이게 된다.

전리방사선 조사로 세포에 대해서 치명적인 변화를 일으키게 하는 곳이 DNA라는 점은 자외선의 경우와 같으나, 전리방사선은 이러한 DNA에 대한 직접적인 작용 이외에 방사선 조사에 의해서 생성되는 반응산물에 의한 간접적인 강력한 치사작용이 있는 점이 다르다.

(3) 압 력

많은 미생물은 대기압 하에서 생존하고 있으나, 일부 세균은 심해나 깊은 유전에서 생육하고 있다. 수중에서는 수심 10m에 대해서 약 1기압의 압력이 더해지므로 10,000m의 해저에서는 약 1,000기압이 되고 미생물의 생육에 대해서는 특이한 환경조건이 된다.

일반세균은 압력에 대해서 내성이 강하므로 생육을 억제하는 방법으로 압력을 이용한다는 것은 실제로 어려운 일이다. 그러나 가압에 의해서 원형질의 점도나 탄성 등이 변화하고 대사활성도 여러 가지 영향을 받아서 생육속도도 저하된다. 또 고압 상태에서는 분열이 억제되어 길게 되는 등 형태의 변화도 볼 수 있다. 압력에 의한 생육저해의 정도는 온도에 따라 다르고, 고온에서 저해가 덜하다. 압력은 온도 또는 pH 등 다른 환경오인과 함께 미생물의 생육에 영향을 미친다.

2. 화학적 요인

(1) 수 분

미생물이 생육하기 위해서는 수분을 필요로 하며, 어느 정도 이상의 수분이 존재하지 않으면 생육할 수 없다. 물은 물질 중에서 자유수(自由水, free water)와 결합수(結合水, bound water)의 형태로 존재하며, 결합수는 단백질이나 탄수화물과 직접 결합한 안정된 물이고, 자유수는 결합수 이외의 일반적인 자유로운 물이다. 이 중 미생물이 이용할 수 있는 것은 자유수 및 대단히 약하게 결합한 일부분의 결합수이다.

미생물이 이용할 수 있는 물질 중의 수분을 수분활성(水分活性, water activity, A_w)이라고 하며, 그 활성을 미생물 증식의 기질이 되는 물질의 비증기압(比蒸氣壓)으로 나타낸다. 즉 A_w는 그 온도에 있어서 '순수한 물'의 수증기압 P_0에 대한 '물질 내 용액'의 수증기압 P의 비로 나타낼 수 있다.

식품을 밀폐용기 안에 두면 식품의 수분은 그 용기 내의 상대습도(relative humidity, RH)와 평형을 유지하게 된다. 이때의 상대습도는 평형상대습도이며, 그 식품의 수분활성과 같다. 기체의 상대습도의 개념을 기질이 되는 물질에 적용한 것이 수분활성이며, 상대습도는 %로 나타내도 수분활성은 비를 나타내므로 평형상대습도와 수분활성은 $A_w \times 100 = RH$의 관계가 된다.

또 수분활성은 수용액 중의 용질농도에 따라 달라지고 용질농도가 높아지면 저하된다. 순수한 물의 수분활성은 1이며 A_w 1.00에서는 영양분이 존재하지 않는다는 것을 의미하므로 미생물이 생육할 수 없다. 또 수분활성이 저하되어 0.65~0.60 이하가 되면 거의 모든 미생물의 생명활동은 정지되어 버린다. 일반미생물의 증식을 위한 최적 A_w는 0.99~0.94 정도의 범위에 있다.

미생물의 생육을 위해서 적당한 수분요구는 최적 A_w값으로 나타내며, 최저 A_w값 이하의 환경에서는 생육할 수 없다. 식품 중의 수분이 많아질수록 미생물에 의해서 변패되는 일이 많지만, 그 식품의 A_w가 원인미생물의 최저 A_w 이상일 경우에만 변패되므로 이것을 방지하기 위해서는 식품의 A_w를 가능한 한 낮게 유지하는 것이 수분의 입장에서 본 식품보존의 원리가 된다.

각종 미생물이 식품에서 번식하는 경우, 미생물의 종류에 따라서 그 최적 A_w에는 차이가 있다. 일반적으로 세균은 수분활성이 높은 곳에서, 곰팡이는 비교적 낮은 곳에서, 효모는 그 중간 A_w에서 잘 생육한다. 일반적인 최저 A_w는 곰팡이 0.8, 효모 0.88, 세균 0.9 정도이다.

미생물의 생육과 A_w와의 관계를 요약하면,

① 최적 A_w 이하가 되면 생육의 유도기가 연장되고 생육속도도 저하되며 균체량도 감소된다.

② 미생물이 생육 가능한 A_w의 범위는 0.999~0.62이며 각 미생물에 따라 일정한 A_w의 범위가 있다.

③ 최저영양요구가 충족되어 있을 때에는 영양이 더 첨가되더라도 최저 A_w의 값은 일반적으로 변동하지 않는다.

④ 온도는 A_w에 영향을 미치는 중요한 인자이다. 미생물의 생육최적온도에서는 낮은 A_w에 대해서 내성을 나타내고 저온이나 고온에서는 발아 및 생육의 A_w 범위는 좁아진다. 포자발아의 최저 A_w는 최적온도에서 낮으며 10℃의 변동으로 최저 A_w는 일반적으로 0.01~0.05 높아지고 생육한계에 가까운 온도에서는 온도의 영향이 더 크다.

⑤ 산소도 A_w값에 약간의 영향을 미치는 경우가 있다.

⑥ 생육에 적당한 pH 범위에서는 낮은 최저 A_w값을 나타낸다.

⑦ 생육저해물질의 존재 상태에서는 생육할 수 있는 A_w의 범위는 좁아지기도 하고 비교적 낮은 A_w에서의 생육이 저해된다.

식품의 A_w가 0.7 이하이면 세균과 효모는 물론이고 대부분의 곰팡이도 생육할 수 없게 되므로 미생물에 의한 변패없이 식품을 장기간 보존할 수 있다.

(2) pH

환경의 pH는 미생물의 생육을 비롯해서 여러 가지 대사능력이나 화학적인 활성에 큰 영향을 미치게 된다. 식품의 pH와 그 완충력은 생육하기 쉬운 미생물의 종류나 식품성분의 변화와 밀접한 관계가 있으며, 완충력이 클수록 발효는 오래 지속되어 보다 많은 균체나 생산물을 얻을 수 있고, 완충력이 약한 경우에는 미생물이 생산하는 산에 의해서 pH는 급속히 저하되어 미생물의 생육은 억제된다.

미생물의 pH 특성으로서 생육에 가장 적합한 최적 pH 이외에 산성 측의 생육한계를 나타내는 최저 pH, 그리고 알칼리 측의 생육한계를 나타내는 최고 pH로 나타낸다. 식품은 거의 산성 내지 중성이므로 식품의 pH를 생각할 때는 최적 pH 이외에 최저 pH가 중요하다.

곰팡이는 pH 2~8.5의 넓은 범위에서 생육할 수 있으나, 대부분 pH 5.0~6.0의 미산성에서 잘 생육한다. 효모는 알칼리성에서는 적응하지 않으면 생육할 수 없고 최적 pH는 대부분 4~6.0이며, pH 2.0 또는 그 이하의 강산성에서도 생육하는 내산성의 것도 있다. 세균의 최적 pH는 일반적으로 중성 내지 pH 7.0~8.0의 미알칼리성이며 pH 4.5~5.0 이하에서는 생육하지 못한다.

이와 같이 미생물은 넓은 pH 범위의 환경에서 생존하고 있지만 미생물 세포 내의 pH는 중성 부근이다. 산성 환경에서는 세포 내의 pH를 중성으로 유지하기 위해서 세포 내로 들어오는 H^+를 급속히 세포 밖으로 배출한다. 이때 DNA, chlorophyll, ATP 등은 산성에서 분해되고, RNA나 인지질 등은 알칼리성에서 분해되며, 또 세포질 내의 효소는 중성 부근에서 높은 활성을 나타내기 때문이다.

(3) 산 소

고등동물은 호흡을 위하여 산소가 절대적으로 필요하나 미생물 중에는 산소가 꼭 필요한 것 이외에 산소가 없어도 생존할 수 있는 것, 산소가 있으면 도리어 유해하여 사멸하는 것 등이 있다. 미생물은 이와 같은 산소요구의 차이에 따라 다음과 같이 나눌 수 있다.

① 편성호기성균(偏性好氣性菌, obligate aerobes, strict aerobes) : 유리산소가 없으면 생육할 수 없다. 호흡에 의해서 산소분자는 최종전자수용체가 되고 에너지를 획득한다. 또 산소는 sterol이나 불포화지방산의 생합성에도 필요하다.

② 통성혐기성균(通性嫌氣性菌, facultative anaerobes) : 유리산소의 유무에 관계없이 생육할 수 있다. 호기적 상태에서는 산화적 대사에 의해서, 혐기적 상태에서는 발효에 의해서 각각 에너지를 획득할 수 있다. 통성혐기성균 중에는 O_2가 존재하지 않는 조건에서는 NO_3^-을 전자수용체로 이용하여 혐기적 호흡을 하는 세균도 있다. 이때 NO_3^-는 탈질소작용(脫窒素作用, denitrification)을 통하여 NO_2, N_2, NH_3 등으로 환원된다. 통성혐기성균은 같은 균주일지라도 혐기적 조건에서 생장할 때 cytochrome 등의 호흡계는 퇴화하거나 없어지지만 호기적 조건이 되면 급속히 호흡계가 다시 형성되는 등 생리상태가 크게 달라질 때가 많다.

③ 미호기성균(微好氣性菌, microaerophiles) : 산소를 요구하지만 대기압보다 낮은 산소분압에서 생육이 좋다. 편성호기성과 같이 O_2를 최종전자수용체로 하는 산소호흡에 의한 산화적인 산화로 에너지를 획득한다.

④ 편성혐기성균(偏性嫌氣性菌, aerophobic anaerobes, obligete anaerobes) : 유리산소가 있으면 사멸하게 되는 균이다. 발효나 광합성에 의해서 에너지를 획득하고 SO_4^{2-}, $S_2O_3^{2-}$, CO_2 등을 말단 전자수용체로 이용하는 것도 있다. chytochrome계 효소가 없으므로 최종전자수용체로서 산소를 이용할 수 없을 뿐만 아니라 이들 혐기성균에 있어서는 산소로부터 flavin계 산화효소의 작용에 의해서 생성되는 독성이 강한 superoxide나 H_2O_2가 superoxide dismutase나 catalase가 없기 때문에 분해되지 않아서 균을 사멸하게 하기도 하고 산화환원 전위가 상승해서 생육이 불가능하게 되기도 한다.

이와 같이 편성호기성균, 통성혐기성균, 미호기성균, 편성혐기성균의 4군으로 분류한다. 통성혐기성균은 통성호기성균과 같은 군으로 취급하는 것이 일반적인 분류이지만, 생육에 산소가 필요 없으나 산소가 존재할 때 생육이 좋은 통성호기성균과 산소가 존재할 때 생육이 나쁜 내기성(耐氣性, aerotolerant)균으로 구별하여 분류하는 경우도 있다.

(4) 식 염

식염농도가 높아지면 높은 삼투압이나 그 독성으로 미생물이 생육할 수 없게 되므로 예부터 식품저장의 한 방법으로 염장법(鹽藏法, salting)이 이용되어 왔다. 그러나 식염 존재 상태에서 생육하는 미생물도 있어서 간장 양조에서와 같이 18% 이상의 높은 식염농도에서 발효시킴으로써 일반미생물에 의한 변패를 막고 내염성의 미생물만을 교묘하게 이용하고 있는 경우도 있다.

세균을 식염에 대한 내성의 정도에 따라 일반세균이 속하는 비호염균(非好鹽菌, nonhalophiles), 해양세균이 속하는 미호염균(微好鹽菌, slight halophiles), 중도호염균(中度好鹽菌, moderate halophiles) 및 고도호염균(高度好鹽菌, extreme halophiles)의 4종류로 분류하기도 한다.

식염이 미생물의 생육을 저해하는 이유로는 삼투압에 의한 세포 내의 수분 유실과 원형질 분리, 효소활성의 저해, 산소용해도의 감소, 세포의 CO_2에 대한 감수성 증가, Cl^-의 독작용 등을 생각할 수 있다. 미생물의 식염에 대한 내성은 미생물의 종류에 따라 다르고 각 미생물의 내성도 배양조건에 의해서 어느 정도 변동한다. 또 생육의 최적온도에서 생육저지에 필요한 식염량은 증가하며, pH가 낮아지면 식염내성은 감소되므로 김치의 경우와 같이 젖산균이 번식하여 pH가 낮아지면 비교적 낮은 식염농도에서도 변패균의 번식을 억제할 수 있다.

(5) 화학물질

일반적으로 모든 미생물을 완전히 죽여서 없애는 것을 살균(殺菌, sterilization)이라고 하며, 살균의 대상이 병원미생물일 때는 소독(消毒, disinfection)이라고 한다. 또 이와 같은 작용이 있는 화학물질을 살균제(殺菌劑, sterilizers, disinfectants) 및 소독제(消毒劑, disinfectants)라고 하며, 미생물을 죽이지 않더라도 생리적 활동을 억제하고 생육을 저해하는 물질을 방부제(防腐劑, antiseptics)라고 하고 식품에 첨가하여 그 저장성을 높여주는 방부제를 보존제(保存劑, chemical preservatives)라고 한다.

생체에 대한 독성이 약하고 병원균에 특이적으로 강한 독성을 나타내는 성질을 선택독성(選擇毒性, selective toxicity)이라고 하며, 이 성질이 강한 물질이 치료에 사용되고 화학요법제(化學療法劑, chemtherapeutant, chemotherapeutic agent)라고 한다.

이와 같이 미생물을 사멸시키거나 또는 발육을 억제하는 살균제, 소독제, 방부제, 화학요법제 등과 같은 물질을 총칭해서 항미생물성 물질(抗微生物性物質, antimicrobial substance)이라고 하며 세균 · 곰팡이 · 바이러스에 효과가 있는 물질은 각각 항균제(抗菌劑, antibacterial agent), 항진균제(抗眞菌劑, antifungal agent), 항바이러스제(antiviral agent) 등으로 불린다. 또 미생물 또는 기타 생물에 의해서 생산되는 항미생물성 물질은 항생물질(抗生物質, antibiotics)이라고 하며, penicillin이나 streptomycin 및 tetracycline 등 많은 종류가 있다.

항미생물성 물질의 작용 중 세균을 사멸시키는 작용을 살균작용(殺菌作用, bacteriocidal action), 또 세균을 용해하는 작용을 용균작용(溶菌作用, bacteriolytic action), 증식을 억제하는 작용을 정균작용(靜菌作用, bacteriostatic action)이라고 한다. 항미생물성 물질 중에는 일반적으로 농도가 낮을 때에는 정균작용을 나타내고 농도가 높을 때에는 살균작용을 나타내는 것이 많아서 살균제와 방부제의 구별이 어려울 때도 많다. 또 이들 화학물질이 미생물에 작용하는 데 있어서 그 활성은 미생물의 종류, 포자의 유무, 온도, 배지 중에 공존하는 물질 등에 의해서 크게 달라지므로 주의하여야 한다.

3. 생물학적 요인

미생물이 공존할 때 서로 경쟁적으로 영양물질, 산소, 생활공간 등을 차지하는 경합(競合, competition)의 현상 또는 그 중의 한 미생물이 생성하는 대사산물이 다른 균을 억제하는 현상과 같이 어떤 균의 존재가 다른 미생물의 생육을 저해하는 길항의 현상을 볼 수 있다.

(1) 공 생(共生, symbiosis)

① 편리공생(片利共生, commensalism, metabiosis)

공존하는 한 쪽 미생물의 생장이나 생존에 대해서 유리한 영향을 다른 쪽이 미치고 있을 경우이다. 편성혐기성균을 호기성균과 함께 배양하여 호기성균에 의해서 산소가 소비됨으로써 편성혐기성균의 생육이 가능해지는 경우, 토양 중의 섬유소분해균이 분해하여 glucose를 생성하면 공존하는 섬유소 비분해균도 생육하게 되는 경우, 단백질 분해성균이 단백질을 분해해서 아미노산을 생성하게 되면 단백질 비분해성균도 생육하게 되는 경우, 김치의 발효에 있어서 산막효모가 생기면 젖산균이 생성한 젖산을 이용하여 산도가 저하되고 부패세균이나 곰팡이가 번식하게 되어 부패하게 되는 현상 등은 이러한 예이다.

② 상리공생(相利共生, mutualism, 상호공생, mutalistic symbiosis)

공존하는 각 미생물이 서로 유리하게 작용하는 경우이다. 두과식물과 공기 중의 질소를 고정하는 뿌리혹균과의 관계는 공생의 좋은 예이다. 또 해조의 경우, 대사에는 비타민 B_{12}가 필요하다. 그러나 합성능력이 없으며 *Pseudomonas*속, *Achromobacter*속, *Bacillus*속, *Erwinia*속 등이 해조 표면의 점질물 중에 생존하여 비타민 B_{12}를 공급해 주는 동시에 이들 균은 발육소 등 영양소를 얻어서 공생하게 된다.

③ 공동작용(共同作用, synergism)

두 종류 이상의 균의 공존에 의해서 각 균들이 단독으로 가지고 있지 않은 기능이 발현되는 경우이다.

우유제품에 *Pseudomonas syncyanea*가 단독으로 생육할 때는 담갈색을 나타내고 *Streptococcus lactis*가 단독으로 생육할 때는 색의 변화가 없으나 함께 생육하면 선명한 청색을 나타내게 된다.

또 *Penicillium verruculosum*의 균체 내에 생성된 전구물질이 트리코데르마(*Trichoderma*)속균의 작용으로 변화하여 적색색소를 균체 내와 배지 중에 생성하게 되는 것도 이러한 예이다.

(2) 경합(競合, competition)과 길항(拮抗, antagonism)

두 종류 이상의 미생물을 함께 배양하였을 때에 영양분, 산소, 생활공간 등을 경쟁해서 차지함으로써 서로 불리한 영향을 받는 현상을 '경합'이라고 한다. 그리고 한 균이 생성하는 대사산물로 인해서 다른 균의 생육이 억제되는 현상을 '길항'이라 한다.

젖산균이 번식하면 젖산이 생성되어 다른 세균의 생육이 억제되므로 장내세균의 억제, 식품 제조시의 변패 방지, 김치와 피클 등의 발효식품의 제조, 청주의 제조 등의 목적에서 이 길항현상이 이용되고 있다. 또 실험실에서 한천평판 상에 여러 가지 균주를 함께 배양하면 때때로 어떤 균의 colony 주위에 다른 균이 생육하지 않는 투명한 저지원을 볼 수 있다. 이러한 현상은 colony 형성균의 길항작용에 의한 것이며, 영국의 Fleming이 1929년에 최초로 항생물질인 penicillin을 발견하는 계기가 되었다.

세균과 효모에는 특정균종 간에 다른 세포를 죽이는 인자를 세포 밖으로 방출하는 미생물이 있다. 세균의 경우에는 이 인자를 박테리오신이라고 부르며, 효모의 경우에는 생성주를 killer주라 부른다. 박테리오신을 생성하는 세균으로는 *Escherichia coli* 등의 장내세균, *Pseudomonas aerouginosa*, *Bacillus megatherium* 등이 알려져 있으며, 이들의 박테리오신을 각각 colicin, pyocine, megacin이라고 하며, 그 종류도 많아서 장내세균이 생산하는 colicin은 20종 이상으로 알려져 있다.

박테리오신은 특정의 감수성 균주만을 죽이는 작용을 하고 colicin은 분자량 5~6만 정도 이상의 단백질 분자이며 colicin의 생성은 plasmid성의 콜리신 생성 인자(colicinogenic factor)라는 유전자로 지배되고 있다. 효모의 killer주는 포도주나 청주 등의 양조에서 발견되고 있으며, *Saccharomyces*속 이외에도 *Hansenula*속, *Torulopsis*속, *Pichia*속 등의 효모에도 존재한다.

이들 killer주가 특정의 감수성 주만을 죽이게 되는 기구는 아직 분명치 않으나 증식 중의 세포에 대해서 살균효과를 나타내며, 발아정지와 단백질과 핵산의 합성저해 및 세포 밖으로의 다량의 ATP 누출 등을 볼 수 있다.

SECTION 4 미생물의 특수배양법

1. 동조배양법(同調培養法, synchronous culture)

효모의 발아증식 기구와 같은 개개별 세포의 생장과정을 연구할 경우 세포 한 개의 형태적 변화는 현미경으로 관찰하여 쉽게 알 수 있다. 그러나 균체성분 또는 균체의 생화학적 활성의 경시적인 변화는 한 세포의 세포화학적 관찰 혹은 분석으로는 추적이 어려울 경우가 많다.

일반적인 배양의 세포집단은 분열 후의 경과시간이 다른 세포들로 구성되어 있어서 이들 세포집단을 이용할 수는 없으므로 어떤 방법에 의해서 집단을 구성하는 모든 세포를 정확하게 세포주기의 같은 특정 성장단계에 있도록 한다면 각 세포는 모두 똑같은 경과로 성장하게 되고 1개의 세포로서는 미약한 생리활성도 그 집단을 구성하는 세포의 수에 비례해서 확대하여 관찰할 수 있게 된다.

이와 같이 집단을 적당히 처리하여 동일한 성장단계에 있는 같은 세포령(細胞齡, cell age)의 것으로 만드는 것을 동조화(同調化, synchronization)라고 하며, 세포집단을 동조화하여 배양하는 방법을 동조배양이라고 한다.

이 동조배양은 분열직후부터 분열직전까지의 세포의 생화학적 연구에 널리 이용된다. 동조화하는 방법에는 연구목적에 따라 여러 가지 방법이 실시되고 있으며, 흔히 이용되는 방법에는 다음과 같은 방법이 있다.

(1) 물리적 조건 조정에 의한 동조화

① 광선의 조정

Chlorella 세포의 증식은 빛을 필요로 하는 소형의 암세포(暗細胞) 시대와 필요로 하지 않는 대형의 명세포(明細胞) 시대의 과정을 각각 8시간과 16시간 반복하면서 이루어진다. 강한 빛을 주어 며칠 동안 배양한 *Chlorella* 균체를 약한 빛에서 10일 정도 배양을 계속한 경우에 명세포의 증식은 이루어지지 않을 것이므로 대부분의 세포는 명세포로 동조화한다.

② 온도의 조정

미생물 개개의 반응에 대한 온도의 영향이 각각 다르므로 한 세대시간 이내에 배양온도를 저온과 고온을 반복하여 life cycle의 진행 일부가 제한되는 것을 이용하는 방법이다. 고온 또는 저온처리와 최적온도처리를 반복하는 경우도 있으며, *Tetrahymena, Streptococcus pneumoniae*, 기타 빵효모나 세균 및 원생동물류 등도 이 방법으로 동조배양을 할 수 있다.

③ 정지기 배양의 접종

정지기(停止期)에 있는 미생물 세포군을 새 배지에 접종하면 적어도 제1회의 분열이 일어날 때까지는 거의 동조적으로 성장한다. 그러나 그 후의 동조화는 그렇게 기대되지 않는다. 또 성장의 최초단계는 정지기 때에 일어나고 있던 퇴행적 변화로부터의 회복이며 이어서 정상적인 성장을 한다.

(2) 영양조건에 의한 방법

성장은 억제되고 세포분열만 할 수 있는 배지에 세포군을 배양하여 분열직후의 세포집단을 얻는 방법이다. glucose, amino acid, thymine 등의 배지 중의 영양소를 제거하여 배양함으로써 동조화하는 방법으로, DNA의 복제가 저지되는 것이 그 원인으로 추정되는 경우가 많다.

영양제거의 방법으로는 소량의 영양이 함유된 배지에서 대수적 증식을 시켜 영양소를 소진함으로써 기아상태로 하는 기아법이 효과적이다. 이 방법은 동조화가 용이하고 적용되는 미생물의 종류도 많다.

① 질소원을 제한하는 방법

대수기의 대장균 세포를 우선 분획원심법으로, 어린 세포와 성숙 세포로 나누고 성숙 세포를 질소원을 결핍시킨 분열배지에 옮겨 분열시킨다. 어린 세포는 질소원이 없으므로 발육하지 못하며 결국에는 모두가 어린 세포집단이 된다.

② 탄소원을 제한하는 방법

Campbell은 포도당 육즙배지에 효모를 배양하여 당이 소비되어 발육이 정지되었을 때에 새 배지를 가하여 2배로 희석하는 방법을 반복하여 한 개씩 독립된 세포의 집단으로 동조화를 하였다.

③ 영양요구변이주를 사용하는 방법

Barner와 Cohen은 *E.coli*의 thymine 요구주를 thymine만을 결핍시킨 완전배지에 접종 배양하여 약 30분 후에 생균수가 감소되기 시작할 때에 thymine을 가하여 주면 단계적 증식을 보인다. 이는 life cycle에서 최후의 분열단계가 thymine 결핍으로 제한되는 것을 이용한 방법이다.

(3) 기계적인 방법

각 분열단계에 있는 세포의 크기가 다른 것을 이용하여 일정한 크기의 세포를 모으는 방법이다. 즉, 대수적 증식을 하고 있는 여러 분열단계의 세포를 가지는 집단에서 어떤 일정한 분열단계의 세포만을 기계적으로 분리할 수 있으면 가장 자연적인 좋은 방법이 된다.

① 분별여과법

대소의 세포를 분획하는 데 쓰이는 방법으로, 특수한 여지층에 세포액을 침투시킨 다음, 신선한 배양액을 가하여 가압여과하면 분열직후의 소형세포는 여과액 중에 유출되고 분열직전의 대형세포는 여지 중에 남게 된다. 양자 중에 한쪽 세포를 이용하면 동조배양을 할 수 있다. 이 방법은 간편하고 세포의 정상적인 생리상태를 유지한다는 점, 또 다른 간상 세포에도 응용할 수 있다는 점 등에서 좋은 방법이지만 세포의 크기를 같이 하여도 그 내용에 많은 차이가 있는 경우가 있으므로 주의하여야 한다.

② 분획원심분리법

세포는 성장의 시기에 따라 크기가 다르므로 분획원심법에 의하여 대소의 세포군을 어느 정도까지 분절할 수 있다. 이 경우에 세균과 같이 2분법으로 분열하는 세포보다 *Chlorella*와 같이 다수의 낭세포로 분열하는 것이 성숙세포와 어린 세포의 크기 차가 현저하여 분별이 쉽다.

③ Helmstetter-Cummings의 방법

세포액을 일정한 크기(220nm)의 구멍을 가진 cellulose acetate 등의 여과막(勵鍋膜, membrane filter)으로 여과하면 일부세포는 여과막의 구멍에 꽂히거나 흡착되어 고정된다. 다음에 여과막을 뒤집어서 신선한 배양액을 통과시키면 처음에는 여과막에 고정된 세포 이외는 세척되어 버리고 그 후에는 고정된 세포로부터 분리되는 분열직후의 세포만이 유축되므로 이것으로 동조배양을 하게 된다. 이 방법은 세포의 생리상태에 거의 영향을 미치지 않고 세포력에 따라 선별되므로 좋은 방법이기는 하나, 응용할 수 있는 균주가 한정되어 있고 동조배양의 양이 적다는 난점도 있다.

④ 직접선별법

비교적 대형의 세포일 때는 현미경 하에서 세포를 관찰하면서 현미조작기(micromanipulator)로 특정 성장기에 있는 세포를 따로 선택하는 것으로, Ameba와 같은 것에 적용할 수 있다.

2. 연속배양법(連續培養法, continuous culture)

영양분이 보충되지 않고 일정 용적 배지 내에서 진행되는 폐쇄적인 배양을 회분배양(回分培養, batch culture)이라고 하는데, 일반 회분배양법에 의하면 미생물의 증식에 따라 기질이 소비되고 대사생성물이 축적되어서 균체농도, 기질농도, 용존산소농도, 대사생성물농도, pH 등의 미생물의 환경조건은 배양시간의 경과에 따라 계속적으로 변화되고 기질이 소진되면 배양은 끝난다.

그러나 새 배지를 계속 일정한 속도로 배양조에 유입시키면서 흘러나오는 배양균액을 모으면 같은 배지 조성 상태에서 증식하고 있는 대수기의 균체를 연속적으로 얻을 수 있다.

즉, 연속배양은 일정량의 배양액이 들어 있는 용기에 세포를 넣어서 증식이 시작되면 계속해서 새로운 배지를 주입하는 한편, 같은 속도로 세포가 포함된 배양액을 용기 밖으로 유출시켜 증식용기 내의 배양액체량을 항상 일정하게 유지하여 환경조건이 일정한 상태에서 배양함으로써 장기간 증식이나 대사 활성이 일정한 정상상태(正常狀態, steady state)로 유지·배양하는 방법이다.

연속배양장치 중 가장 간단한 장치는 항탁도배양장치(turbidostat)로 이 방식의 연속배양장치는 배양용기의 한쪽으로부터 빛을 조사하고 반대쪽에 장치된 광전관(光電管)으로 배양액의 탁도(濁度), 즉 세포농도를 측정하도록 되어 있다.

탁도가 어떤 일정치에서 조금이라도 벗어나면 전기적인 feedback 회로가 작동하여 배지의 유입량을 제어하게 되어 세포농도를 정상상태로 유지한다. 이때 배지에는 필수영양소가 과잉량으로 존재하므로 세포는 항상 대수기의 상태에서 증식한다. 항탁도배양장치 내의 증식속도는 설정된 환경, 미생물의 종류, 배양액 조성 등의 조건에 따라 결정된다.

한편, 미생물의 증식에 필요한 탄소원, 질소원, 무기염, 생육인자, 용존산소 등의 영양원 중의 하나를 제한영양소(制限營養素, limiting nutrient)로 한 배지의 유입속도와 그 제한영양소의 농도의 두 요인을 제어하여 증식속도와 세포농도를 정상상태로 유지할 수 있는 연속배양장치로서 환경조절장치(chemostat)가 있다. 이 장치에서는 저농도의 제한영양소를 공급하므로 미생물에 의해서 신속히 모두 이용되어 배양조 내의 제한영양소의 농도는 거의 0에 가깝게 유지된다.

환경조절장치와 항탁도배양장치는 일반적으로 다른 희석률에서 작동시킨다. 환경조절장치에서 높은 안정성을 얻기 위해서는 희석률의 변화에 따라서 세포밀도가 조금밖에 변화하지 않는 낮은 희석률이어야 하며, 그 미생물 고유의 최대증식속도 부근에서 정상상태로 유지하는 것은 어렵다. 한편, 항탁도배양장치에서는 배양밀도가 희석률에 따라 크게 변화하는 범위, 즉 희석률이 높은 경우에 높은 감도와 안정성을 얻을 수 있다.

Chapter 11

미생물 균체의 생산과 이용

인구증가에 따른 세계적인 식량부족 및 에너지 위기는 국제적인 문제로서 근본적인 해결책이 요구된다. 특히 개발도상국과 선진국들의 불균형적인 인구증가로 식량문제가 심각해지고 있다.

이와 같은 식량문제를 해결하기 위한 방안으로서 ① 산아제한에 의한 인구증가의 억제 ② 경지 단위면적당 수율의 확대 ③ 저장법 및 분배법의 개선 ④ 종래 단백질 자원의 보다 유효한 이용법 ⑤ 유지의 이용 ⑥ 미생물 단백질의 이용 등이 고려되고 있다.

이 중 특히 새로운 자원의 개발로 주목을 끄는 것은 미생물을 단백질 자원으로 이용하는 것이다.

독일에서는 제1차 세계대전 중에 식량 효모의 생산을 실용화하기 위하여 목재당화액을 탄소원으로 *Candida utilis*의 균체 생산을 공업화하였고, 그 후 아황산 펄프폐액을 효모의 생산에 이용하기도 하였다. 이와 동시에 단세포 조류인 *Chlorella*의 대량생산이 시도되기도 하였다. 현재에는 n−paraffin, methanol, ethanol, methane 등의 석유성분 또는 석유화학제품 및 농산 폐기물을 탄소원으로 하여 식량효모 생산이 활발히 진행되고 있다.

이와 같이 미생물이 단백질 자원으로 연구대상이 되고 있는 이유는 풍부한 영양가치 외에도 배양 시에 기상조건에 전혀 영향을 받지 않고, 세포분열시간이 짧으며 체중당 단백질 함량이 높고 동시에 대규모 생산이 가능하다는 장점을 가지고 있기 때문이다.

단백질 자원으로서 이용할 수 있는 미생물은 *Chlorella*, 효모, 세균, 곰팡이 등이다. 그러나 균체 단백질의 생산에 사용하는 기질의 종류에 따라 적합한 균주가 선정되어야 하며, 원료나 균주에 따라 적합한 배양장치가 이용되고 배양 및 회수공정이 확립되어야 하며, 무엇보다도 안전성에 대한 충분한 검토가 필요하다.

미생물 균체에는 70~80%의 수분이 함유되어 있고, 건조물에 함유된 성분은 단백질 · 지질 · 탄수화물 · 핵산 · 회분 · 비타민 등이다. 균체의 성분은 미생물의 종류에 따라 다르고, 배지조성 · 배양조건 · 생육시기 등에 따라서 변한다.

표 11-1 미생물 균체의 주요 성분(건물 100g 중의 함량)

성분 \ 미생물		세 균	효 모	곰팡이	양송이	클로렐라
탄수화물(g)		10~30	24~37	30~60	44.7	10~25
단 백 질(g)		40~80	38~70	13~48	43.5	40~50
지 방(g)		5~40	2~60	1~5	2.4	10~30
핵 산(g)		15~25	5~10	1~3	–	1~5
회 분(g)		4.5~14	3~9	2.5~6.5	9.4	6~10
비타민	A(IU)*	–	–	–	–	10,000~30,000
	B_1(mg)	0.9~2.6	0.5~2.5	–	1.2	0.04~0.24
	B_2(mg)	4~7	2.5~8.5	–	4.1	0.21~0.58
	C(mg)	–	–	–	35	20~50

*비타민 A 1IU = 비타민 A 0.3γ 에 상당

SECTION 1 식용 및 사료용 미생물

균체성분 중에는 단백질 또는 지질의 함량이 높고 비타민과 무기질이 함유되어 있어서 식용 및 사료용 미생물로 이용되는 것이 있다.

표 11-2 식용 및 사료용 미생물

미 생 물	탄 소 원	비 고
Candida utilis	펄프폐액	torula 효모(pentose 자화성)
Mycotorula japonica		공업생산주(일본)
Can. utilis var. major	당 밀	종래의 torula 효모의 2배 크기를 갖는 육성주
C. utilis var. thermophila		고온(30℃)에서 생육하는 변이주
Rhodotorula gracilis	당 액	유지효모
*Lipomyces*속		
Agaricus campestris		양송이
Can. tropicalis	탄화수소	
Can. lipolytica		
Chlorella pyrenoidosa	CO_2, 태양에너지	
Chlorella vulgaris		
Scenedesmus guadricauda		클로렐라의 2배의 침강속도를 갖는다.
Spirillium		
Saccharomyces fragilis	lactose 함유액	

1. 단백자원으로서의 미생물균체

식량 및 사료로서의 단백질은 고등식물 또는 고등동물로부터 공급되어 왔으나, 세계인구의 급격한 증가로 인한 이들 자원의 부족 때문에 단백질의 절대부족현상이 일어나고 있다. 따라서 이용하지 않았던 농축한 어육 또는 식물성 유지 종자 등의 단백자원을 활용하거나 아미노산의 강화에 의한 단백질 영양효율을 개선하기 위하여 미생물 단백질(single cell protein, SCP)을 이용하는 데 기대를 갖게 되었다.

미생물 단백질로서 개발된 미생물 균체의 조단백질 함량은 세균 60~80%, 효모 50~70%, 곰팡이 50~60%, 조류 및 담자균은 50~60%로 균에 따라 차이는 있으나, 높은 편이다. 아미노산 조성 역시 균에 따라 다르긴 하지만 고루 함유하고 있으며, 특히 lysine이 많다.

사료에 n-paraffin을 이용하여 생산한 효모를 15% 첨가할 경우, 대조구에 비하여 닭의 산란율 및 체중증가율이 떨어지지 않고, 생존율 · 수정률 · 부화율은 더 좋아졌으며, 돼지사육에도 좋은 성적을 나타내었다.

탄화수소를 이용한 미생물 균체에 대해서는 benzopyrene 등의 발암성 화합물, 중금속, mycotoxin, 균의 병원성 및 감염성 등에 대하여 신중한 검토가 행해져야 한다.

(1) 아황산펄프폐액을 이용한 효모의 생산

아황산펄프폐액(sulfite waste liquor, SWL)은 흑갈색의 점성이 있는 액체로서 약 3%의 발효성 당을 함유하고 있으므로 효모제조원료로 활용됨과 동시에 폐액처리의 목적을 달성할 수 있다. 아항산펄프폐액에는 6탄당 이외에도 5탄당이 다량 함유되어 있기 때문에 5탄당과 6탄당을 동시에 자화할 수 있는 *Candida utilis, Candida utilis var. major, Candida tropicalis, Mycotorula japonica* 등이 이용된다. 배양은 소포효과가 좋은 발트호프(Waldhof)형의 연속배양 탱크에서 통기교반배양이 사용된다.

아황산펄프폐액에는 효모의 증식을 저해하는 아황산, lignin 분해물, furfural 등을 제거하기 위하여 폭기탑을 통과시켜 증기폭기(steam stripping)하여 유리 아황산을 제거 회수하고, 다시 석회석을 채운 중화조를 통과시킨다. 발효 탱크 내의 pH를 4.8로 유지시키기 위하여 암모니아를 첨가, pH 조절과 질소원으로 이용한다. 요소를 이용할 수도 있다.

무기염류로는 과인산석회와 KCl이나 $MgSO_4$ 등을 첨가하며, 미리 배양된 효모를 첨가하여 30℃에서 배양한다. 배양이 끝난 효모 현탁액은 소포기에서 거품을 제거하고 원심분리하여 얻은 효모농축액을 분리시킨 다음에 세척하여 건조시킨다.

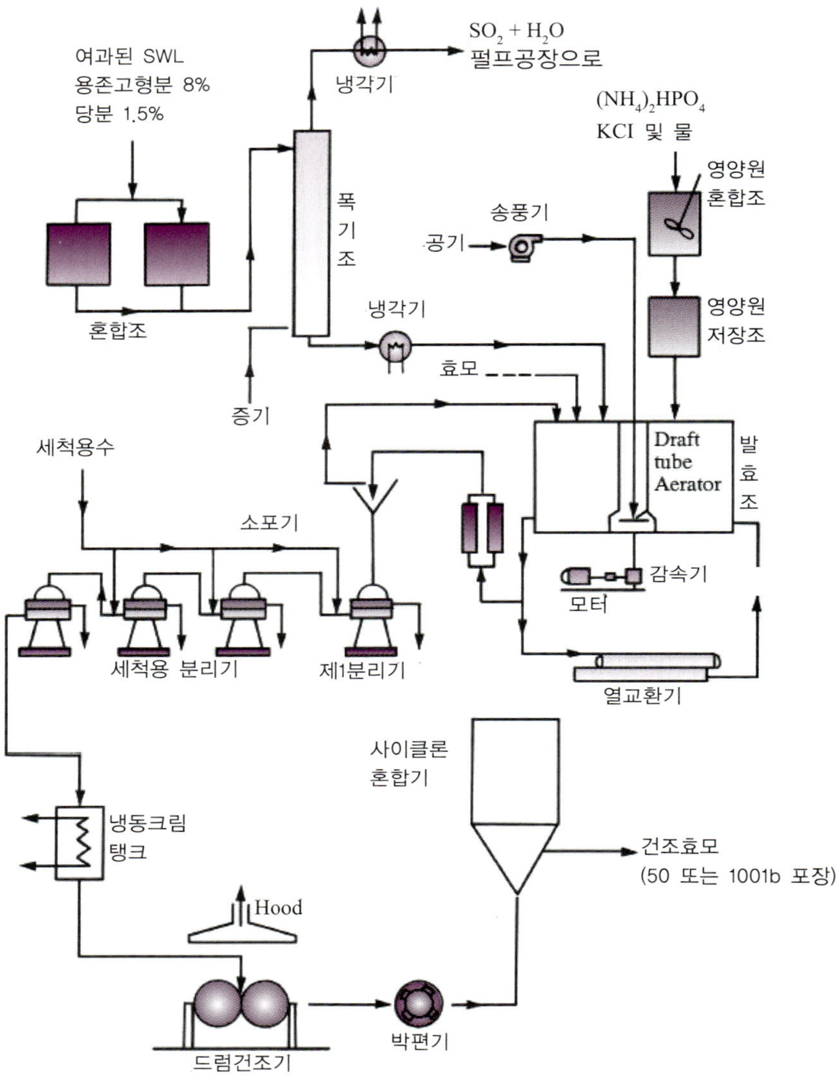

그림 11-1 아황산폐액으로부터의 효모제조공정

(2) 석유계 탄화수소를 이용한 균체생산

탄화수소를 탄소원으로 증식할 수 있는 미생물은 효모, 곰팡이, 세균 등 광범위하게 알려져 있다. 하지만 단백질 함량이 많고 균체의 분리가 용이한 효모가 공업적으로 유리하다. 이용되는 균으로는 *Candida tropicalis, Candida lipolytica, Candida intermedia* 등이 있다. 사용되는 기질은 경유와 n−paraffin이 있다. n−paraffin은 분자사별(molecular sieve)법이나 요소부가화합물(urea adduct)법으로 석유로부터 분리되는데, 탄소수 C_{16}~C_{18}인 n−pafaffin이 가장 잘 자화된다.

또 탄화수소는 물에 불용성이므로, 배양탱크에 미세한 에멀젼(emulsion)을 형성시키기 위해서는 효율이 높은 통기와 교반이 가능한 장치가 필요하다. 당질을 이용하는 경우에 비해서 산소가 많이 필요하며, 발효열이 높기 때문에 냉각하기 위한 효율적인 냉각장치가 필요하다.

배양공정에는 BP(British Petroleum Co.)법, IFP(Institude Francais du Petrole)법, Esso−Nestle법, USSK법, Gulf법, Kaneka법, DIC (Dai Nippon Ink Co.)법 등이 있으며, 배양탱크는 Waldhof형, air − lift형이 주로 사용되고 있다.

배양이 끝나면 원심분리기에 의해서 고형분 약 16%로 분리 농축한 후 세척된 균체 크림은 다중효용관에서 약 23%까지 농축시키고 분무건조기나 플래시건조기로 건조한다. 분무건조기에 의해서 고운 분말의 제품을 얻게 되며, 플래시건조기에 의해서는 사료용에 적합한 크기의 입상제품을 얻게 된다.

(3) methane을 이용한 균체 생산

메탄은 천연가스의 주성분으로, 순수한 상태로 얻을 수 있으며, 유망한 탄소원이라고 할 수 있다. 그러나 액화하기가 곤란하기 때문에 먼 거리를 수송하기가 어렵고, 비용이 많이 소요될 뿐만 아니라 폭발의 위험성이 있어 이에 따른 안전장치가 필요하다.

Methane을 이용하여 생육할 수 있는 미생물은 *Methylomonas methanica, Methylococcus capsulatus, Methylovibrio soehngenii, Methanomonas margaritae* 등 비교적 특이한 세균에 한정되어 있다. 메탄은 methane oxygenase에 의해서 methanol로 산화되어 대사된다.

(4) methanol을 이용한 균체 생산

메탄올은 나프타, 메탄, 천연가스 등을 원료로 하여 합성되며, 현재 SCP 생산을 위한 가장 중요한 기질의 하나이다. 메탄올 자화성 미생물은 비교적 한정되어 있으며, 균체수득량이 적고 메탄올이나 그 대사생성물인 formaldehyde가 유해한 것이 결점으로 되고 있다. 그러나 균체분리가 용이하고, 균체를 물로 세척함으로써 유해물질이 제거되기 때문에 균체수득량만 증가시킬 수 있다면 유리한 방법이라고 할 수 있다.

메탄올을 자화하는 미생물에는 효모, 세균, 곰팡이가 있는데 균체생산을 위해서는 *Kloeckera, Pichia, Hansenula, Candida, Saccharomyces, Torulopsis* 등의 속이 이용되고 있다.

배지에는 일반적인 무기염 이외에 corn steep liquor 등의 유기영양원이 첨가되고 생육에 요구되는 비타민이 보충된다. 탄소원으로서의 메탄올은 효모의 생육을 저해하므로 일반적으로 2~3%의 낮은 농도로 사용된다. 배양 최적온도는 30℃ 정도이지만 *Kloeckera*와 같이 25℃로 낮은 것도 있다.

(5) ethanol을 이용한 균체 생산

균체이용의 안전성을 고려하여 에탄올을 원료로 하는 연구가 이루어지고 있으며, *Candida, Pichia, Saccharomyces* 속의 효모에 의해서 ethanol 6% 배지에서 35g/l의 수득량이 얻어졌고, *Pichia mogi*에 의해서 이론치에 가까운 80%, *Hansenula miso*에 의해서 73%의 수득률이 보고되고 있다.

(6) cellulose로부터의 균체 생산

천연자원, 목재 폐기물, 폐신문지로부터의 셀룰로오스가 SCP 및 에탄올의 생산에 이용되고 있다. cellulose는 지구상에 풍부하지만 이용하기 전에 우선

발효성 당으로 분해를 하는 전처리가 필요하다. 전처리 방법에는 효소적 가수분해와 산가수분해가 있다.

효소적 가수분해에 이용되는 효소는 셀룰라아제로 *Cellulomonas*, *Actinomycetes*의 세균과 *Trichoderma*, *Penicillium*, *Thermoascus*, *Sporotrichum*, *Humicola* 등의 곰팡이에 의해 분비된다.

cellulase의 공업적 생산에 이용되는 균은 *Trichoderma reesei*, *Trichoderma koningi*, *Sporotrichum pulverulentum* 등이 있다.

2. 유지자원으로서의 미생물 균체

일반적으로 미생물 균체에는 2~3% 정도의 유지를 함유하나, 배양조건에 따라서는 건조세포의 60%에 달하는 유지를 축적하는 것도 있다. 현재 공업적으로 생산되는 예는 없지만, 미생물에 의한 식량자원 생산방법의 하나로 기대되고 있다.

배양조건에서 배양액 중의 질소원 농도와 C/N비가 중요하며, 일반적으로 탄소원 농도가 높고 질소원이 결핍되면 유지가 축적되지만 질소원이 결핍되면 세포증식이 잘 되지 않는다. 그러므로 초기에는 질소원을 충분히 첨가하여 증식시킨 후에 질소원 농도를 낮은 조건으로 바꾸는 것도 좋은 방법이 될 수 있다. 유지의 축적에는 충분한 산소공급이 필요하며, 유지함량은 대수증식기에 있는 균체에는 적고 정상기의 초기부터 사멸기의 후기 사이에 있는 균체에는 최대가 된다.

미생물 유지의 조성은 식물성 유지와 비슷하며, 중성유지 · 유리지방산 · 인지질 및 불검화물로 구성되어 있다. 구성지방산으로는 palmitic acid, stearic acid, oleic acid, linoleic acid 등의 우수한 지방산이 많다. 이는 유지의 독성이 나타나지 않으므로 유지자원으로서의 전망은 밝다.

표 11-3 유지생산미생물

구 분	균 명	원 료	유지함량 (대건조균체%)	유지생성률* (Fat Coeff.)
곰팡이	*Aspergillus nidulans*	glucose, sucrose	51	17.2
	Fusarium lini	아황산펄프폐액	50	12~15
	F. bulbigenum	glucose	25~50	8~15
	*Geotrichum candidum***	Whey	25~42	12~19
	Mucor circinelloides	glucose	46~65	10~14
	Penicillium soppi	sucrose	35~40	11.4~12.5
	Pen. spinulosum	sucrose, 당밀	63.8	16.1
효 모	*Candida*속	n-paraffin	20~28	24.8
	Can. reukufii	glucose, 목재당, 당밀	8~25	1~15
	Cryptococcus terricolus	glucose	71	23
	Lipomyces lipofera	glucose, 당밀	18	15
	Lip.starkeyi	glucose	50~63	12~13
	Rhodotorula gracilis	glucose	61~74	15~21
	*Trichosporon pullulans****	당밀, 아황산펄프폐액	31~45	10~12
세 균	*Nocardia*	n-parrafin(C_{16}~C_{18})	78	57
조 류	*Chlorella pyrenoidosa*	CO_2	85	-

*소비기질에 대한 생성유지의 중량 %
**원균명 *Oidium*(또는 *Oospora*) *lactis*
***원균명 *Endomyces vernalis*

3. 단세포 녹조류의 균체 생산

*Chlorella*는 일반식물들의 생리와 같이 광합성에 의해서 태양 에너지를 이용하고 공기 중의 CO_2 등의 탄산원과 질소 기타 무기염류를 동화해서 세포 증식을 일으키기 때문에 탄산가스와 태양 에너지를 많이 이용하는 유효한 미생물이다. 이 세포는 단백질, 유지, 기타 유효한 성분을 많이 함유하고 있기 때문에 그 대량 배양에 의해 SCP의 좋은 대상이 된다. 녹조류 중 단세포의 *Chlorella*와 *Scenedesmus*속이 중요하며, 이 중 *Chlorella vulgaris, Chlorella pyrenoidosa, Scenedesmus obliquus,* 남조류에는 *Spirulina platenis, Spirulina maxima* 등이 배양되고 있다.

*Chlorella*는 태양 에너지의 이용률이 최고 2.5%까지 가능하며, 농작물과는 달리 연간 연속배양할 수 있다. 그 시설도 대규모로 공업적 생산이 가능하다. 또한 클로렐라의 단백질 생산량이 다른 자원과 비교하여 월등히 높으며, 클로렐라의 제조원료로서 탄산가스와 무기질 영양원만으로 충분하므로 원료비가 염가이다.

클로렐라의 균체 성분은 배양조건에 따라 다르다. 하지만 대체로 단백질 40~50%, 지방 10~30%, 탄수화물 10~25%, 회분 6~10%로 건조물 1g당 5.5kcal의 에너지를 낸다. 또한 비타민도 풍부해서 A, B_1, B_2, B_6, B_{12}, C, K, biotin 등을 상당히 함유하고 있으며, 아미노산도 필수아미노산을 포함하여 다양하게 포함되어 있다.

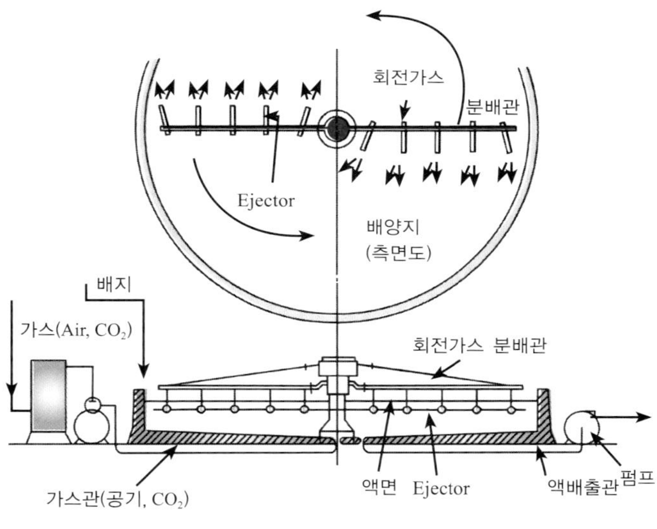

그림 11-2 *Chlorella*의 대량배양장치

클로렐라의 배양은 pH 5~7이 알맞고, 하루에 1회 pH를 조절하며, 25℃ 부근에서 배양한다. 배양지에는 배양액 중으로 CO_2와 공기 또는 액을 분출하는 반동으로 회전하는 ejector가 일정 간격으로 부착된 수평관이 장치되어 있으며, 광합성에 필요한 CO_2를 공급하는 동시에 교반이나 순환에 의해서 조류가 침강하는 것을 방지하고 액 중에 항상 떠 있도록 해야 한다. 배양지의 깊이는 10~15cm가 적당하고, CO_2는 공기와 혼합하여 공급하고 그 농도는 0.1~0.5%

로 충분하며, 대량 배양을 할 때의 통기량은 매분 배양액의 1/10~1/20 용량이 보통이다. 클로렐라가 배양되면 일정시간마다 배양액을 꺼내서 조체(藻體)를 원심분리하고 그 분리액은 다시 배양기로 보낸다. 그 후에 클로렐라의 균체는 물로 세척하여 진공건조시킨다.

SECTION 2 빵효모

발효빵을 만들기 위해서는 효모를 첨가하는데, 효모는 알코올 발효에 의해서 탄산가스를 생성하며, 밀가루 반죽 속에 기포를 발생시키고 동시에 빵의 향미나 질도 좋게 한다. 이러한 작용을 하는 효모를 빵효모라고 하며, 배양한 효모를 분리 · 압착하여 그대로 정형한 압착효모(壓搾酵母, compressed yeast)와 건조하여 저장과 수송에 편리하게 한 건조효모(乾燥酵母, dry yeast)의 두 형태가 있다. 원료인 당밀에는 사탕수수당밀(cane molasses)과 사탕무당밀(beet molasses)이 있다. 사탕수수당밀은 약 50% 이상의 당분을 함유하고 있으며, 환원당 이외에는 거의가 sucrose이다.

또한 biotin, pantothenic acid, inositol, 비타민 B_6, nicotinic acid, folic acid 등이 함유되어 있으므로 효모의 발육소는 별도로 첨가할 필요가 없다. 폐당밀은 협잡물이나 콜로이드성 물질을 많이 함유하고 흑갈색이므로 미리 전처리를 하여야 한다. 즉, 3~4배의 물로 희석하고 소석회 또는 암모니아 첨가로 pH를 6~7로 조정하여 가열한 다음에 방치하여 침전시켜 제거한다. 상등액은 잔존하는 부유물질을 완전히 제거하기 위해서 당밀청징기(糖蜜淸澄器, molasses clarifier)를 이용한다. 청징액은 저장조에 저장하여 살균을 한 후에 효모제조원료로 한다.

사탕수수당밀의 질소함량은 0.3~0.4%이나 대부분 비발효성 환원물질을 형성하고 있어 효모에 의해서 이용되기 어렵기 때문에 보리, 맥아, 맥근, 쌀겨, CSL, 요소 등의 유기질소화합물이나 황산암모늄 및 암모니아수 등의 무기질소원이 부원료로 사용된다. 인산원으로 과인산석회나 인산암모늄 등을 첨가한다.

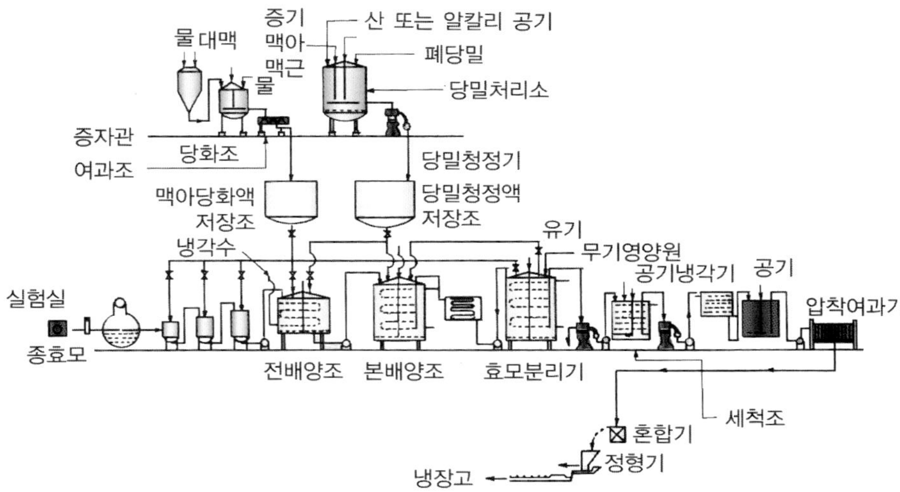

그림 11-3 빵효모의 제조공정

빵효모로는 *Saccharomyces cerevisiae* 계통의 것으로

① 발효력이 강력하여 밀가루 반죽의 팽창력이 우수하고
② 생화학적 성질이 일정하며
③ 물에 잘 분산되고
④ 자기소화에 대한 내성이 있어서 보존성이 좋으며
⑤ 장기간에 걸쳐 외관이 손상되지 않으며,
⑥ 당밀배지에서 증식속도가 빠르며 높은 수득률 등의 성질을 갖춘 균주가 이용되고 있다.

선택되어 보존 중인 효모균은 맥아즙을 이용하여 25℃에서 정치배양하며 배양관 이후에는 당밀배지를 이용하여 28℃ 정도에서 통기배양한다. 얻게 된 배양액은 폐당밀을 주원료로 하는 대형의 배양탱크에 이식하여 전배양을 거쳐 본배양을 하게 된다.

효모는 혐기적 상태에서는 알코올 발효가 주로 일어나지만, 충분한 산소를 공급하면 호흡을 하게 되고 증식속도가 빨라진다. 효모는 증식하면서 호흡열이 발생하므로 대량배양에 있어서는 배양탱크에 냉각장치가 필요하다.

효모는 배양액 중의 당농도가 높으면 호기적 조건에서도 알코올 발효를 하게 되며, 그 결과로 균체의 대당수득률은 감소된다. 반대로 당이 부족되면 자기소화가 일어나고 제품의 질이 나빠진다. 그러므로 당농도는 적당하게 유지하여야 하는데, 그 농도가 0.1%이다. 그러나 실제로 정확하게 유지하기 어려우므로 0.5~1.0% 정도의 당농도에서 배양되고 있다. 또 질소원 농도도 증식기에는 충분한 양이 공급되지 않으면 안 되지만 배양후기에는 질소농도가 높으면 제품효모의 보존성이나 내당성이 저하하게 된다.

인산농도도 낮으면 효모의 수득량이 감소되고 너무 높으면 효모의 발효력이 저하되어 제품의 질이 떨어지게 된다. 그러므로 효모제조에 있어서는 영양원 농도의 조절이 대단히 중요한 문제로서 각 배양단계에서는 항상 최적농도로 유지되도록 효모의 증식속도에 비례하여 당과 무기염의 첨가량을 조절하여 일정하게 저농도로 유지하는 유가배양법에 의해서 배양된다. 배양과정에서의 영양분의 첨가는 효모의 지수적 증가에 대응하는 지수적 첨가로 이루어진다. 이를 지수적 유가배양(incremental feeding culture)이라고 한다.

온도는 효모의 증식속도 및 품질에 영향을 미치는데, 최적온도는 25~26℃에서 시작되며 약 30℃까지가 허용범위이다. pH는 3.5~4.5의 범위에서 배양하는 것이 잡균오염의 억제효과가 있으므로 안전하다. pH가 너무 낮으면 효모가 착색된다. 질소원의 황산암모늄과 암모니아수를 적당히 배합해서 사용하면 어느 정도 배양 중의 pH를 조절할 수 있다.

배양이 끝난 효모는 방치하면 자기소화가 일어나므로 곧 분리를 하지 않으면 안 된다. 분리에는 균체분리용의 특수한 연속원심분리기인 효모분리기(yeast separator)가 이용된다. 배양이 끝난 배양액의 효모농도는 5~8% 정도이나 원심분리기로 처리하여 1/6~1/8로 농축한다. 분리된 농축효모크림은 5~6배량의 냉수를 가하여 세척하고 다시 원심분리된다. 이 세척작업은 10℃ 이하로 냉각하면서 보통 3~4회 반복한다.

세척이 끝난 효모는 5℃ 이하로 냉각하여 압착여과기(filter press)로 압착한다. 얻게 된 압착효모(bulk yeast)의 수분은 65～70%이다. 최근에는 연속작업이 가능한 진공탈수기(rotary vaccum filter drum)를 응용한 효모탈수기(yeast dehydrator)가 이용되고 있다. 압착한 효모는 혼합기에서 혼합된다.

이때 물이나 유화제를 분무하여 수분함량을 조절하는 동시에 정형하기 쉽도록 하고, 도(dough) 제품의 용해성을 향상시킨다. 이 공정 중 *Lactobacillus delbrueckii*와 같은 젖산균이 첨가되는 경우도 있다.

건조빵효모에는 저수분에서 장기간 보존할 수 있는 균주를 선택하여 압착효모와 같이 배양한다. 배양균체는 압착효모의 것에 비하여 질소가 적고 탄수화물, 특히 트레할로오스(trehalose)가 많이 축적되는 효모가 좋으며, 배양에 있어서도 trehalose를 대량 함유하도록 질소기아(窒素飢餓, nitrogen starvation) 등의 조작이 필요하다.

배양효모는 압착되어 입상은 압편 또는 압출조립 후 회전드럼건조, 과립상은 압출조립 후 유동층 건조, 분말상은 효모 크림에서 직접 분무건조를 한다. 최종제품의 수분함량은 7.5~8%가 표준이다. 수분함량이 10%에서는 보존성이 저하되고 5~6%가 되면 균주의 활성이 떨어진다.

건조효모는 저온에서 보존하는 것이 바람직하며, 사용할 때는 약 44℃의 온수를 4배량 첨가하고 약 5분 동안 두면 효모는 수분을 흡수하여 환원된다. 물에 용해하는 경우, 균체 내에서 glutathione이 용출하여 효모의 제빵능력이 떨어지기 때문에 당과 식염 등을 용해한 온수에 녹이면 효모의 손상을 어느 정도 방지할 수 있다.

Chapter 12

미생물의 효소

효소(酵素, enzyme)는 화학반응의 평형에 관계없이 반응속도를 빠르게 하는, 생물에 의해 생산되는 유기촉매로서 단순단백질 혹은 단순단백질과 비단백질이 결합한 복합단백질이다. 후자에 속하는 비단백질 부분을 보결분자족(補缺分子族, prosthetic group)이라고 한다. 보결분자족에는 단백질에 단단히 결합되어 간단히 해리되지 않는 것과 단백질과 분리하기 쉽고 열에 안정한 투석성(透析性)의 것이 있다.

전자의 보결분자족을 활성기(活性基, active group)라고 하며, 후자의 경우에 단백질 부분을 apoenzyme, 단백질 부분과 보조효소로 구성되어 있는 것을 holoenzyme이라고 부른다. 그 밖에 투석에 의해서 쉽게 해리되는 금속이온을 보조인자(補助因子, cofactor)로 가진 것도 있다.

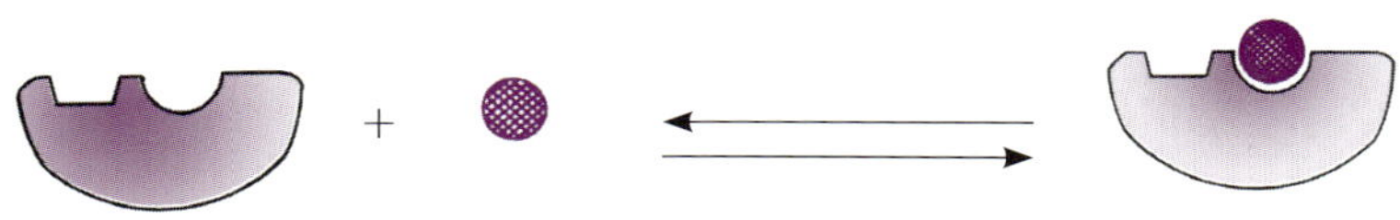

그림 12-1 apoenzyme과 holoenzyme의 형태

미생물의 경우, 균체 내에 존재하는 효소를 균체 내 효소(菌體內 酵素, intracellular enzyme), 균체 밖으로 분비된 효소를 균체 외 효소(菌體外 酵素, extracellular enzyme)라고 한다. 또한 아민을 첨가한 배지에서 생성되는 아민산화효소와 같이 어떤 특정 물질을 첨가하였을 때만 생성되는 효소를 적응효소

(適應酵素, adaptive enzyme) 또는 유도효소(誘導酵素, induced enzyme)라고 하며, 외적 조건의 영향을 받지 않고 생성되는 효소를 구성효소(構成酵素, constitutive enzyme)라고 한다. 또 같은 반응을 촉매하나 여러 가지 성질이 다른 효소를 isoenzyme이라고 부른다.

여러 동식물이나 미생물의 생명현상과 물질대사는 연속되는 효소반응에 의한 것이다. 최근에는 효소의 분리, 정제, 결정방법에 대한 많은 연구가 이루어져서 여러 가지 효소를 결정상태로 얻고 있다.

SECTION 1 효소의 작용

1. 효소의 기질특이성(基質特異性, substrate specificity)

효소의 작용을 받는 물질을 기질(基質, substrate)이라고 하며, 효소는 특정한 기질 또는 하나의 제한된 group에 속하는 물질에만 작용하는 기질특이성(또는 基質選擇性)을 갖는다. 즉, 화합물질인 HCl은 단백질이나 탄수화물에 관계없이 가수분해를 한다. 하지만 효소의 촉매는 단백질에는 반드시 protease만이 작용하고, 탄수화물에는 아밀라아제만이 작용한다. 두 효소가 모두 화학적으로는 가수분해 작용을 하나 아밀라아제는 단백질에 작용할 수 없고, 프로타아제는 탄수화물에 작용하지 못한다. 기질특이성의 정도는 대단히 높은 것과 비교적 낮은 비선택적인 것이 있다.

그리고 하나의 효소는 한 종류의 화학반응만을 촉매하는데, 이를 효소의 작용특이성(作用特異性)이라고 한다. 즉, 동일한 기질이라도 여러 가지의 다른 효소가 작용하면 각각의 효소마다 다른 반응이 촉진된다.

2. 효소의 작용기작

효소가 반응할 때에는 일단 기질과 결합하여 효소-기질 복합체를 만들어 반응의 활성화 에너지(activation energy)를 낮추는 촉매역할을 한다. 효소와 기질은 열쇠와 자물쇠의 관계에 있으며, 효소단백질의 표면구조와 기질의 형이 일치한 것이 아니면 효소-기질 복합체는 만들어지지 않는다.

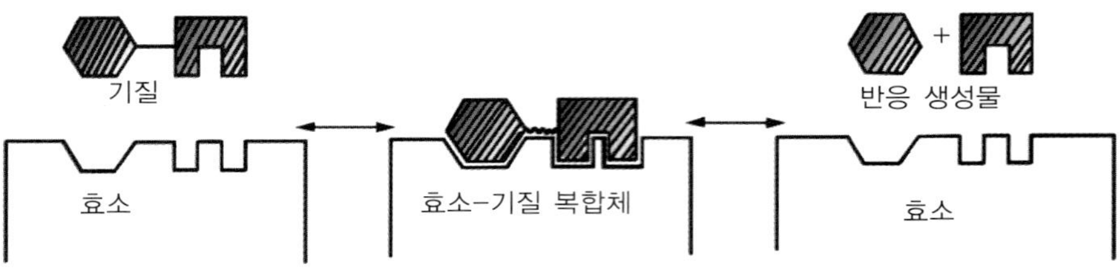

그림 12-2 효소-기질반응의 성질

일반 화학반응에 있어서 반응물 A를 생성물 C로 변화시키고자 할 때, 먼저 가열하거나 압력을 높이거나 하여 일단 반응을 일으키기 쉬운 상태 B(활성화 화합물)로 하면 B→C의 변화는 높은 곳의 물이 낮은 곳으로 흐르듯이 쉽게 진행하여 생성물 C를 얻게 된다.

효소가 존재하는 경우에는 효소-기질 복합체가 만들어지고 이것은 일반 화학반응의 경우는 활성화 에너지에 비하여 적은 에너지로 활성화 화합물 B에 상당하는 상태로 되어 C를 생성한다. 따라서 효소반응 A→B→C는 일반 화학반응 A→B→C에 비하여 상당히 쉽게 진행된다.

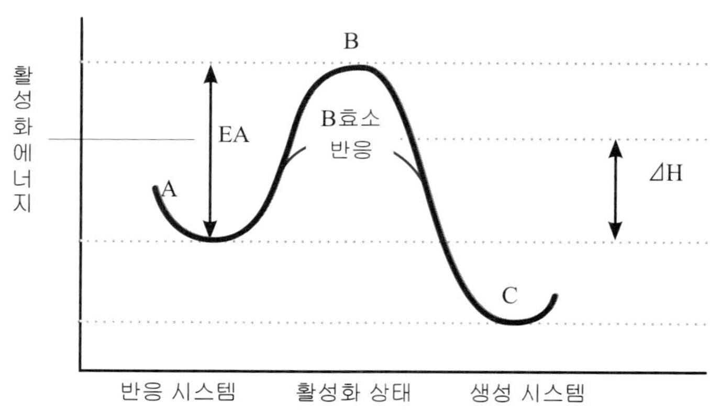

그림 12-3 효소반응에 있어서의 에너지 변화

3. 효소작용에 영향을 미치는 요인

(1) 보조효소(補助酵素, coenzyme)

효소가 반응을 촉매할 때, 기질과 효소단백질 이외에 반응에 없어서는 안 되는 다른 물질이 필요한 경우가 있다. 주된 보조효소에는 다음과 같은 것이 있다.

① NAD(nicotinamide adenine dinucleotide, DPN),
NADP(nicotinamide adenine dinucleotide phosphate, TPN)

수소원자의 이동에 관계하는 수소이탈효소(水素離脫酵素, dehydrogenase)의 보조효소이다. 생체 내에서의 산화는 대부분 수소이탈효소에 의하며 산화반응에 의해서 생성된 $NADH_2$는 다시 산화되어 NAD가 된다.

$$AH_2+B+NAD \longrightarrow A+NADH_2+B \longrightarrow A+BH_2+NAD$$

NAD와 NADP는 같은 작용을 하나, 효소의 종류에 따라 관여하는 보조효소가 다르다.

② FAD(flavin adenine dinucleotide), FMN(flavin mononucleotide)

산화효소(酸化酵素, oxidase)의 보결분자족이며, 효소단백질과 결합하여 flavoprotein이라고 불린다.

③ PLP(pyridoxal phosphate)

아미노기 전달반응을 촉매하는 transaminase 등의 보조효소이다.

④ TPP(thiamine pyrophosphate, cocarboxylase)

pyruvic acid로부터 CO_2를 이탈하여 acetaldehyde를 만드는 carboxylase의 보조효소이며 비타민 B_2의 인산화화합물이다.

$$CH_3COCOOH \longrightarrow CH_3CHO+CO_2$$

⑤ coenzyme A

acetyl기의 이동이나 기타의 생합성에 관여하는 효소의 보조효소이며, pantothenic acid를 함유한다.

(2) 효소농도 (酵素濃度)

원칙적으로 효소 반응속도는 농도에 비례한다. 즉, 2분자의 효소가 각각 작용하면 1분자의 작용보다 2배의 변화를 촉매한다. 그러나 효소농도의 변화에 따라 정비례 관계가 성립하지는 않는다.

(3) 기질농도 (基質濃度)

효소반응에서 효소농도가 일정하고 기질의 농도가 낮을 경우, 즉 반응의 초기 단계에는 반응속도가 기질농도에 비례하지만 어느 범위를 넘어 후기 단계에는 정비례되지 않고 일정치에 달하게 된다. 다시 말해서 기질의 농도가 낮으면 기질농도는 반응속도에 큰 영향을 주지만, 고농도에서는 전혀 영향을 주지 않고 반응속도는 일정하게 된다.

반응용액 중에 존재하는 대개의 효소 분자가 완전히 고유의 촉매 작용을 발휘할 때에 얻게 되는 반응속도를 최대속도라고 하며 V 또는 V_{max}로 나타낸다. 이때는 반응계의 모든 효소가 기질에 의해서 포화되고 효소-기질 복합체로 되어 있다. 한편 Michaelis와 Menten은 효소와 기질이 가역적으로 결합하여 효소-기질 복합체를 형성한다는 관계로부터 반응속도에 미치는 기질농도의 영향을 수학적으로 해석하여 다음과 같은 식을 제안하였다.

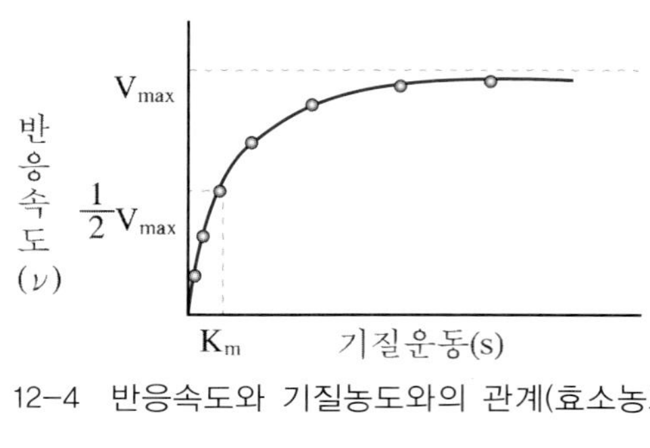

그림 12-4 반응속도와 기질농도와의 관계(효소농도는 일정)

$$V = \frac{K_m+[S]}{V_{max}[S]}$$

단, V＝기질농도 [S]에서 초기 단시간의 반응속도

V_{max}＝최대 반응속도

[S]＝기질의 전체 농도

K_m＝Michaelis 정수

V=½V_{max}일 때, K_m＝[S]로 된다. 즉, K_m은 효소가 최대 반응속도의 절반으로 될 때의 기질농도이며, K_m의 농도에서 효소는 기질에 의해 반포화 상태에 있다. 따라서 K_m값이 작을수록 기질에 대한 효소의 친화성이 크며, K_m값이 클수록 친화성이 작아진다는 것을 나타낸다.

K_m값 혹은 V_{max}값은 실험 결과로부터 구하기 위하여 여러 가지 방법이 있지만, 가장 대표적인 것으로는 K_m값을 실험에서 얻게 된 반응속도와 기질농도의 역수로 X축과 Y축에 표시한 Lineweaver−Burk의 plot이 사용된다.

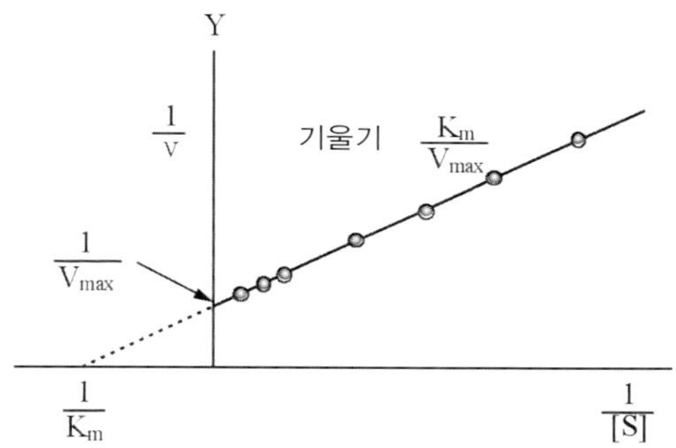

그림 12−5 Lineweaver-Burk의 plot

(4) 온 도

온도가 높으면 효소 반응속도는 증가된다. 그러나 고온에서는 효소 자체가 변성하여 활성을 잃게 되고 저온에서는 작용이 장시간 지속되어 다량의 기질이 변성된다. 효소작용의 온도에는 최대반응을 일으키는 최적온도(optimum temperature)가 있다.

대부분의 효소는 30~40℃의 온도 범위에서 최적활성을 가지며, 45~50℃에서는 변성되기 시작하여 50℃ 이상에서는 열에 의한 불활성화가 신속히 일어난다.

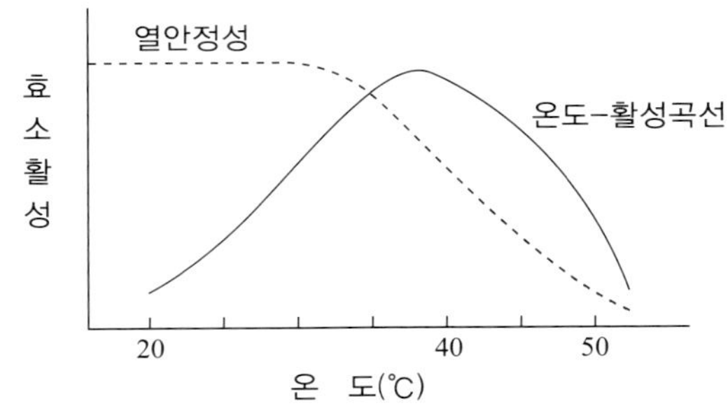

그림 12-6 효소활성과 온도와의 관계

(5) pH

효소의 작용 pH는 한정되어 있다. 최대의 활성을 나타내는 pH를 최적 pH(optimum pH)라고 한다. 용액의 pH의 변화에 따라 효소단백 자신과 기질의 전리 상태 등이 영향을 받게 된다. 모든 효소에는 작용 최적 pH가 있는데 보통 pH 4.5~8.0의 범위에 있다.

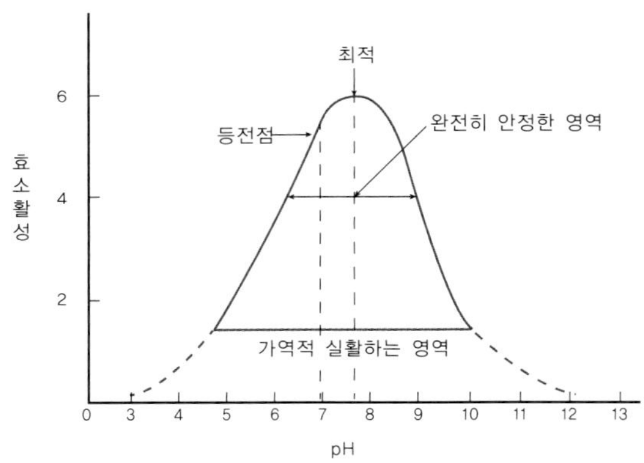

그림 12-7 효소활성과 pH와의 관계

(6) 부활제(賦活劑, activator)

효소 반응액에 어떤 물질을 첨가하면 반응이 촉진되는데, 이 물질을 부활제라고 한다. 일반적으로 Ca^{2+}, Mg^{2+}, Mn^{2+} 등의 금속이온이 여기에 속한다.

또한 활성물질은 아니지만 어떤 물질을 첨가했을 때에 효소의 변성실활을 방지해 주는 것도 있는데, 이 물질을 보호물질이라고 한다. amylase와 trypsin에는 Ca^{2+} 등의 효소활성의 실활을 방지해 준다.

(7) 억제제 (抑制劑, inhibitor)

효소의 부활제와는 반대로 효소의 특정부위에 결합하여 반응속도를 저하시키는 물질을 억제제라고 한다. 억제에는 그 억제제를 제거하면 정상적인 효소작용이 회복되는 가역적(可逆的)인 억제와 다시 회복되지 않는 비가역적(非可逆的)인 억제가 있다.

가역적인 억제제는 효소단백질 또는 보조효소를 일시적으로 불활성의 상태로 만들거나 효소단백질과 기질과의 결합 또는 보조효소와의 결합을 억제하게 된다.

효소의 결합부위에 기질과 비슷한 화합물이 경쟁적으로 결합하여 억제가 일어나는 것을 경쟁적 억제(競爭的 抑制 또는 拮抗沮害, competitive inhibition)라고 한다. 경쟁적 억제에는 기질 농도를 높임으로서 기질 유사화합물의 억제작용을 줄일 수 있다. 또 많은 효소는 그 효소작용의 생성물에 의해서도 억제된다. 이것도 효소 활성기의 일부가 기질과 결합하기 때문이다.

많은 단백질 침전제에 의한 억제는 비가역적 억제로 납 · 수은 등의 중금속염, trichloroacetic acid, tannin, $KMnO_4$, I_2, H_2O_2, $K_2Cr_2O_7$ 등의 산화제는 비가역적인 억제제들이다. 이러한 억제제는 특정 효소에만 작용하는 것이 아니라 자연계에서 때때로 발견되는 특이적인 억제제도 존재한다. 이와 같은 특수한 물질을 항효소(antienzyme)라고 부른다.

(8) 고정화효소 (固定化酵素, immobilized enzyme)

불용성 효소(不溶性酵素, water insoluble enzyme)라고도 한다. 효소반응은 일반적으로 수용액 중에서 기질에 작용시켜 진행된다. 이때 반응액으로부터 효소를 회수하는 것은 어려우며, 물에 용해한 효소는 일반적으로 불안정하여 공업적으로 효소반응을 시킬 때에 큰 결점이 된다.

이러한 결점을 없애기 위해서 효소의 촉매활성을 유지하면서 안정된 불용성의 효소를 만드는 많은 연구가 이루어졌고 aminoacylase의 고정화효소는 공업적 규모에서의 사용법이 개발되고 있다.

고정화효소의 제법으로서는 물에 불용성인 담체(擔體, 보균자, 매개체, carrier)에 효소단백질을 결합시키는 방법, 효소단백질을 다른 시약으로서 가교하는 방법, 효소를 둘러싸서 불용성으로 하는 방법이 있다. 이와 같이 해서 만들어진 불용성 효소를 컬럼에 채워서 기질용액을 통과시킴으로써 연속 효소반응이 가능하게 된다.

SECTION 2 효소의 추출과 정제

미생물은 증식속도가 빠르므로 대량의 효소를 비교적 간단하게 얻을 수 있을 뿐만 아니라 균주의 돌연변이나 적응에 의해서 목적하는 효소를 대량 생성시킬 수도 있으므로 미생물의 효소는 다방면에 이용되고 있으며, 또 효소는 생명이 있는 동식물체의 조직이나 체액 속에 존재하면서 생체 내의 여러 가지 반응을 촉매하고 있다.

이들의 여러 가지 작용을 밝히거나 효소를 이용하기 위해서 미생물의 균체 또는 미생물을 배양한 배지로부터 효소를 추출(抽出)하고 정제(精製)하게 된다. 이러한 효소의 정제방법은 응용미생물학의 분야에 있어서도 중요한 위치를 차지하고 있다.

1. 균체 내 효소의 추출

균체 외 효소(exoenzyme)의 경우에는 배양액의 균체를 분리 제거하여 효소를 정제하게 되나 균체 내 효소(endoenzyme)는 균체를 파괴하여 효소를 추출하여야 한다. 추출정제의 조작은 효소의 실활(失活) · 변질(變質)을 방지하기 위하여 일반적으로 저온에서 실시한다.

균체로부터 효소를 추출하기 위해 다음과 같은 방법이 이용된다.

(1) 자기소화법

균체에 ethyl acetate나 toluene 등을 첨가하여 20~30℃에서 자기소화시키면 균체 내의 효소는 균체 밖으로 용출된다. 이때 균체 내의 단백질 분해효소가 작용하여 목적하는 효소를 불활성화하기 쉬우므로 비교적 안정된 효소의 추출에만 응용된다.

(2) lysozyme 처리법

난백(卵白)의 lysozyme으로써 세포벽을 용해하여 효소를 추출한다. 최근 많은 세포벽용해효소가 미생물로부터 얻고 있다.

(3) 동결융해법

Dry ice로 균체를 동결한 후에 융해시킨다. 이 조작을 반복하면 세포가 파괴된다. 이와 같이 처리한 액을 냉각원심분리기로써 원심분리하여 세포의 조각을 제거한다.

이 상징액을 세포추출액(細胞抽出液, cell-free extract)이라고 하며, 이 용액 중의 효소를 정제하게 된다.

(4) 초음파 파쇄법

초음파 파쇄장치(超音波破碎裝置, ultrasonic oscillator)에 의해서 10~600kHz의 초음파를 발생시켜 균체를 파쇄하는 방법이다. 이때에 열이 발생하므로 냉각시켜야 한다.

(5) 기계적 마쇄법

균체를 완충액과 함께 mortar(유발;식품분석 등에서 시료를 분쇄할 때 사용)나 볼 분쇄기(ball mill) 압착기 등으로 마쇄한다. 곰팡이나 효모는 세척한 해사(海砂)나 알루미나 분말을 혼합하여 마쇄한다.

2. 효소의 정제

(1) 염석(鹽析, salting out) 및 투석(透析, dialysis)

효소가 들어 있는 용액에 염류를 용해시켜 효소단백질을 석출시키는 것을 '염석' 이라고 하며, 정제방법으로 가장 많이 이용되는 방법이다. 저온에서 용해도가 큰 황산암모늄을 사용하는 경우가 많고 황산암모늄의 농도를 달리함으로써 효소단백질을 분별 침전시킬 수 있다. 이 방법은 묽은 효소용액의 농축에도 이용된다. 염석 후에 효소단백질은 반투막(半透膜)에 넣고 나서 흐르는 물에 담가 염류를 없애는데, 이 방법을 '투석' 이라고 한다.

(2) Gel 여과법

Gel을 채운 column으로 단백질의 분자량 차이를 이용해서 분리하는 방법이다. 분자사(分子篩, sieving)에 의한 분별법이라고도 하며, dextran gel이 사용된다.

(3) 흡착 chromatography

인산칼슘 겔인 수산화인회석(hydroxyapatite) 등의 효소단백질에 대한 흡착력의 차이를 이용하여 분리하는 방법이다.

(4) 이온교환 chromatography

이온교환체의 column chromatography에 의해서 분리하는 방법이며, 효소단백질의 경우에는 cellulose나 dextran의 유도체가 잘 이용된다. 음이온 교환체로서 DEAE-cellulose, DEAE-sephadex, 양이온 교환체로서 CM-cellulose, CM-sephadex 등이 있다.

(5) 유기용매에 의한 침전법

효소용액에 냉각한 alcohol이나 acetone 등을 일정한 비율로 첨가하여 효소단백질을 분별 침전시킨다.

(6) 핵산(核酸)제거 처리

무세포(無細胞) 추출액에는 핵산(核酸)도 함유되어 있으므로 핵산 침전제로써 protamine 등을 가하여 제거한다.

(7) 결정화

위의 정제방법에 의해서 고도로 정제된 진한 효소용액에 황산암모늄 또는 acetone 등을 혼탁이 조금 생길 정도로 가하여 냉각 방치한다. 생성된 결정은 재결정을 되풀이해서 효소의 순도를 높인다.

3. 효소단백질의 균일성 확인

일반적으로 아크릴아미드 겔(acrylamide gel)을 지지체로 한 disc 전기영동 또는 초원심분리에 의해서 효소단백질의 균일성을 확인한다.

SECTION 3 효소의 종류와 성질

효소의 명칭에는 trypsin이나 pepsin과 같이 예부터 사용되어 온 관용명과 'ase' 라는 어미를 붙이는 계통명이 있다. 계통명을 붙이는 경우에는 maltase와 같이 기질 명칭을 쓰는 경우, oxidase와 같이 반응 명칭을 쓰는 경우, 그리고 succinic dehydrogenase와 같이 기질 명칭과 반응 명칭을 동시에 쓰는 경우가 있다.

이와 같이 불규칙한 효소의 명칭과 분류 체제를 체계적으로 통일시킬 필요를 느끼게 되어 1961년에 생화학 국제연합(International Union of Biochemistry)은 효소위원회(Commission on Enzymes)에서 제안한 명명과 분류법을 채택하게 되었다.

1. 산화환원효소 (酸化還元酵素, oxidoreductase)

산화환원효소는 전자와 수소원자의 이동 또는 산소원자를 기질에 첨가하는 OH기의 도입을 촉매한다. 생체 내의 산화환원반응은 모두 산화환원효소가 작용하며, 생체의 생명현상에 필요한 에너지는 모두 이 산화환원효소의 작용에 의해 얻는다. 이 효소에는 탈수소효소, 환원효소, 산화효소, catalase, peroxidase, oxygenase 등이 있다.

(1) 탈수소효소(脫水素酵素, dehydrogenase)와 환원효소(還元酵素, reductase)

탈수소효소는 기질이 되는 물질로부터 수소를 유리시켜 다른 물질에 전달한다. 이때 수소를 주는 물질을 넓은 의미에서 전자공여체(電子供與體, electron donor), 수소를 받는 물질을 전자수용체(電子受容體, electron acceptor)라고 한다. 탈수소효소는 주로 생체의 에너지 획득에 관여한다.

$$AH_2+B \rightleftharpoons A+BH_2$$

환원효소(還元酵素, reductase)는 탈수소효소의 역반응(逆反應)을 촉매한다. 즉, 적당한 생체 내의 환원제를 이용하여 기질을 환원한다. 환원효소는 생체성분의 생합성에 관여한다.

탈수소효소나 환원효소는 모두 복합효소로서 보조효소는 대부분 NAD 또는 NADP이다. 산화와 환원은 NAD와 NADP 중의 nicotin amide 부분에서 일어난다.

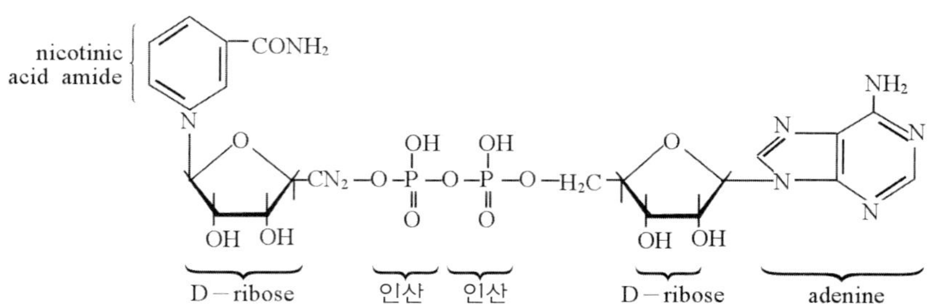

그림 12-8 NAD의 구조식

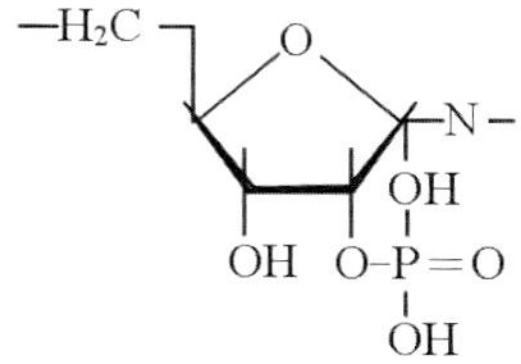

(NAD 구조의 부분표시)

그림 12-9 NADP의 구조식

① triose phosphate dehydrogenase (glyceroaldehyde phosphate dehydrogenase)

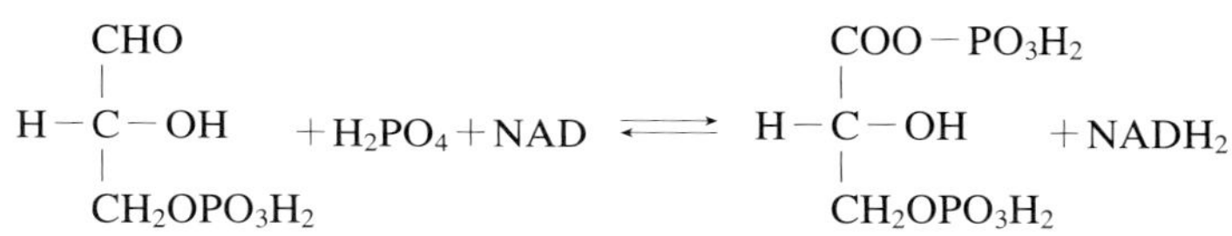

glyceroalehyde-3-phosphate　　　1, 3-diphospho-glyceric acid

이 반응은 젖산발효나 alcohol 발효에 있어서의 에놀라아제(enolase)와 함께 높은 에너지의 phosphate 결합 생성반응이며, EMP경로에서 수소공여체 D-glyceraldehyde-3-phosphate가 1, 3-diphospho-D-glyceric acid를 생성할 때에 관여하는 효소로 수소수용체는 NAD이다.

② glutamate dehydrogenase

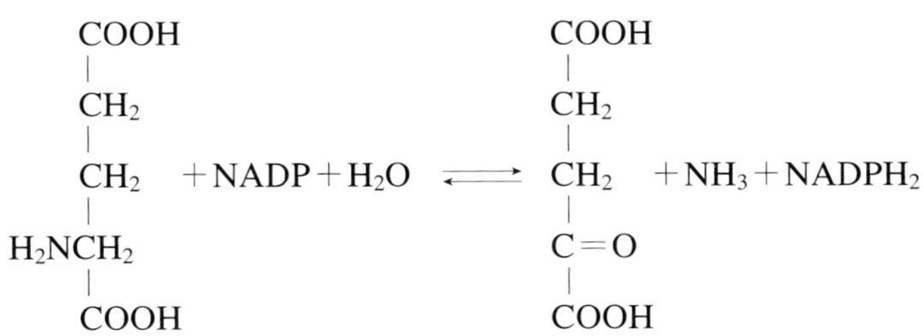

glutamic acid　　　α-Ketoglutaric acid

글루탐산(glutamic acid)에서 수소가 이탈되면서 동시에 NH_3가 유리되는 반응을 촉매하는 효소이며, 보조효소로서 NADP가 관여한다. TCA회로에서 생성된 α −ketoglutaric acid와 암모니아에서 L−glutamic acid를 생성한다.

③ succinate dehydrogenase

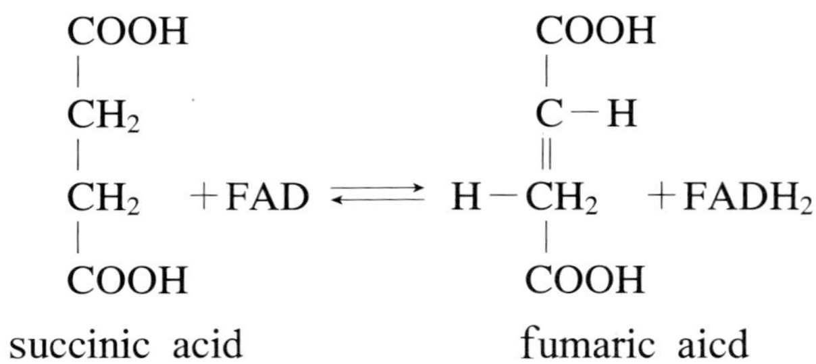

FAD 및 Fe 원자를 보결분자족으로 한 반응으로 숙신산(succinic acid)으로부터 푸마르산(fumaric acid)을 생성하는 효소이다.

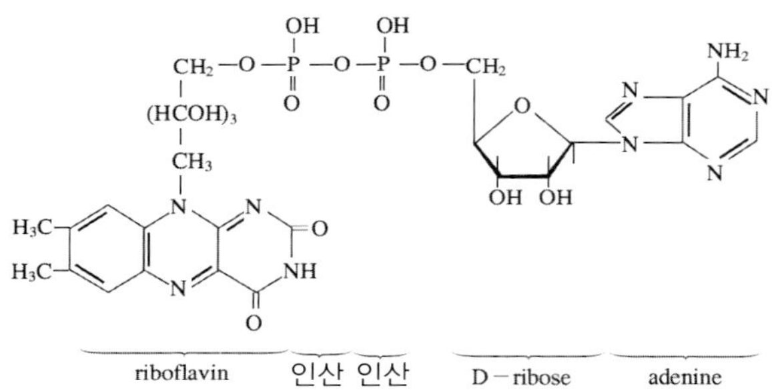

그림 12-10 FAD의 구조

④ alcohol dehydrogenase

$$\underset{\text{ethanol}}{CH_3CH_2OH + NAD} \rightleftharpoons \underset{\text{acetaldehyde}}{CH_3CHO + NADH_2}$$

ethanol을 acetaldehyde로 산화하는 효소로 효모의 alcohol 발효의 최종단계가 이 효소에 의해서 촉매된다.

(2) 산화효소(酸化酵素, oxidase)

산화효소는 전자수용체가 분자상태의 산소인 산화환원효소이다. 산화효소의 대부분은 보조효소에 FAD와 FMN을 갖는 flavoprotein으로 분자상태의 산소와 반응해서 H_2O_2를 생성한다. glucose oxidase, amino acid oxidase, xanthin oxidase가 여기에 속한다.

① 카탈라아제(catalase)

호기적 미생물의 호흡과정에서 산소는 최종적으로 H_2O 또는 H_2O_2로 환원되며, 혐기성균인 경우에도 산소가 존재하면 H_2O_2를 생성한다. H_2O_2는 세포의 원형질에 유해한 물질로 catalase에 의해 분해된다.

$$2H_2O_2 \longrightarrow O_2 + 2H_2O$$

catalase는 Fe-porphyrin핵을 보결분자족으로 하는 heme 단백질로서 생선식품, 동물의 조직, 세균에서는 그 작용이 강하므로 그 강약에 의해 식품의 선도 및 세균 활성도 등의 측정이 이루어진다.

② peroxidase

$$AH_2 + H_2O_2 \longrightarrow 2H_2O$$

catalase와 마찬가지로 heme단백질이며 H_2O_2를 분해하는 동시에 유리 산소를 다른 물질에 결합하게 하는 효소이다. 식물에 많이 분포하며, 여러 가지 물질이 수소공여체가 된다.

③ 포도당 산화효소(glucose oxidase)

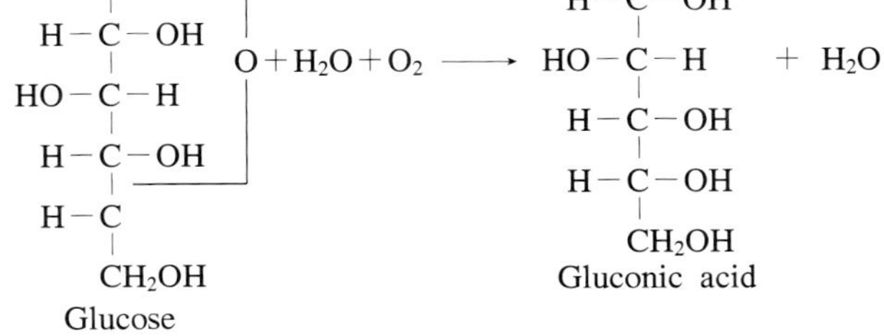

O_2를 직접 이용하는 호기적인 탈수소효소(aerodehydrogenase)로 glucose를 산화하여 gluconic acid와 H_2O_2를 생성한다. FAD가 보조효소로서 작용하며, *Penicillium*이나 *Aspergillus* 등의 사상균이 배양액 중에 생성하는 균체 외의 효소이다.

이 효소는 기질특이성이 강하므로 glucose의 정량 및 식품의 가공 저장에 있어서 glucose나 산소의 제거에 이용되며, 글루코산(gluconic acid) 발효에 관여한다.

④ ascorbate oxidase

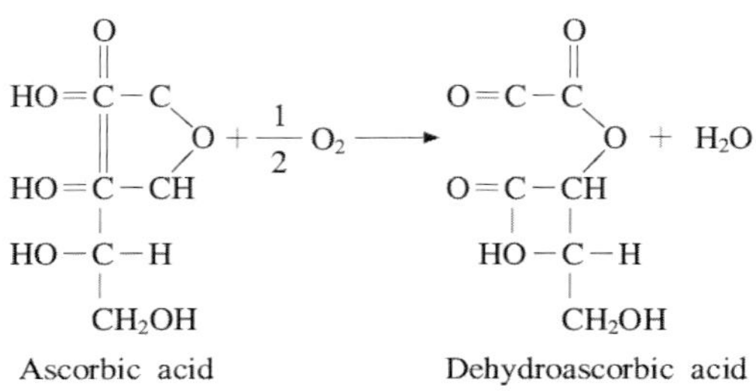

아스코르브산(ascorbic acid)을 dehydroascorbic acid로 산화하는 효소로 식물에 존재한다. 특히 호박 · 양배추에 함유되어 있는 것은 활성이 강하다.

⑤ catechol oxidase

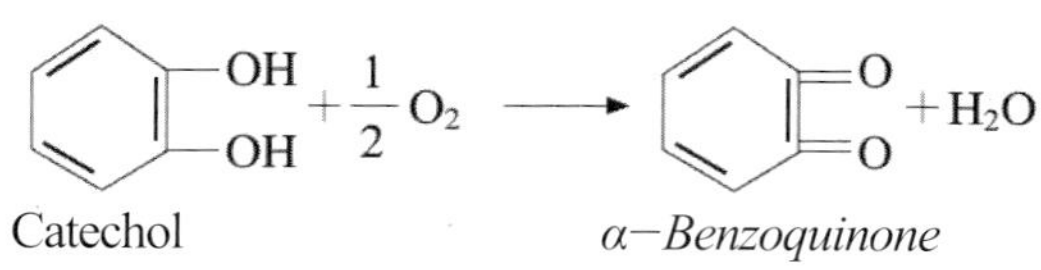

사과 · 배 등의 과육을 공기 중에 노출시켜 두었을 때 갈변하는 현상에 관계하는 효소이다.

(3) 산소화 효소 (oxygenase)

위의 많은 산화환원효소는 기질에서 수소를 이탈시키거나 또는 기질로부터 전자를 유리시킬 뿐이며, O_2는 직접 기질과 결합하지 않는 데 반하여 oxygenase는 기질에 산소원자를 첨가하는 효소이다.

2. 전달효소(傳達酵素, Transferase)

한 기질로부터 다른 기질로 기(基) 또는 원자단을 전달하는 반응을 촉매하는 효소로 $H_3PO_3^-$, $-NH_2$, $-COOH$, $-CH_3$, RCO^- 등을 전달한다.

$$A+BX \longrightarrow AX+B$$

A는 수용체, BX는 공여체 기질, X는 전달되는 부분이다.

(1) 헥소키나아제(hexokinase)와 포스포프럭토키나아제(phosphofructokinase)

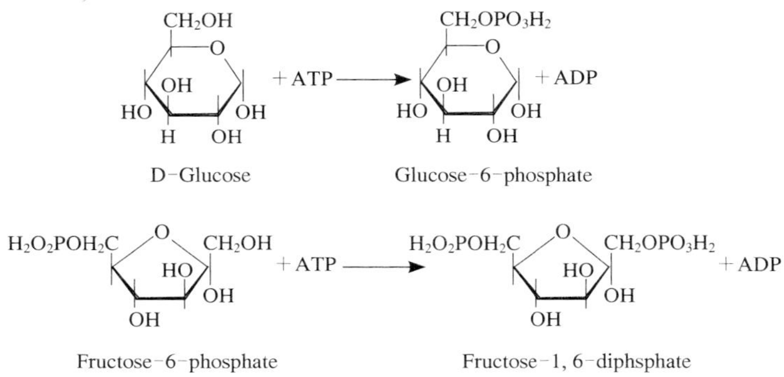

앞의 반응을 촉매하는 효소를 hexokinase, 뒤의 반응을 촉매하는 효소를 phosphofructokinase라고 하며, 해당(解糖)경로에 있어서 중요한 효소들이다. 이와 같이 전달효소 중 생리적으로 가장 중요한 것은 인산전달효소이고, ATP 말단의 인산기를 다른 기질로 옮기는 반응효소를 kinase라고 한다.

(2) 여러 가지 transaminase

아미노기의 전달을 촉매하는 효소들이며, 이 반응은 아미노산과 케토산과의 분자 간의 아미노기의 전달이다.

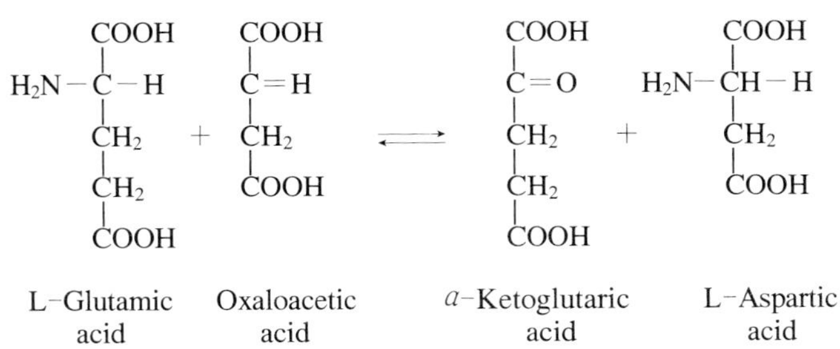

transaminase는 pyridoxal phosphate를 활성기로 하는 효소로 동식물이나 미생물에 널리 분포하며 생체 내에서 아미노산의 상호전화에 큰 역할을 하고 있다.

3. 가수분해효소(加水分解酵素, hydrolase)

양조공업에서의 전분의 당화 및 단백질의 분해는 모두 가수분해효소에 의하여 이루어진다. 가수분해효소는 복잡한 유기화합물을 물분자의 존재상태에서 분해한다. 가수분해효소는 ester 결합, glucoside 결합, ether 결합, peptide 결합 등을 절단한다.

$$R-R'+H_2O \longrightarrow ROH+HR'$$

(1) ester 가수분해효소(ester hydrolase, esterase)

Ester의 분해와 합성을 촉매하는 효소들이다.

$$RCO-OR'+H_2O \longrightarrow RCOOH+R'OH$$

RCO는 유기산기 또는 무기산기, R′는 alcohol 또는 phenol잔기이다.

① 지방분해효소(脂肪分解酵素, lipase)

고급지방산과 glycerol로 된 triglyceride의 ester 결합을 가수분해하는 효소로, 동물의 간장이나 췌장 및 미생물 중에서도 곰팡이류에서 많이 분비된다. 기질의 알코올이나 지방산의 종류에 대한 특이성은 뚜렷하지 않다.

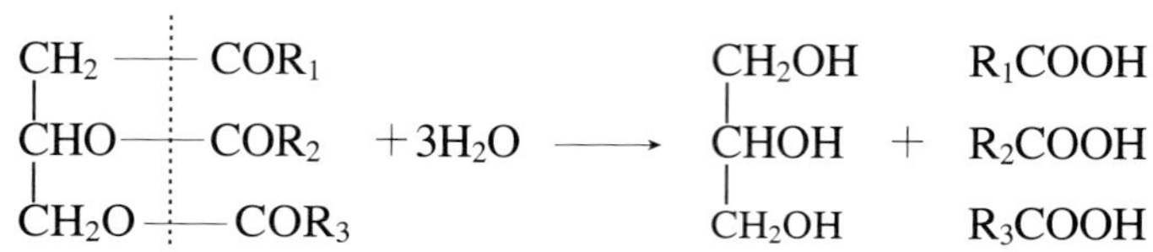

Triglyceride　　Glycerol　　Fatty acid

lipase는 지방을 많이 함유하고 있는 곡물 가루나 겨에 많기 때문에 곡물을 저장할 때에 습도나 온도가 상승하면 리파아제의 작용으로 지방산이 생기며 산성물질이 증가하고 맛이 떨어지게 된다. 또 된장이나 간장 등의 에스테르 생성에도 이 리파아제가 관여하고 있다.

② pectinesterase (pectase)

가용성 pectin은 polygalacturonic acid와 메탄올의 에스테르로 이 methyl ester 결합의 가수분해를 촉매하여 유리산과 메탄올을 생성하는 효소이다. 곰팡이를 비롯한 미생물과 감자 또는 감귤류 등에 많이 함유되어 있다.

③ phosphatase

인산 에스테르를 분해하는 효소들을 말하며, 무기산과 알코올의 에스테르 결합을 분해하는 특이적인 esterase도 있다. phosphatase는 동물 · 식물 · 미생물에 널리 존재하는 효소이며, 가수분해하는 기질의 화학적 성질에 따라 monophosphatase, diphosphatase, polyphosphatese의 3종으로 분류된다.

monophosphatase는 monophosphate의 에스테르 결합의 분해와 합성을 촉매하는 효소로 glucose-6-phosphatase, hexose diphosphatase 등이 여기에 속한다. 또 호흡과 발효의 과정에서 중요한 역할을 하는 adenosin triphosphatase(ATPase)는 polyphosphatase의 일종이다.

④ tannase

tannin의 가수분해를 촉매하는 esterase로 gallic acid와 glucose를 생성한다.

⑤ glucose-7-phosphatase

glucose-6-phosphate를 가수분해서 인산을 유리시키는 효소이다.

(2) glycoside 가수분해효소 (glycoside hydrolase, carbohycrase)

다당류, 소당류, 배당체 등의 glycoside 결합을 가수분해하는 효소로 작용하는 기질의 종류에 따라 polyase(polysaccharase)와 oligase (oligosaccharase)로 분류할 수 있다.

① α −amylase

전분의 α−1, 4−glucoside 결합을 임의로 가수분해하는 polyase로 전분의 점도를 급속히 저하시켜 요오드 반응을 빨리 소실시키지만 glucose나 maltose 등의 환원당의 증가는 대단히 느리다.

그러므로 액화(液化) amylase, 전분액화효소, 호정화(糊精化)효소 등으로 불리기도 한다.

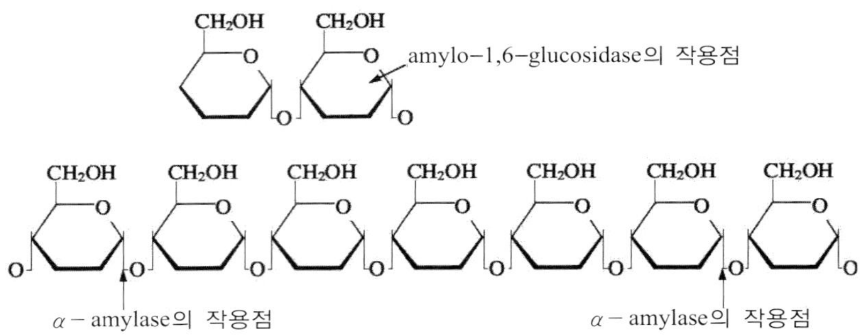

그림 12−11 α −Amylase의 작용

생성물은 주로 저분자 dextrin이며, 동시에 소량의 maltose 및 glucose가 생성된다. α−amylase는 타액 · 췌액 · 맥아 등에 존재하고, 미생물에서는 *Bacillus subtilis* 등의 세균이나 *Aspergillus*에 속하는 사상균 등에 의해서 대량 생산되고 있으며, 공업적으로 가장 많이 이용되는 효소이다. α−amylase 제품은 직물의 호발제(糊拔劑)로서 또는 배양액에 많은 전분을 사용할 때나 glucose 제조에 있어서 액화의 목적으로 이용되고 있다.

② β−amylase

전분의 α−1, 4−glucoside 결합으로 된 분자쇄의 비환원성 말단으로부터 β형의 말토스를 생성하면서 계속적으로 절단하여 α −1, 6−glucoside 결합의 분기점에 도달하여 그 작용이 정지된다. 따라서 다량의 말토스와 분자량이 큰 dextrin(β −limit dextrin)이 생성된다.

amylose에 작용하면 전부 말토오스로 가수분해하지만 amylopectin에는 α −1, 4−glucoside 결합 외에 α −1, 6−glucoside 결합이 공존하므로 전부 말토오스로 가수분해시키지는 못한다. 보통 전분에서는 60%, amylopectin은 55%, glycogen에서는 45%의 α −1, 4−glucoside 결합을 분해한다. 나머지는 고분자 dextrin이므로 전분액의 점도는 다소 떨어지지만 요오드 반응은 적갈색을 나타낸다. 역시 다량의 말토오스를 생산함으로써 환원당량은 급격히 상승하므로 당화(糖化) 아밀라아제라고 부른다. β −amylase는 맥아 · 소맥 · 감자 · 대두 등에 존재하며, 현재 미생물에서도 발견되고 있지만, 공업화는 아직 이루어지지 못하고 있다.

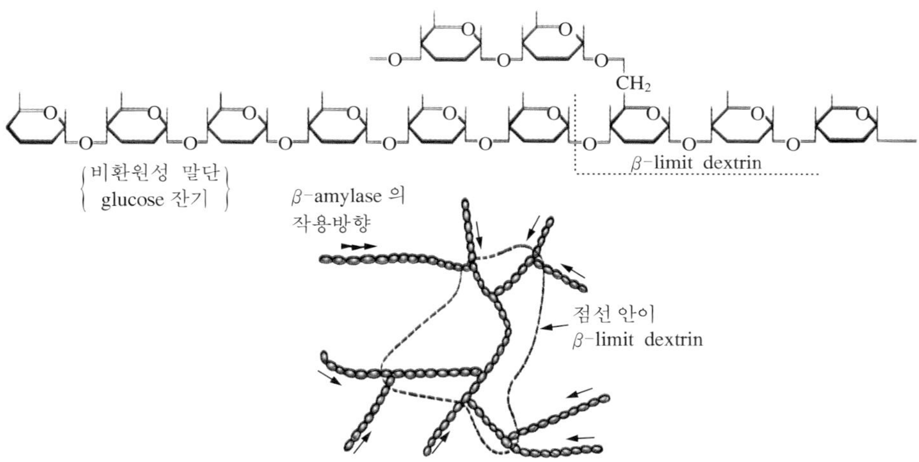

그림 12−12 β − amylase 의 작용

③ glucoamylase

전분분자의 비환원성 말단에서 glucose 분자단위로 α −1, 4− glucoside 결합을 끊는 polyase로 β −amylase가 끊지 못하는 α −1, 6−glucoside 결합까지도 끊는다.

전분분자를 100%에 가까운 글루코오스로 분해할 수 있으므로 전분을 원료로 하는 glucose 제조나 발효공업에서 당화제로 사용된다. *Rhizopus*나 *Aspergillus* 등의 곰팡이에서 생산된다. 세균이나 효모에도 유사한 효소가 알려져 있으나 사상균에 널리 분포한다.

④ amylo-1, 6-glucosidase

amylopectin, glycogen 등의 α−1, 6−glucoside 결합을 가수분해해서 α −1, 4 결합으로만 되는 amylose를 만드는 polyase이다. 생성된 amylose 때문에 요오드 반응은 처음의 자주색에서 짙은 청색으로 변하게 된다. 효모, 감자, 두류, 동물조직, 소화액 등에 들어있다.

동물의 소화액에는 α−amylase 이외에 amylo−1, 6−glucosidease나 α−glucosidase 등이 존재하여 전분이나 glycogen이 완전히 glucose까지 분해되어 흡수된다.

⑤ cellulase

cellulose 중의 β−1, 4−glucoside 결합을 가수분해해서 cellobiose와 glucose를 생성하는 polyase로 곰팡이 · 방선균 · 세균 등에 의해서 생산된다. 초식동물의 장내세균에 의해서 대량 분비되어 초식동물이 풀을 소화 섭취하는 데 관여하고 있다.

⑥ inulase

inulin의 β −1, 2−fructan 결합에 작용하여 fructose를 생성하는 polyase로 효모 · 곰팡이 · 돼지감자 등에 존재한다.

⑦ pectinase

pectin 물질의 분해에 관여하는 효소를 총칭하여 pectinase라고 한다. pectin은 galacturonic acid가 α−1, 4 결합을 한 polygalacturonic acid(pectic acid)이며, 그 카르복시기의 60~80%가 methyl ester로 된 것이다.

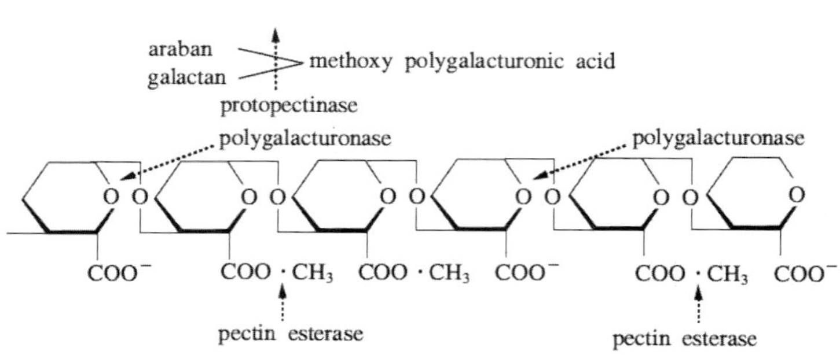

그림 12-13 pectinase의 작용

pectinase는 몇 개의 효소로 되어 있으며, protopectinase는 불용성의 protopectin을 가용성 pectin으로 만든다. pectinesterase는 펙틴의 methyl ester를 가수분해하여 펙틴산를 만들고, polygalacturonase는 펙틴산의 α−1, 4−D−galacturonic acid 결합의 가수분해를 촉매한다.

pectinase는 고등식물이나 미생물에 존재하나, 공업적으로 사용되는 것은 *Aspergillus* 등의 사상균에 의해서 생산되며, 모두 polyase이다.

⑧ α−glucosidase

maltose, sucrose, trehalose 등의 소당류와 배당체의 α−glycoside 결합을 가수분해하는 oligase이다. maltose를 가수분해하는 maltase는 식물조직곰팡이 · 효모 · 세균 등에 존재하고, 발아한 종자에 특히 많다.

⑨ β −glucosidase

cellobiose 등의 소당류와 배당체의 β−D−glycoside 결합에 작용하는 oligase로, 곰팡이나 세균에도 함유되고 있으나, bitter almond의 종자 중에 함유되어 있는 emulsion 효소의 주성분이다.

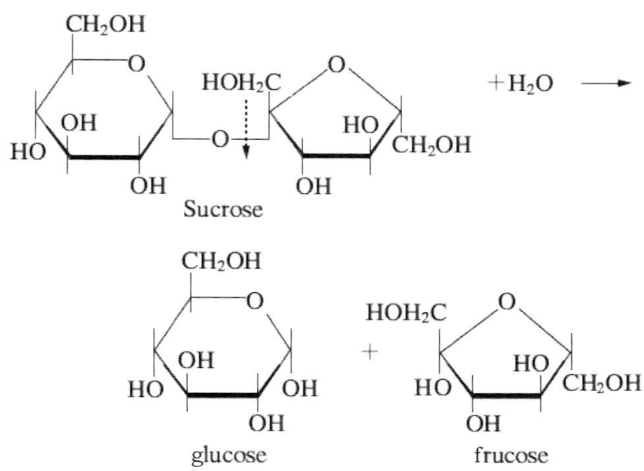

⑩ lactase(β-galactosidase)

β-D-galactoside 결합을 가지는 lactose 등을 가수분해하는 oligase이다. lactose는 용해도가 낮고 아이스크림이나 농축 whey, 농축우유 중에 결정으로 석출되어 제품에 좋지 못한 영향을 준다. 그러므로 lactase를 사용하여 lactose를 galactose와 glucose로 가수분해하여 결정 석출을 방지한다.

이와 같이 lactase는 유제품 공업에 이용되며, lactose를 발효하는 효모 *Saccharomyces fragilis*, *Saccharomyces lactis* 등으로부터 얻는다.

⑪ invertase(β-frctofuranosidase, sucrase)

수크로오스(sucrose)를 가수분해하여 fructose와 glucose를 생성하는 oligase이다. raffinose에도 수크로오스와 같은 결합이 있으므로 이 효소는 raffinose도 분해한다. 수크로오스는 가수분해되어 선광도(旋光度)가 우선성에서 좌선성으로 변하므로 sucrose의 가수분해물을 전화당(轉化糖)이라고 하며, 수크로오스보다 용해도가 높고 흡수성이 있다. 그러므로 당농도가 높은 초콜릿, 양갱, 아이스크림에 있어서 결정의 석출을 방지하기 위하여 이용되고 인공 벌꿀의 제조에도 사용된다. 전화효소(invertase)는 동물의 소화액, 고등식물, 미생물 등에 함유되어 있으나 특히 맥주효모에 많다.

⑫ naringinase와 hesperidinase

두 효소 모두 β-rhamnoside 결합에 작용하는 oligase이다.

naringinase는 귤의 쓴맛 제거에, hesperidinase는 과즙의 백탁방지에 사용된다. 공업적으로는 *Aspergillus niger*의 효소를 이용한다.

(3) peptide 가수분해효소(peptide hydrolase)

단백질이나 peptide 등의 peptide 결합을 가수분해하는 효소로 일반적으로 protease라고 한다.

$$RCO-NHR'+HO \longrightarrow RCOOH+R'NH_2$$

R 및 R′ 는 아미노산 또는 펩티드 잔기를 나타낸다. 펩티드 가수분해효소는 단백질 및 펩티드류의 펩티드 결합을 유리 α −amino기 또는 α −carboxyl기를 갖는 말단에서 차례로 작용하는 exopeptidase와 분자 내부의 펩티드 결합을 직접 분해하는 endopeptidase가 있다. 또 작용 최적 pH에 따라서 산성과 중성 및 알칼리성 protease로 부르는 경우도 있다.

① pepsin

산성 아미노산의 carboxyl기와 방향족 아미노산의 amino기 사이의 peptide 결합을 가수분해하는 효소로, 위액 중의 불활성 전구물질인 pepsinogen이 같은 위액 중의 염산에 의해서 활성화되어 펩신이 된다. 이 펩신은 다시 다른 pepsinogen의 활성화를 촉진하여 가속적으로 pepsinogen은 활성화하게 되어 펩신으로 된다. 펩신의 최적 pH는 1.0~2.0의 강산성이며 중성이 되면 실활한다.

② trypsin

argine 또는 lysine 등의 염기성 아미노산의 carboxyl기와의 peptide 결합을 가수분해하는 효소로 불활성 전구물질인 trypsinogen으로서 동물의 췌장에서 만들어지고 중성에서 작용한다.

③ rennin

송아지의 제4위에서 추출되는 효소로 우유 중의 casein에 작용하여 부분적으로 가수분해한다. 생성된 paracasein은 가용성 Ca염과 결합하여 우유를 응고 침전시킨다. rennin은 치즈 제조에 사용되며 *Mucor*속 곰팡이에 의해서 다량 생산되고 있다.

④ papain

미숙한 papaya의 과즙 중에서 추출하는 효소로서 염기성 아미노산 또는 leucine이나 glycine과의 결합을 가수분해한다. 육류의 연화제, 맥주의 혼탁 제거, 피혁의 bating, 소화제 등으로 이용된다. 건조분말로서 제품화되어 있다.

⑤ chymotrypsin

방향족 아미노산의 carboxyl기와의 펩티드 결합을 가수분해하는 효소로 전구물질 chymotrypsinogen도 췌장 중에 존재하고 중성에서 작용한다.

⑥ subtilopeptidase A

*Bacillus subtilis*가 생산하는 효소로 aspartic acid나 glutamic acid의 carboxyl기에서 가수분해한다.

⑦ aspergillopeptidase A

*Aspergillus saitoi*에서 생산되는 효소로 단백질 중의 arginine 또는 leucine의 carboxyl기와의 펩티트 결합을 가수분해하고 또 trypsinogen을 trypsin으로 활성화하는 작용을 한다.

⑧ carboxylpeptidase A

염기성 아미노산 또는 proline이 아닌 유리 carboxyl기를 가지는 말단의 펩티드 결합을 가수분해하여 한 개의 아미노산을 분리한다. 췌장의 procarboxypeptidase A로부터 생성된다.

⑨ leucine aminopeptidase

유리 amino기를 가지는 말단의 leucine 또는 이와 관련되는 amino acid의 펩티드 결합을 가수분해한다. 동물조직, 장액, 효모 등에 존재한다.

⑩ depeptidase

2개의 아미노산으로 된 dipeptide를 가수분해하는 효소류이며, 그 기질 특이성에 따라 glycyl-glycine dipeptidase 등으로 불린다.

(4) amidase

amidase는 =C−N= 결합을 가수분해하는 효소이다.

① urease

$$CO(NH_2)_2+2HOH \rightleftarrows H_2O+CO_2+2NH_3$$

요소를 가수분해하여 NH_3와 CO_2를 생성한다. 식물, 곰팡이, 세균에 존재한다. 동물에는 없다.

② asparaginase 및 glutaminase

asparagine 및 glutamine의 가수분해 또는 합성을 각각 촉매하는 효소이다.

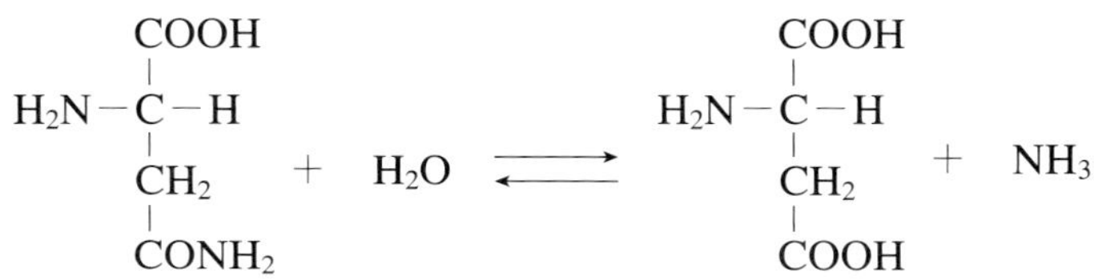

Asparagine　　　　Aspartic aicd

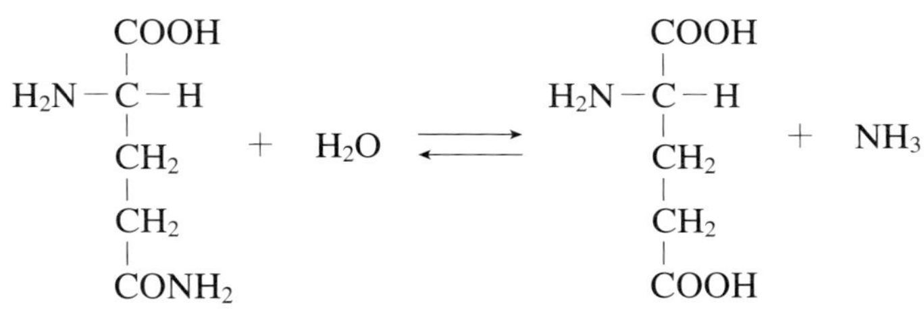

Glutamine　　　　Glutamine acid

③ arginase

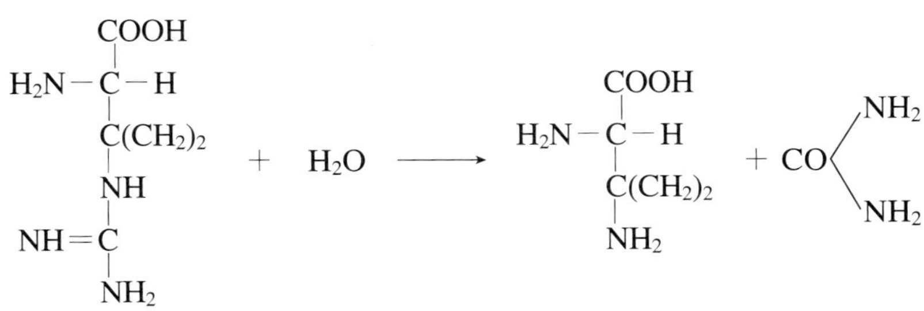

Arginine　　　　Ornithine

arginine을 가수분해하여 ornithine과 요소를 생성하는 효소로 생체 내에서 요소의 생성에 중요한 역할을 하고 있다.

4. 제거효소(除去酵素, lyase)

기질에서 carboxyl기, aldehyde기, 물, ammonia 등을 분리하여 이중결합을 만들거나 반대로 이중결합에 이들 원자단을 첨가하는 반응을 촉매한다.

(1) pyruvate decarboxylase

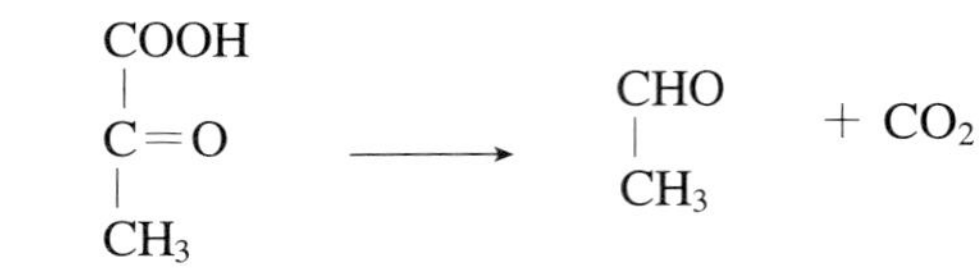

Pyruvic acid　　Acetaldehyde

pyruvic acid로부터 CO_2의 이탈을 촉매하여 acetaldehyde를 생성하는 효소로, 효소의 활성기는 TPP이며, 알코올 발효과정에서 CO_2 생성반응을 촉매한다.

(2) oxaloacetate carboxylase

oxaloacetic acid로부터 CO_2의 이탈을 촉매하는 효소이다.

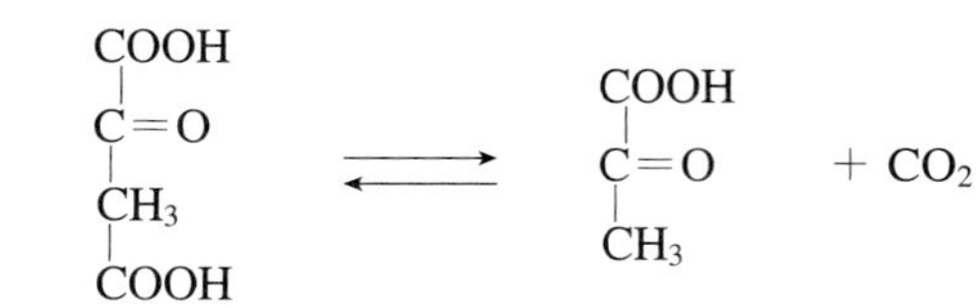

oxaloacetic acid　　pyruvic acid

(3) amino acid carboxylase

$$R \cdot CH(NH_2)COOH \longrightarrow RCH_2NH_2 + CO_2$$

아미노산으로부터 CO_2를 이탈하여 amine을 생성하는 효소로, 활성기는 pyridoxal phosphate이다.

(4) aldolase

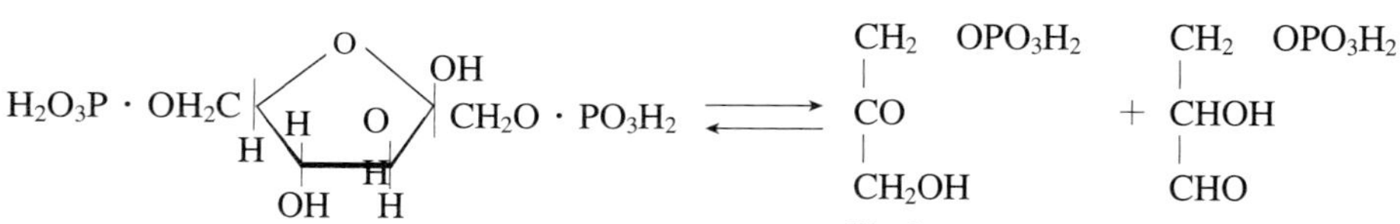

fructose-1, 6-diphosphate　　dihydroxyacetone phosphate　　glyceraldehyde-3-phosphate fructose-1, 6-diphosphate가 dihydroxyacetone phosphate와 glyceraldehyde-3-phosphate로 분해하는 반응을 촉매한다.

(5) fumarase

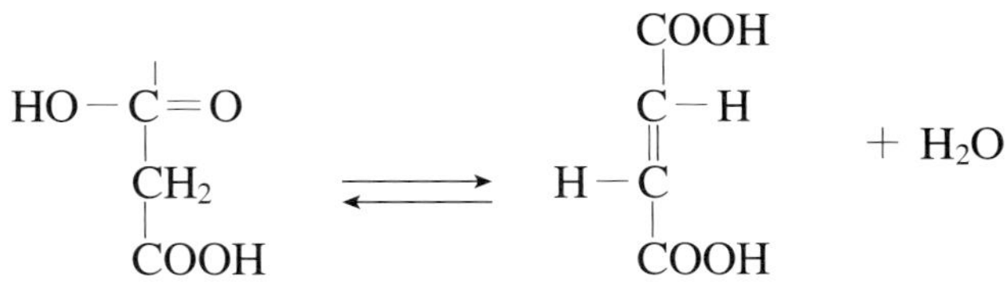

L-malic acid　　　fumaric acid

TCA 회로 중의 중요한 효소로 L-malic acid를 분해하여 fumaric acid를 생성한다.

(6) aconitase

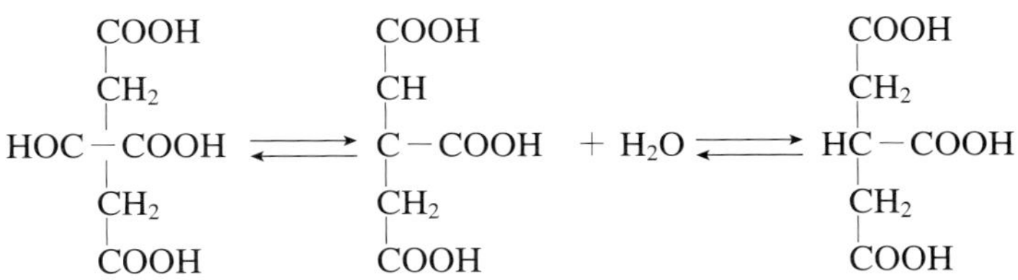

Citric acid　　*cis*-Aconitic acid　　L-Isocitric acid

H_2O의 이탈과 첨가에 의해서 citric acid, *cis*-aconitic acid, isocitric acid의 상호변화를 가역적으로 촉매하는 효소이다.

(7) aspartase (aspatate ammonialyase)

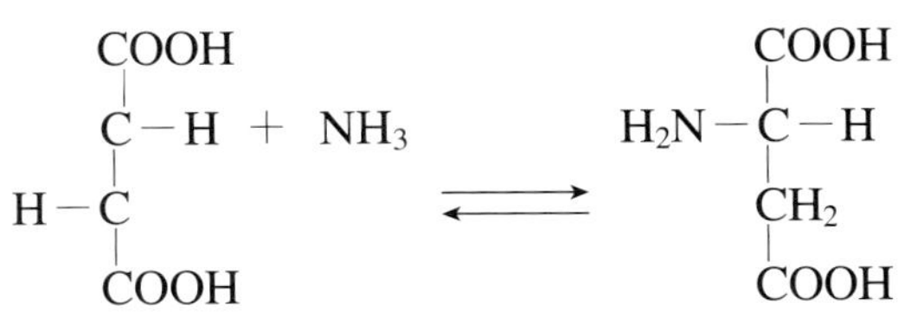

fumaric acid　　　L- aspartic acid

fumaric acid로부터 aspartic acid의 생합성을 촉매하는 효소이며, 세균이나 일부 식물에 존재한다.

5. 이성화 효소(異性化酵素, isomerase)

기질분자의 분해 · 전위 · 산화반응이 따르지 않는 분자 내의 상호변화, 즉 이성화 반응을 촉매하는 효소이다. 기질분자의 D, L 입체 배위(立體配位)를 바꾸기도 하고 enol형을 keto형으로 변화시키기도 한다.

(1) alanine racemase

L-alanine ⇌ D-alanine

광학활성이 있는 L 또는 D형의 alanine을 각각 D 또는 L형으로 전환하고, 그 결과로 광학활성이 없는 DL-alanine을 생성하는 racemi화 효소이다. 미생물은 보통 L형 아미노산을 이용한다. DL형의 경우는 L형만을 대사하고 D형이 남게 되나 이것에 아미노산의 racemase가 작용하여 점차로 L형을 생성하고 마침내 DL형의 거의 전부를 대사하게 된다.

(2) glucosephosphate isomerase

glucose-6-phosphate ⇌ fructose-6-phosphate

aldose인 glucose로부터 ketose인 fructose를 생성한다.

(3) triosephosphate isomerase

EMP 경로에서 다음 반응을 촉매한다.

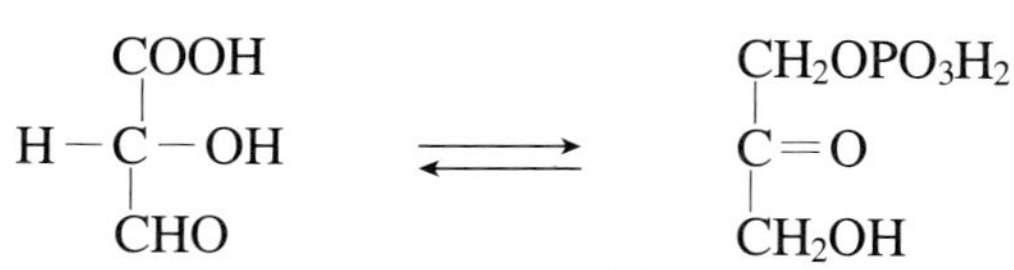

D-glyceraldehyde-3-phosphate ⇌ dihydoxyacetone phosphate

(4) phosphoglyceromutase

다음 반응을 촉매한다.

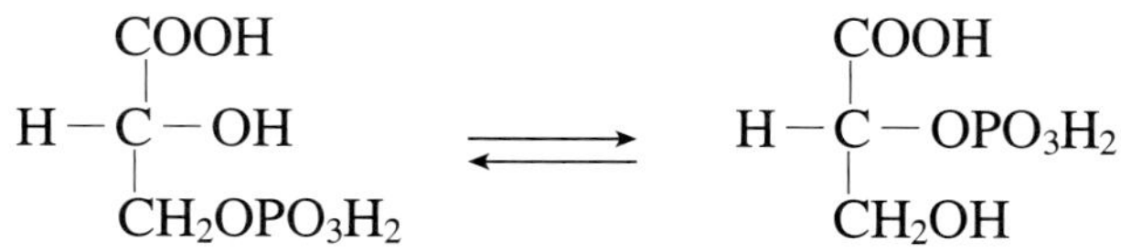

3-phosphoglyceric acid　　2-phosphoglyceric acid

6. 합성효소 (合成酵素, ligase)

ATP 또는 triphosphate의 pyrophosphoric acid 결합을 절단하면서 두 분자를 결합하는 반응을 촉매하는 효소로, synthetase라고도 한다.

(1) glutamine synthetase

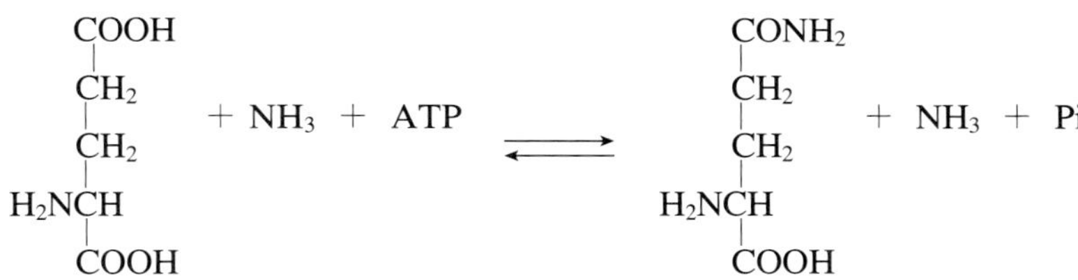

glutamic acid　　glutamine

glutamic acid와 NH_3로부터 glutamine을 생성하는 효소이며, 이 반응에 필요한 에너지는 ATP의 ADP로의 변화에 의해서 획득한다. 이와 같은 효소에 asparagine synthetase가 있고 ATP는 AMP와 pyrophosphoric acid가 된다.

(2) acetyl Coa synthetase

$$ATP + CH_3COOH + CoASH \rightleftharpoons AMP + CH_3COS\ CoA + PPi$$

초산으로부터 acetyl CoA를 생성하며 효모가 초산을 이용할 때에 관여하는 효소이다. 생성된 acetyl CoA는 TCA 회로에 의해서 대사되고 또 지방산 생합성의 출발물질이 된다.

Chapter 13

식품 및 식품저장 중의 미생물

SECTION 1 미생물에 의한 식품의 변질

식품의 저장이란 식품의 기호적 가치인 맛을 좌우하는 화학적 성분과 물리적 상태 및 식품의 조직적 상태를 변하지 않게 보존하는 것이다. 즉, 식품의 품질을 변하지 않게 보존하는 것을 식품의 '저장'이라고 하고, 식품의 품질을 변하게 하는 원인과 그 원인에 영향을 주는 인자들을 밝힘으로써 이러한 것들이 식품의 품질에 작용하지 않도록 하는 것이 '저장방법'이라고 할 수 있다.

식품 변질의 원인으로는 물리 · 화학적인 여러 가지 원인이 있지만, 일반적으로 가장 문제가 되는 것은 미생물에 의한 변질이다. 물리 · 화학적 원인에 의하여 변질이 되었을 때도 2차적으로 미생물 작용에 의한 변질을 수반하는 경우가 많다. 이와 같이 식품의 변질에는 항상 미생물이 관계한다.

식품의 종류와 작용하는 미생물의 종류 및 환경조건에 따라 식품에 일어나는 변화는 달라지지만 일반적으로 세 가지로 나눌 수 있다.

첫번째, 식품 중에서 대사활성이 강한 미생물이 증식하여 생산된 각종 효소에 의하여 식품의 주요한 성분이 영향을 받는 것이다. 식품의 본래의 향미 · 색깔 · 형태 · 영양분 등이 상실되거나 불쾌한 냄새와 맛을 생성하고, 때때로 유독물질을 생성하기도 한다. 대부분의 부패세균에 의한 변질이 여기에 속한다.

두번째, 식품에 미생물이 부착, 번식하여 직접·간접으로 식품의 외관이 손상되는 현상으로, 식품 성분의 분해는 많지 않지만 식품으로서의 상품적 가치는 상실된다. 일부 곰팡이와 효모, 그리고 젖산균 등 부패력이 강하지 않은 미생물이 번식하였을 때에 볼 수 있는 변질 현상이다.

세번째는 식중독의 원인이 되는 감염형과 독소형의 미생물이 식품에 증식하는 경우로, 가장 위험한 형태의 변질이다. 식품성분의 분해 정도가 약하고 외관도 그다지 손상되는 일이 적기 때문에 소비자가 느끼기 어려우므로 예방에 주의가 필요하다.

SECTION 2 식품의 저장방법

1. 건 조(乾燥, drying)

건조에 의하여 식품이 저장성을 갖는 저장법의 핵심은 부패세균의 발육에 필요한 수분을 제거하여 그 발육을 억제하는 데 있다. 일반적으로 식품의 수분함량이 40% 이하가 되면 세균의 발육을 억제할 수 있다. 그러나 곰팡이는 그 이하의 수분함량에서도 비교적 잘 발육하며 *Aspergillus*속에 속하는 것들은 20~30%의 수분에서도 발육한다.

식품이 갖는 수증기압과 그 온도에 대한 최대수증기압의 비로 정의되는 수분활성도(A_w)로 표시하면, 일반적으로 세균은 A_w 0.93, 효모는 A_w 0.85, 곰팡이는 A_w 0.75 이하에서는 거의 발육할 수 없으므로, A_w값을 0.75 정도로 조절하면 오랜 기간 동안 식품을 저장할 수 있다. 그러나 자연계에는 A_w값이 극도로 낮은 환경에서도 발육할 수 있는 미생물이 있어서 이들에 의하여 식품이 변질되는 수가 있다.

건조식품은 종류가 많으므로 건조 중 식품 내의 변화도 다양하다. 따라서 식품의 조직상태와 성분조성 및 농도에 알맞은 건조방법과 조건을 갖도록 하여야 한다.

표 13-1 식품의 건조방법

- 자연건조 – 양건, 음건, 자연동결건조 : 건포도, 곶감, 건과류, 건어류
- 인공건조
  - 가압 – 가열 – 가압 – 분출 : 쌀튀김, 옥수수튀김, 보리튀김 등
  - 상압
    - 자연건조 : 곶감, 건사과 등
    - 열풍(송풍 · 통풍) – tunnel, rotary, belt, 기류식 : 각종 식품
    - 분무가압 – nozzle 또는 원심분무 : 액체식품, 향료, 향신료 분유 등
    - 피막 – drum, belt : 액체식품, 건조 mash potato, α 전분
    - 포말 – spaghetti 방식 : Paste상태 식품
    - 건조제 – 건조제에 의하여 떨어진 저습공기에 의함 : 각종 식품
    - 전자파 – 고주파, micro wave, 원적외선 : 비교적 수분이 적은 식품
    - 초음파 : 비교적 수분이 적은 식품
  - 진공
    - 진공 – 분무, 피막, belt 교반식 : 각종 식품
    - 동결 – 다단계식, 교반식 : 각종 식품

(1) 자연건조

태양열 · 바람 · 한기 등 자연환경을 이용하므로 천연건조 또는 천일건조라고도 한다. 건조기술과 건조장치가 발달하지 않은 옛날부터 사용된 방법으로 단순하며, 기술을 필요로 하지 않는 경험과 노력에 의한 방법이어서 값이 저렴한 건조식품을 얻게 된다.

자연건조(natural drying)에도 양지에서 말리는 양건법(陽乾法)과 직사광선을 피하고 그늘에서 말리는 음건법(陰乾法)이 있으며, 후자의 경우는 표면피막 경화현상(硬化現象, case hardening)을 막고 균일하게 건조하는 데에 큰 효과가 있다.

자연건조의 단점은 기후에 좌우되고 건조에 장시간을 요하며, 그 사이 변질이 진행되고, 곤충이나 쥐 등에 의하여 피해를 받기 쉽다는 것이다. 그리고 일반적으로 제품의 수분함량이 높고, 저장성에 문제가 있으며, 복원성에도 문제가 있다.

(2) 인공건조

자연건조에는 앞에서 설명한 바와 같이 단점이 있으므로 단점이 없는 건조제품을 얻을 목적으로 여러 가지 인공건조방법이 실용화되고 있다.

① 가압건조

이 방법은 수분함량이 15~40% 정도로 비교적 적은 피건조식품을 20~25kg/cm²의 압력에 견디는 밀봉건조용기에 넣고 밀봉한 후, 외부로부터 가열하면서 회전시키거나 또는 건조용기에 직접 가열공기를 주입하여 10~15kg/cm²의 압력에서 온도 120~150℃까지 가열한 다음, 건조용기의 뚜껑을 개방하여 상압으로 식품을 분출시켜 건조하는 방법이다.

건조와 함께 조직을 팽화하여 다공질 구조를 갖게 되므로 복원성이 좋으며, 수분함량이 크거나 조직이 연한 것은 예비 건조 후에 가압건조(Pressure drying)한다. 쌀튀김, 보리튀김, 옥수수튀김 등의 곡류 및 채소, 과일, 축육, 어패류 등에 이용된다.

② 상압건조

상압 상태에서 피건조물에 대해서 허용온도 내의 열을 가해서 건조식품 중의 수분의 내부확산 및 표면증발을 반복하며 건조를 진행시키는 방법이다. 즉, 식품 내의 수분은 건조표면으로부터 수분증발이 진행됨에 따라 표면증발(表面蒸發, surface evaporation)이 일어나게 됨으로써 식품의 표면층과 내부와의 농도차와 식품조직 내에 형성되는 모세관현상(毛細管現象, capillary phenomenon)에 의하여 내부 수분이 표면으로 확산(擴散, internal diffusion)되어 공기의 흐름에 의하여 자유수(自由水, free water)가 제어된다. 두께가 두껍고 내부확산이 느린 식품을 급격히 건조하면 표면만 지나치게 건조되는 표면피막경화(case hardening 또는 skin effect) 현상이 일어난다. 상압건조는 건조방법에 따라 자연건조, 열풍건조, 분무건조, 피막건조, 포말건조 및 건조제에 의한 건조로 나눌 수 있다.

자연건조 또는 자연환기건조는 인공건조 중에서도 가장 간단한 방법으로, 직화식과 간접가열식이 있다. 이 방법은 설비비도 적게 들고 건조가 쉽지만, 건조 중에 가끔 건조식품의 위치를 바꾸어 줄 필요가 있다.

열풍건조는 인공적으로 열풍을 건조식품에 강제로 보내서 건조시키는 방법으로, 통풍건조 또는 송풍건조라고도 한다.

분무건조는 액체상태의 식품을 안개처럼 건조실 내로 분무하여 열풍 중에서 건조시키면 순간적으로 건조되어 분말화되는 건조방법이다. 우유의 건조는 물론이고 커피 · 과즙 · 향신료의 추출액, 오렌지나 레몬의 정유, 합성식품 향료, 유지, 장유, 화학조미료, 캐러멜 등 액체식품의 분말화에 광범위하게 이용된다.

박막건조 · film건조 · drum건조라고도 불리우는 피막(皮膜)건조는, 가열회전 drum의 표면에 액상의 식품을 얇게 도포하여 신속하게 연속적으로 건조하는 방법이다. 이 방법은 분무건조에 적용할 수 없는 점도가 높은 paste 상태의 것, 고형물의 양이 많고 기계적으로는 액체상태가 어려운 식품을 연속적으로 건조할 경우에 효과적으로 사용된다.

포말건조(泡抹乾燥, foam mat drying)는 액체식품에 1% 내외 소량의 식용 가능한 발포제(發泡劑)를 넣고 공기나 압축질소가스를 혼입하여 거품을 일으켜 건조표면적을 크게 한 다음, belt에 약 3mm의 두께로 펴서 열풍건조기에 통과시켜 건조가 되도록 하는 방법으로 작은 피막 사이에 있는 수분을 모세관현상으로 빨리 증발하게 하는 것이다.

마지막으로 흡습량이 강한 건조제를 건조실 내에 두어 건조시키는 방법인 건조제에 의한 건조가 있다.

③ 진공건조

식품을 진공 중에 방치하면 그 진공도에 따른 온도에서 식품에 함유되어 있는 수분은 증발 또는 승화하여 건조가 이루어진다. 즉, 진공도를 조절함에 따라 상온 이하의 온도에서도 건조가 가능하다. 식품의 진공건조(Vacuum drying)는 식품을 동결하지 않고 건조기에 넣어 건조 중에는 식품을 빙결되지 않는 온도까지 감압하여 물의 증발에 의하여 건조가 이루어진다. 열풍 또는 가열판에 직접 접촉시켜서 비교적 고온까지 가열건조하는 것은 건조 중 식품이 열변성을 일으켜서 건조제품의 색 · 맛 · 향이 나빠지며, 복원성도 저하되는 식품을 진공건조시킨다.

진공동결건조는 건조식품을 동결시켜 건조기에 넣고 동결상태를 유지하는 진공 중에서 얼음의 승화에 의해서 건조가 이루어지는 것으로, 건조하고자 하는 식품의 색 · 맛 · 방향 · 물리적 성질 · 원형을 거의 변하지 않게 하며, 복원성이 좋은 건조식품을 만드는 가장 좋은 방법이다.

2. 염 장(鹽藏, salting)

모든 식품에 식염은 조미료로도 많이 사용되고 있지만, 특히 식품저장에서 오랜 옛날부터 그 이용이 많은 것은 역시 방부효과의 원인에서 기인되는 것으로 본다. 염장으로 식품이 저장성을 갖는 이유는 완전히 규명되지 않았지만, 가장 큰 이유는 소금의 삼투작용에 의한 것으로 보고 있다.

표 13-2 균류의 식염에 대한 저항력

균 명		식염 농도(%)
병원균	*Bacillus tuberculosis*	*2.0*
질소 고정균	*Azotobacter chroococcum*	*3.0*
	Streptococcus pyogenes	*5.0*
	Bacillus coli commuris	*9.0*
	Proteus vulgaris	*9.0*
	Bacillus subtilis	*9.0*
	Bacillus mesentericus vulgatus	*9.5*
	Bacillus pyocyaneus	*10.0*
	Bacillus cereus	*10.0*
	Bacillus mesentericus propioni	*10.0*
	Bacillus megatherioides	*10.0*
	Bacillus panis	*10.0*
	Staphylococcus pyogenes	*12.0*
	Bacillus mesentericus fuscus	*12.0 ~15.0*
	Micorococcus botulinum	*25.0*

균 명		식염 농도(%)
독소균	*Clostridium botulinum*	6.0
	Salmonella enteritidis	7.0
병원균	*Vibrio cholerae*	8.0
	Bacillus anthracis	8.8
	Bacillus paratyphus B	9.5
낙산균	*Granulobacter saccharobutylicum*	10.0
효 모	*Mycotorula japonica*	11.0
	*Sacchromyces*속	15.0
	*Torula*속	25.0
간장세균	*Bacillus soja gasformans*	15.0
된장효모	*Zygopichia miso*	15.0
유산균	*Bacterium lactis acidi*	15.0~20.0
간장효모	*Zygosaccharomyces major*	20.0
황세균	*Thiobacillus denitrificans*	30.0
곰팡이	*Penicillium*속	20.0~30.0

• 소금의 삼투작용(滲透作用, osmosis)

식품 내외의 삼투압차에 의하여 침투와 확산의 두 작용이 일어나 식품 내에 존재하는 수분과 소금용액이 바뀌어 소금은 식품 내에 스며들어 흡수되고, 수분은 탈수되어 식품의 A_w 강하와 동시에 묻어 있는 미생물 자체도 소금에 의한 삼투압으로 세포의 원형질분리(原形質分離, plasmolysis)가 일어나서 생육이 억제되든가 아니면 사멸을 가져오는 현상을 말한다.

식염의 삼투속도와 삼투량은 식염농도와 미생물 및 온도, 염장방법, 식염의 순도, 식품의 성상 등에 따라 달라진다.

식염농도는 미생물의 균종, 균주, 포자형성 유무, pH, 최초에 존재하는 균의 수에 따라 생육억제 한계가 다르다. 세균 중 유황세균인 *Thiobacillus denitrificans*는 30% 고농도의 식염배지에서도 저항성을 가지며, 병원균인 *Bacillus tuberculosis*는 2% 농도에서도 억제된다. 또 통조림 식중독균인 *Clostridium botulinum*균의 성장은 6.5~12%의 소금에 의해서 억제된다.

일반적으로 세균은 식염농도 10% 이상이 되면 생육이 억제된다. 세균 외에 효모는 보통 15% 이상에서 활성이 억제되고, 곰팡이는 보통 20% 이상에서 억제되는 것을 볼 수 있다.

염장방법에는 일반염장법과 특수염장법이 있다.

(1) 일반염장법

① 마른간법(乾監法, dry salting)

식품에 직접 식염을 뿌려 염장하는 방법이다. 뿌린 식염은 식품 표면의 수분이나 또는 내부에서 삼출한 수분에 녹아 포화식염수를 만들므로, 식품 표면은 항상 포화식염수로 둘러싸여 있는 형태가 된다. 그러므로 식품 내외의 삼투압차가 커서 식염이 식품 내로 삼투되고, 식품 내의 수분이 밖으로 탈수된다. 마른간법은 염장에 특별한 설비가 필요없고, 탈수량이 많고 식염의 삼투가 빨라 염장초기의 부패가 적으며, 염장이 잘못되었을 때에 그 피해를 부분적으로 그치게 할 수 있는 장점이 있다.

그 반면, 소금의 삼투가 불균일하게 되기 쉬워 제품의 품질이 고르지 못하고, 강하게 탈수되어 제품의 외관이 좋지 못하며, 염장 중 공기와 접촉되므로 지방이 산화되어 기름변색(rusting)을 일으키기 쉬운 단점이 있다.

② 물간법(液鹽法, brine salting)

적당한 농도의 식염수에 식품을 담그어 염장하는 방법이다. 식품에 소금이 삼투됨에 따라 탈수로 인해 식염수의 농도가 묽어지므로 수시로 소금을 첨가하든가 또는 미리 여분의 소금을 넣어 두어서 염수농도를 일정하게 유지하여야 한다. 또 소금의 삼투와 동시에 탈수가 일어나서 식품 주위에 묽은 소금물 층이 생겨서 소금의 삼투와 탈수를 방해하므로 수시로 교반하여 묽은 소금물 층을 없애야 한다.

물간법은 소금의 삼투가 균일하여 제품의 품질이 고르고, 염장 중 공기와 접촉하지 않으므로 지방의 산화가 적으며, 과도한 탈수가 일어나지 않는다. 그래서 외관 · 풍미 · 수율이 좋고, 제품의 염미를 조절할 수 있는 이점이 있다. 그 반면에 물이 새지 않는 염장용기가 필요하고, 마른간법에 비하여 소금량이 많이 들며, 염장 중 자주 교반을 하지 않으면 식품 주위에 묽은 소금물 층이 생겨서 염장 초기에 부패하기 쉬운 단점이 있다.

③ 개량물간법

식염용기 또는 탱크에 식품을 1단씩 마른간을 하여 재우고, 어층을 쌓아 올린 후에 내림뚜껑을 하며, 누름돌을 얹어 가압한다. 이와 같이 하면 식품으로부터 삼출한 수분에 의하여 포화식염수가 형성되어 결과적으로 물간을 한 것과 같이 된다. 이 방법은 마른간과 물간의 단점을 서로 보완한 것으로, 염장 초기에 부패를 일으킬 염려가 적고, 소금의 삼투가 균일하며, 외관이나 수율이 좋고, 기름변화를 막을 수 있다.

④ 개량마른간법

처음 물간으로 가염지(假鹽漬)를 하여 식품에 부착한 세균 및 식품 표면의 점질물 등을 제거한 후에 마른간으로 본염지(本鹽漬)를 하여 염장효과를 높이는 방법이다. 기온이 높은 계절일 때나 선도가 불량한 것을 염장할 때에 그 변패를 막는 데 효과적인 방법이다.

(2) 특수염장법

염장속도를 빠르게 하거나 제품의 풍미를 좋게 할 목적으로 하는 염장법이다.

① 변압염장법

공기를 밀폐할 수 있는 용기에 식품을 넣고 용기 안을 감압하여 식품조직 내에 함유되어 있는 기체를 배제한 다음에 염수를 주입하여 물간을 하고, 다시 용기 안을 가압하여 식염의 삼투를 빠르게 하여 염장기간을 단축하는 급속염장법의 하나이다.

② 염수주사법

대형의 염수주사기(brine injector)로 축육이나 대형 어육에 염수를 주사한 후에 일반염장법으로 염장하는 방법이다

③ 압착염장법

먼저 마른간을 한 다음에 물간으로 하여 식염의 삼투를 완료시키고, 염수에서 건져내어 적당히 가압하여 과잉의 염분을 수분과 함께 압축시킨다. 이렇게 하면 염미가 적고 맛이 좋은 제품을 얻을 수 있어 풍미에 중점을 둔 일부 제품에 이용되는 방법이다.

3. 훈 연(燻煙, smoking)

훈연은 제품의 풍미와 색을 향상시키며, 동시에 보존성을 주어 저장성을 높이는 데 기본적인 목적이 있었으나, 근래에는 훈연 특유의 색깔 및 향미를 부여하는 기호식품의 목적이 더욱 중요시되고 있다. 훈연방법은 온도와 시간에 따라 나누어 설명할 수 있다.

(1) 냉훈법 (冷燻法, cold smoking)

장기저장을 위해서 10~30℃의 낮은 온도에서 1~3주일간을 훈연하여 제품의 수분함량을 20~40% 이하로 하는 훈연법으로, 주로 dry sausage나 bacon, regular ham 제조에 이용된다.

(2) 온훈법(溫燻法, hot smoking)

50~80℃의 온도에서 2~12시간 훈연하는 방법으로, 50℃ 내외에서 하는 중온법(中溫法, middle temperature method)과 고온법(高溫法, high temperature method)의 두 가지가 있다. 건조도가 낮아서 수분함량이 50% 이상되어 저장성이 적지만, 제품에 독특한 풍미를 주는 것을 주목적으로 한다. 특히 고온법은 시간과 노력의 절약 및 수율이 좋아 많이 이용된다.

(3) 배훈법(焙燻法, roast smoking)

100℃ 내외의 온도에서 2~4시간 정도의 짧은 시간 동안에 훈연을 끝내는 방법으로, 고기는 완전히 익게 되어 저장성은 없으므로 3~4일 내에 이용해야 한다. 또 bacon과 같은 지방 용출이 심한 것에는 사용하지 않는다.

(4) 속훈법(速燻法, quick smoking process)

① 훈연액법(smoke solution method)

훈연실의 응축수, 목제건유(木製乾溜)에서 생기는 목초액(木醋液, wood vinegar), creosote, juniper oil 등의 배합으로 만든 훈연액을 증발되기 쉽게 낮은 용기에 넣고, 다시 탈지면을 덮고 이것을 훈연실에 넣어 가열 증발시켜서 실지의 훈연과 같은 효과를 얻는 방법이다.

② 전훈법(electric smoking method)

높은 전압에서 코로나 방전(corona discharge)을 하여 생긴 연기가 반대 전극인 고기에 침착되도록 하는 훈연법이다. 훈연시간을 일반법의 약 1/20 정도로 단축할 수 있지만, 설비비가 많이 들고 제품의 보존성이 약하여 실용화되어 있지 않다.

③ 액훈법(liquid smoking method)

연기의 성분을 갖는 액체에 고기를 담그어 유효성분을 침투시키는 방법이다. 이것은 목제건유를 할 때에 목초액 · 크레오소트(creosote) · 알코올 · 붕산 · 명반 · 초석 · 색소 등을 배합하여 쓰며, 기타의 조미료와 향신료도 같이 배합하여 염지와 동시에 훈연하는 방법이다. 어류의 훈연에 주로 이용된다.

4. 통조림(canned food)과 병조림(bottled food)

통조림이나 병조림은 양철관이나 유리병 등의 용기에 식품을 채우고, 탈기와 밀봉을 한 후에 가열살균을 하여 식품을 오래도록 변패하지 않도록 한 저장식품의 하나이다. 즉, 밀봉에 의하여 용기 내외의 공기의 유통이 차단되고, 외부로부터의 미생물의 침입이 방지되며, 탈기를 함으로써 내용물의 품질을 보호하고, 용기의 부식이나 가열할 때의 파손을 막으며, 또한 가열살균에 의하여 내용물에 부착하여 있는 미생물을 멸균함으로써 식품의 변패를 막아 장기저장이 가능하도록 한 제품이다.

통조림은 그 보존성 · 편의성 · 위생 및 제품의 풍미 등으로 보아 냉동품 · 건제품 · 염장품 및 훈제품 등의 다른 식품저장법에서는 찾아볼 수 없는 많은 장점을 지니고 있다. 통조림과 병조림 식품은 다른 식품에 비해 장기간 저장이 가능하고, 내용물을 조리하지 않고 그대로 이용할 수 있으며, 위생적이고, 운반이나 기타 취급이 편리하여 급속도로 발달하게 되었다.

병조림은 통조림에 비하여 내용물이 보여서 좋으나 파손되기 쉽고, 밀봉이 불완전하기 쉬우므로 살균이 용이하고, 외관이 아름다운 과일 · 채소 가공품 · 청량음료 등에 이용된다.

(1) 통조림의 제조공정

통조림의 제조공정은 원료의 조리, 살재임, 탈기, 밀봉, 가열살균, 냉각의 순서로 행해진다. 여러 공정 중 탈기, 밀봉, 가열살균, 냉각이 통조림 제조의 독특한 공정이라고 할 수 있다.

통조림 제조에 있어서 중요한 공정 중의 하나가 밀봉 전에 용기 내부의 공기를 제거하는 탈기(脫氣, exhausting) 공정이다. 탈기하는 목적은 가열살균을 할 때 관내 공기의 팽창에 의하여 생기는 밀봉부의 파손이나 느슨해짐을 방지하고, 관 내면의 부식을 억제하며, 호기성 세균의 발육을 억제하고, 뚜껑과 밑바닥을 안쪽으로 오목한 상태로 유지하여 변패관과의 구별을 용이하게 한다. 또 산화에 따른 내용물의 향미 · 색깔 · 영양가가 떨어지는 것을 막고, 병조림에 있어서는 뚜껑이 병목에 밀착하는 것을 보조한다.

식품을 관에 넣고 밀봉(密封, seaming)하는 것은 외부에서 미생물이 침입하는 것을 막고, 관 안팎의 공기 유통을 방지하며, 식품을 안전하게 보존하기 위해서이다. 따라서 밀봉은 통조림 제조에 있어 가장 중요한 공정의 하나로, 현재 사용되고 있는 밀봉법은 거의가 이중밀봉(二重密封, double seaming)이다.

통조림은 밀봉 후에 살균처리를 하여 내용물에 부착되어 있는 미생물을 살균하든가 또는 번식능력을 상실시켜 부패의 근원을 제거한다. 일반적으로 식품공업에 있어서의 살균방법은 가열살균(加熱殺菌, hot sterilization)과 냉살균(冷殺菌, cold sterilization)으로 나눌 수 있다.

식품공업에 있어서 주된 살균법은 가열살균법이고 약제살균, 방사선살균 또는 여과나 침강법에 의한 제균(除菌) 등의 냉살균은 가열살균의 보조적인 수단이라고 해도 과언이 아니다. 일반적으로 효모나 아포를 형성하지 않는 세균류와 같이 비교적 열저항력이 약한 미생물을 살균을 목적으로 하는 열처리를 저온살균(低溫殺菌, pasteurization)이라고 하며, 내열성이 강한 아포형성균을 포함한 모든 미생물의 멸균할 목적으로 하는 열처리를 고온살균(高溫殺菌, sterilization)이라고 한다.

저온살균에 대하여 100℃ 이상의 가열처리에 의하여 살균하는 방법이 고온살균법이다. 이론적으로는 모든 미생물을 완전히 살균하는 것이 식품의 저장면으로 보아서는 안전하나, 모든 미생물의 완전살균을 위해서는 식품조직 · 향미 · 색깔 · 영양가 등의 품질을 크게 손상시키게 된다. 실제로 가열살균에 있어서는 식품의 저장성과 품질을 양립시킬 수 있는 최저한도의 열처리를 한다.

통조림에 잔존하는 세균이 통조림의 상업적인 품질을 장기간 유지하는 데 유해영향을 미치지 않을 정도의 살균으로, 이러한 살균을 상업적 살균(商業的殺菌, commercial sterilization)이라고 한다. 그 밖에 간헐살균법(間歇殺菌法, intermittent sterilization)이라고 하여 비교적 낮은 열처리를 매일 1회씩 3~4일 계속하는 방법이 있는데, 그 목적은 열처리와 열처리 사이에 잔존하는 아포를 발아시켜 열저항성이 약한 번식체로 만들어 살균하는 데 있다.

통조림 식품의 살균에 있어서 필요한 가열의 정도는 식품의 산도와 밀접한 관련이 있다. 즉, 세균의 내열성은 산성식품 중에서는 중산성이나 저산성 식품 중에 있어서보다 상당히 약하다. 식품은 산도에 따라 pH 5.0 이상의 저산성 식품, pH 5.0~4.5의 중산성 식품, pH 4.5~3.7의 산성 식품 및 pH 3.7 이하의 강산성 식품으로 나눌 수 있다. 축육, 어육, 유제품 및 일부 채소 등이 저산성 식품에 속한다. 그리고 육과 채소의 혼합물, spaghetti, 수프, 소스 등의 제품 및 pimento, 무화과 등은 중산성 식품에 속한다. 또한 토마토, 배, 파인애플, 복숭아 등의 과실이나 식초를 가한 potato salad 등이 산성 식품에 속한다. 그 밖에 장과(漿果, berry), 절임제품, 발효식품, 감귤, grape fruit 등과 이것들의 잼과 젤리 등의 제품은 강산성 식품에 속한다.

산도분류의 기본적인 경계선은 중산성과 산성의 사이, 즉 pH 4.5이다. 이 pH 4.5는 내열성이 강한 식중독 세균인 *Clostridium botulinum*의 산성범위에 있어서의 발육 한계점이다. 일반적으로 pH 4.5 이하의 식품은 가열살균을 할 필요가 없고, pH 4.5 이상의 식품은 가열살균이 필요한 것이다.

가열살균을 마친 통조림은 가능한 한 급속히 냉각하여야 한다. 그 이유로는 급랭을 함으로써 내용물의 과열에 의한 조직의 연화를 막고, 황화수소의 발생을 적게 하여 이로 인한 변색을 방지하며, 통조림 중에서 때때로 볼 수 있는 유리조각 모양의 결정인 struvite[$Mg(NH_4)PO_4 \cdot 6H_2O$]의 성장을 방지하고, 호열성 세균의 발육을 억제하기 위함이다.

표 13-3 통조림 식품의 산도와 가열살균의 기준

산도의 분류	pH	식 품 명	식품군	변 패 원 인	가열살균 기 준
저산성	7.0	Olive, 새우, 게, 달걀, 밀크, 굴, 닭고기, 우유, 대구, 정어리	육 · 어 우유 · 조육	중온성 아포형성 혐기성균	고온살균
	6.0	corn beef, pease 당근, 고구마, 사탕무, 아스파라거스	야 채	호열성균 공정 중 원료에 유래하는 효소	
	5.0	무화과, 토마토수프	수 프		
중산성	4.5	pimento		*botulinum*균의 산성역에서의 생육한계	
산 성		potato salad, 토마토, 복숭아, 배, 살구, 오렌지	과 실	아포비형성의 내산성 세균	저온살균
	3.7	파인애플, 사과, 딸기, grape fruit	장 과	원료에서 유래하는 효소, 효모	
고산성	3.0	절임제품, 레몬주스	고산성식품		

(2) 통조림의 변패

통조림의 변패는 미생물의 작용, 내용물과 용기 간의 화학반응, 제조시의 잘못된 처리 및 부적당한 저장조건 등의 원인에 의하여 일어난다. 통조림의 변패를 원인별로 분류하면 살균부족, 불충분한 냉각, 밀봉불량, 살균 정의 부패 등에 의한 미생물에 의한 변패와 수소팽창, 주석의 이상용출, 관 내면의 부식 등에 의한 화학적 원인에 의한 변패, 돌출변형(buckling), 위축변형(panelling)에 의한 물리적 원인에 의한 변패, 그리고 관 외면의 녹 및 관의 손상에 의한 기타 원인에 의한 변패로 나눌 수 있다.

① 평면산패 (flat-sour)

주로 *Bacillus*속의 통성 내지 편성의 호열성 세균에 의하여 일어나는 변패로, 살균부족이 그 주요 원인이다. 이 flat-sour 변패의 특징은 가스의 생성 없이 산을 생성하는 것으로, 관의 외관은 정상인 경우가 많다. 그러나 변패가 진행함에 따라 진공도가 저하할 수도 있으므로 flat-sour 변패관을 검출하기 위해서는 많은 통조림 시료에 대하여 가온실험을 하여 내용물의 pH를 측정하는 동시에 검경(microscopy)을 하여 변패를 확인하여야 한다.

② 황화수소에 의한 흑변 (sulfide spoilage)

육류을 가열하면 단백질 성분 중의 −SH기가 환원되어 보통 H_2S가 발생하는데, 이것이 통조림의 흑변의 원인이 된다. 즉, 관내에 발생한 H_2S는 관재료에서 용출한 금속 또는 육 중에 함유되는 금속성분과 화합함으로써 황화금속을 생성하여 흑변되는 것이다. 또한, 내열성 세균군이 원인이 되어 흑변을 일으키는 수도 있다.

예를 들면 바지락 생식지의 갯벌에서 유래하는 호열성의 편성혐기성 세균인 *Clostridium nigrificans*가 통조림의 살균 후에도 관내에 잔존하는 수가 있기 때문에 흑변을 일으키기도 한다. 흑변을 일으킨 관의 외관은 보통 정상관과 다른 바 없으나, 환경조건에 따라서는 타검(打檢)할 때에 탁음 또는 flipper 내지 springer 정도의 팽창을 일으키는 수도 있다.

③ 주석의 이상용출

밀봉불량 및 살균부족에 의한 변패와 함께 통조림 식품의 제조와 이용에 있어서 문제가 되는 것은 양철용기로부터의 주석의 용출이다. 주석은 다른 중금속과 같이 독성이 강하지는 않으나, 다량으로 섭취하게 되면 권태감이나 구토 등의 중독증상을 나타낸다. 보통 과실이나 주스의 통조림에 있어서 주석의 함량은 일반적으로 100ppm 이하지만 때로는 허용농도인 150ppm을 넘어서서 식중독의 원인이 되는 수가 있다. 통조림을 개관하면 산소의 무제한 공급으로 주석의 용출이 급격히 증가되므로 개관하여 먹고 남은 내용물은 반드시 유리그릇이나 사기그릇 등의 다른 용기에 옮겨서 보관하도록 하여야 한다.

④ flipper

관의 뚜껑과 밑바닥은 거의 편평하나 한쪽 면이 약간 부풀어 있어 이것을 손끝으로 누르면 소리를 내며 원상태로 되돌아가는 정도의 변패관을 말한다. 세균학적인 원인으로서는 가스비형성세균(gas non-producing bacteria)에 의한 산패를 들 수 있다. 또 물리 · 화학적인 원인으로서는 살재임 과다(over-filling), 탈기부족, 밀봉 후에 살균까지의 장시간 방치, 가벼운 수소팽창 등을 들 수 있다.

⑤ springer

관의 상하의 한쪽 면이 flipper의 경우보다 심하게 팽창하여 있어 손끝으로 누르면 팽창하여 있지 않는 반대쪽 면이 소리를 내며 튀어나오는 상태의 팽창관을 말한다. 세균학적인 원인으로서는 가스형성 세균(gas producing bacteria)에 의한 팽창으로서의 진행과정에 있는 것, 가스비형성세균에 의한 산패, 또 물리 · 화학적인 원인으로서는 충진과다, 탈기부족, 밀봉 후에 살균까지의 장시간 방치, 수소 팽창 등을 들 수 있다.

⑥ swell

관의 상하 양면이 부풀어 있는 것을 말하는 것으로, 연팽창(soft swell)과 경팽창(hard swell)으로 나뉘어진다. 연팽창은 손끝으로 눌렀을 때에 약간

안으로 들어가는 감이 있는 것이고, 경팽창은 손끝으로 눌러 보아도 아무 반응이 없는 단단한 상태의 것을 말한다. 세균학적인 원인으로서는 살균부족에 의한 주로 *Clostridium*속의 아포형성간균이나 효모에 의한 팽창의 경우와 밀봉불량에 의한 호기성 내지 통성혐기성의 무아포 세균에 의한 팽창의 경우로 나눌 수 있다.

⑦ 돌출변형관(buckled can)

관내압이 관외압보다 커져서 그 차가 관의 탄성한계를 넘어설 때에 생기는 영구적인 돌출변형관을 말한다. 돌출변형관을 일으키는 원인으로서는 관의 내압력이 약한 경우, 가열살균 후에 증기를 급격히 배출하는 경우, 탈기부족(under-exhausting), 살균 전의 부패나 수소 팽창 및 살재임 과다(over-filling) 등이 있다.

⑧ 위축변형관(panelled can)

돌출변형관과는 반대로 외압에 비하여 관내압이 극히 낮을 때에 관동의 일부가 안으로 쭈그러져서 생기는 변형관이다. 보통 진공도가 높은 대형관을 가압살균 할 때 증기송입을 너무 급격히 하여 관내압에 비하여 레토르트 압력을 급격히 높게 하든가 또는 가열살균을 마치고 공기와 물로써 가압냉각을 할 때 관내압은 내려갔는데도 공기압이 너무 높으면 위축변형관이 생기기 쉽다.

5. 방사선 조사(放射線 照射)

세계 대부분의 국가에서 방사선 조사는 일반 대중에게 위험을 가져다주는 새로운 식품 공정이라고 생각하지만, 과학자들이 오랫동안 연구했던 사실은 그 점과는 정반대이다. 방사선 조사는 최근의 개발이 아니며, 식품에 위험을 증가시키기보다는 더욱 안전하게 만들고 소비자에게 커다란 이익을 가져다 줄 수 있다.

방사선은 대체로 X선이나 γ선 같은 전자파(電磁波, electro magnetic wave)와 여러 가지 종류의 입자(atom) 내지는 원자를 구성하는 입자(particle)의 흐름인 입자선(粒子線, particulate ray)의 두 가지로 크게 나누어진다. 그 밖에 식품저장에 이용되는 방사선으로는 고속전자선과 파장 2,000~2,800Å의 자외선이 있다.

6. 환경기체 조절포장(MAP)

식품의 보관수명(shelf life)을 연장시키는 데는 냉동 · 가열 · 건조 및 화학첨가물 등을 이용한 방법들이 있다. 그러나 동결 · 건조시키는 데 따른 에너지 비용의 증가와 식품보존을 위한 첨가물 사용에 대한 소비자의 비판적인 견해로 인해 다른 식품보존방법이 요구되었다. 그리하여 첨가물을 쓰지 않고 보관수명을 연장시키는 방법의 하나로 환경기체조절포장(環境氣體調節包裝, modified atmosphere packaging, MAP)이 각광을 받고 있다.

환경기체조절포장(MAP)이란 말은 식품의 품질 파괴를 억제하기 위하여 정상적인 공기의 조성을 포장 내에서 바꾸어 조절시킨다는 의미를 가지고 있다. 따라서 MAP는 식품의 유통기한을 연장시킬 목적으로 호흡을 감소시키고, 미생물의 성장과 효소반응을 억제하는 변형된 기체환경 조건으로 유지되게 식품을 적절한 포장재료로 밀봉한 것이라고 정의할 수 있다.

일반적으로 MAP 저장은 공기의 구성성분 중 산소의 농도를 대기보다 낮게, 이산화탄소의 농도를 대기보다 높게 하며, 질소를 충진가스로 이용한다.

MAP 저장과 CA(controlled atmosphere) 저장은 둘 다 식품의 보관수명을 연장시키기 위해 공기의 조성을 조절한다는 점에서는 유사하나, 근본적으로는 차이점을 가지고 있다.

CA 저장은 저장용기 중의 가스조성을 일정하게 유지하기 위해 부족한 가스를 보충하여 조절하는 방법인 반면, MAP 저장은 초기에 가스를 주입하거나 내용물 자체에 의해 발생하는 가스를 조절하지 않고 방치하는 방법이다. 일반적으로 MAP 저장보다는 CA 저장이 적절한 가스조성을 일정하게 유지하기 쉽다. 또 CA 저장은 산소 · 이산화탄소 · 질소 등의 비율을 계속 측정하여 부족한 성분을 공급하는 장치가 필요하므로 대량 저장 시에 효율성이 있는 반면, MAP 저장은 20kg 이하의 소형 식품에 적합하다.

SECTION 3 식품저장 중의 미생물

1. 곡 류

곡류의 변질에 관계하는 미생물은 주로 곰팡이에 의한 것으로 곰팡이는 수분의 증가에 따라 생육이 증가되어 수분활성도(A_w) 0.75 이하에서는 생육하지 못한다. 수분함량과 곰팡이의 번식관계를 보면 수분 16%에서 곰팡이가 발생하면 8일만에 육안으로 감식할 수 있게 되나, 14% 이내에서는 100일 이상 경과해야 비로소 발견할 수 있다. 쌀과 보리 저장에 비교적 안전한 수분함량의 한계는 상대습도 70~75%, 수분 14.5% 정도이다.

수분함량이 14~15%로 비교적 높은 쌀에는 *Penicillium islandicum* 등의 곰팡이가 생육할 수 있으며, 이 곰팡이가 생육된 쌀을 섭취하게 되면 islanditoxin과 같은 독성분에 의하여 간경변을 일으키게 된다. *Aspergillus*속이 쌀에 생육하면 쌀이 변질되지만 수분함량 13% 이하에서는 잘 발생하지 못한다.

표 13-4 주된 미생물과 미곡의 변질상태

미생물의 종류	외관상의 변질	생육적온(℃)	쌀의 변질상태
*Absidia*속	벌레먹은 쌀 모양	34~36	유백색 ~ 담황색 ~ 황갈색
Penicillium commune	뜬 쌀 모양	25	유백색 ~ 담황색 ~ 황갈색 ~ 홍차색
Penicillium citreoviride	황변미	25~30	미곡 외피의 상처부위나 배가 황색 ~ 전면황색
Penicillium islandicum	갈변미	25~30	
Penicillium citrinum	갈변미	25~30	
Aspergillus chevalieri	흑변미	30	(수분 15% 내외) 황색 (수분 16% 이상) 담흑색
*Oospora*속	적변미	24~28	(수분 16% 내외) 담적색 (수분 20% 이상) 자적색

2. 과실과 채소

과실과 채소는, 육류와는 달리, 수확한 후에도 호흡 · 생장 · 추숙 · 증산의 생활작용을 계속한다. 따라서 과실과 채소를 저장한다는 것은 생활작용을 완만히 영위시킴으로써 수명을 연장시키는 작업이다. 과실과 채소의 저장으로는 실내의 CO_2나 O_2의 함유량을 조절하여 호흡에 의한 대사작용을 억제하며, 때로는 저온상태를 유지하여 품질 보존을 더욱 오래 지탱시키는 CA저장법이 가장 효과적이다.

과실과 채소류의 병해를 일으키는 곰팡이는 주로 *Fusarium, Botrytis, Phytophthora* 및 *Alternaria*속에 해당하는 것이 많다.

표 13-5 과실과 채소의 시장병해

균 명	병 명	피 해 채 소	발육온도한계(℃)
Ceratostomella fimbriata	흑반병	고구마	9~41
Rhizopus nigricans	연부병	고구마, 딸기	1.8-6.5~31
Phytophthora infestans	역병	감자, 토마토, 가지	4.6~27-30
Phytophthora melongenae	선역병	가지, 토마토	3~38
Phytophthora parasitica	녹색부패병	가지, 토마토	7~36
Colletotrichum atramentarium	탄저병	감자	-
Colletotrichum circinas	탄저병	양파	4~34
Fusarium coeruleum	건성부패병	근채류	3~30
Botrytis allii	회색부패병	양파	-
Botrytis cincrea	회색곰팡이병	딸기, 기타	2~
Alternaria tomato	흑반병	토마토	2~35
Alternaria radicina	흑반병	당근, 배추, 토마토	5~
Phoma destructiva	열매썩음병	토마토	6~33
Sclerotinia sclerstiorum	균핵병	토마토, 양배추, 양파	0~8~
Bacillus aroideae	연부병	감자, 양파	3-8~41
Bacillus carotovora	세균성부패병	당근, 배추, 토마토	2~39
Bacillus solaniperda	습부병	감자	-

3. 식 육

동물의 사후에 근육이 단단하게 수축한 상태, 즉 사후강직(死後强直, rigor mortis)의 상태를 일정시간 지속한다. 일정기간의 경직기가 지나면 근육은 식육 고유의 효소에 의해 육단백질이 자가소화(自家消化, autolysis)를 일으키므로 근육은 점차 연화된다. 그 때문에 육은 풍미를 증가시키며, 조리재료로서 적당한 상태로 된다.이러한 현상을 육(肉)의 숙성(熟成, aging 또는 ripening)이라 한다. 육을 자연상태로 방치하면 부착된 미생물이 왕성하게 번식하여 육의 분해가 진전되고 하급의 산물을 생산하며, 식용으로 부적당한 상태로 되는 것은 부패(腐敗, putrefaction)라고 한다.

식육 저장 초기에 오염되기 쉬운 세균으로는 *Bacillus subtilis, Bacillus mesentericus, Bacillus vulgaricus* 등이 있으며, 다음으로는 *Escherichia coli*, *Aerobacter cloacae*, *Aerobacter aerogenes*, *Pseudomonas fluorescens*, *Proteus vulgaris*, *Serratia marcescens* 등이 있다. 또한 혐기적으로는 *Clostridium putrificum*, *Clostridium sporogenes* 등이 오염되기 쉽다.

식육은 각 동물의 종류 및 부위에 따라서 색이 변화한다. 보통 담홍색 또는 선홍색을 띠며 혹은 암적색인 것도 있다. 식육의 변색의 원인은 미생물에 의한 것이 많다.

미생물의 발육에 의해서 곰팡이 냄새가 나는 것도 있다. 많이 발생하는 균으로는 *Pseudomonas*속이 *Achromobacter*속이 있다. *Pseudomonas*속은 육의 표면에 발육해서 호두 냄새를 낸다.

표 13-6 식육의 변색과 원인이 되는 미생물

변 색	원인 미생물
녹 색	H_2S 생산균, 산화효소생성균
황 색	여러 종의 *Flavobacterium*, *Micrococcus*(우육지방, 근막의 변색)
남 색	일종의 *Chromobacterium*
흑색반점	곰팡이의 일종 *Cladosporium*
청 색	*Pseudomonas*에 속하는 세균
적색 – pink색	pink yeast, *Rhodotorula, Aspergillus, Candida, Serratia*
발 광	*Micrococcus, Photobacterium, Bacillus, Acromobacter, Pseudomonas, Vibrio*

4. 우유 및 유제품

완전식품에 가까운 우유는 그 향미가 예민하고 다른 식품에서와 같이 심한 열처리나 기타 강력한 보존방법을 사용하게 되면 쉽게 변질되어 그 가치를 상실하게 된다. 생산 후부터 가공 전까지의 오염량과 오염균종은 그 후 제품의 질에 절대적인 영향을 미치게 되므로 모든 과정에서의 오염량 저하에 최대의 노력을 해야 한다. 일단 식품에 오염된 미생물을 제거하기는 어려운 일이다. 우유를 고속원심분리에 의해 청정작업을 하거나 또는 기타 방법의 여과에 의해 상당량의 미생물을 제거할 수 있다. 우유 내의 미생물 파괴방법으로서는 저온살균(低溫殺菌, pasteurizaion)과 초고온처리법(超高溫處理法, ultra-high temperature treatment, UHT 또는 sterilizaion)이 주로 사용되고 있다.

원유로부터 사람이 전염될 수 있는 질병은 여러 가지가 있지만, 특히 우결핵균(*Mycobacterium bovis*), 부르셀라(*Brucella abortus*), Q열병균(*Coxiella burnetii*) 등이 우유의 위생면에서 가장 많은 관심을 끌었으며, 우유의 살균온도와 시간은 제일 내열성이 높은 *Coxiella burnetii*의 사멸효과를 기초로 하여 정해진 것이다.

우유는 착유 즉시 최소한 2시간 내에 5℃ 정도로 냉각시켜서 가공 전까지의 저장 및 수송시에 이 온도로 유지되어야 한다. 냉장된 우유 내에서 자랄 수 있는 호냉성 미생물은 *Pseudomonas, Achromobacter, Flavobacterium, Alcaligenes, Enterobacter, Micrococcus, Aeromonas, Bacillus, Clostridium*이다.

5. 달 걀

산란 직후의 달걀은 무균적이므로, 기공(氣孔, air cell)을 통하여 미생물이 침입하지 않는 한, 무균상태는 계속된다. 그런데 난각(卵殼, egg shell)은 산란 후에 미생물에 의해서 오염된다.

미생물은 난각 표면에 부착되어 이것이 기공을 통하여 안으로 들어가면 내용물은 미생물의 배지가 되어서 번식이 급격히 이루어진다. 달걀 내부로 침입되는 미생물은 주로 *Salmonella*속 및 연쇄상구균 등의 세균과 효모, 곰팡이, 바이러스가 있다.

특히 *Escherichia coli*가 침입했을 때는 난황과 난백이 혼합되어 점성이 없어지고 나쁜 냄새를 내게 한다. 한편, 토양미생물에 속하는 *Clostridium*속은 난황과 난백(卵白, egg white)을 흑변시키고, 황을 함유하는 아미노산을 분해하여 황화수소를 발생하게 한다.

6. 어패류

어패류는 육류에 비하여 근육의 구조가 단순하고, 조직이 연하며, 수분이 많고, 알칼리성이며, 세균오염의 기회가 많아 부패하기가 쉽다. 어패류는 죽은 뒤에 사후경직이 일어나고 이어서 경직이 풀어지면서 근육은 조직 내의 효소에 의한 자가소화로 glycogen으로부터 젖산이 생성되어 pH는 저하된다. 자가소화로 조직이 이완되면 세균이 조직 내에 침입하기 쉽게 되고 점차 세균에 의한 부패가 시작된다.

미생물 중에는 색소를 생성하는 균이 있어 이것이 번식하여 식품을 변색시키는 경우가 있다. 어묵 · 부들어묵 · 튀김어묵 등의 연제품이 적변(赤變)하는 경우가 있는데, 이의 원인균은 *Serratia marcescence*라고 하며, 30℃ 이하에서 색소를 생성하며, 급속히 증식하므로 부패취(腐敗臭)가 나기 전에 적변이 일어난다. 그 밖에 넙치나 동양가자미 등에 형광을 띤 대연황색의 색반이 생기는 경우가 있는데, 이것은 *Pseudomonas fluorescence*에 의하여 일어난다고 한다. 또 냉동굴에 효모 *Tolura*속이 발육하여 복숭아색의 반점을 생성하였다는 보고도 있다.

표 13-7 어패류의 부패미생물

종 류	부 패 미 생 물
바닷고기	*Pseudomonas, Achromobacter, Flavobacterium, Corynebacterium, Bacillus, Sarcina, Serratia, Vibrio, Clostridium, Escherichia, Proteus*
민물고기	*Aeromonas, Brevibacterium, Alcaligenes, Lactobacillus, Streptococcus*
갑 각 류	*Myxococcus, Rhodotorula, Candida, Torulopsis, Trichosporon*
패 류	생선과 유사

Chapter 14 발효식품 관련 미생물

SECTION 1 장 류(醬類)

간장 · 고추장 · 된장 · 청국장 등의 장류는 장기간의 발효 숙성 과정을 거쳐 만들어지는 우리 고유의 것으로, 그 제조방법이 예로부터 전수되어 우리나라의 맛을 상징하는 조미식품(調味食品)이다. 소중한 가치를 지니고 있으며, 주식인 곡류의 섭취만으로는 부족하기 쉬운 아미노산 등을 보충해 주는 단백질원으로서도 중요하다. 장류는 대두발효식품으로서 구수한 맛을 내는 glutamic acid가 많이 생성되고 K, Ca, Na 등 알칼리 염류와 소화흡수율이 좋은 Fe 등을 함유하고 있다.

1. 간 장

간장은 된장과 함께 우리 교유의 조미식품이다. 대체로 개량식 간장, 재래식 간장, 아미노산 간장으로 나눌 수 있다. 재래식 간장은 100% 콩으로 간장과 된장을 제조하는 데 반하여 개량식 간장은 콩과 밀로 제조하여 부산물인 된장이 생성되지 않는다.

개량식 · 재래식 간장을 양조간장이라고 하며, 아미노산 간장을 화학간장이라고 하는데, 이 중에서 그 향기나 풍미 등에 있어서 가장 우수한 양조간장에 대하여 알아보고자 한다.

(1) 원 료

① 대두 및 탈지대두(脫脂大豆)

대두는 주로 황색종을 사용하며 대두의 약 20%를 차지하는 유지는 간장의 원료로서 거의 필요하지 않은 성분이므로 이것을 제거한 탈지대두를 원료로 사용하고 있다. 탈지대두를 이용하면 원료비가 절감되며, 원료 이용률의 향상과 간장덧의 숙성기간을 단축할 수 있다.

② 밀

간장의 전분질 원료인 밀은 공정 중 단시간에 볶을 수 있고 팽창이 잘 되는 연질밀이 적당하다. 간장의 향기 및 색소는 단백질의 분해물과 당류, 특히 pentose의 결합에 의해서 생성되므로 pentoser가 많은 밀기울은 밀의 대용품의 역할뿐만 아니라 간장의 품질이나 koji의 효소력 증가를 위해서도 어느 정도 사용하는 것이 좋다.

③ 소 금

간장용 소금으로는 간장의 착색을 촉진하고 안정성을 나쁘게 하는 Fe이나 Cu 등의 미량성분이 되도록 적게 함유된 정제염을 사용하여야 한다.

④ 양조용수 : Fe이나 Cu 성분이 적게 함유된 음료수가 적합하다.

(2) 균 주

① 곰팡이

간장에 사용되는 곰팡이는 균사가 짧고 단백질 분해효소의 활성이 강해야 하며, 특히 glutamic acid의 생성능력이 강해야 한다. 또한 전분의 당화작용도 함께 해야 하므로 당화력도 역시 강해야 한다. 이 곰팡이는 담금 후 1~2개월 안에 사멸되므로 균체로부터 용출된 효소에 의하여 단백질이 분해되어 peptide나 아미노산으로 분해된다. 간장의 제조에 적합한 곰팡이로는 *Aspergillus oryzae*와 *Aspergillus sojae*가 있다.

② 세 균

간장 발효에 관여하는 세균은 젖산과 식초산 등의 유기산을 생성시키며, 향기의 주성분인 alcohol과 ester의 생성에 관여한다. 간장의 술덧은 18% 정도의 식염을 함유하므로 숙성 중에 증식할 수 있는 절대 내염성균이어야 한다. 간장 발효에 이용되는 대표적인 젖산균으로는 *Pediococcus halophilus*가 있다.

③ 효 모

효모 역시 내염성(耐鹽性, salt tolerant)이어야 하므로 그 종류가 극히 제한되어 있다. 대표적인 내염성 효모인 *Saccharomyces rouxii*는 당을 발효하여 1~2%의 alcohol을 생성시킨다.

(3) 양조간장의 제조 공정

탈지대두에 물을 뿌려 12~13% 정도의 수분을 흡수시키고 1~2시간 가압증자한 후에 방냉시킨다. 밀은 볶아서 전분을 호화와 동시에 caramel화하여 거칠게 빻아 놓는다. 준비된 탈지대두와 밀을 혼합하여 *Aspergillus oryzae*나 *Aspergillus sojae*을 번식시켜 koji를 제조한다.

koji는 발효조에 넣어 23%의 식염수로 잘 혼합하고 때때로 저어 주면서 약 1년간을 숙성시킨다. 숙성된 간장은 압착 · 여과하여 침전물을 제거한 후에 80℃ 정도로 가열하여 저장 숙성시킨다.

숙성 중에는 koji에 생성된 amylase, dextrinase, maltase에 의하여 전분과 dextrin이 분해되어 maltose와 glucose로 되며, 이들 성분은 효모에 의하여 alcohol 발효를 하게 되고 부산물로서 glycerol, succinic acid, acetic acid 및 각종 alcohol, ester류 등이 생성된다. 또한 대두의 주성분인 단백질이 생성된 protease에 의해 분해되어 glutamic acid로 됨으로써 감칠맛을 나타내게 된다.

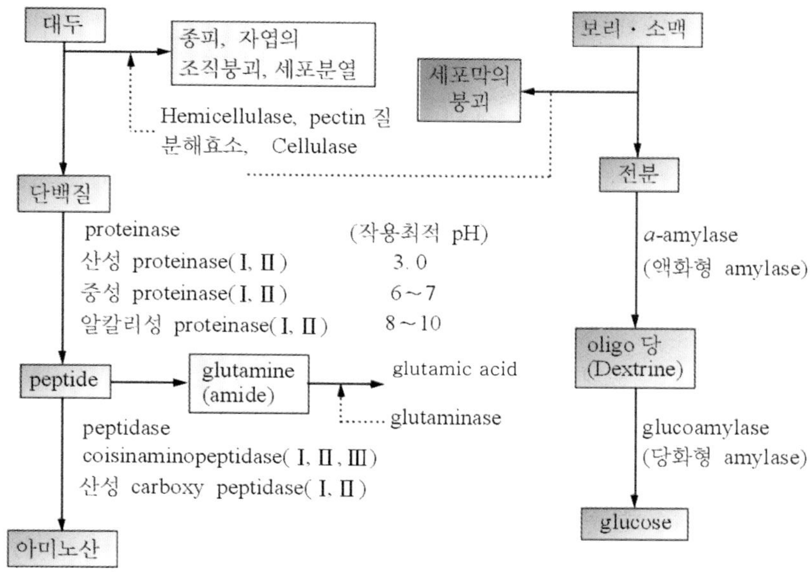

그림 14-1 간장과 된장양조에 관여하는 주요효소

(4) 간장의 숙성에 관여하는 미생물

간장 koji에서 이행되는 미생물은 식염의 농도에 따라 번식상이 크게 좌우된다. 일반적으로 곰팡이는 간장덧 중에서는 번식할 수가 없다. 담금 후에 1~2개월은 생존하고 있으나, 증식하지 못하고 사멸하게 된다.

간장 koji 중에는 *Aspergillus oryzae*나 *Aspergillus sojae* 이외에 1g 중에 수천만의 *Bacillus*속 세균과 *Lactobacillus*속과 *Streptococcus*속과 같은 비내염성 젖산균이 존재하고 있다. 간장덧에서 *Bacillus*속 세균은 젖산균이 생성한 젖산 때문에 영양세포는 생육할 수 없고 포자만이 생존한다. 비내염성 젖산균은 담금 후 2개월 이내에 사멸하지만, 그 동안 젖산을 생성하여 숙성초기에 pH 6.0 정도이던 것이 1개월 정도 후에는 pH 5.5 정도까지 저하된다. 그 후 증식되는 것은 내염성 젖산균으로 *Pediococcus soyae*가 증식하여 젖산을 생성하는 동시에 간장 특유의 향미를 형성한다.

간장덧 중의 효모로서는 담금 초기에는 alcohol 발효성이 없는 *Torulopsis famata*나 *Candida polymorpha* 등을 볼 수 있으나, pH가 5 정도로 낮아지면 *Saccharomyces rouxii*가 증식하여 왕성한 alcohol 발효를 하게 된다. *Saccharomyces rouxii*는 내염성 효모로 고농도 식염배지에서 glycerol 등의 다가 alcohol을 다량 생성하여 간장의 향미를 개선한다. 간장덧의 후숙에 관여하는 *Torulopsis versatilis*는 간장의 향기성분을 생성한다.

2. 된 장

된장은 전통식품으로 지방에 따라 종류가 다양하고 제조법도 다르다. 된장은 공업적으로 공장에서 대량 생산되는 개량식 된장과 가정에서 간장을 뜨고 남은 찌꺼기인 재래식 된장으로 크게 구분된다. 개량식 된장과 재래식 된장의 제조방법은 전혀 다르며, 개량식 된장은 발효에 *Aspergillus oryzae*를 사용하는 데 비해 재래식 된장은 *Bacillus subtilis*가 발효에 관여하는 점이 근본적으로 다르지만 원료의 종류나 화학적 분해작용은 거의 비슷하다. 여기서는 공업적으로 생산되는 개량식 된장을 중심으로 기술하고자 한다.

(1) 원 료

개량식 된장은 전분질 원료에 따라 쌀된장, 밀된장, 보리된장으로 나눌 수 있다. 쌀은 5~10%의 정백도, 밀 · 보리쌀은 10~30% 도감을 행한 것으로 사용하여 물에 침지시켜 상압에서 증자한다. 콩은 백색종이나 황색종이 좋으며, 물에 불려서 처음 중량의 2.2배, 콩을 단독으로 사용하는 경우는 1.8배 정도 흡수시켜 가압증자를 한다.

(2) 균 주

된장 제조에 사용되는 균주(菌株)들은 모두 내열성이 강하며, 된장의 제조과정 중 나타났다가 발효 및 숙성이 진행됨에 따라 감소되어 어느 시기에 달하면 각 균주의 수는 일정하게 된다.

① 곰팡이

된장의 제조에 쓰이는 곰팡이는 당화효소와 단백질 분해효소가 모두 강한 *Aspergillus oryzae*가 사용된다.

② 세 균

세균은 단백질은 분해하는 *Bacillus subtilis*와 산 생성능력이 강한 젖산 세균인 *Pediococcus halophilus*와 *Streptococcus faecalis* 등이 관여하며 이들 균주는 0.15~0.35%의 젖산을 생성한다.

③ 효 모

숙성 중의 효모는 alcohol을 생성하여 된장의 풍미에 관여하게 되고 역시 내염성인 *Saccharomyces, Zygosaccharomyces, Pichia, Hansenula, Debaryomyces, Torulopsis* 등이 적당하다. 이 중 특히 *Saccharomyces rouxii*는 당류를 발효시켜 0.1~0.6%의 alcohol을 생성한다.

(3) 된장의 제조공정

① 제 국(製麴)

쌀이나 보리 등의 침지 · 증자한 전분질 원료에 0.1~0.15%의 *Aspergillus oryzae*를 접종시켜 33~38℃에서 3일 동안 배양시켜 koji를 제조한다. 제조공정 중 품온이 39℃ 이상이 되지 않도록 주의해야 한다.

② 담 금

증자된 전분질 원료, koji, 소금물을 혼합하여 담금한다. 담글 때 된장의 수분은 48~52%가 되도록 조절한다. 된장의 발효를 안전하게 도모하기 위해 담금할 때 *Candida, Zygosaccharomyces rouxii* 등의 효모나 *Pediococcus halophilus, Streptococcus faecalis* 등의 내염성 젖산균을 배양한 starter를 첨가하기도 한다.

③ 숙 성

된장이 숙성될 때는 된장 중에 있는 곰팡이와 효모, 그리고 세균들의 상호작용에 의하여 특유한 색깔 · 맛 · 향기 등이 나타나는데, 그 변화는 비교적 느리게 일어난다.

쌀이나 보리 등의 전분질 원료의 주성분인 전분이 곰팡이의 당화효소에 의해 dextrin 및 당으로 분해되어 감미를 나타내고, 생성된 당은 다시 효모의 알코올 발효에 의하여 알코올 등을 생성하며, 일부는 세균에 의하여 여러 가지 유기산을 생성하게 된다. 이들 생성물이 결합하여 ester가 생기게 되어 된장의 향기를 이룬다.

콩 및 보리의 단백질은 곰팡이의 단백질 분해효소에 의하여 protein과 polypeptide의 저급분해물이 되고, 다시 amino산까지 분해되어 구수한 맛을 내게 된다.

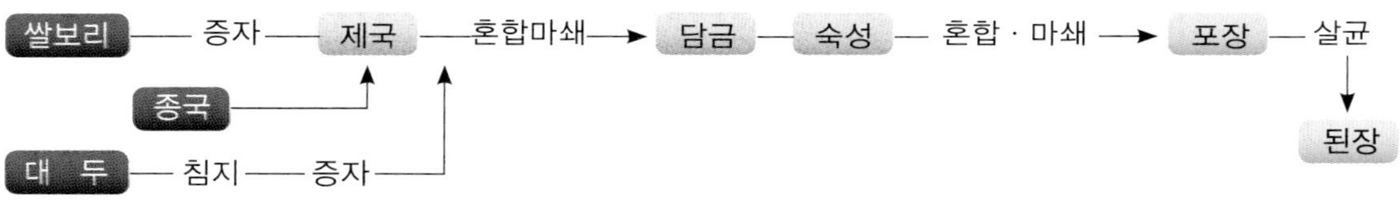

그림 14-2 된장의 제조공정

(4) 된장 숙성에 관여하는 미생물

된장 숙성에 관여하는 미생물은 간장의 경우와 유사하다. 된장 중에는 *Saccharomyces rouxii, Torulopsis* 이외에도 *Pichia miso Mogi, Debaryomyces, Hansenula*속의 효모도 있다. 또 숙성에 관여하는 세균으로서 단백질을 분해하는 *Bacillus subtilis*와 산의 생성 능력이 있는 *Bacillus mesentricus miso*가 있다.

3. 청국장

우리나라에서 예로부터 즐겨 먹는 발효식품으로 polypeptide인 D-glutamic acid와 fructan의 fructose의 polymer의 2가지 성분으로 이루어진 끈적끈적한 점질물과 독특한 풍미를 가진다.

대두 발효식품인 청국장은 콩을 삶아 *Bacillus natto*를 증식시켜 40~50℃에서 18~20시간 배양해서 그대로 식용하거나, 마늘 · 파 · 소금 · 고춧가루 등 조미료와 향신료 등을 넣어 숙성시켜 식용하기도 한다.

발효 중에 *Bacillus natto*가 생성하는 단백질 분해효소에 의하여 된장과 비슷한 정도까지 대두 단백질의 수용화가 일어나지만 아미노태 질소의 증가는 약 10% 정도이다.

4. 고추장

고추장은 된장에 고춧가루를 섞어 만든 우리나라의 독특한 조미료이다. 쌀, 보리, 대두, 소금, 고춧가루, 물이 주원료로 단맛, 구수한 맛, 짠맛 및 매운맛이 잘 조화를 이룬다.

고추장 양조에 쓰이는 주요 곰팡이는 *Aspergillus oryzae*이지만, 숙성 중의 효모는 *Saccharomyces*, *Debaryomyces*, *Hansenula*, *Torulopsis*, *Candida*속 등이다. 또 숙성에 관여하는 세균은 *Bacillus subtilis*이다.

SECTION 2 주 류 (酒類)

오늘날 발효공업의 모체인 주류는 그 종류가 많으나 제조방법에 따라 양조주, 증류주, 혼성주로 분류할 수 있다.

양조주는 알코올 발효한 술덧을 그대로 음용하거나 또는 여과하여 마시는 술로, 알코올 농도가 낮고 진액분의 함량이 높다. 알코올 발효는 효모가 직접 이용할 수 있는 당분이 있어야 이루어지는데, 포도주와 같이 효모가 이용할 수 있는 당분을 원료로 하여 알코올 발효한 것을 단발효주라고 하며, 곡류가 원료인 경우에 전분질을 amylase로 당화시킨 후 알코올 발효시킨 것을 복발효주라고 한다. 증류주는 알코올 발효한 것을 증류하여 알코올 농도가 높고, 진액분의 함량이 낮다.

혼성주는 알코올 또는 알코올을 함유한 액에 착색료, 향료, 감미료, 과즙, 한약 재 및 조미료 등 기타 성분을 첨가시킨 술이다.

1. 과실주

과실주는 분류상 단발효주에 속하는 것으로 효모의 작용으로 과즙 속의 당분을 발효시켜서 음용하는 알코올 음료이다. 포도주, 사과주, 복숭아주 등이 여기에 속한다. 과실주는 발효원액을 그대로 음용하기도 하고, 발효 중 또는 발효 후에 브랜디 등을 보강하거나 탄산가스를 함유시키기도 한다. 일반적으로 와인(wine)이라고 함은 포도주를 의미하나, 우리나라에서는 과실주를 총칭하고 있으며, 알코올 함량은 12% 내외로 하고 있다.

(1) 포도주 (葡萄酒, wine)

포도주는 포도과즙을 효모에 의해 알코올 발효시켜 제조한 대표적인 과실주로 기원전 수천년 전부터 만들어졌으며, 프랑스를 비롯한 세계 각국에서 널리 애용되고 있다.

포도주는 원료포도에 따라 적색 또는 흑색포도의 과즙을 과피와 함께 발효시켜 적색의 안토시아닌 색소가 용출된 적포도주(赤葡萄酒, red wine)와 적색포도의 과피를 제거하거나 청포도를 원료로 하여 발효시킨 백포도주(白葡萄酒, white wine)로 나누며, 감미에 따라 생포도주(生葡萄酒, dry wine)와 감미포도주(甘味葡萄酒, sweet wine)로, 탄산가스 함유 여부에 따라 발포성 포도주(發泡性葡萄酒, sparkling wine)와 비발포성 포도주(非發泡性葡萄酒, still wine)로 나눌 수 있다.

포도주 효모는 *Saccharomyces cerevisiae var. ellipsoideus*로, 포도과피에 부착되어 있어 파쇄한 포도과즙을 자연발효시켜서 포도주를 만들 수도 있으나, 주질이 좋지 않은 포도주가 되기 때문에 인위적으로 배양한 술밑을 첨가하여 발효시킨다. 포도주 효모는 발효력이 왕성하고 아황산 내성이 강하며 고온에 잘 견디는 균주가 좋고, 균주에 따라 생산되는 포도주의 향미가 다르므로 우량효모의 선택이 필요하다.

(2) 귀부포도주 (貴腐葡萄酒, noble wine)

불완전균의 일종인 *Botrytis cinerea*(회색곰팡이)가 잘 익은 포도의 과피에 번식하게 되면 과피의 왁스(wax)질을 녹이게 되어 포도의 수분이 증발하고 쭈그러든 상태가 되는 것을 귀부(貴腐)라고 한다. 귀부포도에는 당분이 농축되어 있을 뿐만 아니라 곰팡이의 작용으로 glycerol이나 gluconic acid 등이 생성되어 있어 향기가 강하고 맛도 농후하며 부드러운 포도주를 만들 수 있다.

(3) 사과주

숙성된 사과를 파쇄 · 착즙하여 얻은 당도 10% 정도의 과즙에 설탕을 첨가하여 발효시키거나 발효가 끝난 다음에 알코올을 첨가하여 제조한다. 사과 과피에 붙어 있는 효모는 주로 *Saccharomyces cerevisiae* var. *ellipsoideus*와 *Kloeckera apiculata* 등이나 사과주 효모로서는 사과주 특유의 향을 주는 *Saccharomyces maliduclaux*와 좋은 맛을 주는 *Saccharomyces mali risler* 등이 알려져 있다.

2. 맥 주

단행복발효주에 속하는 맥주는 맥아(麥芽, malt)로 맥아즙(麥芽汁, wort)을 만들고 호프(hop)를 넣어 맥주효모로 발효시킨 알코올 함류 음료로서 알코올 함량은 비교적 적은 편이지만 탄산가스와 쓴맛 성분을 함유하고 있으므로 소화를 촉진시키는 효과가 있다.

맥주효모는 그 발효형식에 따라 상면발효효모(上面醱酵酵母, top fermentation yeasts)와 하면발효효모(下面醱酵酵母, bottom fermentation yeasts)로 구분된다. 상면발효효모는 표면효모로 상면발효효모에 의해 제조된 맥주는 하면발효맥주에 비해 발효온도가 높고 향기가 강한 것이 특징으로, *Saccharomyces cerevisiae*가 대표적이다. 하면발효효모는 발효 중에 가라앉으며 저온에서 제조되는 효모로 대표적인 하면발효효모로는 *Saccharomyces carlsbergensis*가 있다. 상면발효맥주는 주로 영국에서 생산되며, 독일 · 미국 · 일본 · 덴마크 및 우리나라에서는 하면발효맥주가 주로 생산된다.

3. 청 주(清酒, sake)

청주는 쌀과 물을 주원료로 하여 국균, 젖산균, 효모 등의 작용에 의하여 당화와 알코올 발효가 동시에 진행되어, 병행복발효에 의해 만들어지는 일본술이다. α미에 *Aspergillus oryzae*를 접종하여 배양한 국(麴, koji)에서 생성되는 amylase나 protease 등의 효소와 각종 대사생산물은 청주의 향미와 색택에 영향을 끼치므로 국의 제조 및 국균의 선택은 매우 중요하다. 청주용 국균 *Aspergillus oryzae*는 변종이 많이 있으므로 α미에 잘 번식하고, amylase 분비력이 강하며 향기가 좋은 것을 선택하는 것이 좋다.

대표적인 청주효모로는 분류상 *Saccharomyces cerevisiae*에 속하는 *Saccharomyces sake*가 있다.

4. 약 · 탁주(藥 · 濁酒)

약주와 탁주는 역사가 오래된 우리나라 전통 토속주로 원래 찹쌀이나 쌀을 원료로 우리나라 특유의 누룩을 발효제로 하여 제조되어 왔으나 식량부족 때문에 소맥분으로 약주와 탁주를 제조하게 되었으며, 자가제조에서 기업형 제조로 바뀌면서 약 · 탁주 고유의 풍미는 많이 바뀌게 되었다.

현행 주세법에 약주는 곡류 또는 기타 녹말을 함유하는 물을 원료로 하여 발효시킨 술덧을 여과하되, 재를 제거하지 않고 혼탁성을 가지도록 제성한 것이다. 탁주는 약주와 같은 원료로 발효시킨 술덧을 여과하지 않고 제성한 것으로 되어 있다.

약 · 탁주의 발효제에는 우리나라 고유의 곡자(누룩)와 종국으로 만들어지는 입국(粒麴) 및 분국(粉麴)과 전제효소 등이 있다. 이들 발효제는 amylase와 protease를 비롯한 각종 효소를 가지고 있어 원료 중의 전분을 당화하고, 단백질을 분해하여 효모가 이용할 수 있도록 한다. 곡자는 *Aspergillus, Rhizopus, Absidia, Mucor*속 등의 곰팡이가 번식하여 생성한 각종 효소와 밀 자체가 함유하고 있는 효소를 가지고 있으며, 상당수의 효모도 존재하여 술밑의 종효모 역할을 한다.

입국은 증자된 원료에 곰팡이를 접종하여 단시간에 번식시킨 것으로 약 · 탁주에는 백국균 *Aspergillus kawachii*를 사용한다. 이 균은 amylase와 산생성력이 강하여 입국 제조과정이나 술덧의 담금 및 숙성 중에 잡균의 오염을 막아 안전한 발효를 도모할 수 있다. 분국은 입국의 하나로, 가루 모양의 밀기울 koji를 말하는 것으로 당화력이 강한 효소를 생산하는 *Aspergillus usamii mut. shirousamii*의 종국을 접종 · 배양하여 제조한다. 효소력이 곡자나 입국에 비하여 훨씬 강한 점이 특징이다.

5. 증류주(蒸溜酒, spirit)

증류주는 발효원액을 증류해서 얻는 주류를 지칭하는 것으로, 소주류 · 위스키류 · 브랜디류 · 일반 증류주 등을 말한다.

(1) 소주(燒酒)

소주는 주류 또는 주박(酒粕)을 증류하거나 전분질 원료 또는 과실 등의 당질원료를 발효시킨 술덧을 증류하여 만든 술로서 20~35%의 알코올을 함유하며 무색 투명하다. 소주는 제조방법에 따라 재래식 소주와 신식 소주로 구분된다. 재래식 소주에는 곡류를 곡자로 발효시켜 숙성된 발효주를 증류한 소주와 여기에 여러 종류의 약제를 넣어 추출하여 제조한 약소주가 있다. 신식 소주에는 흑국균을 입국으로 배양하여 쌀이나 싸래기 등의 술덧을 발효시켜 단식증류기(單式蒸溜機, pot still)로 증류한 증류식 소주와 시판 주정을 물로 희석하여 조미물질을 첨가한 희석식 소주가 있다.

제국시 이용되는 국균은 흑국균 *Aspergillus awamori*가 주로 이용되고 *Aspergillus usamii, Aspergillus shirousamii, Aspergillus kawachii*도 사용된다.

(2) 위스키(whisky)

위스키는 곡류 전분을 발아된 곡류의 효소로 당화하고 효모에 의해 발효시킨 술덧을 증류하여 나무통에서 저장 · 숙성시킨 증류주로, 원료에 따라 보리맥아만을 사용하고 단식증류기를 이용하는 맥아 위스키(malt whisky)와 맥아 이외에 옥수수나 라이맥을 사용하여 연속증류기로 증류하는 곡류 위스키로 나누어진다. 발효에 사용되는 효모는 *Saccharomyces cerevisiae*이고, 맥주 효모도 이용된다.

(3) 브랜디(Brandy)

브랜디는 과실을 원료로 만든 단발효 증류주로서 원료에 따라 grape, cherry, apple brandy로 부른다. 그러나 통상 브랜디라고 하면 grape brandy를 나타낸다. 포도주와 같은 방법으로 발효시킨 액을 브랜디용 단식증류기로 증류하여 얻은 증류액을 재증류하여 저장 숙성시킨다.

(4) 고량주

중국 만주지방에서 생산되는 술로, 수수를 원료로 사용하는 알코올 함량이 높은 술이다. 곡자에는 *Mucor, Rhizopus, Aspergillus* 등의 곰팡이, *Saccharomyces, Pichia* 등의 효모, 각종 세균 등이 존재하여 이들이 고량주의 당화와 발효를 담당한다.

(5) 럼(Rum)

사탕수수의 즙이나 당밀(糖蜜, molasses)을 원료로 하여 고온에서 발효시켜 증류한 원주를 나무통에 담아 저장 · 숙성시킨 증류주로, *Saccharomyces*계 효모 및 *Schizosaccharomyces*계 효모를 이용하며 별도로 독특한 향미와 유기산을 생성시킬 목적으로 초산균이나 낙산균을 증식시켜 첨가하기도 한다.

SECTION 3 침채류(沈菜類)

침채류는 채소에 소금과 기타 조미료를 첨가하여 자연 상태에서 발효시켜 산미 · 감미 · 탄산미가 조화된 맛을 내는 채소류 발효식품으로, 원료채소의 종류와 양념의 종류 및 담그는 방법에 따라 분류할 수 있다.

일반적으로 침채류에는 그 보존성을 부여하기 위하여 소금을 첨가하여 유기산 발효에 의하여 생성된 유기산이 보존성의 상승작용을 한다. 그러므로 관여하는 미생물은 내염성 균주뿐이며, 또 침채류는 영양가를 섭취하기 위한 식품이기보다는 신선미와 조미식품으로서의 가치를 인정받고 있다. 침채류의 숙성은 원료 성분의 삼투 · 효소작용과 미생물의 발효작용에 의해 일어난다.

1. 김 치

김치는 예로부터 우리나라의 가장 중요한 부식 중의 하나이며, 풍미의 독특함이 다른 나라에서 찾아볼 수 없는 한국 고유의 음식 중 대표적인 것의 하나이다. 김치의 주 발효균으로는 *Lactobacillus plantarum*이 있고, 이 밖에도 *Lactobacillus brevis*, *Pediococcus cerevisiae*, *Streptococcus faecalis*, *Leuconostoc mesenteroides* 등의 젖산균과 *Achromobacter*, *Flavobacterium*, *Pseudomonas*속에 속하는 호기성 세균 등이 관여하고 있다.

김치 숙성 후기에는 *Debaryomyces*, *Zygosaccharomyces* 등의 산막효모(film yeast)가 나타나고 시간이 지남에 따라 이들 효모의 증식으로 김치 중의 젖산이 감소되고 마침내 부패균이나 곰팡이가 번식하게 되어 악취가 발생하며 김치의 연부현상이 일어나게 된다.

2. 피클(pickle)

피클은 채소나 과일에 소금, 식초 또는 향신료를 더 섞어 담근 것으로, 오이 · 양파 · 덜 익은 토마토 등의 여러 가지 재료가 사용되며, 우리나라의 마늘 절임도 피클의 일종이다. 피클에는 원료의 소금 절임 속에서 젖산 발효를 시킨 것과 발효시키지 않고 식초에 담근 '간이 피클'이 있다.

오이 피클의 숙성에서는 오이를 소금물에 담근 초기에는 주로 *Flavobacterium, Achromobacter, Pseudomonas* 등의 호기성 잡균이 번식하여 조직을 연하게 하지만 산을 만들지는 않는다. 다음은 주로 이상젖산발효균인 *Leuconostoc mesenteroides*가 번식하여 탄산가스가 발생하므로 혐기적 조건을 형성하게 되어 그 밖의 젖산균인 *Streptococcus faecalis, Pediococcus cerevisiae*와 *Lactobacillus plantarum* 등이 번식하게 되며, 피클이 숙성되어 감에 따라 *Lactobacillus brevis*가 번식하게 된다.

3. 사우어크라우트(sauerkraut)

산(酸)양배추(acid cabbage)의 의미로 잘게 썬 양배추를 2~3%의 식염 상태에서 젖산발효를 행하여 산미 특유의 향을 갖게 하는 발효식품이다. 발효 중의 품온은 사우어크라우트의 품질을 규제하는 가장 중요한 인자로서 16℃ 이하에서는 젖산균의 생육이 늦어 산생성이 불충분하게 됨과 동시에 저온형의 *Flavobacterium*이나 *Aerobacter* 등이 증식되며, 반대로 26~29℃ 이상으로 되면 *Leuconostoc mesenteroides*의 증식이 저해되고 *Pediococcus*가 많아지기 때문에 풍미가 나빠지고 일종의 이상발효를 일으킨다.

SECTION 4 유제품(乳製品)

1. 치즈(Cheese)

치즈는 우유에 응유효소(凝乳酵素)인 rennet 또는 젖산균을 작용시켜서 우유 중의 casein을 지방과 같이 응고시켜 얻은 curd를 그대로 또는 가열 가압 등의 처리를 하여 성형한 다음에 세균이나 곰팡이 등의 작용으로 숙성시켜 만든 식품이다.

cheese starter로 이용되는 대부분의 미생물은 젖산균에 속하는 것으로, 대표적으로 *Streptococcus lactis*와 *Streptococcus cremoris*가 있다. Swiss cheese는 *Streptococcus thermophilus* 및 *Lactobacillus bulgaricus*가 Roquefort cheese에서는 *Penicillium roqueforti*가, Camember cheese에서는 *Penicillium camemberti*가 스타터로 이용되며, 그 밖에 *Propionibacterium shermanii*를 이용한다.

curd를 많이 압착한 것이 hard cheese이고 느슨하게 한 것이 soft cheese인데, 어느 것이든 초기의 젖산발효 때에 젖산균이 가장 많다. hard cheese에는

*Bacterium caucasicus*와 같은 통성혐기성균이 많고, soft cheese에는 호기성 젖산균이 많다.

2. 버터 (Butter)

butter는 우유에서 분리한 지방을 교동(churning)시켜 융합하여 만든 지방식품으로 스타터로 *Streptococcus lactis, Streptococcus cremoris* 등이 이용된다. 부패균의 혼입 우려가 있으므로 순수배양한 starter나 *Bacillus acidi lactici* 등의 향기 생산균을 배양하여 균일제품을 만드는 것이 좋다.

3. 요구르트 (Yoghurt)

가장 오래된 발효유(醱酵乳, fermented milk)의 하나로 소화가 잘 되며, 살아있는 젖산균을 함유하고 있으므로 정장(整腸)효과가 있다. 요구르트용 유산균으로는 *Streptococcus thermophilus, Lactobacillus bulgaricus, Lactobacillus herbeticus, Streptococcus lactis, Streptococcus cremoris* 등이 있는데 보통 요구르트 발효에는 *Streptococcus thermophilus*와 *Lactobacillus bulgaricus*를 병용하여 사용한다. 이는 단독발효 때보다 발효가 빠르고 풍미와 조직이 양호한 요구르트가 만들어지기 때문이다.

4. 유산균 음료

유산균 음료는 탈지유를 원료로 하여 젖산균을 접종시켜 만들어진 우유에 설탕과 향료 등을 가하여 그대로 또는 희석하여 만든 것이다.

스타터로 많이 이용되는 젖산균에는 *Lactobacillus acidophilus, Lactobacillus bulgaricus, Streptococcus lactis, Streptococcus cremoris, Streptococcus faecalis* 등이 있다.

5. 케퍼 (Kefir)

코카스 지방에서 예로부터 제조되는 발효유로, 이 지방의 중요한 식품이다. 우유 이외에 산양유 또는 면양유를 원료로 하여 제조되기도 하나, 근래에는 주로 우유를 원료로 하여 발효시켜 제조한다. kefir starter는 케퍼 립(kefir grain)이라고 하는 황갈색의 소맥건조립으로서 효모인 *Saccharomyces fragilis*와 유산균인 *Streptococcus lactis, Streptococcus cremoris, Leuconostoc dextranicum* 등이 혼합물이다. 이것을 우유에 넣으면 팽윤하여 커지고 발효가 시작되면 일단 밑바닥에 가라앉았다가 거품이 생기고 표면에 떠오르게 된다.

6. 쿠미스 (Koumis)

Koumis는 중앙아시아 또는 몽고지방에서 마유(馬乳)를 원료로 하여 제조하는 발효유로, 마유에는 lactose가 많이 들어 있어서 알코올 발효에 적당하다.

쿠미스용 스타터도 *Streptococcus lactis*와 *Saccharomyces*속 효모가 주체이며, 케퍼보다 알코올 함량이 높아 2.5~2.7% 정도이다.

Chapter 15

미생물의 유전과 변이

1940년에 George Beadle과 Edward Tatum은 하나의 유전자는 단지 하나의 효소에만 관여하고 특정지워진다는 "한 개 유전자–한 개 효소" 라는 가설을 발표하여 유전기능을 생화학적으로 설명하였다.

이어 1944년에는 Oswald T. Avery, Colin M. MacLeod와 Maclyn, McCarty 등이 박테리아의 DNA 변형원리로 알려진 변형현상을 연구함으로써 유전자의 화학적 성질이 서서히 알려지기 시작하였고, 1950년대 초반에 비로소 DNA는 유전물질이라는 사실이 보편적으로 받아들여졌다.

1950년대는 특히 단백질의 연구가 활발한 시기였다. 이 시기에 Linus Pauling과 Robert B. Corey에 의한 단백질의 2차구조인 $\alpha-$ helix 구조가 제안되었고, 이러한 발견이 James D. watson과 Francis H. C. Crick으로 하여금 DNA 모델과 더불어 유전단위의 화학적 성질과 분자구조를 밝혀 낼 수 있도록 하는 도화선이 되었다.

1950년대의 거대분자에 대한 연구는 생물학을 뒤바꾸어 놓았으며, 분자생물학이라는 새로운 용어가 사용된 것도 바로 이 시기였다. 분자생물학이란 분자수준으로 생명현상을 연구하는 분야로, 모든 생명현상의 가장 기본적인 기능은 동일한 생화학적 과정들을 통해 이루어졌다고 보는 시각에서 시작된다.

어떤 특정한 바이러스를 제외하고는 DNA라는 것이 유전물질이고 또한 모든 세포에 있어서 유사한 생화학적 메커니즘에 의해 복제된다는 사실이 그 좋은 예이다. 분자생물학은 1970년대에 들어서 DNA 재조합 기술을 도입함으로써 새로운 전성기를 맞이하였고, 이런 기술의 도입으로 말미암아 생명공학이라는 새로운 분야가 주목을 받게 되었다.

SECTION 1 유전자의 구조 및 유전정보의 전달과 보존

1. DNA의 구조

DNA(deoxy ribonucleic acid)는 adenine, guanine의 purine 염기와 cytosine, thymine의 pyrimidine염기가 deoxyribose 및 인산과 결합되어 있다.

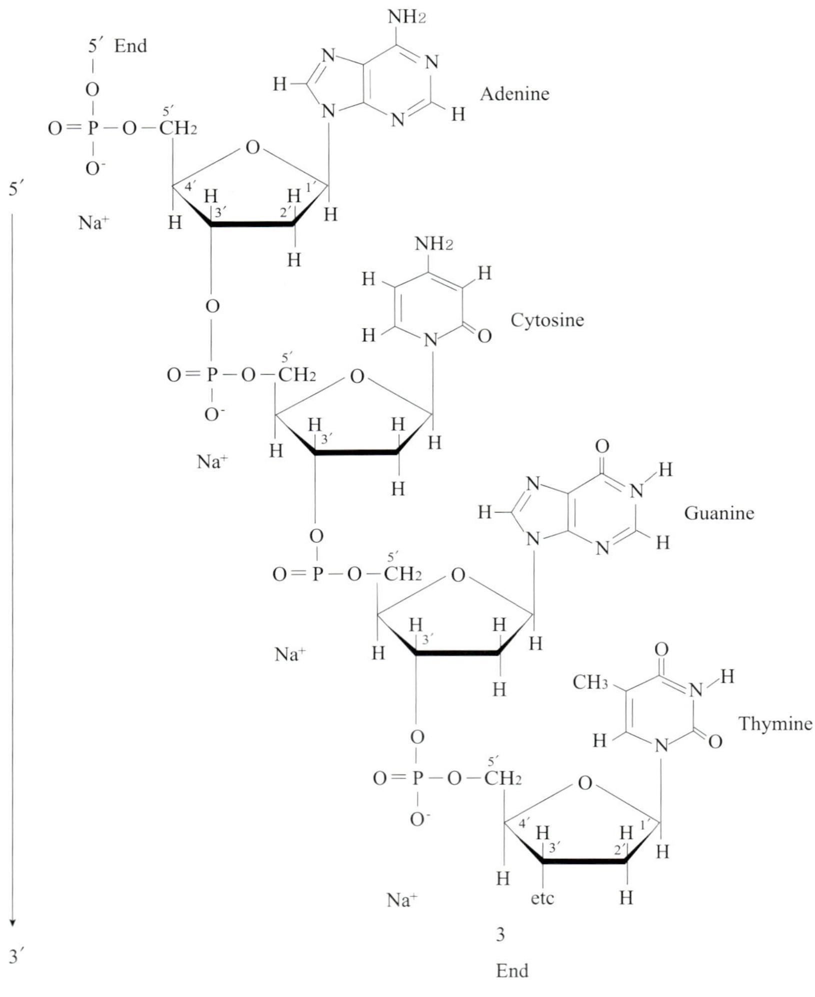

그림 15-1 DNA의 구조

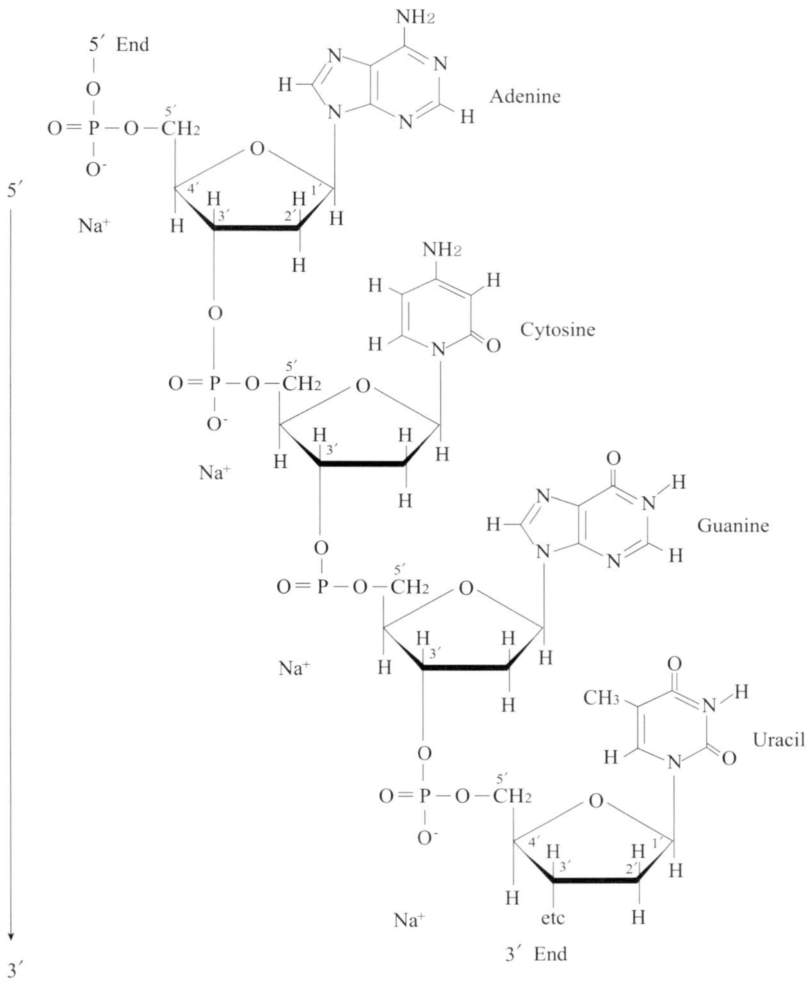

그림 15-2 RNA의 구조

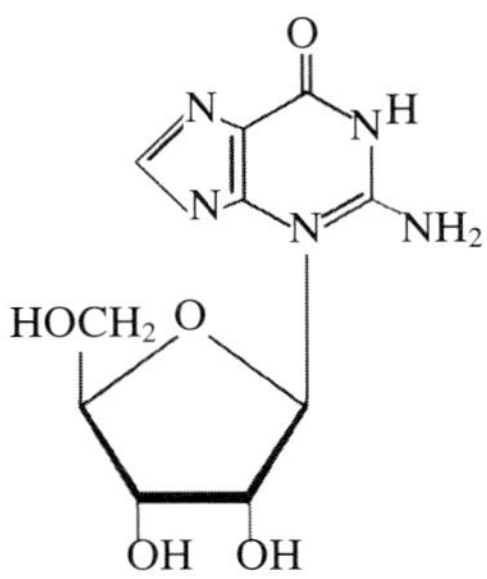

Guanosine
(9-β-D-
Ribofurnosyl
guanine)

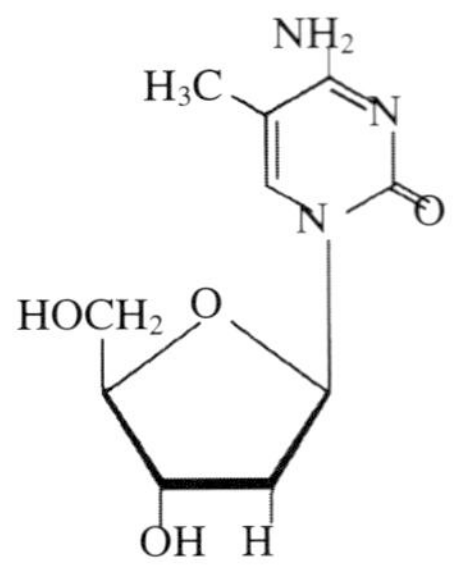

Deoxyribosyl-5-methylctidine
(1-β-D-2-Deoxyribofuranosyl
-5-methylcytosine)

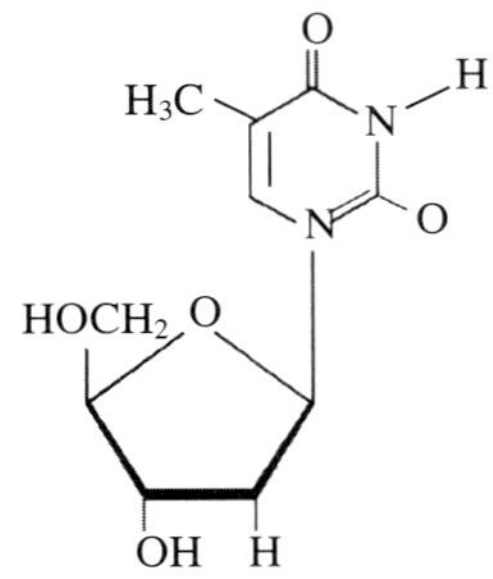

Deoxyribothymidine

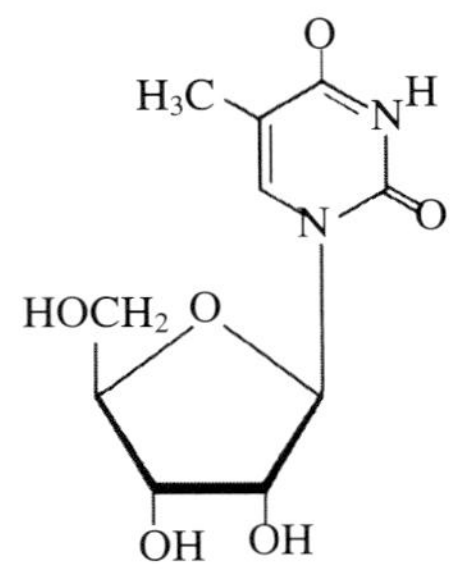

Ribothymidine

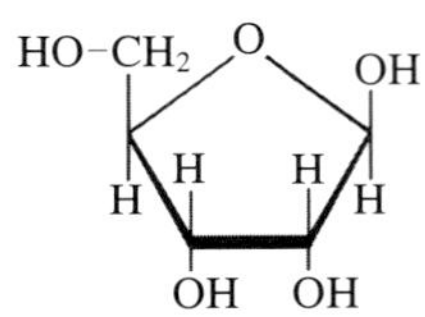

β-D-Ribofuranose

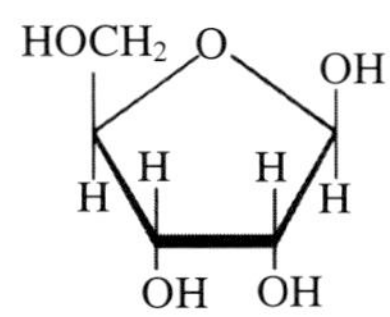

β-D-2-Deoxyribofhyranose

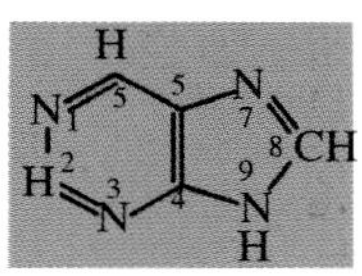

Purine

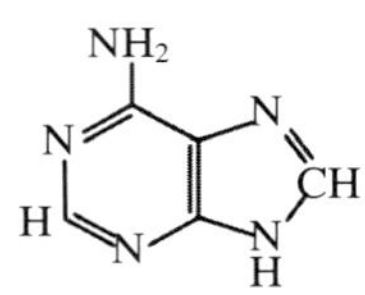

Adenine
(6-Aminopurine)

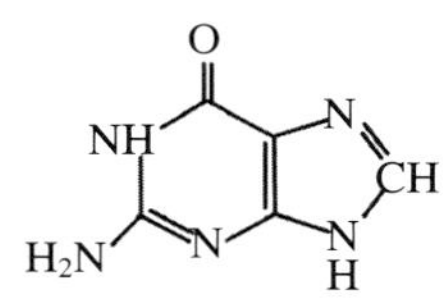

Guanine
(2-Amino-6-opopurine)

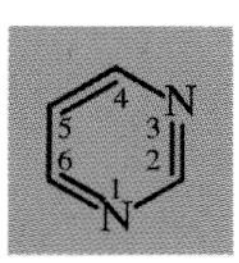

Pyrimidine

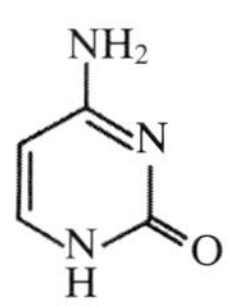

Cytosine

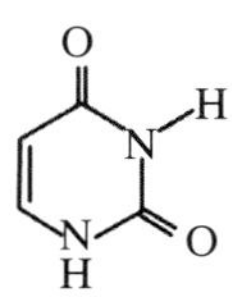

Uracil

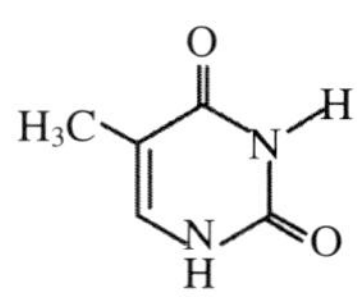

Thymine

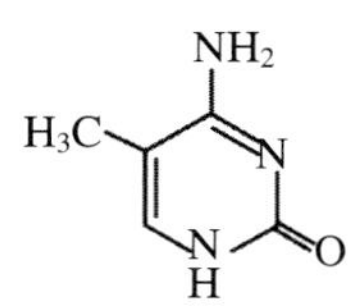

5-Methylcytosine

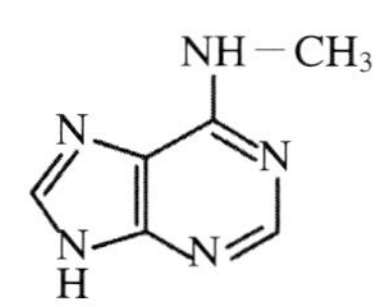

N-6-Methyl
cytosine

그림 15-3 핵산의 당, 염기의 구조

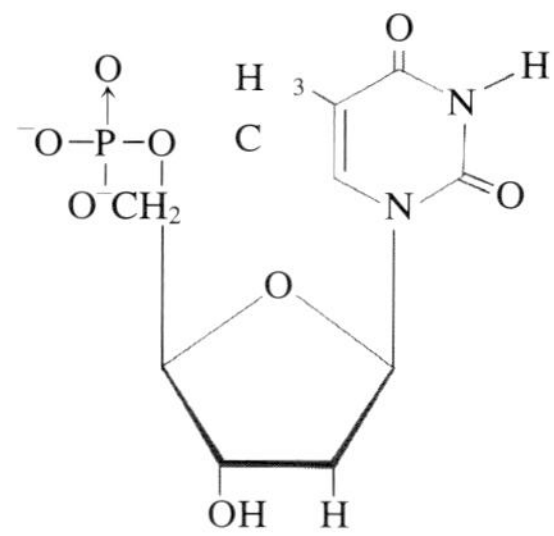

Thymidine－5′－phosphate
(dTMP)

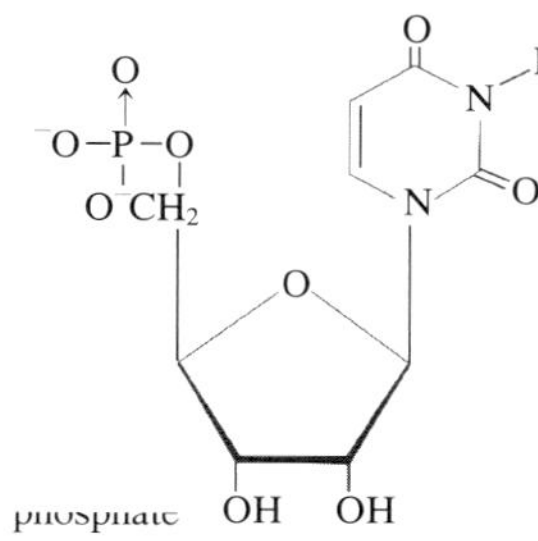

Uridine－3′－phosphate

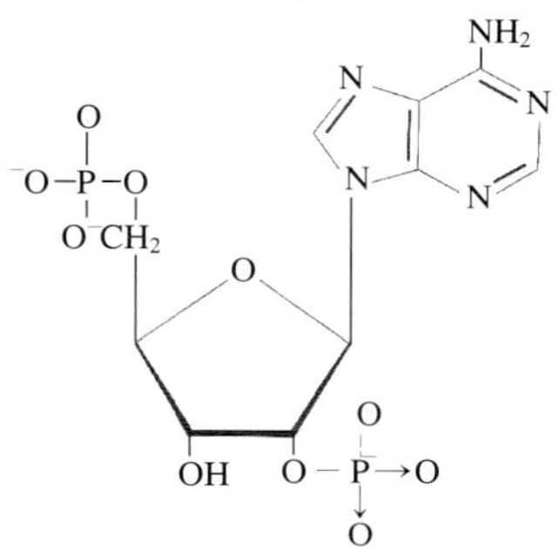

Adenosine-2′,
5′-*bis*-phosphate

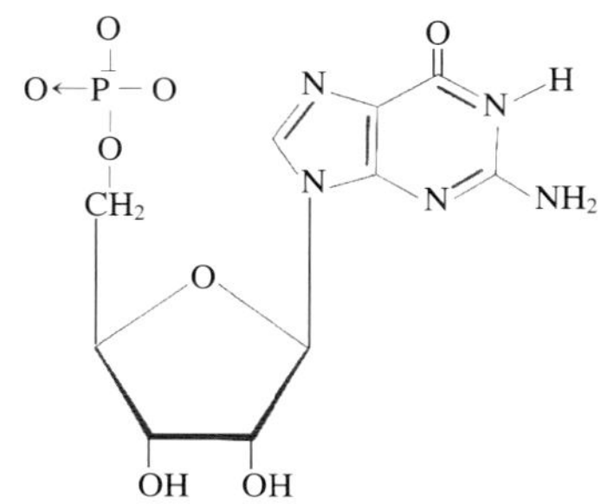

Guanosine-5′-phosphate
(GMP)

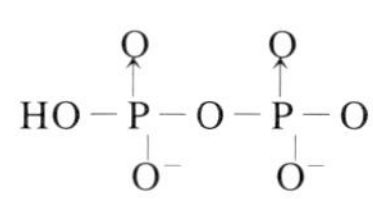

Pyrophosphate

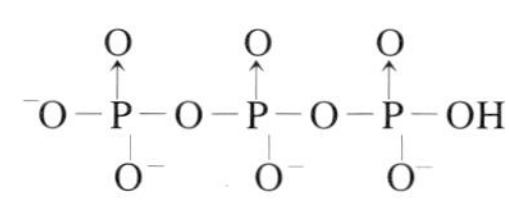

Triphosphate

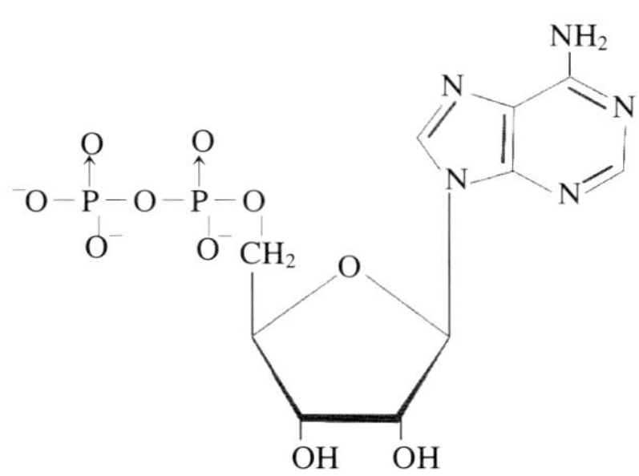

Adenosine diphosphate

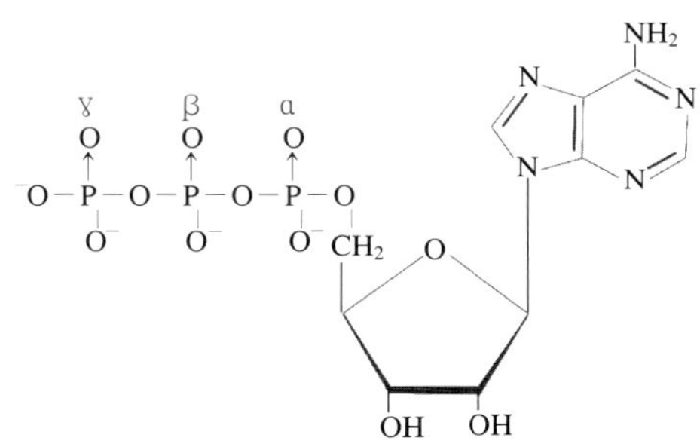

Adenosine triphosphate

그림 15-4 nucleotide의 그림

표 15-1 Nucleoside의 명명

Base	Ribonucleoside	Symbol	Deoxyribonucleoside	Symbol
Adenine	Adenosine	A	2′-deoxyribonucleoside or deoxyadenosine	dA
Guanine	Guanosine	G	2′-deoxyribosylguanine or deoxyguanosine	dG
Cytosine	Gutidine	C	2′deoxyribosycytosine or deoxyuridine	dC
Uracil	Uridine	U	2′-deoxyribosyluracil or deoxyuridine	dU
Thymine	Ribothymidine	rT	2′-deoxyribosylthy-mine or deoxythymidine	dT

표 15-2 Nucleoside-5-인산의 약어

Base	Ribonucleotide	Deoxyribnonucleotide
Adenine	AMP	dAMP
Guanine	GMP	dGMP
Cytosine	CMP	dCMP
Uracil	UMP	dUMP
Thymine	rTMP	dTMP

DNA는 매우 큰 나선형의 거대분자(대장균의 경우는 분자량 2×10^9dolton)이며, 2중나선의 3차원 구조를 가지고 있다. DNA에서의 염기 purine과 pyrimidine 염기의 서열은 유전정보를 전달하고 당과 인산기는 구조 역할을 한다.

DNA의 염기서열은 5′ 에서 3′ 방향으로 쓰여진다. DNA의 이중나선구조에서 두 개의 나선형 polynucleotide는 이중나선 DNA의 형성을 위해 공동축 주위로 꼬이고, 사슬은 반대방향인 5 → 3과 3 → 5방향으로 된다.

DNA 이중나선구조의 주요 특징을 보면 첫째, 인산과 deoxyribose는 바깥면에 있지만 염기는 사슬 중심을 향하며, 염기들의 면은 나선축과 수직이다. 둘째, 나선의 직경은 2nm이고, 나선구조는 각각의 사슬에서 10개의 잔기마다 반복되며 그 간격은 3nm이다.

셋째, 두 사슬은 염기쌍 사이의 수소결합에 의해 서로 연결되는데, adenine은 항상 thymine과 결합(2개의 수소결합)하고, guanine은 항상 cytosine과 결합(3개의 수소결합)한다. 이 특징은 DNA의 유전적 역할에 필수 불가결한 특징이다.

넷째, polynucleotide의 염기서열이 어떤 경우도 제한된 것은 아니지만, 각각의 가닥은 서로 상호보완적이어야만 하며, 정확한 염기서열이 유전정보를 전달한다.

염기쌍 간에 형성된 많은 수소결합은 분자를 안정하게 한다. 원래의 DNA 단편에서 또 다른 DNA 단편을 만드는 것을 DNA 복제(replication)라고 한다. DNA 단편이 복제될 때 새로운 DNA 중의 한 가닥은 어버이 DNA에서 오는 것이고, 다른 한 가닥은 주형(template)형식으로 어버이 DNA를 이용하여 합성된다.

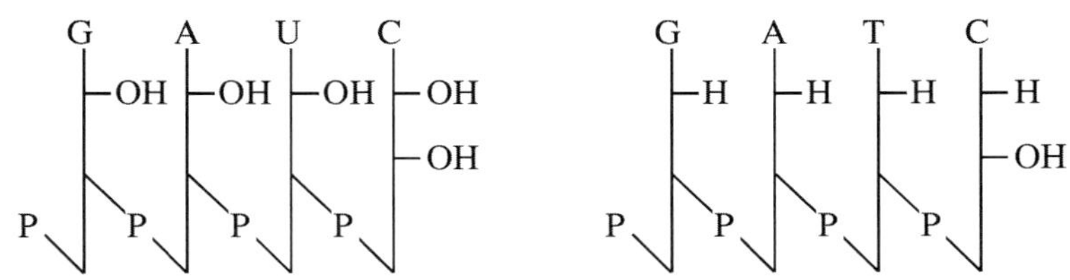

Or
pG－A－U－C

Or
pdGpdApdTpdCp
Or
pdG－dA－dT－dCp

그림 15-5 DNA와 RNA의 공유결합구조

2. 유전정보의 전달과 보존

(1) DNA 복제(複製, replication)

유전정보는 단순히 네 개의 nucleotide(adenine, thymine, guanine, cytosine)의 직선배열에 저장된다. guanine(G)은 오직 cytosine(C)과, adenine(A)은 오직 thymine(T)과 수소결합하므로 이중나선구조가 유지되기 위해서는 두 사슬은 상호보완적이어야 한다.

DNA의 복제는 반보존적이다. 즉, 하나의 딸 염색체는 하나의 부모 사슬과 새로 합성된 또 하나의 사슬을 갖기 때문이다.

대장균의 DNA 복제를 통하여 복제과정을 살펴보자. nucleotide의 공유결합에 필요한 효소는 DNA 중합효소(DNA polymerase)이다. 대장균은 세 개의 DNA 중합효소(Pol Ⅰ, Pol Ⅱ, Pol Ⅲ)를 갖고 있다. 그 중 한 효소는 deoxynucleotide를 결합시켜 DNA 중합체를 만들어 낸다. Pol Ⅲ는 RNA primer에 nucleotide를 첨가하는 작용을 한다.

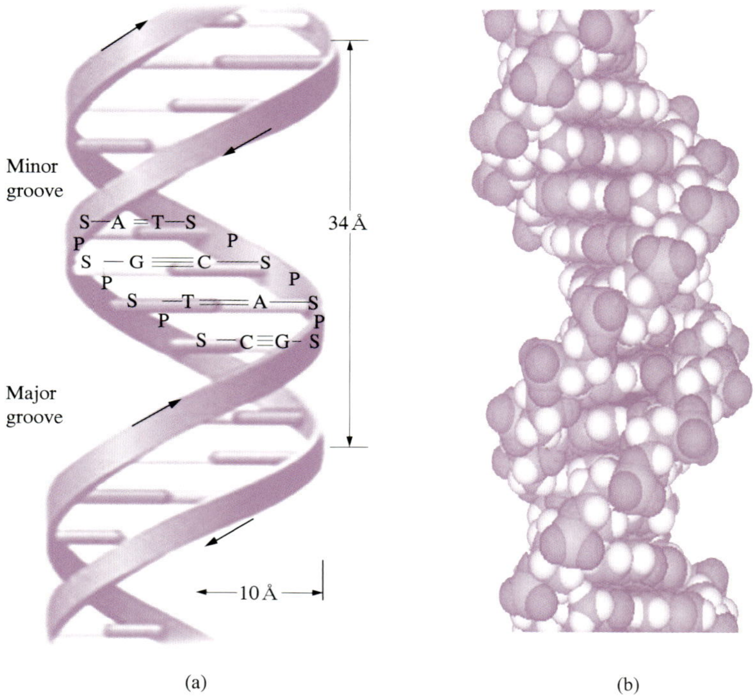

(a) deoxyribose와 인산잔기는 S－P－S－P－S…로 표시하였다.

(b) DNA의 space－filling 모델, 두 ploynucleotide사슬이 표시되어 있다.

그림 15-6 DNA의 나선구조

Pol Ⅰ은 RNA primer를 가수분해하는 기능과 한 가닥의 DNA 부위를 복제하는 기능을 갖고 있다. 또한, 이 효소는 잘못 복제된 DNA 부분의 수정에 사용되기도 한다. Pol Ⅱ의 정확한 기능은 아직 밝혀져 있지 않았다. 염색체의 복제는 보통 미리 정해진 부위에서 시작된다. 이 부위를 복제기점(origin of replication)이라고 하는데, 대장균에서는 복제를 시작할 때에 이 부위가 세포막과 결합한다. 대장균의 염색체는 원형이다.

DNA 복제가 시작되면 두 개의 사슬이 분리되어 Y자 모양의 복제 갈림(replication fork)이 생성된다. 이 복제 갈림의 이동은 에너지를 요구하는 DNA gyrase와 사슬을 푸는 효소에 의하여 촉진된다. 모든 생명체가 그런 것은 아니지만 대장균에서는 DNA 합성은 양방향으로 일어난다.

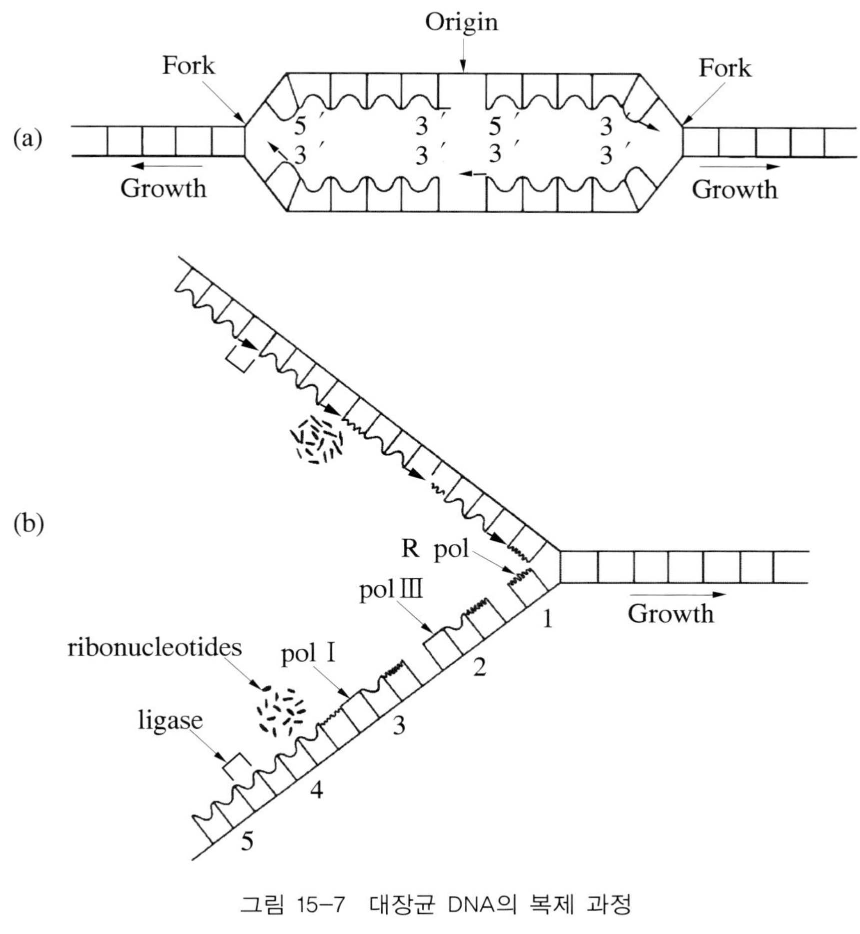

그림 15-7 대장균 DNA의 복제 과정

복제기점에서 생성된 두 개의 갈림은 서로 반대방향으로 이동되어 180° 를 돌아서 다시 만나게 된다. DNA 합성을 시작하기 위해서는 RNA 프라이머(primer)가 요구된다. RNA 중합효소는 RNA의 합성 시작에 프라이머를 필요로 하지 않지만 DNA 중합효소는 프라이머를 필요로 한다. 일단 DNA 사슬의 두 개 중 하나의 사슬과 상호보완적인 nucleotide로 구성된 RNA primer가 붙으면 Pol Ⅲ는 DNA 합성을 시작하게 된다.

다음에 RNA 부분은 Pol Ⅰ에 의해 분해되고 이 부분에 DNA가 만들어진다. DNA 중합효소는 오직 5′ 에서 3′ 의 방향으로만 진행된다. 이것은 nucleotide가 합성되고 있는 사슬의 3′ －OH기에 첨가됨을 의미한다.

합성되는 사슬 중 복제 갈림이 이동되는 방향과 같은 방향으로 합성되고 있는 사슬(leading strand)은 연결되어 형성되지만 다른 방향으로 합성되고 있는 또 다른 사슬(lagging strand)은 불연속적으로 합성된다. 다른 방향으로 합성되고 있는 사슬 위에는 DNA 단편(okazaki fragment)이라고 불리는 RNA에 DNA가 연결된 조각들이 있다.

(2) 전사 (轉寫, transcription)

DNA 전사가 되면 전령 RNA(messenger, m－RNA), 전사 RNA (transfer, t－RNA), 리보솜 RNA(ribosomal, r－RNA)가 형성된다. m－ RNA는 염색체에서 합성되고 특정 단백질의 생산을 위하여 염색체에서 리보솜으로 유전정보를 전달한다. 클로버의 잎 구조를 나타내는 t－RNA는 이중나선 부분에서 adenine은 uracil과 짝을 이루고, guanine은 cytosine과 짝을 이룬다. t－RNA는 m－RNA에 비하여 상대적으로 작고 안정한 분자로 세포질에서 단백질 합성장소인 리보솜으로 아미노산을 전달한다. r－RNA는 리보솜의 주요성분으로서 리보솜의 65%를 차지하며, 단백질의 합성에 관여한다.

DNA로부터 RNA의 합성은 RNA 중합효소(RNA polymerase)에 의해 일어난다. RNA 중합효소가 작용하기 위해서는 중심(core)효소와 시그마 보조인자(sigma subunit)의 두 개의 보조성분이 필요하다. 중심효소는 촉매 부위를 갖고 있으며, 시그마 인자는 합성시작 부위에 결합하는 중요한 단백질이다. 중심효소와 시그마 인자는 완전효소(holoenzyme)의 구성요소가 된다.

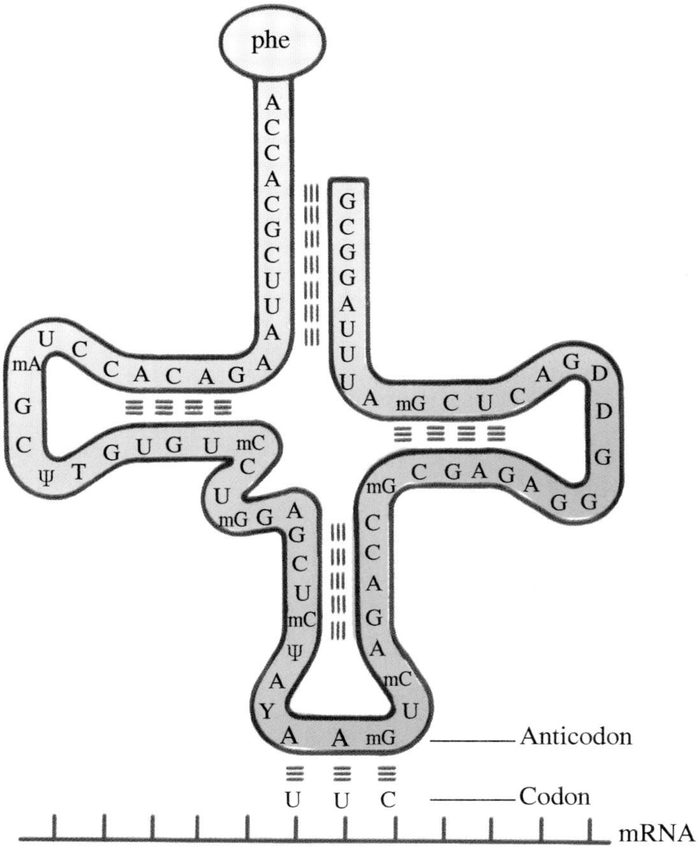

그림 15-8 t-RNA의 구조

전사는 개시(initiation), 신장(elongation), 마침(termination)의 3단계로 이루어진다. 시그마 인자는 전사가 시작될 때에만 관여한다. 시그마 인자는 DNA 사슬의 특정 nucleotide 부위를 인지한다. 이 부위를 프로모터(promoter)라고 한다.

전사시작 부위가 인지된 후에 전사체의 신장이 시작된다. 신장반응이 시작되면 시그마 인자는 DNA에서 분리되어 전사개시에 재사용된다. RNA의 합성은 에너지를 요구하기 때문에 활성화된 ribonucleotide triphosphate의 단량체가 요구된다.

전사체는 RNA 중합효소가 마침신호(stop signal or transcription terminator)를 만날 때까지 만들어진다. 전사 마침신호에서 RNA 중합효소는 DNA에서 분리되고 RNA 전사체가 방출된다. 형성된 전사체는 안정하거나 불안정한 RNA의 덩어리 형태가 된다. 안정한 RNA는 r-RNA와 t-RNA이다. m-RNA는 매우 불안정하다.

비록 전사의 일반적인 특성은 공통적이지만, 원핵세포와 진핵세포 사이에는 중요한 다른 점이 있다. 하나의 예로 원핵세포에서 관련된 단백질들은 중간에 terminator가 없이 유전자가 연속적으로 존재한다. 즉, 하나의 promoter에서 전사된 것은 다유전자 신호(polygenic message)를 갖게 된다. 하나의 유전자에서 하나의 단백질이 만들어진다.

따라서 단일 promoter에서의 전사조절은 기능적으로 연관된 단백질들의 효율적인 조절을 할 수 있는 특징을 가진다. 이러한 조절방법은 상대적으로 작고 단순한 세포에서 특히 중요하다. 그러나 진핵세포에서는 다유전자 신호를 만들지 않는다. 원핵세포에서는 염색체가 세포질이나 리보솜과 물리적으로 분리되어 있지 않다. 흔히 m-RNA의 일부가 전사되고 있는 동안에도 m-RNA가 리보솜과 결합하여 번역을 지체없이 시작한다. 그러나 진핵세포에서는 염색체와 리보솜이 핵막에 의하여 분리되어 있기 때문에 m-RNA가 번역되기 전에 종종 어떤 변형을 받게 된다.

DNA는 부절편(intron)이라고 불리는 중간 삽입 서열을 가진 전사체를 만들어 낼 수가 있다. 이 부절편은 두 개의 특정 위치에서 전사체로부터 잘려져 나온다. 남겨진 조작의 끝은 m-RNA splicing이라는 과정에 의해 연결된다.

부절편이 잘려진 유전신호는 단백질로 번역된다. 부절편에 해당하는 전사체 조각들은 분해되어 핵산 단량체는 다시 사용된다. 많은 진핵세포의 유전자는 전사체의 부절편 부분에 해당하는 넌센스 DNA(non-sense DNA)를 함유한다.

넌센스란 단어는 DNA의 특정 서열이 아미노산으로 번역되지 않음을 의미한다. 이 부절편의 역할은 알려져 있지 않으나, 진화나 세포의 조절작용과 관련된 역할을 하는 것처럼 보인다. 부절편이 존재하게 되면 대장균과 같은 원핵세포의 단백질 생산체계를 이용하여 진핵세포의 단백질을 만드는 과정은 매우 어렵게 된다.

(3) 번역(飜譯, translation)

① 유전암호(genetic code)

공통적인 유전신호인 유전암호는 네 개의 알파벳 문자로 구성된 세 문자의 단어(codon)로 만들어져 있다. 64개의 단어가 가능하나 이 중 많은 수의 단어가 사실은 중복되어 있다. 유전암호는 하나 이상의 유전암호가 특정한 하나의 아미노산을 지정한다는 의미에서 중복되어 있다.

예를 들면 UCU, UCC, UCA, UCG는 모두 serine을 지정한다. UAA, UAG, UGA의 세 개의 유전암호는 어떤 아미노산에도 대응되지 않기 때문에 넌센스 암호(non-sense codon)라고 불린다. 이 유전암호는 번역의 마침을 나타내는 표시로 사용되며, 각 유전자의 끝에 나타난다.

유전암호는 몇몇의 예외를 제외하면 공통적으로, 인간의 단백질을 만들 때 사용된 단어들이 대장균이나 효모에서도 적용되며, 이러한 단순한 미생물들도 인간세포에서와 같은 아미노산 서열을 가진 단백질을 생산할 수 있다.

② 번역(translation)

번역의 과정은 크게 개시(initiation), 신장(elongation), 마침(termination)의 세 단계로 구성되어 있다.

개시단계에서는 m-RNA가 반드시 리보솜과 결합하여야 한다. 모든 단백질의 합성은 m-RNA의 AUG 또는 GUG 암호에서 시작된다. 이 AUG는 변형된 methionine인 N-formylmethionine으로 번역되지만, 단백질의 중간부분에서는 methionine으로 번역된다. 원핵세포의 단백질 합성에는 번역시작부위에 N-formylmethionine이 결합된 30s 리보솜 단위체, 50s 리보솜 단위체, 개시인자(initiation factor)라고 불리는 세 개의 단백질(IF1, IF2, IF3)로 구성된 번역개시 복합체(initiation complex)와 GTP에서 유래된 인산결합 에너지가 요구된다.

표 15-3 유전암호

첫 번째 염기	두 번째 염기							
	U		C		A		G	
U	UUU	phe*	UCU	ser	UAU	tyr	UGU	cys
	UUC	phe	UCC	ser	UAC	tyr	UGC	cys
	UUA	leu	UCA	ser	UAA	(none)**	UGA	(none)**try
	UUG	leu	UCG	ser	UAG	(none)**	UGG	
C	CUU	leu	CCU	pro	CAU	his	CGU	arg
	CUC	leu	CCC	pro	CAC	his	CGC	arg
	CUA	leu	CCA	pro	CAA	glu-N	CGA	arg
	CUG	leu	CCG	pro	CAG	glu-N	CGG	arg
A	AUU	ileu	ACU	thr	AAU	asp-N	AGU	ser
	AUC	ileu	ACC	thr	AAC	asp-N	AGC	ser
	AUA	ileu	ACA	thr	AAA	lys	AGA	arg
	AUG	met	ACG	thr	AAG	lys	AGG	arg
G	GUU	val	GCU	ala	GAU	asp	GGU	gly
	GUC	val	GCC	ala	GAC	asp	GGC	gly
	GUA	val	GCA	ala	GAA	glu	GGA	gly
	GUG	val	GCG	ala	GAG	glu	GGG	gly

* 각 염기의 아미노산은 처음 세 단어로 축약하여 표시하였다.

단, glutamine(glu−N), asparagine(asp−N), isoleucine(ileu)은 제외

** UAA, UAG, UGA codon은 넌센스 암호로 어느 아미노산도 대응하지 않는 암호이다.

아미노산 사슬의 신장에는 t−RNA와 유전암호 해독자(decoder)가 이용된다. t−RNA의 한쪽 끝은 m−RNA 위의 유전암호와 상호보완적인 반유전암호(anticodon)를 가지고 있다. 또한 t−RNA의 다른 끝은 특정 아미노산과 결합하고 있다.

아미노산이 t−RNA에 결합하기 위해서는 두 개의 인산결합에서 유리된 에너지를 요구한다.

두 아미노산 간의 peptide 결합의 형성은 리보솜의 서로 가까이 있는 부위 P 또는 peptidyl 부위와 A 또는 aminoacyl 부위에서 일어난다. 생성되고 있는 단백질은 P 위치에 있고 첨가될 아미노산은 A 위치에 존재한다. peptide 결합이 형성되면 P 위치에 결합하고 있던 t−RNA가 떨어져 나가고 rachet 기작에

의하여 A 위치에 있었던 t-RNA가 P 위치로 갈 수 있도록 m-RNA가 한 유전암호만큼 이동된다. 그 다음엔 올바른 반유전암호를 가진 t-RNA가 인지되어 A 위치로 이동된다.

이와 같은 과정이 계속 반복된다. 한 개의 아미노산을 생성되는 단백질에 결합시키기 위해서는 모두 4개의 인산결합이 소모된다.

두 개는 t-RNA에 아미노산을 결합시키는 데 쓰이고 두 개는 단백질의 신장과정에서 사용된다.

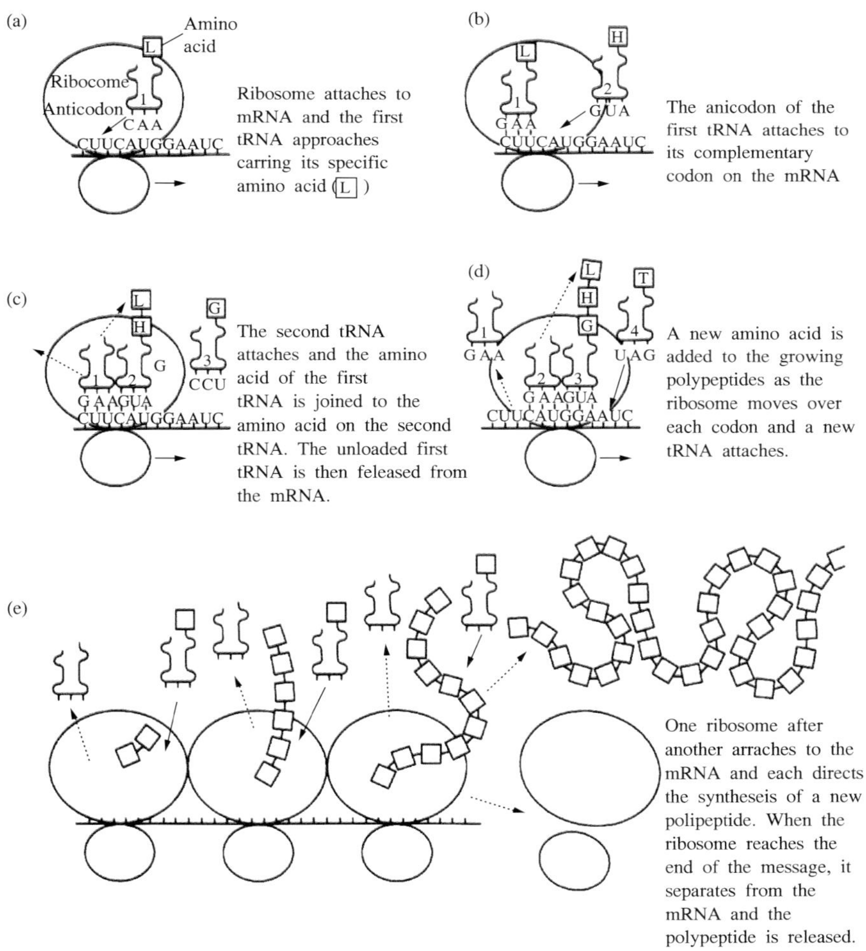

그림 15-9 유전암호의 번역

넌센스 또는 마침신호가 나타나면 방출인자(release factor)라는 단백질의 도움으로 합성된 단백질이 리보솜에서 분리되며, 70s 리보솜은 30s와 50s 단위체로 분리된다. 대체로 m-RNA는 동시에 여러 개의 리보솜에 의해 읽혀진다. 즉, 리보솜 결합부위가 물리적으로 방해되지 않을 만큼 리보솜이 이동되면 다른 리보솜이 리보솜 결합부위에 다시 결합하여 새로운 peptide를 합성하기 시작한다.

SECTION 2 유전정보의 변경

1. 돌연변이(突然變異, mutation)

돌연변이란 유전자가 갑자기 변화하여 자손에게 그대로 전달되는 현상으로, 자연돌연변이와 인공돌연변이가 있다. 돌연변이가 어떤 mechanism에 의해 일어나는가는 유전의 구성으로부터 고려하면 DNA 수준에 있을 것으로 예상된다.

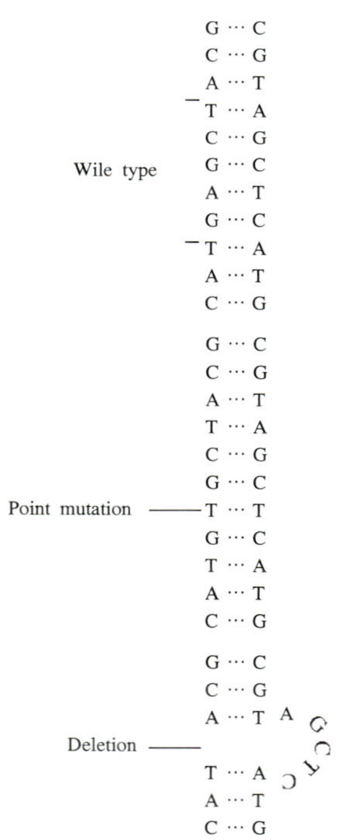

그림 15-10 DNA 염기 배열의 변화

DNA의 염기배열이 단백질의 아미노산 배열을 규정하고 있으므로 DNA의 염기배열이 변화하면 단백질의 아미노산 배열도 변화하고 결과적으로 단백질이 가진 생리적 성질도 변화하여 변이형질로 발현된다.

(1) 돌연변이 발생과정(자연적 돌연변이)

대부분의 돌연변이는 DNA 합성에 있어서의 오류에 의해 일어난다. 하나의 보편적인 형태가 점 돌연변이(point mutation)이다. 점 돌연변이는 한 개의 염기가 치환(置換, substitution), 삭제(削除, deletion), 첨가(添加, addition)에 의해 바뀌게 되어 일어난다. 어떤 점 돌연변이는 침묵 돌연변이(silent mutation)인데, 왜냐하면 바뀐 codon이 여전히 같은 아미노산에 해당하는 정보를 갖기 때문이다. 점 돌연변이는 하나의 다른 아미노산으로의 대체를 유발한다.

이는 단백질 활성을 본질적으로 바꿔주기도 하고 그렇지 않을 수도 있다. 활성점 근처의 한 아미노산이 바뀔 경우, 단백질의 활성이 크게 변하는 반면, 다른 위치에서의 동일한 변화는 별로 심각하지 않을 수 있다. 큰 영향을 미치는 점 돌연변이의 한 형태는 무의미(nonsense) 또는 정지(stop) codon으로 귀착된다. 이로 인해 번역 과정에 있어서 때 이른 종결과 함께 불완전하게 만들어진 단백질이 생기게 된다.

일반적으로 삭제 돌연변이(deletion mutation)는 세포 대사에 커다란 영향을 끼친다. 한 개 또는 그 이상의 염기를 삭제하거나 첨가함으로써 단지 하나의 아미노산이 아니라 단백질의 전체 조성을 바꿀 수 있다. 삭제가 일어났을 경우에는 결과적으로 생긴 m-RNA를 번역할 때, 판독틀(reading frame)이 이동하게 된다. 첨가는 종종 삽입 소자(insertion elment : IS)에 의해 일어난다. 이 소자는 700~1,400 염기쌍의 길이를 갖는다. 대장균의 경우에도 약 다섯 개의 다른 IS 염기 배열(sequence)이 알려져 있으며, 염색체(chromosome) 상에 존재한다.

이 소자들은 본질적으로 염색체 상의 어느 곳에서라도 다른 곳으로 움직일 수 있다. 종종 이들은 한 유전자의 중간에 끼여들기도 하는데, 이로 인해 단백질의 기능은 완전히 파괴된다.

역 돌연변이(back mutation) 또는 복귀(reversion)도 가능하다. 복귀주(revertant)란 원래의 야생형이 갖는 표현형이 복구된 세포를 말한다. 기능의 복구는 원래의 돌연변이 지점에 일어난 직접적인 변화에 의해 생길 수도 있다. 2차 부위 복귀주(second-site revertant)도 생길 수 있는데, 이는 표현형을 되돌리되, 유전형은 되돌리지 못한다.

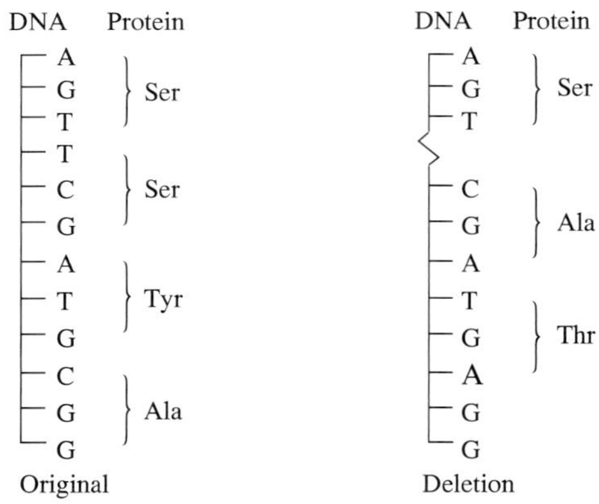

그림 15-11 염기의 삭제효과

(2) 돌연변이주의 선별

돌연변이는 원하는 물질의 과도 생산(overproduction)을 야기하기 위해 대사 조절 기작을 바꾸는 데 사용할 수도 있기 때문에 유용한 미생물이기도 하다. 따라서 돌연변이를 유도하고 돌연변이주를 선별하는 방법들은 생물공정에 있어서의 촉매 개발을 위한 중요한 수단이다.

자연발생적인 돌연변이 속도는 유전자에 따라 크게 다른데, 세포가 1회 분열할 때에 한 유전자에서 10~6회의 돌연변이가 일어나는 것이 전형적이다. 실험실에서 돌연변이 속도를 증가시키기 위해 종종 돌연변이 유도물질(mutagen) 또는 방사선이 사용된다. 돌연변이 유도물질은 특정성이 없으므로 어떠한 유전자에게도 영향을 끼칠 수 있다.

원하는 성질을 갖춘 돌연변이주를 선별한다는 것은 쉬운 일이 아니다. 돌연변이주들은 선별가능인 것과 선별불가능인 것으로 분류된다. 선별가능 돌연변이는 돌연변이주에게 특정 환경 조건에서 자라거나 생존하게 하는 유리한 점을 제공한다. 따라서 돌연변이주는 자라고 야생형은 죽는다. 선별불가능한 돌연변이주의 경우, 원하는 특성 돌연변이주(突然變異株)를 찾기 위해 매 세포마다 검사를 해야 한다. 돌연변이 유도물질을 쓰는 경우라도 돌연변이의 빈도가 매우 낮기 때문에 대부분의 선택불가능 돌연변이주의 경우, 주먹구구식 screening은 너무 노력이 많이 든다.

선별은 직접적 또는 간접적일 수도 있다. 직접 선별의 한 예가 항생제 또는 독성화합물에 내성을 갖는 돌연변이주를 찾는 것이다. 1mL당 10^8~10^{10}의 세포를 포함하는 배양액에 돌연변이 물질을 가한다. 몇 방울의 배양액을, 해당 항생제를 젤라틴 배지에 포함하고 있는 배양접시 상에 칠하듯이 골고루 퍼뜨린다. 항생제에 대한 내성을 갖는 세포만이 자라고, 따라서 형성된 모든 균체들은 내성을 갖는 돌연변이주로부터 유래한 것들이다.

만약에 백만 마리당 한 마리의 세포가 이러한 돌연변이를 보인다면, 0.1mL의 배양액을 사용하였을 경우 배양접시당 10~100개의 균체가 생길 것으로 기대된다. 간접 선별은 특정 아미노산 또는 비타민과 같은 필요한 성장인자를 만드는 능력이 부족한 돌연변이주를 분리하기 위해 사용한다. 야생형 대장균은 포도당과 무기염을 먹고 자란다. 영양요구성(營養要求性, auxotrophic) 돌연변이주는 스스로 만들 수 없게 된 성장인자가 보충되지 않는 한 이러한 단순한 배지에서는 자라지 못한다.

빈 영양성 배지(minimal medium)에 영양분을 보충할 필요가 없는 야생형 세포를 prototroph라고 한다. 야생형 세포들로부터 드물게 나타나는 lysine 요구성의 돌연변이 세포를 선별하고자 할 때, 이 두 종류의 세포 모두 lysine이 첨가된 배지에서 자라기 때문에 직접적으로 행할 수 없으므로 선별을 훌륭하게 이루어지도록 해주는 방법의 하나로 판 복제법(replicate plating)이 있다.

lysine이 첨가된 배지가 있는 주 배양접시(master plate)에서는 영양요구 세포와 야생형 세포 모두 자란다. 주 배양접시 상에 균체가 충분히 형성되었으면 멸균된 벨벳 천을 접촉시켜 흔적이 남게 한다. 벨벳 천의 잔털들에는 각 균체에 있던 몇 개의 세포들이 묻혀져 있게 된다. 이때에는 주 배양접시의 방향에 주의해야 한다. 그런 후에 빈 영양성 배지가 담겨진 시험배양접시(test plate)를 벨벳 천에 대고 누른다.

항온배양 후에 시험 배양접시를 주 배양접시와 비교한다. 두 개의 배양접시 상의 같은 위치에 형성된 균체들은 야생형 세포로 이루어진 것인 반면, 주 배양접시에만 형성된 균체들은 영양요구성 변이주로 이루어진 것이 틀림없다.

또 하나의 부류의 돌연변이주로서 조건부 돌연변이주라는 것이 있다. 세포에 치명적인 돌연변이는 지금까지 설명한 방법으로는 찾아낼 수가 없다. 하지만 흔히 돌연변이로 된 단백질은 정상적인 단백질에 비해 온도에 더 민감하다. 따라서 온도에 대한 민감도를 이용하여 조건에 따라 치명적인 돌연변이를 선택할 수 있다.

표 15-4 돌연변이주의 종류

종류	성질의 변화	돌연변이주의 검출
비 이동성	편모의 상실 : 비기능적인 편모	편평하게 퍼진 콜로니 대신에 조밀한 콜로니 형성
협막	표면 협막의 소실이나 변형	크고 부드러운 콜로니 대신에 작고 거친 콜로니 형성
거친 콜로니	지질 다당류 외층의 상실이나 변화	부드럽고 반짝거리는 콜로니 대신에 과립형이고 불규칙한 콜로니 형성
영양	생합성 경로에서 효소의 상실	영양물질이 결핍된 배지 위에서 생장이 불가능
당 발효	분해경로에서 효소의 상실	당과 pH 지시약을 포함한 한천 배지 상에서 색소 변화가 없음
약제 내성	약제나 약제 타깃의 비투과성이 변화되거나 약제의 독성이 상실됨	생장 억제 농도의 약제를 함유한 배지상에서 생장함
바이러스성 내성	바이러스 수용체의 상실	다량의 바이러스가 존재할 때도 생장함
온도 감수성	어떤 필수적인 부분의 변화로 더 열에 민감함	보통생장 가능한 온도(37℃)에서는 생장하지 못하지만 더 낮은 온도(25℃)에서는 여전히 생장함
저온 감수성	어떤 필수적인 부분의 변화로 저온에 비활성화됨	보통생장 가능한 온도에서는 생장하지만 낮은 온도(20℃)에서는 생장하지 못함

With permission, from T.D.Brock, D.W.Smith, and M.T.Madigan Biology of Microorganisms, 4th ed., Prentice-Hall, Englewood Cliffs, NJ, 1984, p. 306.

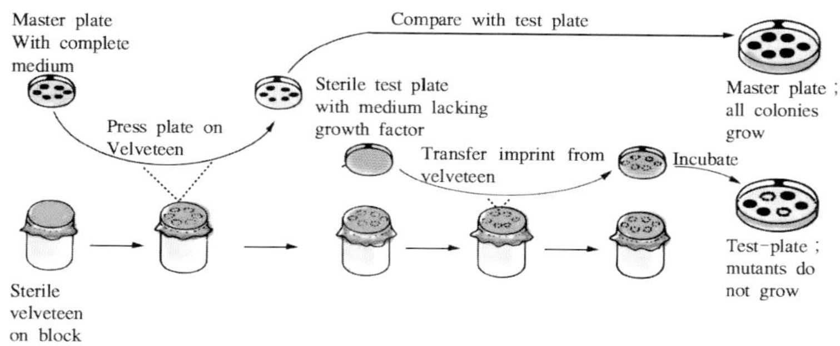

그림 15-12 영양요구성 돌연변이주 선별을 위한 판 복제법

2. 유전자 재조합 (genetic recombination)

유전자 재조합이란 염색체 상의 두 개의 다른 genome으로부터 취한 유전요소(genetic element)들을 한 단위로 합침으로써 돌연변이 없이도 새로운 유전형을 만드는 과정을 말한다. 유전자 전달의 세 가지 주요 메커니즘은 형질변환, 형질도입, 그리고 접합이다. 이때 형질변환이란 세포가 자유 DNA를 받아들이는 공정이며, 형질도입이란 bacteriophage에 의해 DNA가 전달되는 공정이고, 접합이란 서로 직접 접촉하는 원상 그대로의 세포 간의 유전자 전달 공정이다. 일단 공여체(donor) DNA가 세포 안에 들어오면, 다음에 있을 재조합 메커니즘은 어떤 과정을 통해 공여체 DNA가 세포 내에 삽입되었는가와는 근본적으로 무관하다.

공여체 DNA는 수령체(recipient) DNA와 동종성(homologous)이거나 거의 동종성이어야 한다. 적당한 조건 상태에서는 세포 내의 효소들이 수령체 DNA의 동종성 부분을 잘라 내어 공여체 DNA가 삽입되게 한 후에 공여체 DNA의 끝을 수령체 DNA에 붙이거나 연결하여 준다.

세포가 외부물질이라고 인식하는 공여체 DNA 조각은 보통의 경우는 핵내부분해 제한효소(restriction endonuclease)라고 불리는 효소들에 의해 분해된다.

세포는 자신의 DNA를 보호하기 위해 표시를 한다. 이러한 수식은 세포 내의 핵 내부 분해 제한효소가 세포 자체가 갖는 DNA에 작용하는 것을 막는다.

자연조건 상태에서 유전자 전달은 공여체 DNA가 같은, 또는 가까이 연관된 종으로부터 온 것일 때에 효과가 있다. 접합, 형질도입, 형질변환 모두 한 세포로부터 다른 한 세포로의 유전자의 전달을 나타낸다. 하지만 유전자 전달이 한 세포 안에서도 일어날 수 있다.

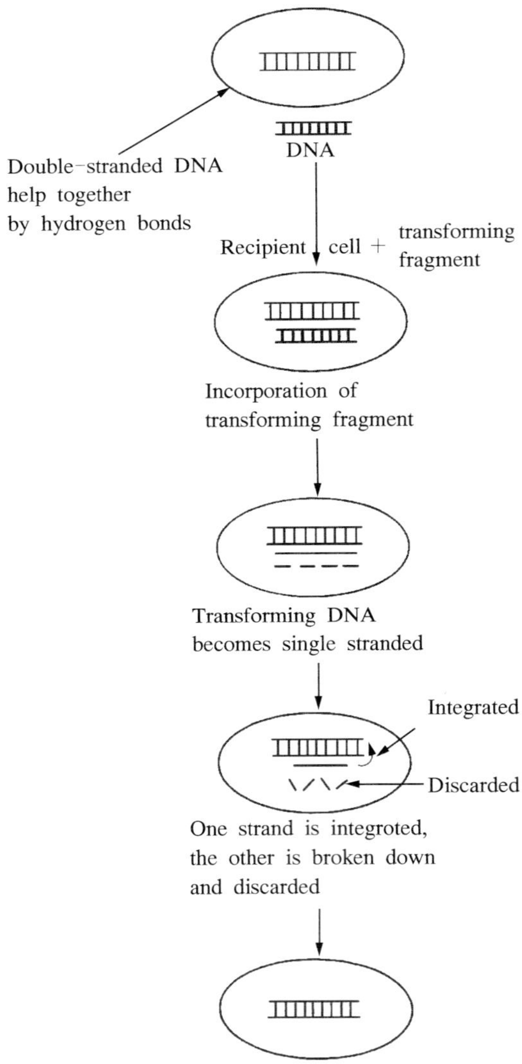

그림 15-13 분자수준에서의 일반적인 재조합 과정

(1) 형질변환 (形質變換, transformation)

모든 속(genus)의 박테리아가 벌거숭이(naked) DNA를 받아들이는 것은 아니다. 형질변환이 가능한 속들 내에서도 특정 변종(strain)만이 형질변환이 가능하다. 형질 변환 능력이 있는 세포는 그렇지 않은 세포에 비해 훨씬 높은 DNA를 세포표면에 결합시키는 능력을 갖는다. 형질변환 능력은 세포의 생리상태에 따라 달라질 수 있다. 형질변환 능력이 있는 집단 내에서도 모든 세포가 형질변환이 가능한 것은 아니다.

대장균은 정상적으로는 형질변환 능력이 없으나, 이것의 미생물 유전학에서의 중요성으로 인해 형질변환 능력을 유도하는 실험적 과정이 개발되었다. 이 과정은 대장균을 온도조작과 연계하여 높은 칼슘 이온으로 처리하는 것을 포함한다. 처리된 세포의 형질변환 능력은 대장균의 변종들에 따라 다르나, 전형적으로 낮은 값을 갖는다.

형질변환은 세포에 도입된 정보가 전파될 때에만 효과가 있다. 형질변환을 행할 때, 플라스미드(plasmid)라고 불리는 운반체(vector)를 전형적으로 사용한다. 이 요소는 재조합 DNA를 사용하는 대부분의 산업적으로 중요한 발효의 근간을 형성한다. plasmid는 보통 염색체의 외부에 존재하는 자율적이며, 자기복제(self-replicationg)를 하는 겹가닥(double-stranded) DNA이다. plasmid는 성장에 필수적이지 않으나 어떤 환경 분위기 상태에서는 숙주 세포에게 중요한 이점을 제공할 수 있는 단백질에 대한 유전자 정보를 수록하고 있다. 예컨대, 대부분의 plasmid는 특정 항생제에 대한 내성을 제공하는 단백질에 대한 정보를 수록하고 있다. 이러한 항생제 내성은 원하는 plasmid를 가진 세포를 선별할 때에 도움이 된다.

(2) 형질도입 (形質導入, transduction)

한 세포로부터 다른 한 세포로의 DNA 전달이 바이러스에 의해 이루어질 수도 있으며, 이는 자연계에서 중요한 역할을 한다. 가장 보편적인 형태의 형질도입인 일반형질도입(generalized transduction)에서는 수령세포(recipient cells)가 감염됨에 따라 이 박테리아의 DNA가 100 또는 그 정도의 숫자로 쪼개진다. 이 조각들이 하나가 우연히 phage 입자 속으로 싸여져 들어갈 수도 있다.

이러한 경험이 있는 phage 입자는 자신이 가지고 있던 박테리아 DNA를 다른 박테리아 내부에 주입하는데, 여기서 주입된 DNA가 원래의 DNA와 재조합될 수 있다. 일반형질도입에 의해서는 어떠한 박테리아 유전자도 전달될 수 있다.

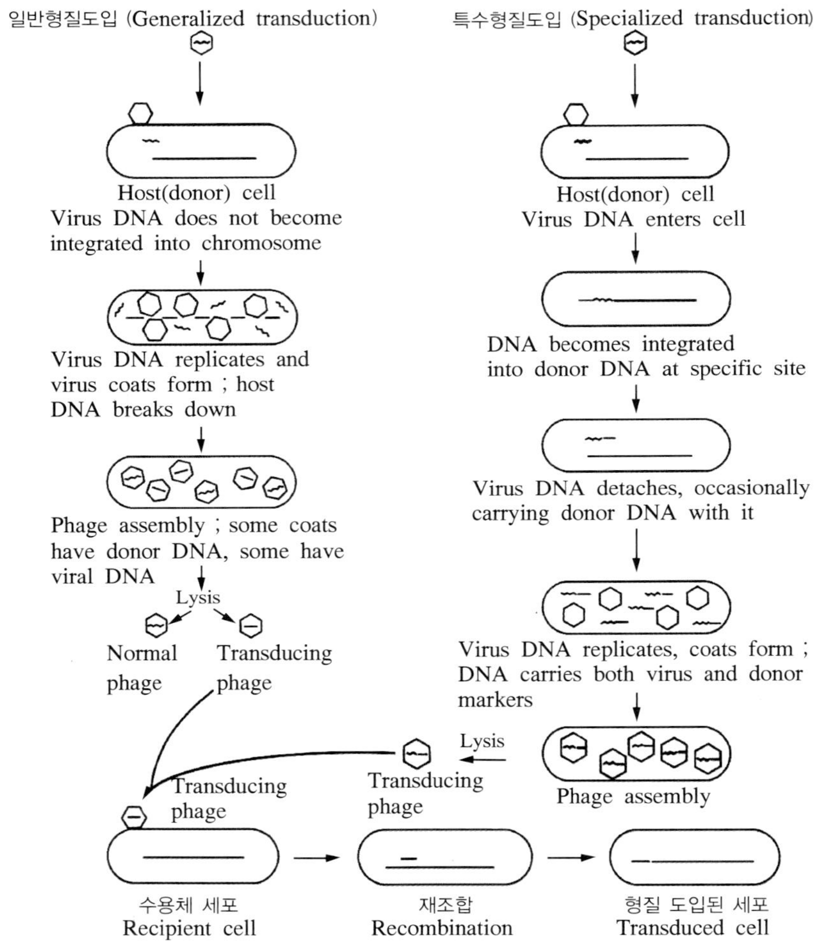

그림 15-14 형질도입 과정

또 하나의 전달방법으로서 전달될 유전자에 대해 훨씬 더 특정을 갖는 것이 특수형질도입(特殊形質導入, specialized transduction)이다. 여기서는 파지가 염색체 상의 특정 위치에 편입되며, 한 유전자의 전달 빈도는 이것의 편입 위치로부터의 거리와 관계가 있다. 잠재세포(lysogenic)란 파지 또는 파지 DNA가 염색체 DNA에 편입되어 있는 세포를 말한다. 람다 파지(phage lambda)는 이와 같은 용원성(temperate) 파지의 한 예이다.

이러한 파지들은 거의 불변적으로 염색체의 특정 위치에 삽입된다. 염색체 안의 파지 DNA인 prophage의 용혈주기(lytic cycle)로의 전환은 정상적인 경우, 매우 드문 일이다. 그러나 자외선이나 다른 DNA 복제를 방해하는 물질에 노출될 경우, 거의 전체 배양계에 걸쳐 유도될 수 있다.

(3) 접합(接合, Conjugation)

세 번째 유형의 유전자 전달은 또 하나의 요소를 포함한다. 이 요소를 에피솜(episome)이라고 한다. 이는 염색체와 합쳐져서 또는 분리되어서 존재한다. 이것이 염색체 밖에 존재할 때에 이는 본질적으로 하나의 플라스미드이다. 잘 알려진 에피솜의 하나가 F 또는 생식인자(fertility factor)이다. 이러한 인자들은 접합이라고 알려진 과정에 개입한다.

대부분의 접합실험은 F인자를 가지고 행하는데, 이 인자는 낮은 복제수로 존재한다. 세포와 세포 간의 직접적인 접촉이 필요하다. 이 DNA 분자는 자신이 한 세포로부터 다른 세포로 자가전달(self- transfer)될 때 포함되는 적어도 13개의 유전자 정보를 담고 있다.

대장균의 한 집단 안에는 흔히 F^+(수놈)라고 이름 지워진 F plasmid를 갖고 있는 세포가 있다. 다른 세포들은 F^-(암놈)이다. F^+세포는 성모(sex pilus)를 구성하는 단백질에 대한 유전정보를 갖고 있다. F^+와 F^-세포를 같이 섞어 주면 성모가 F^+세포를 F^-세포에 연결시켜 준다. 성모가 F 플라스미드 복제본이 전달되는 통로역할을 하는 것일 수도 있다. 실제 전달공정에는 F플라스미드의 복제가 포함된다.

이 공정은 평상적인 것이며 염색체 유전자의 전달 또는 유전자 재조합이 포함되지 않는다. 보다 희귀한 일은 F 플라스미드가 염색체에 합체(intergration) 되어 하나의 커다란 원형 분자를 이룰 때이다. 13개의 합체 지점이 알려져 있다. 이러한 세포를 높은 빈도의 재조합(high frequency recombination, Hfr)이라고 한다.

전달이 시작되면 F 플라스미드는 자신뿐만 아니라 붙어 있는 염색체를 수령 세포로 전달한다. 대장균 염색체 전체를 전달하는 데 걸리는 시간은 100분이다.

만약 전달과정 도중에 두 세포 간의 접촉이 깨어지게 되면 그때까지의 시간에 비례하는 만큼의 염색체가 전달될 것이다. 아는 지점에서 전달이 시작되기 때문에 Hfr 세포는 염색체 상의 유전자들의 위치를 파악하는 데 사용할 수 있다. F^+와 F^-세포가 성질이 다를 때 F^-세포의 성질을 바꾸기 위해 접합을 이용할 수 있다.

(4) 전이인자 (Transposon)

염색체 상의 삽입요소(insertion element)와 밀접하게 연관된 것이 전이인자인데, 이는 하나의 DNA로부터 다른 DNA 또는 원래의 DNA 상의 다른 위치로 점프를 할 수 있는 유전자 또는 유전자들을 의미한다. 전이인자는 수령체 DNA 조각과의 동종성과 관계없이 새로운 위치에 합체된다.

전이인자는 단백질에 대한 정보를 수록하고 있다는 면에서 삽입배열(insertion sequence)과 다르다. 전이인자는 한 유전자의 양끝이 삽입배열과 결합되었을 때에 생긴다. 전이인자 중 많은 것들이 항생제 내성에 대한 정보를 갖고 있다.

전이인자가 중요한 이유는 한 유전자의 가운데에 끼어들어 돌연변이를 유도할 수 있고, 분리되어 있던 유전자들을 붙일 수 있으며, 플라스미드 또는 바이러스에 의한 유전자 전달과 연계하여 서로 연관성이 없는 박테리아 간의 유전자 이동을 중계할 수 있기 때문이다. 전이인자를 사용하는 돌연변이화는 세포의 성질을 바꾸는 데 있어서 매우 막강한 도구가 될 수 있다.

Chapter 16

미생물의 대사

각종 미생물들은 대사작용이 다름으로 인해 각각 다른 생성물을 만든다. 미생물 대사에 있어서의 차이는 해당 미생물이 거친 진화 단계상의 차이에 일부 기인하며 또한 처해 있는 자연환경의 차이에도 일부 기인한다고 할 수 있다. 비록 같은 종(species)의 미생물들일지라도 다른 영양 및 환경 조건에서 자랄 경우는 서로 다른 생성물을 만들게 된다. 근래에 들어 영양 및 환경 조건을 이용하여 대사경로를 조절하는 방안이 중요하게 여겨지고 있다. 일례로 *Saccharomyces cerevisiae*가 혐기성 조건 하에서 ethanol을 생성시키는 한편 호기성 조건 하일지라도 포도당의 농도가 높을 때에는 상당량의 ethanol을 생성시키는 것을 볼 수 있는데 이는 효모의 대사조절이 산소뿐만 아니라 포도당에 의해서도 이루어짐을 말한다. 이러한 현상을 Crabtree 효과라고 일컫는다. 제빵용 효모 생산을 위한 발효에 있어서의 ethanol 생성은 간헐적으로 포도당을 공급하는 유가식 배양(fed-batch culture) 또는 설탕이나 포도당이 아닌 다른 탄소원을 사용함으로써 감소시킬 수 있다.

미생물은 동식물과 같이 외부로부터 영양물질을 세포 내로 섭취하고 이 영양물질이 효소에 의해서 분해되어 생성되는 에너지를 이용하여 세포성분을 합성하여 생명의 유지와 생장을 하게 된다. 이와 같이 생체 내에 있어서의 물질의 효소에 의한 화학반응을 대사(代謝, metabolism)라고 한다. 대사경로들은 혐기적 대사(嫌氣的代謝, anaerobic metabolism)인 발효(醱酵, fermentation)와 호기적 대사(好氣的代謝, aerobic metabolism)인 호흡(呼吸, respiration)의 두 그룹으로 나누어진다.

세포 대사는 이화작용(異化作用, catabolism)과 동화작용(同化作用, anabolism)이라는 두 개의 기본적인 기능과 관련되어 있다. 이화작용은 에너지와 환원력을 얻기 위한 목적 하에 기질을 분해하여 높은 산화상태의 화합물로 만드는 과정을 포함한다. 동화작용은 에너지와 환원력을 사용하여 단순한 화합물로부터 보다 복잡한 물질을 생합성하는 과정이다. 에너지의 저장과 방출을 담당하는 핵심물질은 ATP(adenosine triphosphate)이다.

환원력은 NADH(nicotinamide adenine dinucleotide) 또는 NADPH(nicotinamide adenine dinudeotide phosphate)에 저장된다.

가장 중요한 세 개의 대사 경로는 ① 포도당을 pyruvate로 분해하는 EMP(Embden–Meyerhof–parnas) 경로 또는 해당경로, ② pyruvate를 acetyl–CoA를 거쳐 CO_2와 H_2O로 산화시키는 TCA (tricarboxylic acid) 회로 그리고 ③ 최종산물은 glyceraldehyde– 3–phosphate이되 여러 가지의 탄소계 골격물질을 glucose– 6–phosphate로부터 생성시키는 pentose–phosphate 또는 HMP(hexose–monophosphate) 경로이다. 세 개 모두 물질의 분해와 생합성 역할을 할 수 있지만 EMP 경로와 TCA 회로는 에너지 발생을 위한 주요 수단이고, HMP 경로는 생합성에 직접 필요한 환원력과 탄소계 골격물질을 공급하는 핵심 역할을 수행한다.

SECTION 1 포도당 대사

포도당은 많은 생물들이 필요로 하는 주요 탄소 및 에너지원이다. 생물에 따라 몇 가지 다른 대사경로가 포도당의 분해대사(catabolism)를 위해 사용된다. 많은 생물들에 있어서 포도당의 분해대사는 주로 해당과정 또는 다른 말로 EMP(Embden–Meyerhof– parnas) 경로를 거쳐 일어난다.

포도당과 같은 유기물의 호기성 조건 하에서의 분해는 다음과 같은 단계로 생각될 수 있다.

① 포도당을 pyruvate로 분해하는 EMP경로

② pyruvate를 CO_2와 NADH로 전환시키기 위한 TCA(tricarboxylic acid) 회로 이는 크렙스(Krebs) 회로 또는 구연산(citric acid) 회로라고도 한다.

③ NADH로부터 전자를 전자수용체에 전달함으로써 ATP를 생성시키는 호흡 또는 전자전달계

④ 마지막 단계인 호흡에서는 환원력을 생물학적으로 유용한 에너지(ATP)로 바꾸어 준다. 호흡은 전자수용체의 종류에 따라서 호기성 또는 비산소성으로 갈라진다. 산소가 최종 전자수용체인 경우에는 호기호흡이라고 한다. NO^{3-}, SO_4^{3-}, Fe^{3+}, CU^{2+}, S^0 등 산소 이외의 전자수용체가 사용되는 경우는 비산소 호흡이라고 한다.

1. 해당과정(Glycolysis)

해당(解糖) 또는 EMP 경로에 의해 포도당이 두 개의 pyruvate로 만들어진다. 해당과정에 포함되는 효소 반응을 보면 첫 단계로서 포도당이 인산화를 통해 glucose−6−phosphate가 생성된다. 인산화된 포도당은 세포 내부에 간직된다.

glucose−6−phosphate는 phosphoglucose 이성질화 효소에 의해 fructose−6−phosphate로 전환되며 이는 다시 phosphofructokinase에 의해 fructose 1, 6−diphosphate로 변한다. 첫 번째와 세 번째 두 반응은 해당과정에 있어서 유일하게 ATP를 소모하는 반응이며 비가역적으로 일어난다. Fructose−1, 6−diphosphate가 aldolase에 의해 dihydroxyacetone phosphate와 glyceraldehyde−3−phosphate로 분해되는 반응은 해당과정에 있어서의 주요 반응 중의 하나이다.

dihydroxyacetone phosphate와 glyceraldehyde−3−phosphate는 평형상태를 이룬다. glyceraldehyde−3−phosphate가 소모됨에 따라 dihydroxyacetone phosphate가 계속해서 glyceraldehyde−3−phosphate로 전환된다.

glyceraldehyde−3−phosphate는 glyceraldehyde−3−phosphate 탈수소효소에 의해 첫 번째로 산화되는 과정에서 무기인산기(Pi)가 첨가되어 1,3−diphosphoglycerate가 된다.

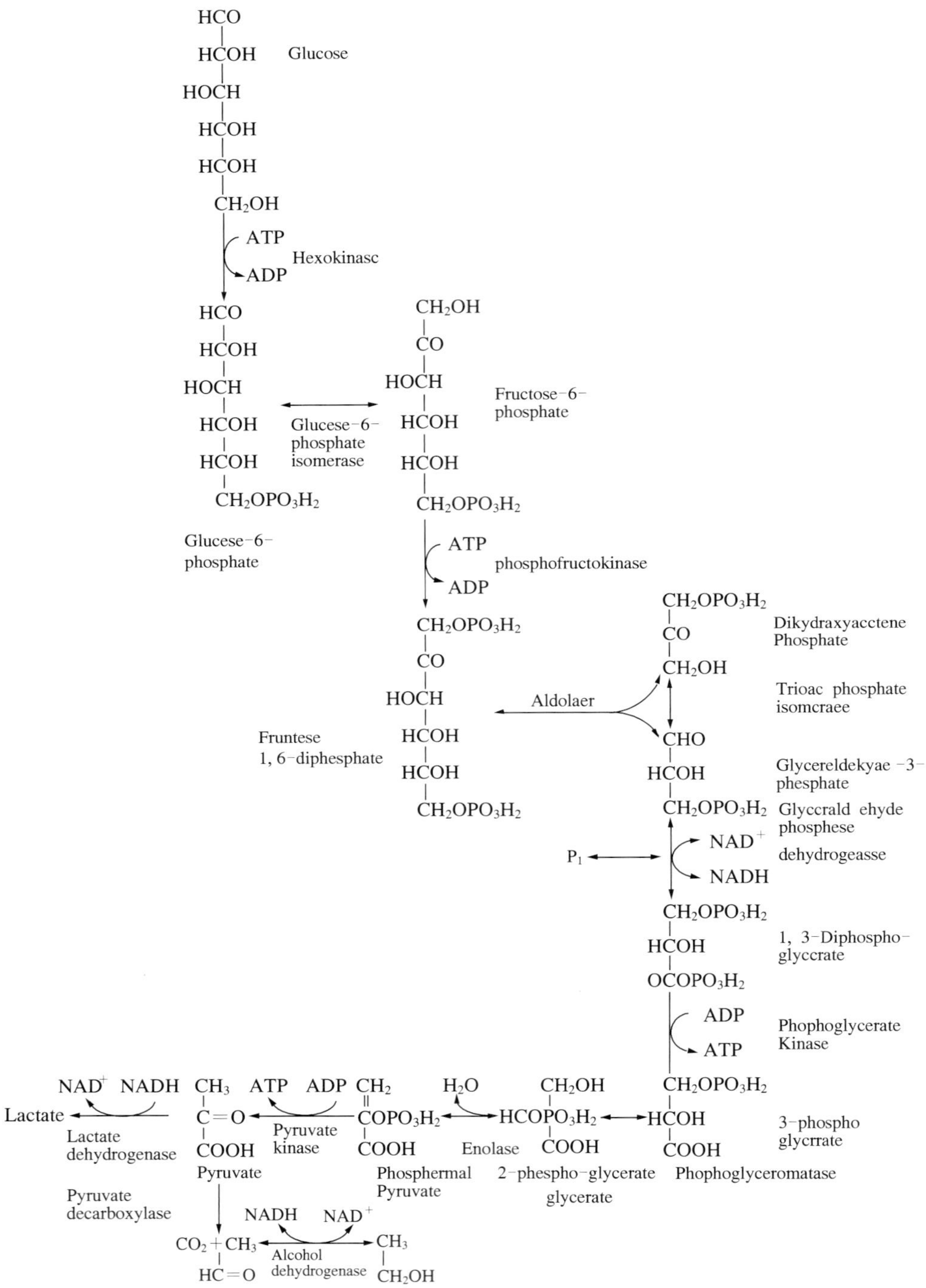

그림 16-1 해당과정경로

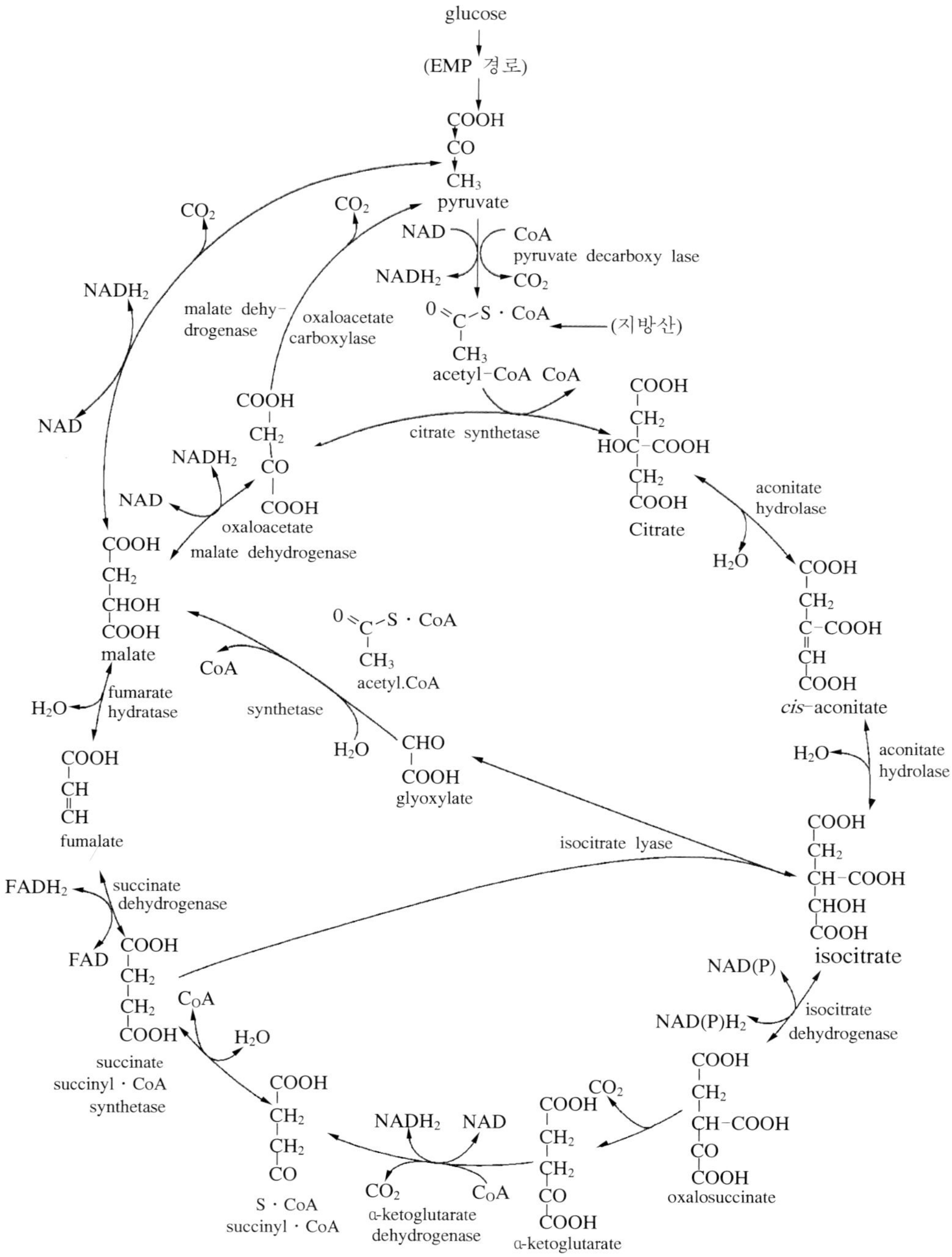
glucose
(EMP 경로)
COOH
CO
CH3
pyruvate
NAD
NADH2
CoA
pyruvate decarboxy lase
CO2
S · CoA
CH3
acetyl-CoA
CoA
(지방산)
CO2
CO2
NADH2
NAD
malate dehydrogenase
oxaloacetate carboxylase
COOH
CH2
CO
COOH
oxaloacetate
citrate synthetase
COOH
CH2
HOC-COOH
CH2
COOH
Citrate
aconitate hydrolase
H2O
NADH2
NAD
malate dehydrogenase
COOH
CH2
CHOH
COOH
malate
S · CoA
CH3
acetyl.CoA
CoA
synthetase
H2O
CHO
COOH
glyoxylate
COOH
CH2
C-COOH
CH
COOH
cis-aconitate
H2O
aconitate hydrolase
fumarate hydratase
H2O
COOH
CH
CH
fumalate
isocitrate lyase
COOH
CH2
CH-COOH
CHOH
COOH
isocitrate
FADH2
succinate dehydrogenase
FAD
COOH
CH2
CH2
COOH
succinate
CoA
H2O
succinyl · CoA synthetase
NAD(P)
NAD(P)H2
isocitrate dehydrogenase
COOH
CH2
CH-COOH
CO
COOH
oxalosuccinate
CO2
COOH
CH2
CH2
CO
COOH
α-ketoglutarate
NADH2
NAD
CO2
CoA
α-ketoglutarate dehydrogenase
COOH
CH2
CH2
CO
S · CoA
succinyl · CoA

그림 16-2 EMP 경로

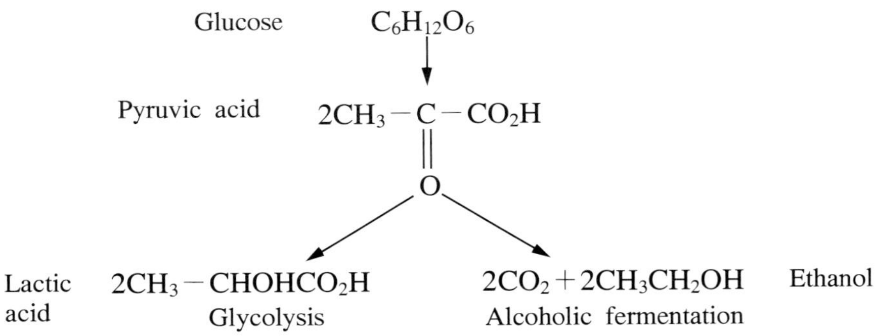

그림 16-3 해당과정과 알코올 발효

1, 3-diphosphoglycerate는 3-phosphoglycerate kinase에 의해 한 개의 인산기를 방출하면서 3-phosphoglycerate로 전환된다. 이 과정에서 ADP로부터 ATP가 생성된다. 3-phosphoglycerate는 phosphoglyceromutase에 의해 2-phosphglycerate로 된다. 다음으로 2-phosphglycerate가 enolase에 의해 탈수소화되어 phosphoenol pyruvate가 된다.

phosphoenol pyruvate는 pyruvate kinase에 의한 탈인산 반응을 거쳐 ATP를 생성시키며 pyruvate로 된다. 해당과정에 있어서 dihydroxyacetone phosphate와 glyceraldehyde-3-phosphate 다음부터 일어나는 반응은 두 번 반복된다. 최종산물인 pyruvate가 젖산, ethanol 또는 acetone, butanol, 초산과 같은 물질로 전환된다. 포도당이 혐기성 조건 하에서 이러한 화합물로 전환되는 과정은 알코올 발효(alcoholic fermentation)라고 한다.

전체 해당 반응은 다음과 같다.

$$\text{glucose}+2\text{ADP}+2\text{NAD}^{+}+2\text{Pi} \longrightarrow 2\text{pyruvate}+2\text{ATP}+2(\text{NADH}+\text{H}^{+})$$

해당과정에 있어서 ATP 수율은 포도당 1몰당 ATP 2몰이다.

2. TCA (tricarboxylic acid) 회로

EMP 경로를 통해 만들어진 pyruvate는 크렙스(Krebs) 회로를 거쳐 가지고 있는 환원력을 NAD^+에 전달한다. 진핵생물의 경우 해당과정은 원형질(cytoplasm) 내에서 일어나는 데 반하여 Krebs 회로는 미토콘드리아 내의 matrix에서 일어난다. 원핵생물의 경우 위 반응들은 막에 부착되어 있는 효소들에 의해 진행된다. Krebs 회로는 coenzyme-A에 의한 pyruvate의 아실화 반응(acylation)으로부터 시작된다. acetyl-CoA는 해당과정에서 생성된 2개의 NADH가 2개의 FADH로 전환되는 대가를 치르며 미토콘드리아 막을 통해 전달된다. acetyl-CoA는 아미노산 대사와 지방산 대사에 있어서의 주요 중간물질이다.

Acetyl-CoA와 oxaloacetate의 축합반응에 의해 citrate가 만들어지며 citrate가 다시 isocitrate 그리고 다음으로 α-ketoglutarate로 바뀌는 과정에서 CO_2가 발생한다. α-ketoglutarate는 탈카르복시화와 산화를 거쳐 succinate가 된다. succinate는 다시 fumarate로 산화된다. TCA 회로의 마지막 두 단계는 fumarate의 수화(hydration)에 의한 malate의 생성 그리고 malate의 산화에 의한 oxaloacetate의 생성이다. TCA 회로에 들어가는 pyruvate 한 분자당 3개의 CO_2, 4개의 $NADH+H^+$ 그리고 한 개의 $FADH_2$가 생성된다. TCA 회로에서 만들어진 succinate와 α-ketoglutarate는 특정 아미노산들의 합성을 위한 전구체로 사용된다. 생성된 $NADH+H^+$와 $FADH_2$는 생합성 대사 또는 전자전달계를 통한 ATP 생성에 쓰인다.

TCA 회로 전체 반응은 다음과 같다.

$$\text{acetyl-CoA} + 3NAD^+ + FAD + GDP + Pi + 2H_2O$$

$$\longrightarrow CoA + 3(NADH + H^+) + FADH_2 + GTP + 2CO_2$$

TCA 회로의 주요 역할은 ① 생합성과 전자전달계에 필요한 전자(NADH)의 생성, ② 아미노산 합성을 위한 탄소계 골격물질(C skeletons)의 공급 그리고 ③ 에너지의 발생이다.

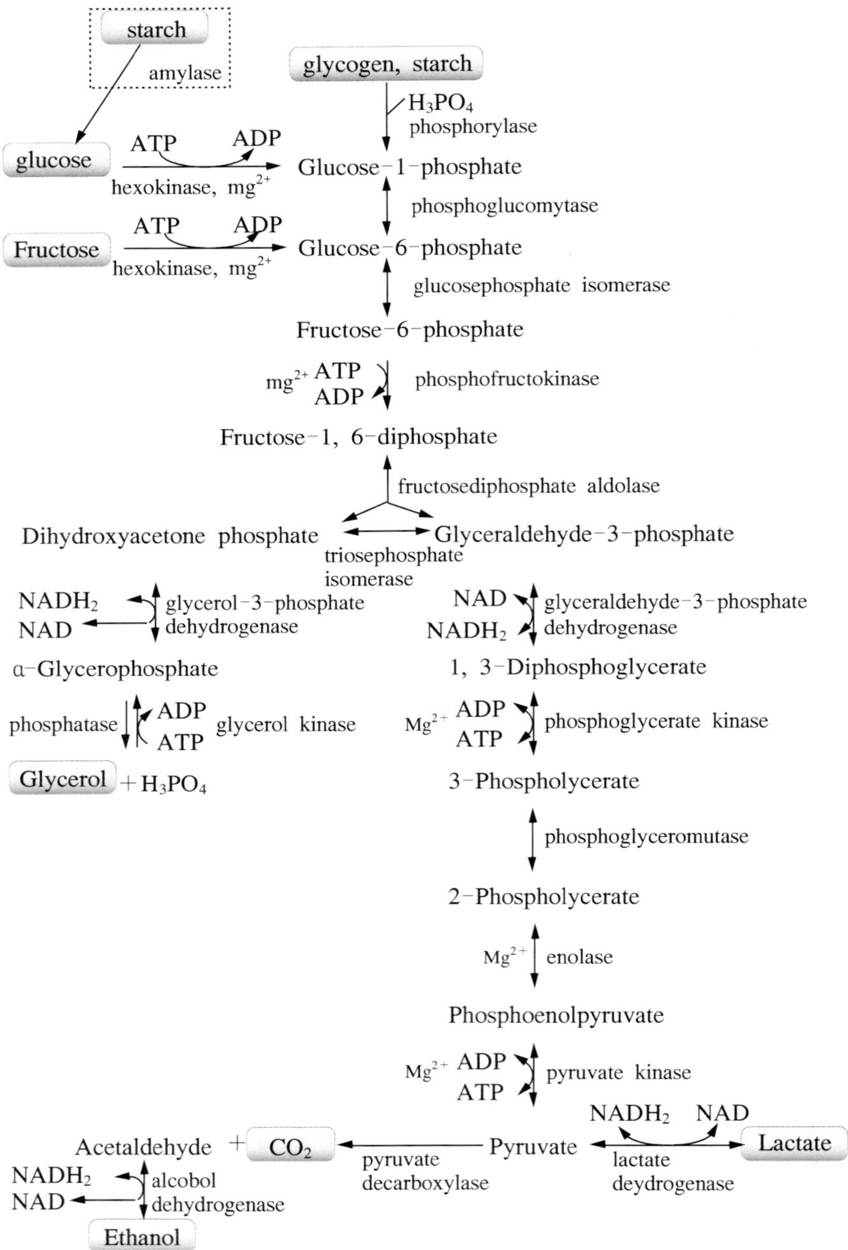
starch
amylase
glycogen, starch
H_3PO_4
phosphorylase
glucose
ATP
ADP
hexokinase, mg^{2+}
Glucose-1-phosphate
phosphoglucomytase
Fructose
ATP
ADP
hexokinase, mg^{2+}
Glucose-6-phosphate
glucosephosphate isomerase
Fructose-6-phosphate
mg^{2+} ATP
ADP
phosphofructokinase
Fructose-1, 6-diphosphate
fructosediphosphate aldolase
Dihydroxyacetone phosphate
Glyceraldehyde-3-phosphate
triosephosphate
isomerase
$NADH_2$
NAD
glycerol-3-phosphate
dehydrogenase
NAD
$NADH_2$
glyceraldehyde-3-phosphate
dehydrogenase
α-Glycerophosphate
1, 3-Diphosphoglycerate
phosphatase
ADP
ATP
glycerol kinase
Mg^{2+} ADP
ATP
phosphoglycerate kinase
Glycerol + H_3PO_4
3-Phospholycerate
phosphoglyceromutase
2-Phospholycerate
Mg^{2+}
enolase
Phosphoenolpyruvate
Mg^{2+} ADP
ATP
pyruvate kinase
$NADH_2$
NAD
Acetaldehyde + CO_2
Pyruvate
Lactate
pyruvate
decarboxylase
lactate
deydrogenase
$NADH_2$
NAD
alcobol
dehydrogenase
Ethanol

그림 16-4 TCA 회로

TCA 회로 중의 여러 중간체들은 생합성에 광범위하게 사용된다. 이러한 중간체들의 제거는 TCA 회로의 합선(short circuit)을 유발하게 된다. TCA 회로가 작동하도록 하기 위해 세포가 CO_2를 고정할 수도 있다. 어떤 미생물에서는 oxaloacetate를 만들기 위해 phosphoenolpyruvate가 CO_2와 결합하기도 한다. 이 과정을 촉진시키는 효소는 phosphoenolpyruvate 카르복시화 효소, phosphoenolpyruvate carboxykinase, phosphoenolpyruvate carboxytransphosphorylase이다. Oxaloacetate를 얻기 위해 pyruvate가 pyruvate 카르복시화 효소에 의해 CO_2와 결합하는 수도 있다. 이때 한 개의 ATP가 소모된다. malate 효소(malic enzyme)는 1몰의 $NADH+H^+$를 사용하면서 pyruvate와 CO_2로부터 malate가 가역적으로 생성되는 것을 촉진시킨다.

종속 영양성 CO_2 고정화는 미생물 배양에 있어서의 중요한 인자가 될 수 있다. 세포 내에 CO_2가 많이 축적되어 있지 않은 가운데 균체의 농도가 낮은 상태에서 배양이 시작될 경우 또는 발효조로의 기체분사속도(gas sparge rate)가 클 경우 TCA 회로를 유지하기 위한 CO_2 고정화 속도에 의해 균체의 성장이 좌우될 수 있다.

3. 전자전달계

전자전달계(電子傳達系, electron transport system)는 일련의 호흡(呼吸, respiration) 반응을 말한다. 전자전달계에 의해 ATP를 생성하는 과정을 산화적 인산화 반응(oxidative phosphorylation)이라고 한다. $NADH+H^+$와 $FADH_2$가 지닌 전자들이 일련의 전자운반체(carriers)를 거치면서 산소와 만나게 되며 이때 ATP가 생성된다. 진핵생물에서는 $NADH+H^+$ 하나당 3개, $FADH_2$ 하나당 2개의 ATP가 만들어진다. 전자전달계의 주 역할은 해당과정에 필요한 NAD와 생합성에 필요한 ATP를 재생 또는 생성시키는 것이다.

진핵세포에서 일어나는 포도당 대사의 전체반응은 다음과 같다.

$$\text{glucose}+36\text{Pi}+36\text{ADP}+6O_2 \longrightarrow 6CO_2+6H_2O+36\text{ATP}$$

ATP에 저장된 에너지는 포도당 1몰당 264kcal이다. 포도당의 직접 산화 시에는 자유 에너지 변화(free energy change)가 포도당 1몰당 686kcal이다. 따라서 에너지 효율은 표준 조건하에서 38%이다. 실제 조건이 표준 조건과 다른 점을 감안하여 조정하면 이 효율은 60%가 넘게 되는데, 이는 사람이 만든 기계의 효율보다 훨씬 높다. 포도당에 저장되었던 에너지 중 ATP에 저장되지 못한 나머지는 열로서 소진된다. 원핵생물의 경우 환원력이 ATP로 바뀔 때의 효율이 낮다. 보통 $NADH+H^+$ 하나당 만들어지는 ATP의 개수는 2 이하이고, $FADH_2$ 하나당 겨우 한 개의 ATP만이 만들어질 수도 있다. 원핵생물에서는 한 개의 포도당 분자가 24개 이하의 ATP를 생성시킨다.

SECTION 2 생합성 관련 대사

1. HMP 경로

해당반응과 TCA 회로는 매우 중요한 대사경로로서 아미노산, 핵산, 지질 그리고 다당류의 합성에 필요한 중요한 전구체들을 제공한다. 다른 대사경로들이 여러 개 있는데 그 중 생합성에 관련된 것이 hexose-monophosphate(HMP) 경로 또는 pentose-phosphate 경로이다.

기본원리상 이 경로가 세포에게 에너지를 공급하기 위해 사용될 수 있는 상당량의 환원력을 생산하기는 하나, 이것의 기본역할을 생합성 반응에 필요한 탄소계 골격물질(carbon skeletons)과 동화작용(anabolism)을 지탱하기 위한 환원력을 마련하는 것이다. 보통 NADH는 에너지 생성 과정에서 사용되는 반면 NADPH는 생합성 과정에 이용된다.

이 경로는 세 개, 네 개, 다섯 개 그리고 일곱 개의 탄소원자를 갖는 일련의 저분자 유기화합물을 만들어 준다. 이때 생성된 화합물들은 특히 ribose, purine계 화합물, 보조효소 그리고 방향족 아미노산의 합성에 중요하다.

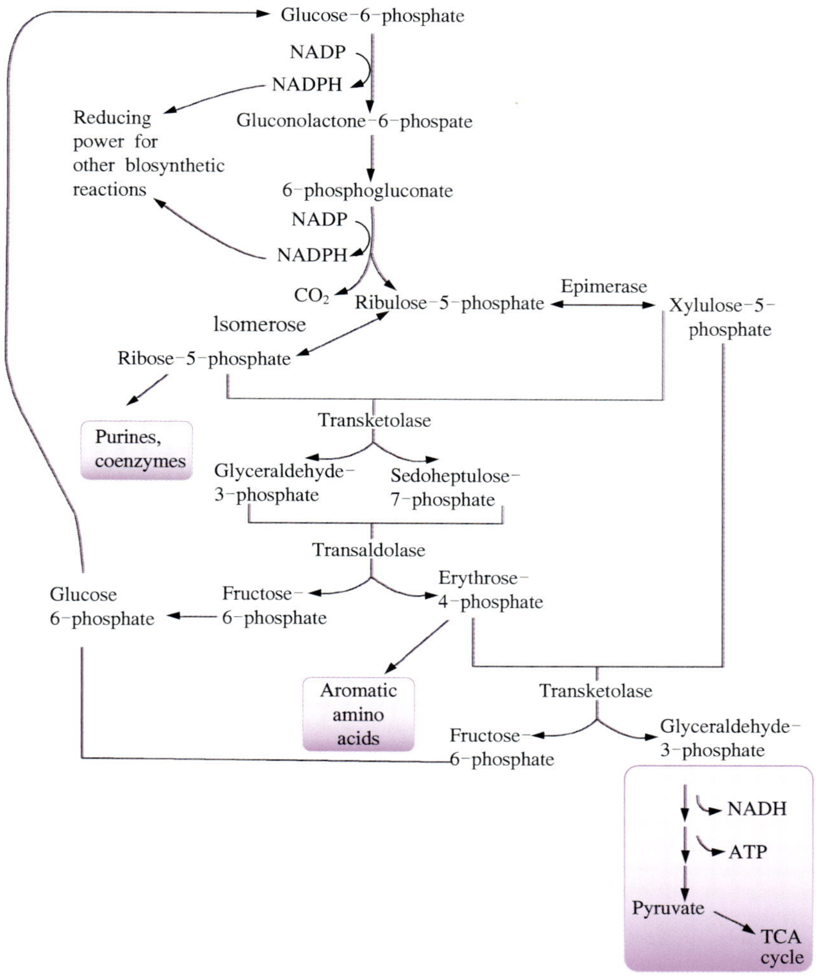

그림 16-5 HMP 경로

생성된 glyceraldehyde-3-phosphate가 산화되어 pyruvate로 되는 과정과 pyruvate가 다시 TCA 회로를 거쳐 산화되는 과정에서 에너지가 발생될 수 있다.

2. 아미노산의 합성

많은 양의 구성 단위물질(building blocks)을 소모하기는 하나 생합성에 있어서 매우 중요한 부분의 하나가 아미노산의 합성이다. 여러 아미노산들은 중요한 상품이기도 한데 상업적으로 성공하기 위해서는 해당 아미노산의 과생산(overproduction)을 야기하기 위한 대사경로의 인위적인 변경이 매우 중요하다. 20개의 아미노산은 몇 가지 족(families)으로 나뉠 수 있다. 아미노산 중 histidine의 생합성 경로는 매우 복잡하여 다른 것들과 용이하게 구별될 수가 없다. HMP 경로로부터 생성된 ribose-5-phosphate가 histidine 합성의 주요 전구체이다.

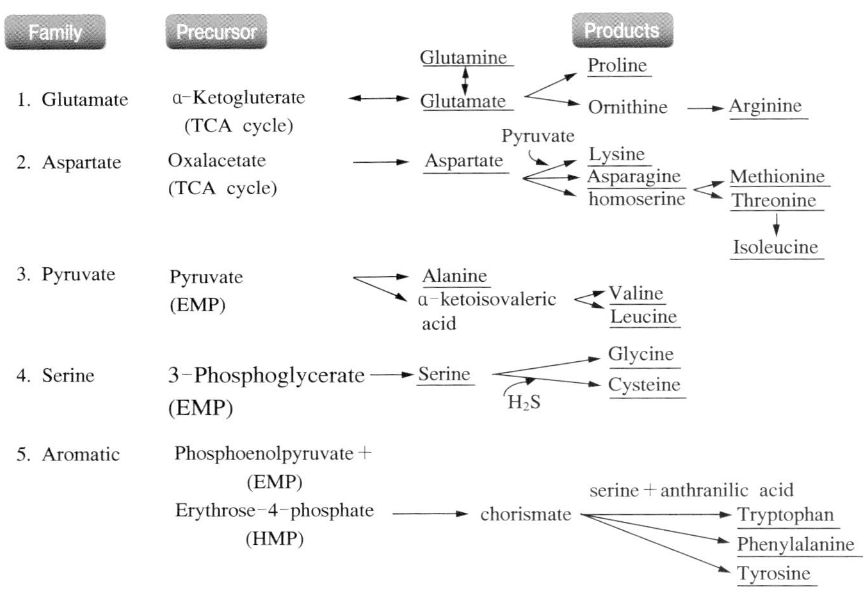

그림 16-6 각종 대사경로를 통한 아미노산의 생합성

3. 지방산의 합성

세포는 아미노산과 핵산들을 합성하는 외에도 지질과 다당류도 합성할 수 있어야 한다. 이때의 주요 전구체는 acetyl-CoA이다. 지방산의 합성은 acetyl-CoA의 단계적인 적립에 의한다. 이산화탄소 또한 지방산 생합성에 있어서 빼놓을 수 없는 성분이다. acetyl-CoA와 이산화탄소로부터 malonyl-CoA가 생성된다.

malonyl-CoA는 탄소원자 세 개를 포함하는 중간 생성물이다. oleic acid와 같은 주요 지질물질을 포함하는 배지를 사용하면 이산화탄소를 필요로 하지 않게 될 수도 있다.

4. 포도당 신생합성 (gluconegenesis)

대부분의 생물에 있어서 포도당이나 여타 육탄당으로부터의 다당류 합성은 대개 쉽사리 이루어진다. 그러나 탄소에너지원이 여섯 개 이하의 탄소 원자를 가질 경우 특별한 반응이 필요하다. 포도당을 만들기 위해 반드시 EMP 경로가 역방향으로 진행되어야 한다.

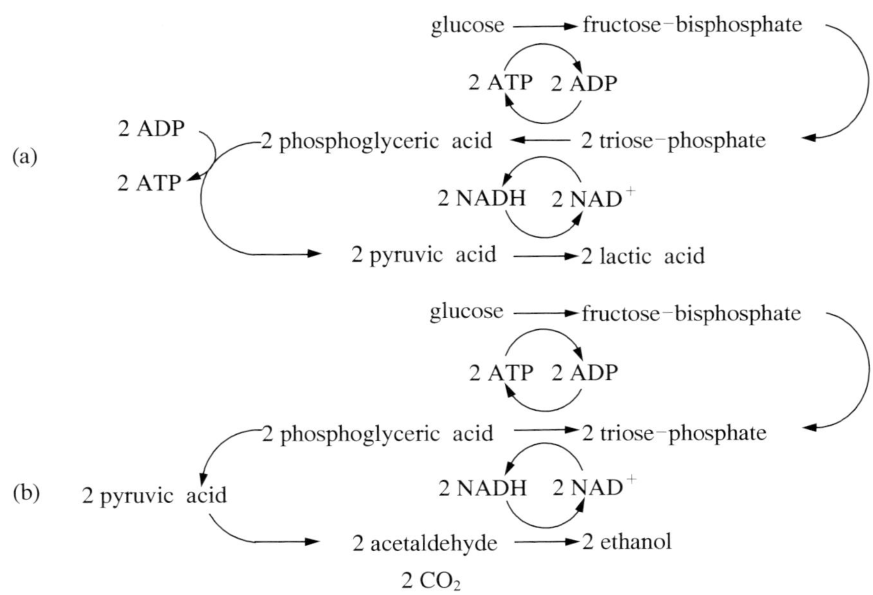

그림 16-7 젖산과 알코올 발효의 비교

이때 포도당의 생성과정을 포도당 신생합성(gluconeogenesis)이라고 일컫는다. EMP 경로의 몇몇 주요 단계가 비가역적이므로 세포는 에너지를 소모하는 반응들을 동원해서라도 이러한 비가역 반응들을 우회하여야 한다.

pyruvate는 여러 가지 대사경로로부터 합성될 수 있으므로 이것이 시발점이 된다. 해당과정에 있어서는 phosphoenol pyruvate를 pyruvate로 바꾸어 주는 마지막 단계가 비가역적이다. 포도당 신생합성에서는 phosphoenol pyruvate가 pyruvate로부터의 다음의 반응을 거쳐 생성된다.

$$\text{pyruvate}+CO_2+\text{ATP}+H_2O \longrightarrow \text{oxaloacetate}+\text{ADP}+\text{Pi}+2H^+$$

$$\text{oxaloacetate}+\text{ATP} \longrightarrow \text{phosphoenol pyruvat}+\text{ADP}+CO_2$$

$$\text{pyruvate}+2\text{ATP}+H_2O \longrightarrow \text{phosphoenol pyruvate}+2\text{ADP}+2H^+$$

Fructose−1, 6−diphosphate가 생성되기까지의 해당과정의 반응들은 가역적이다. 포도당 신생합성이 완결되기 위해서는 EMP경로에는 없는 fructose−1, 6−diphosphatase, glucose−6−phosphatase가 필요하다. 따라서 이 두 효소와 함께 pyruvate로부터 phosphoenol pyruvate를 생성해 낼 수 있는 능력을 가진 생물은 여러 종류의 비육탄당 탄소에너지원을 이용하여 자랄 수 있을 것이다.

SECTION 3 혐기적 대사

산소가 없는 상태에서의 에너지 생산은 비산소 호흡(anaerobic respiration)에 의해 달성될 수 있다. 호기성 대사에 쓰였던 대사경로들이 이용될 수 있다. 다만, 기본적인 차이는 산소를 대신하는 전자수용체를 사용한다는 점이다. 훌륭한 예의 하나가 NO^{3-}의 이용이다. 이로부터 생성되는 N_2O 역시 전자수용체 역할을 하며 결과적으로 N_2를 생성시킨다.

많은 생물들이 전자전달계 없이도 성장한다. 이렇듯 전자전달계 없이 에너지를 생산하는 경우를 발효(fermentation)라고 한다. 현재 발효라는 말이 보다 넓은 의미로 사용되기는 하나, 위의 정의가 보다 정확한 것이며 발효라는 용어 원래의 의미이기도 하다. 전체적으로 전자의 득실이 없기 때문에 유기 기질은 서로 효과가 상쇄되는 일련의 산화와 환원 반응들을 거쳐야 한다.

이러한 제약은 NAD^+와 $NADP^+$의 NADH와 NADPH로 전환되는 속도가 NADH와 NADPH가 NAD^+와 $NADP^+$로 바뀌는 속도와 같아야 됨을 의미한다. 예를 들어 EMP 경로에 있어서 pyruvate 1몰이 만들어질 때 환원되는 2몰의 NAD는 pyruvate가 산화되어 다른 물질로 될 때 다시 산화된다. 이의 가장 좋은 예가 젖산과 ethanol의 생산이다.

젖산과 ethanol은 모두가 생물공정으로부터 얻게 되는 상업적으로 중요한 제품이다. 발효로부터 부분 산화를 거쳐 얻게 되는 다른 부산물들도 상업적으로 중요하게 여겨져 왔다. pyruvate는 이러한 경로들에 있어서 주요 대사물질이다. 대부분의 경우 pyruvate는 해당과정으로부터 만들어진다. 그러나 pyruvate 생성을 위한 대체 경로들이 존재한다. 이 중 가장 일반적인 것이 Entner−Doudoroff 경로이다. (그림 16−8)

이 경로는 bacteria의 일종인 *Zymomonas*에 의한 포도당의 발효에 있어서 중요하다. *Zymomonas*를 이용하여 포도당을 ehtanol로 만드는 것은 상업적인 관심거리가 될 만한 잠재력이 있는데, 이는 Entner−Doudoroff 경로를 통해서는 포도당 1몰당 단지 1몰의 ATP가 생성되기 때문이다. 이러한 낮은 에너지 효율로 말미암아 효모에 비해 더 많은 포도당이 ethanol로 전환되는 반면 더 작은 양이 균체를 만드는 데 사용된다. 효모의 경우 해당과정을 통하여 pyruvate를 만드는 데 포도당 1몰당 2몰의 ATP를 발생시킨다.

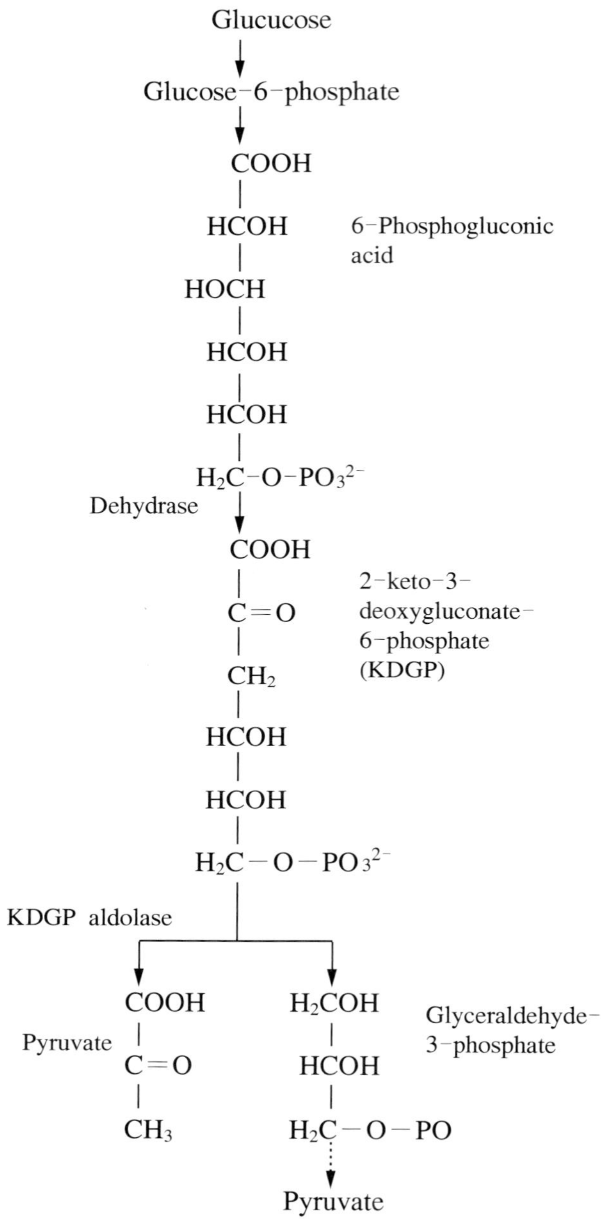

그림 16-8 Entner-Doudoroff 경로

PART Ⅱ

식품미생물학 실험

Chapter 17

실험기구 및 멸균법

SECTION 1 실험기구

1. 실험기구

(1) 페트리 접시 (Petri dish)

평판배양(plate culture)에 사용하는 것으로 유리와 1회용의 플라스틱 두 종류가 있으며 크기는 90mm(지름), 15mm(높이)이며, 흔히 샬레(shelle)라고도 한다.

(2) 시험관 (Test tube)

보통 외경이 18mm, 길이 170mm 크기의 유관구를 가장 많이 사용하며, 한천 사면배지(slant media), 천자배지(steb media) 제조에 많이 쓰이고 균의 보존 및 운반에도 사용한다

(3) 접종기구 (Inoculating apparatus)

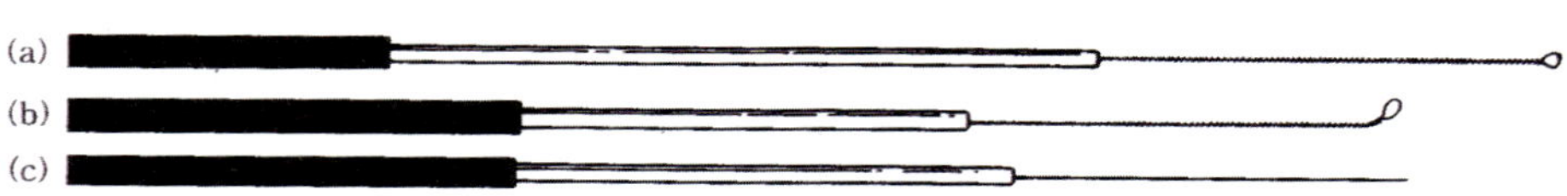

(a) An inoculating loop
(b) A variation of the inoculating loop in which the loop is bent at a 45° angle.
(c) An inoculating needle

그림 17-1 접종기구의 종류

① 백금이(白金耳 ; loop transfer needles)

직경 2~3mm의 둥근 원을 만들어 균체를 옮겨심을 때 사용한다. 즉, 액체, 사면, 평판배지 등에 균주의 이식 및 도말(塗抹, smearing)에 이용한다.

② 백금선(白金線 ; straight transfer needles)

주로 균총이 작은 세균의 이식이나 고층배지의 천자배양에 사용한다.

③ 백금구(白金鉤 ; went wire)

곰팡이류의 포자 접종용으로 사용한다.

(4) 플라스크, 비커류 (flask, beaker)

경질유리로 벽이 두꺼운 것이 좋다. 소량의 배지제조나 보관에는 300mL 또는 500mL의 삼각플라스크가 편리하며 1L나 2L인 것도 있다.

(5) 항온기 (恒溫器 ; Incubator)

미생물의 배양시에 사용하며, 항온기 내부에 바이메탈(bimetal)이 부착되어 자동으로 온도를 조절할 수 있다. 항온기를 사용할 때 자주 문을 열고 닫으면 온도가 변화하므로 각별히 신경을 써야 한다. 일반적으로 곰팡이는 30℃, 효모는 25℃, 세균은 30~37℃에서 배양한다.

그림 17-2 항온기(Incubator)

그림 17-3 항온수조(water bath)

SECTION 2 멸균법(滅菌法 ; sterilization)

모든 미생물 실험에 있어서 가장 중요한 것은 무균조작이다. 따라서 사용기구 및 배지는 무균이어야 한다.

(1) 화염멸균법 (火炎滅菌法 ; flaming sterilization)

알코올 램프나 분젠 버너의 화염을 통해 멸균하는 방법이다. 주로 접종기구나 시험관구 면전(綿栓) 등의 멸균에 이용한다.

(2) 건열멸균법 (乾熱滅菌法 ; dryair sterilization)

보통 유리기구의 멸균에 사용한다. 면전된 시험관이나 신문지로 싼 페트리 접시, 피펫, 시약병 등을 건열멸균기(dryoven)에 넣고 150~160℃에서 30~60분 동안 유지한다.

멸균 도중 문을 열면 외부와의 온도차로 인하여 기구가 파손되거나 공기의 유입으로 인화의 위험이 있으므로 주의하여야 한다. 가열시간의 표준으로는 면전이나 신문지가 엷은 갈색으로 변한 정도가 되면 멸균된 상태라고 보아도 된다.

(3) 고압증기멸균법 (高壓蒸氣滅菌法 ; high pressure steam sterilization)

고온고압에 변질 · 분해되지 않는 모든 배지류나 건열멸균이 곤란한 기구 등의 멸균에 이용한다.

즉, 밀폐상태에서 100℃ 이상의 고압증기에 의하여 내열포자를 사멸시키는 것으로 고압증기멸균기(autoclave)가 사용된다. 멸균조건은 15Lb에서 15분, 또는 10Lb로 30분 동안 1회 가열한다.

Autoclave 내의 온도와 증기압의 관계는 다음과 같다.

표 17-1 Autoclave 내의 온도와 증기압의 관계

Gauge압		온 도(℃)
kg/cm²	lb/cm²	
0	0	100.00
0.2	2.84	104.25
0.4	5.69	108.74
0.6	8.53	112.73
0.8	11.38	116.33
1.0	14.22	119.62
1.4	19.90	125.46
1.8	25.60	130.55
3.0	44.66	142.92

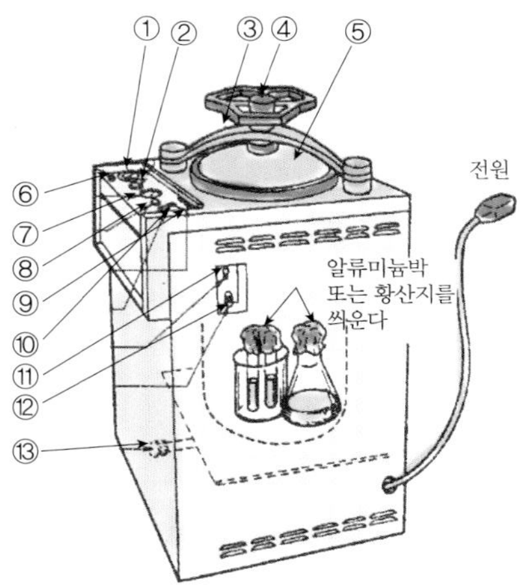

① 온도계
② 압력조정밸브
③ 암 (arm)
④ 뚜껑핸들
⑤ 뚜껑
⑥ 압력계
⑦ 리셋 버튼
⑧ 배기밸브
⑨ 파일럿 램프
⑩ 타임 스위치
⑪ 배기구
⑫ 안전핀
⑬ 배수구

그림 17-4 Autoclave의 구조

[autoclave의 취급법]

① 물을 아랫부분에 넣고 배기밸브를 잠근다.

② 배지를 담은 용기는 황산지나 알루미늄박 등으로 덮어 씌우고 금속망에 넣어서 멸균기 안에 넣는다.

③ 뚜껑을 잠그고 스위치를 넣는다. 압력조절밸브는 사용하고자 하는 위치에 맞추어 놓으면 그 후로는 자동적으로 끓고 탈기되며 소정의 압력에 달하면 타임스위치가 자동으로 작동된다.

④ 시간이 되어 열원이 끊어지면 압력계가 0을 나타낼 때까지 기다린다. 이때 압력이 내려갈 때까지는 절대로 뚜껑을 열지 않는다(수증기가 분출할 위험이 있음).

(4) 상압증기멸균(常壓蒸氣滅菌)

일명 간헐멸균(間歇滅菌 ; discontinuous sterilization)이라고도 하며 1일 1회 100℃에서 30분씩 연속 3일 동안 시행한다. 1회의 100℃ 가열에 사멸하지 않는 포자들은 다음날까지 발아시켜 열에 약한 영양세포로 하여 다시 멸균하는 것이다. 즉, 고온으로 인하여 변성을 일으킬 물질을 함유한 배지 등의 멸균에 사용되며 코흐(koch)의 증기솥이 이용된다.

(5) 화학적 살균

① 승홍수

보통 0.1% 수용액으로 사용하며 영양세포들은 몇분 내에 사멸한다. 주로 손 등의 소독에 쓰이며, 금속제 고무류의 소독에는 쓰지 않는 것이 좋다. 승홍수에 식염을 가하면 용해가 용이해지고 단백질과의 결합을 막아 소독력이 강하게 된다.

② 알코올

70%의 수용액이 살균력이 가장 강하며, 손의 소독이나 동물의 주사 국소소독, 코르크 마개의 소독에 사용한다.

③ 석탄산 수용액

3~5%의 수용액으로 사용한다. 의류나 세균실험을 한 실험대소독에 사용하며 손의 소독엔 적합치 않다(피부에 흡수되어 지각신경을 마비).

④ 역성비누

계면활성제의 일종으로 손, 배양초자기구, 조리대, 식기, 고무제품의 살균에 1% 정도의 농도를 사용한다.

(6) 자외선에 의한 살균

무균상자(solator kasten) 및 무균실의 살균에 쓰이며, 파장 2537Å의 자외선이 가장 유효한 살균력을 갖고 있다. 즉, 공기의 살균에 대표적으로 사용되며, 주의하여야 할 점은 자외선 전구를 사용할 경우에는 전구를 직접 보지 않아야 한다. 자외선 빛을 직접 보게 되면 눈에 통증이 오거나 결막염 증상을 일으킬 수 있기 때문이다.

(7) 여과제균(濾過除菌)

가열에 의하여 영향을 받는 물질을 함유한 용액의 멸균을 하는 경우 적당한 세균 여과기를 사용하여 여과제균을 행한다.

여과제균에 사용되는 여과기에는 규조토 여과기의 일종인 berke feld 여과기, 도자기로 된 chamberland 여과기, 석면의 여과판을 가진 Seitz 여과기 등이 있으며, cellulose를 비롯하여 acetate막으로 된 membrane filter 등이 있다.

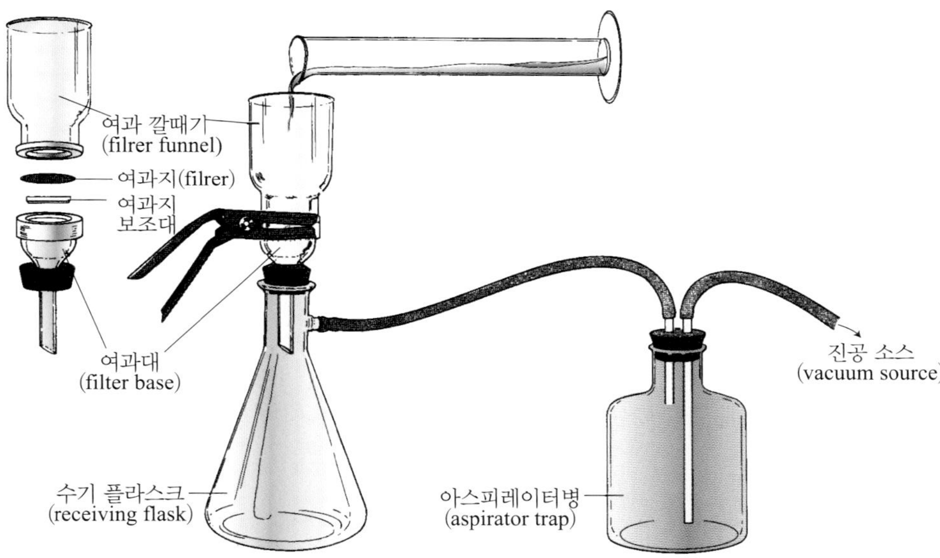

그림 17–5 Membrane filtration

실험 1 면전(綿栓 ; cotton plug) 및 petri dish 신문싸기

멸균조작을 위한 전처리 공정으로 시험관 및 유리기구 등을 솜마개 하는 것이며, 사용되는 솜은 원면이다. 또한 petri dish도 신문지로 포장하여 외부와의 공기를 차단시켜 멸균에 들어간다.

재료 및 기구(Materials and apparatus)

원면(탈지하지 않은 솜), 시험관(test tube), petri dish, 신문지

실험방법(Methods)

1. 면전(綿栓 ; 솜마개 ; cotton plug)

① 솜의 재단 : 솜을 적당한 크기로 자른다(손바닥 크기 정도).

② 동심원 쌓기 : 처음보다 약간 작게 자른 솜을 겹치게 쌓고, 주변의 솜을 잘라내어 가운데에 놓는다.

③ 성형(모양 잡기) : 왼손의 엄지손가락과 검지손가락 사이에 솜을 얹고 오른손 엄지손가락으로 강하게 눌러 모양을 잡는다.

④ 솜마개하기 : 시험관에 솜마개를 대고 돌려 회전하면서 밀어 넣고, 여러 번을 사용해도 견딜 수 있도록 단단하게 한다. 시험관 내부를 2~3cm 정도 들어가게 하고 밖으로는 1.5cm 정도 나오게 한다.

⑤ 멸 균 : dry oven에서 150~160℃/30~60분을 유지하여 멸균한다.

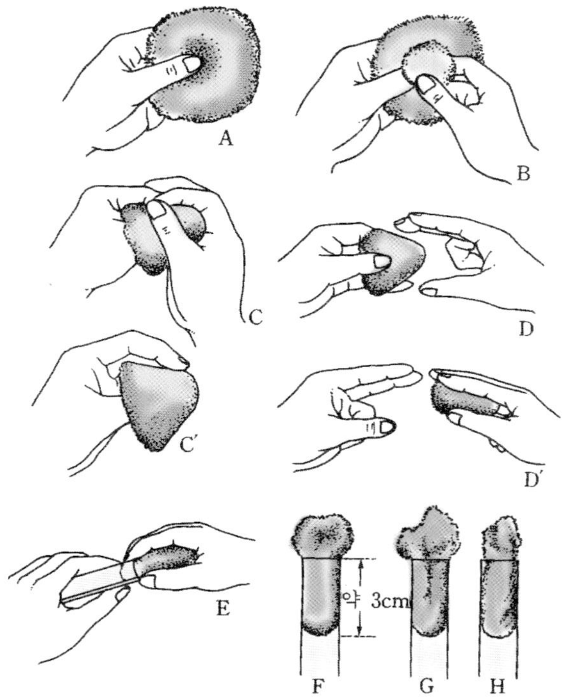

그림 17–6 면전(cotton plug)을 만드는 법

2. Petri dish 신문싸기

① 신문지를 적당한 크기로 자른다(신문지 전체 크기의 1/4 정도가 적당하다).

② 깨끗이 세척, 건조된 petri dish를 3~5개씩 신문지 위에 올려놓는다.

③ 한쪽씩 신문지를 팽팽하게 하여 감싼다.

④ 위, 아래를 약봉지를 싸듯 봉한다.

⑤ 멸 균 : dry oven에 150~160℃/30~60분 유지시켜 멸균한다.

Chapter 18
배 지

배지(培地, Culture media)란, 미생물을 생육시키기 위한 각종 영양소의 혼합물이다.

SECTION 1 배지의 분류

1. 조성원에 따른 분류

(1) 천연배지(天然培地, Natural media)

천연물질인 동식물체로부터 얻은 조성 성분이 극히 복잡한 배지이다. 즉 육즙, 맥아즙, 혈청 등을 주성분으로 한다.

(2) 합성배지(合成培地, Synthet ic media)

순수한 화학물질을 배합하여 만든 배지로 화학적인 조성이 분명하다.

2. 물리적 성상에 따른 분류

(1) 액체배지(Liquid media)

미생물의 생리, 화학적 연구 또는 미생물의 대량배양에 사용한다.

(2) 고체배지(Solid media)

액체배지에 한천(Agar)을 1.5~2.0% 넣어 고화한 것으로 사면배지(slant media, 호기성균 배양), 고층배지(stab media, 혐기성균 배양), 평판배지(plate media, 미생물 순수분리)가 있다.

[한천(Agar-agar)배지의 용도]

① 미생물의 보존
② 미생물의 순수분리
③ 미생물의 발육상 관찰
④ 미생물의 생균수 측정
⑤ 미생물의 운동성 관찰(semisolid agar)

3. 사용용도에 따른 분류

(1) 보통배지(Ordinary media)

비선택적으로 많은 미생물을 키울 수 있는 배지로 세균류 배양의 육즙한천배지, 곰팡이류 배양의 맥아즙, potato, dextrose 한천배지 등이 있다.

(2) 특수배지(Special media)

특수한 미생물만을 선택적으로 키울 수 있는 배지다.

① **증균배지**(Enrichment media) : 보통세균과 영양요구가 달라 특별한 영양분이 필요한 배지이다.

② **선택배지**(Selective media) : 일반배지에 특수한 물질을 넣어 특정 미생물군의 생육을 저지하고, 목적하는 미생물의 생육을 도와줄 수 있는 배지이다.

③ **확인배지**(Differentiad media) : 미생물의 생화학적 성질을 이용해서 미생물을 동정할 때 사용하는 배지이다.

SECTION 2 배지제조 시 주의사항

① 우수한 회사에서 제조한 배지를 사용한다.

② 천연물질 사용시 과열이나 과압에 의한 물질의 파괴를 막기 위하여 장시간 가열이나 필요 이상의 압력을 가하지 않는다.

③ 물질 혼합 순서대로 제조한다.

④ 멸균과정 중에 pH의 변화가 있을 수 있으므로 별도로 소량을 취하여 pH를 검토한다.

⑤ 한천의 용해시 미리 중탕이나 약한 불에 녹인 뒤 autoclaving한다.

⑥ 미생물은 극미량의 금속물질에도 생장에 지장을 주기 때문에 깨끗한 증류수와 순수한 화학약품을 사용한다.

⑦ 면전하는 방법은 많은 경험과 연습이 필요하다.

SECTION 3 배지제조 및 접종

1. 일반적인 배지의 제조법

(1) 평 량(枰量)

배지제조의 평량은 양질의 약포지를 사용하여 100mg 감량(感量)인 천평으로 칭량한다. 펩톤, 육진액 등과 같이 흡습성이 큰 재료는 종이와 함께 용기에 넣어 용해시킨 뒤 종이를 건져낸다.

(2) 용 해

플라스크나 비커 등이 적당하며 가온용해시킨다. 용해 후의 증발된 수분은 보충해야 한다.

(3) pH조절

미생물생육에 있어서 pH는 극히 중요한 영향을 끼치므로 종류에 따른 적절한 최적 pH로 조절해야 한다. 일반적으로 곰팡이(효모류)는 약산성(pH 4.0~6.0), 세균류는 약산성 내지 약알칼리성(pH 7.0~8.0)에서 잘 생육한다. 4% NaOH, 10% $Na_2CO_3 10H_2O$, 3~4% HCl를 이용하여 소요의 pH로 조정한다. pH조절 시에는 비색법(比色法), 특히 pH paper와 pH meter를 사용한다.

(4) 분 주(分注)

플라스크 및 비커 등으로 제조된 다량의 배지를 용도에 따른 적당한 용기에 분주할 때는 분주대를 사용하면 편리하다.

(5) 멸 균(滅菌)

보통 고압증기멸균법을 사용한다. 즉, 121℃에서 15~20분 간 멸균한다. 가당배지(加糖培地) 등과 같이 고온에 의하여 성분이 변화될 우려가 있는 것은 간헐멸균법을 사용한다.

(6) 용도에 따른 배지제조 및 접종

① 사면배지(斜面培地, Slant media) : 유리봉과 같은 적당한 장치로 경사지게 하여 굳힌 것으로 균주보존용으로 많이 사용한다.

② 고층배지(高層培地, Stab media) : 시험관대 등에 꽂아 반드시 세워서 굳힌 것으로 혐기성균의 배양에 사용한다.

③ 평판배지(平板培地, Plate media) : 무균적으로 petri dish에 주입하여 굳힌 것으로 미생물의 순수분리시에 사용한다.

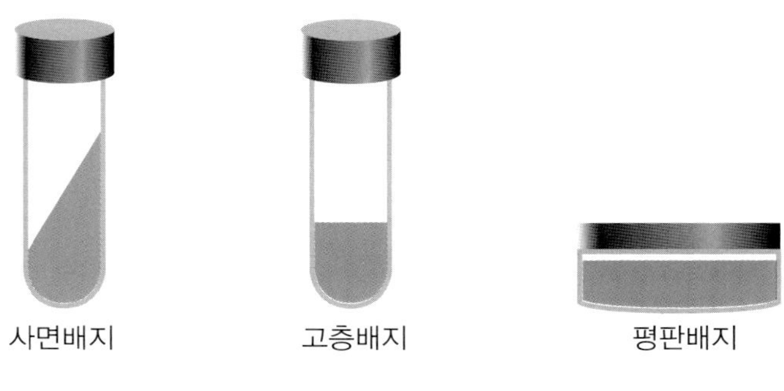

그림 18-1 고체배지의 종류

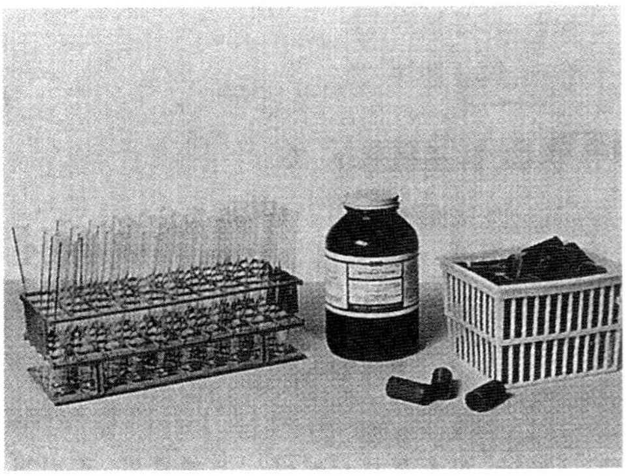

배지에 필요한 시약 및 기구

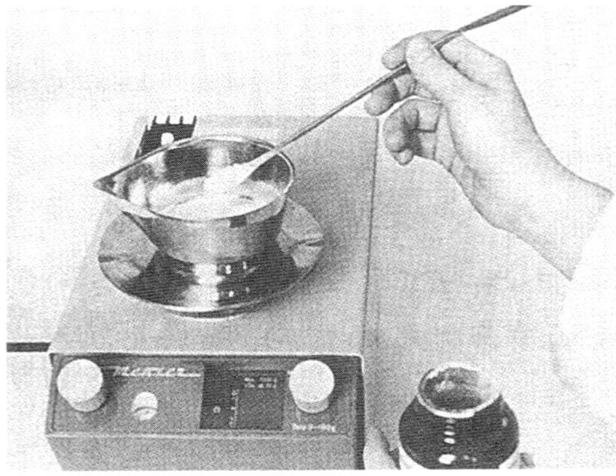

① 배지의 평량

② 배지를 증류수에 녹임

③ agar–agar를 첨가하여 녹임

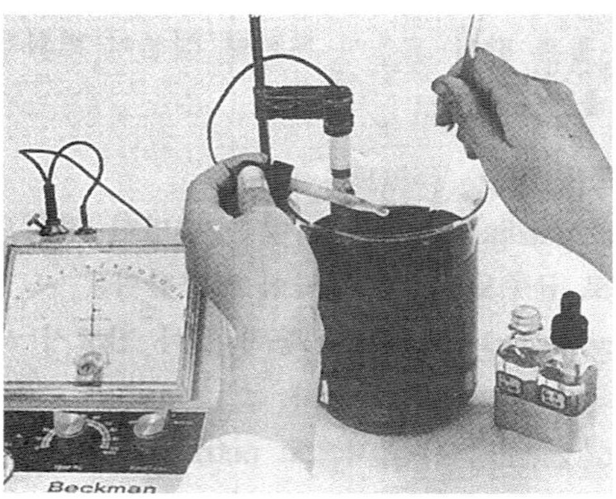

④ 배지의 pH를 맞춤

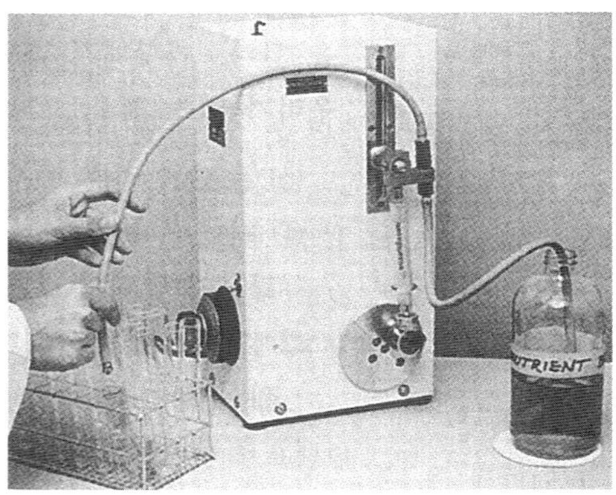

⑤ 배지에 각종 성분비를 조절

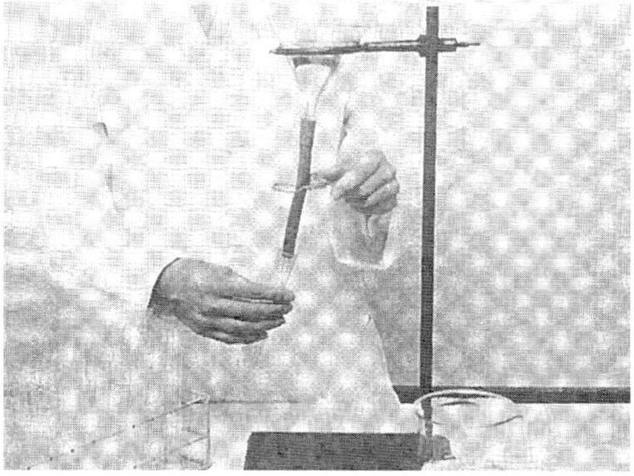

⑥ 배지를 시험관에 주입

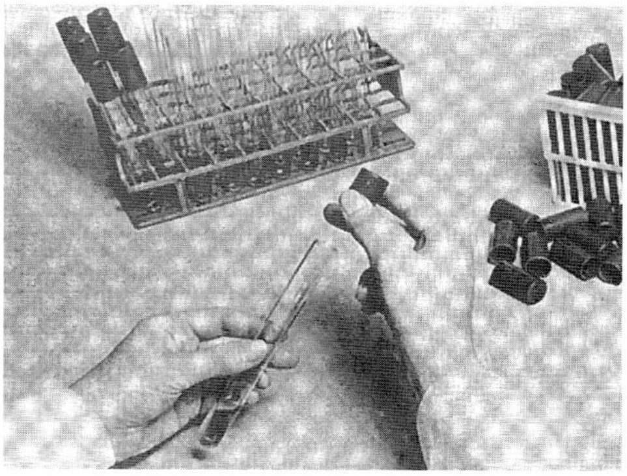

⑦ 배지를 멸균(면전 등)

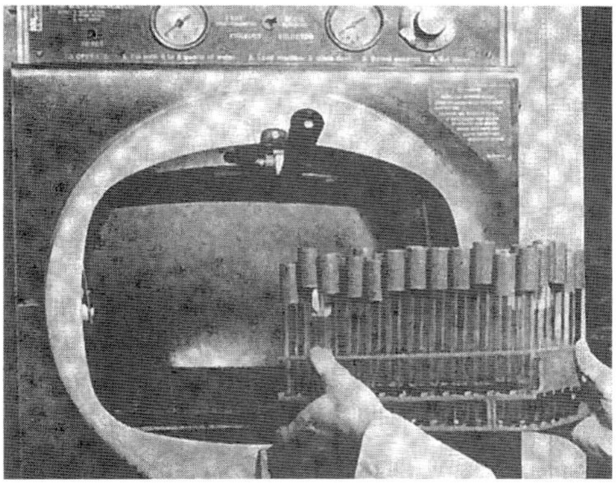

⑧ 배지는 15Lb에서 20~30분간 멸균

그림 18-2 배지의 제조 및 접종

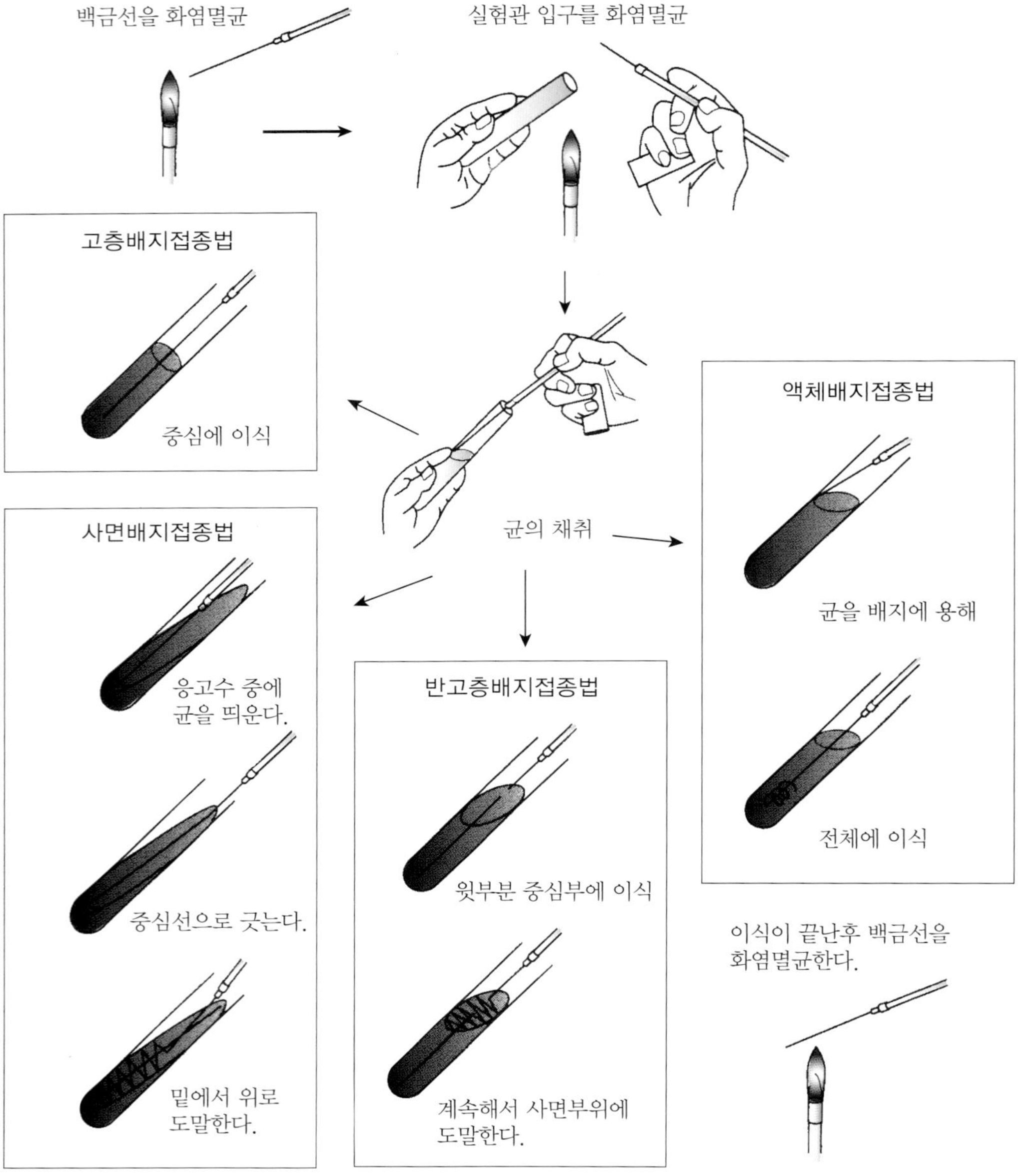

그림 18-3 사면, 고층배지 접종법

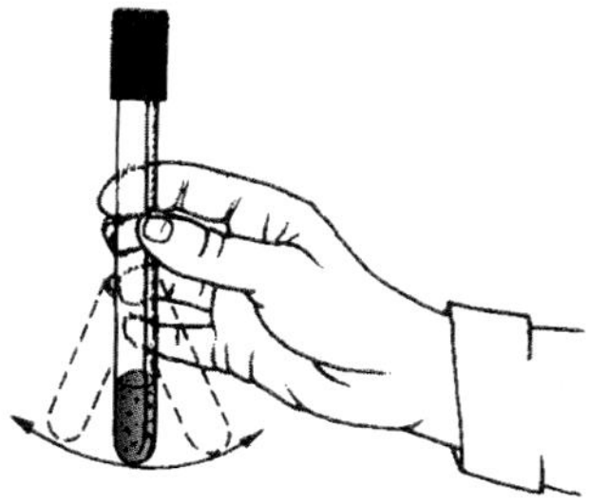

① 시험관 입구에 배지가 닿지 않도록 좌우를 흔든다.

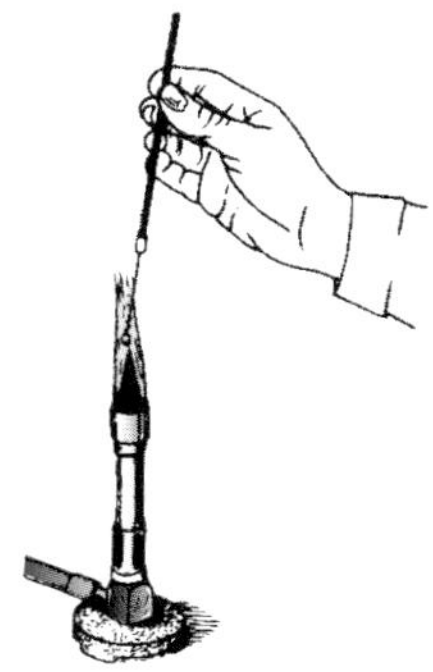

② 백금이를 불꽃에서 화염멸균

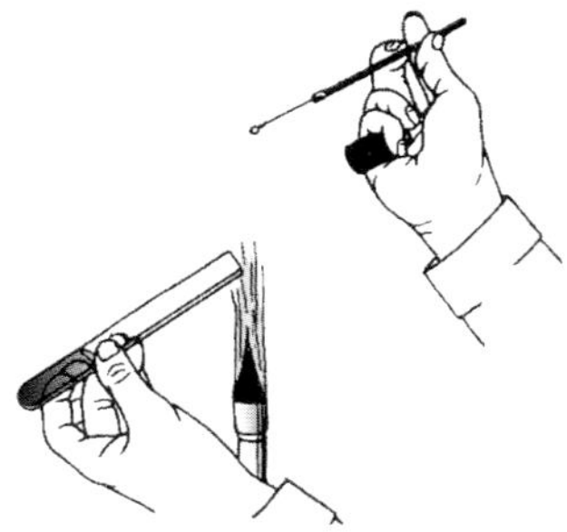

③ 캡을 빼고 시험관입구를 멸균

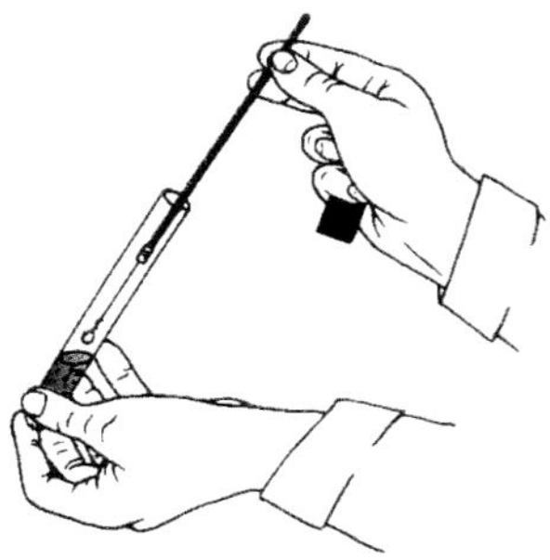

④ 배양액에서 백금이를 냉각(5초) 시킨 후에 1 백금이를 취한다.

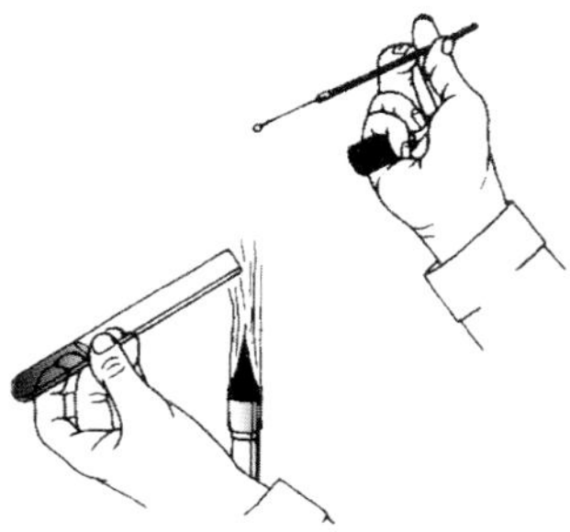

⑤ 배양시험관 입구를 다시 멸균

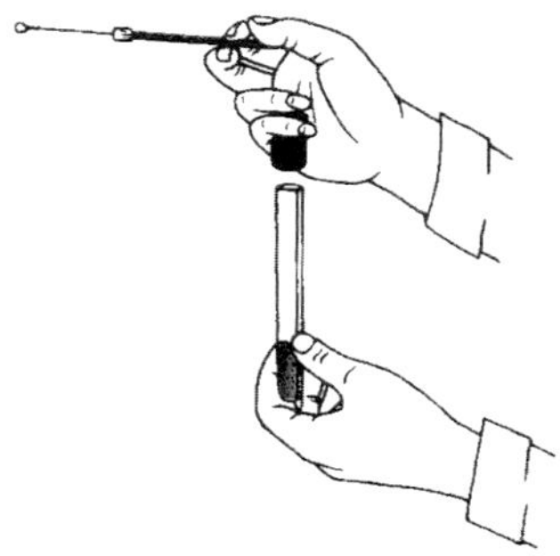

⑥ 시험관 캡을 닫는다.

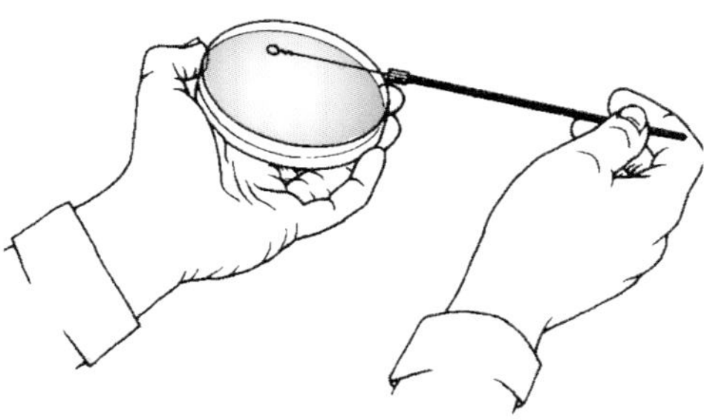

⑦ 도말법에 의해서 도말(streak, smear)한다.

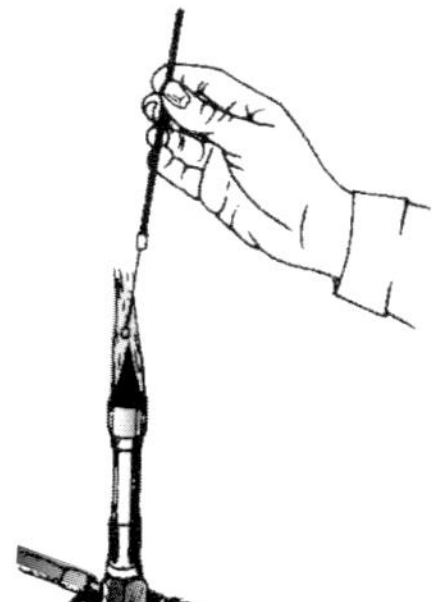

⑧ 다시 불꽃에 백금이를 멸균한다.

그림 18-4 평판배지 접종법

2. 진균(眞菌)용 배지

가장 많이 쓰이며, 그 중 가장 대표적인 것은 다음과 같다.

(1) 감자 (Potato) 배지

① 감자 200~300g을 깨끗이 씻어 증기로 찐다.
② 껍질을 벗겨 으깨서 무게를 측정한다.
③ Glucose 2%, Agar 2%, D.W 1L를 가하여 혼합한다.
④ 고압증기 멸균 실시(autoclaving 121℃/15~20분)
⑤ 용도에 따라 사용

(2) 국즙 (麴汁, Koji extract)

① 쌀 koji 1kg에 물 4~5L를 가하여 60℃/4~6시간 당화한다.
② 중간에 소량의 액을 취하여 당화 여부를 확인한다.
③ 당화액을 여과시켜 1L당 달걀 흰자 하나를 가하여 충분히 교반 후 끓여 여과한다.
④ 당도 10~12°, pH 5.5~6.0으로 보정한다.
⑤ 분주, 멸균한다(간헐멸균법으로 실시한다).

(3) 차팩. 독스 (Czapek. Dox) 배지

인공합성 배지로 설탕 이외엔 모두 화학약품을 사용한다.

① 조성 : $NaNO_3$ ································ 3g
K_2HPO_4 ································ 1g
KCl ································ 0.5g
$MgSO_47H_2O$ ································ 0.5g
$FeSO_47H_2O$ ································ 0.01g
Sucrose ································ 25g
D.W ································ 1L

② 방법 : 위 조성대로 녹인 뒤에 pH 6.0으로 보정하여 분주, 멸균한다.

③ 용도 : 곰팡이의 번식, 생리, 생화학적 연구에 사용한다.

(4) 하이닥 액 (Hayduck media)

① 조성 : sucrose ······························100g
asparagin ······························2.5g
K_2HPO_4 ······························ 1.0g
$MgSO_4 \cdot 7H_2O$ ························ 3.0g
D.W ································· 1L

3. 세균(細菌)용 배지

(1) 육즙제조

① 지방분 제거한 쇠고기 500g을 잘게 절단하여 물 1L를 가하여 냉장실에 하룻밤 방치한다.

② 다음날에 한 시간 가량 끓이고 방냉 여과하여 투명한 여과액을 얻는다.

③ 이 육수에 peptone 1%, NaCl 0.5%를 가하여 30분 동안 끓인다.

④ 방냉한 뒤 알칼리를 가하여 pH를 중성 내지 약 알칼리성으로 조절하여 다시 30분 내지 한 시간 비등시킨다.

⑤ 여과하여 분주, 멸균한다.

(2) 펩톤수 (Peptone Water)

① peptone 1%, NaCl 0.5~1.0%를 증류수에 녹인다.

② pH를 중성으로 조절한다.

(3) 담즙배지 (Bile–bile salt media)

① 신선한 소의 담낭을 구한다.

② 표면을 작열한 스패튤러로 태우고, 멸균한 가위로 구멍을 뚫는다.

③ 내용물을 받아 20분 동안 끓인 다음에 여과한다.

④ 같은 양의 육즙을 가하고, 멸균하여 사용한다(간헐멸균법).

(4) E.M.B (Eosin methylene blue)한천배지

A. Peptone ································ 10g
H_2HPO_4 ································ 2g
B. Agar ································ 25g
lactose ································ 10g
2% eosin수용액 ································ 20mL
0.5% methylene bule ································ 13mL
D.W ································ 1L

① A를 먼저 섞어서 끓이면서 녹인다.

② B의 각 시약을 순서적으로 녹여 전체를 1L로 한다.

③ 분주하여 멸균한다. 멸균 중엔 탈색하지만 냉각되면 다시 복색된다.

실험 2 맥아즙 한천배지(Malt extract agar media)

맥아(엿기름)를 당화하여 균류배양에 적합한 천연배지를 제조한다.

재료 및 기구(Materials and Apparatus)

분쇄맥아, 달걀, agar-agar
erlenmeyer flask(500mL, 1,000mL)
water bath, test tube, gauze, 탈지면
autoclave, refractometer, pH paper 또는 pH meter, Funnel

[Reagents]

1. Lugol용액
KI 1g + I_2 0.3g+ D.W 100mL

2. pH보정용 산, 알칼리용액

① 4% NaOH

② 3~4% HCl

실험방법(Methods)

(1) 효소침출

건조맥아 1kg을 수돗물 3~4L에 넣어 45℃에서 한 시간 동안 방치한다.

(2) 당화 (Saccharification)

60~65℃ 항온수조(water bath)에서 5~6시간 방치하여 당화한다. 당화확인은 당화액 소량에 Lugol용액을 가하여 보라색이 없어지는지를 확인하여 결정하고 보라색이 나타나지 않으면 당화가 종결된 것으로 한다.

(3) 착즙 및 여과 (Filt eration)

플라스크와 깔때기를 이용하여 당화액을 착즙, 여과한다.

(4) 난백처리

여과액의 청징작업으로 1L당 달걀 흰자위 하나씩을 넣어 다시 가열, 교반, 여과한다.

(5) 당도보정

당도계로 당도를 측정한 후 10° 로 보정한다.

[당도보정법]

① 당도가 10° 보다 높을 경우의 예

예컨대 당화액 480mL의 당도가 12° 일 때

즉, $480 \times \frac{12}{100} = \chi \times \frac{10}{100} = 576$ 이므로 물 96mL를 가한다.

② 당도가 10° 보다 낮을 경우의 예

예를 들어 당화액 480mL의 당도가 8°였다면 다음 공식에 의하여 계산할 수 있다.

$$S = \frac{W(b-\alpha)}{100-b}$$

$\begin{cases} S : \text{첨가할 당의 양} \\ W : \text{당화액량} \\ b : \text{원하는 당도} \\ \alpha : \text{원래의 당도} \end{cases}$

즉, $S = \frac{480(10-8)}{100-10} = 10.67$ 이므로 설탕 10.67g을 가한다.

(6) pH보정 : pH를 측정하여 pH 5.5~6.0으로 보정한다. pH meter를 사용하며, NaOH나 HCl로 보정한다.

(7) agar-agar첨가 : 맥아즙량의 1.5~2.0%를 평량하여 중탕가열하여 용해시킨다.

(8) 건열멸균된 test tube에 분주한다.

(9) autoclaving하여 용도에 따라 slant(사면), stab(고층), plate(평판) 배지로 제조한다.

Chapter 19

미생물의 배양

SECTION 1 미생물의 순수분리 및 배양

목적하지 않은 많은 종류의 미생물이 존재하고 있는 상태에서 원하는 균을 분리해 내야 한다. 이것을 분리배양이라고 하는데 순수배양을 위한 단계로 이루어지는 것이다. 순수분리법은 Koch가 제안한 것으로 호기성 및 조건혐기성균의 순수분리법으로 널리 이용된다.

1. 획선도말평판배양법 (streak plate culture method)

① 멸균된 페트리 접시에 평판배지를 만든다.

② 페트리 접시에 집적배양된 피검시료를 백금이로 취하여 도말한다.

③ 도말방법은 **그림 19-1**과 같이 (a)로 표시한 점으로부터 시작하여 백금이로 취한 피검시료를 좌우로 획선도말한다.

④ 백금이를 멸균하고 식힌 후, 평판배지를 90도 돌려 (a) 구역과 약간 겹치도록 하여 (b) 구역에 좌우로 획선한다.

⑤ 백금이를 멸균하고 식힌 후, 평판배지를 90도 돌려 (b) 구역과 약간 겹치도록 하여 (c) 구역에 좌우로 획선한다.

⑥ 백금이를 멸균하고 식힌 후, 평판배지를 90도 돌려 (c) 구역과 약간 겹치도록 하여 (d) 구역에 좌우로 획선하고 끝 부분은 길게 늘여 도말하여 마무리한다. 이때 (a) 구역과 겹치지 않도록 주의한다.

⑦ 응결수의 낙하를 피하기 위하여 도말된 페트리 접시는 거꾸로 하여 항온기에 넣어 배양한다.

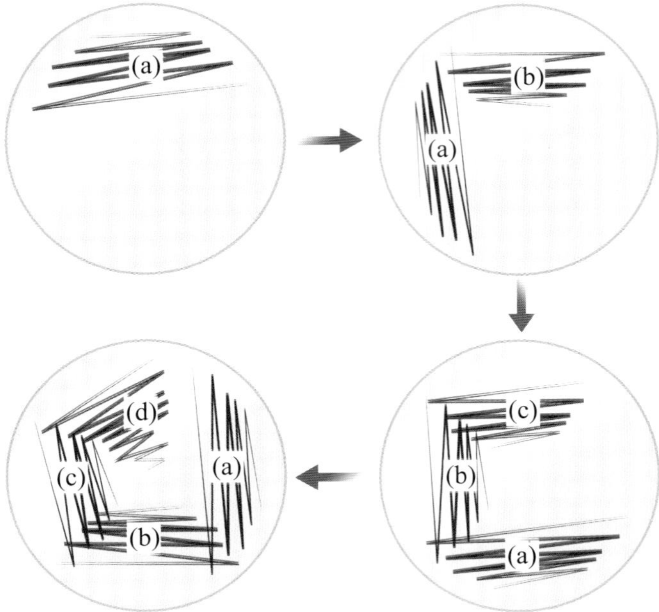

그림 19-1 획선도말평판 배양법

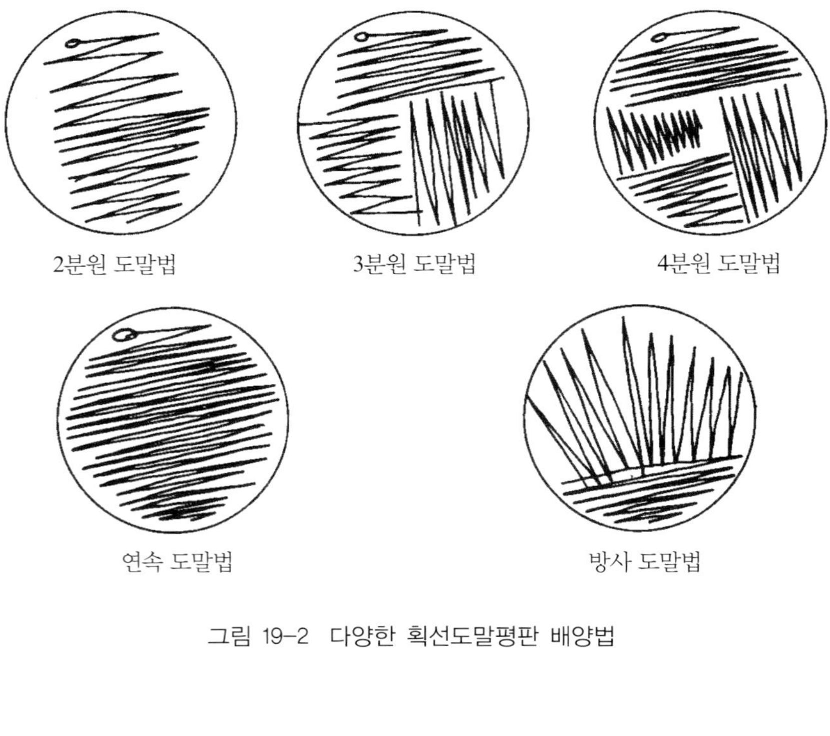

그림 19-2 다양한 획선도말평판 배양법

2. 주입평판배양법 (pour plate culture method)

① 멸균된 petri dish, test tube를 각각 세 개씩 준비한다.
② 시험관 고체배지 세 개를 중탕에서 용해시킨다.
③ 미생물 분리용 집적배양 시료를 준비한다.
④ 첫 번째 시험관에 시료 1~3백금이를 접종한다.
⑤ 첫 번째 시험관에서 두 번째 시험관에 같은 방법으로 접종한다.
⑥ 두 번째 시험관에서 세 번째 시험관으로 1~3백금이를 접종한다.
⑦ 접종된 각각의 시험관을 준비되어 있는 petri dish에 붓는다.
⑧ 응고시킨 뒤 거꾸로 하여 항온기에 넣어 배양한다.

3. 확산평판배양법 (spread plate culture method)

① 평판배지에 집적배양된 피검시료를 멸균 pipette으로 1mL 취한다.
② 멸균 spreader로 분산 도말한다.
③ 배지를 거꾸로 하여 항온기에 넣어 배양한다.

4. 순수배양법

순수분리법에 의하여 분리배양된 균주를 잡균의 침입없이 보존하기 위한 배양방법이다.

① 균이 배양된 시험관을 안쪽에, 새 배지가 든 시험관을 바깥쪽으로 하여 왼손으로 가볍게 쥔다.
② 면전부위를 가볍게 알코올 램프로 화염 멸균한다.
③ 백금이를 오른손에 쥐고 화염 멸균한다.
④ 면전을 오른손으로 가볍게 돌리면서 빼고 오른손의 손가락 사이에 끼운다. 이때 시험관 내에 있던 면전부위는 절대로 손이나 의류 등에 접촉해서는 안 된다.

⑤ 시험관구를 화염 중에 넣어 회전하면서 살균한다.

⑥ 백금이를 먼저 새 시험관에 넣어 냉각시킨 후 배양된 시험관의 균을 한 백금이를 따서 새 시험관에 접종한다.

⑦ 시험관구를 화염 중에서 잘 살균하여 면전을 약 2/3 넣고 면전과 관구를 가볍게 살균한다.

SECTION 2 미생물의 균주입수 및 보존방법

1. 균주 보존기관

실험에 필요한 순수배양된 균을 입수하고자 할 때는 국내외의 공인된 미생물 보존기관에 의뢰하여 분양 및 교환한다.

대표적 균주 보존기관은 다음과 같다.

표 19-1 대표적 균주 보관기관

기관명	소재지	국명	비 고
社團法人 韓國種菌協會	서울시 서대문구 신촌동 연세대학교 공과대학 식품생명공학과	한국	KFCC KCCM
財團法人 韓國食品開發研究院	경기도 성남시 분당구 백현동 산 46-1 생물공학연구부 생물자원연구실	한국	KFRI
韓國科學技術研究院	대덕연구단지 사서함 17호 유전공학연구소 유전자원센터 유전자은행	한국	KCTC
日本微生物株保存機關連盟	日本東京都文京區彌生町 東京大學 應用微生物研究所 內	일본	JFCC
The American Type culture collection	12301, parklaw drive, Rockville, Maryland 20852, U.S.A	미국	ATCC
The North Regional Research Laboratory	1815, University St. peoria Ilinois 61604, U.S.A	미국	NRRL
The National collection of Type culture	List Institute of Preservation Medicine London, England	영국	NCTC

2. 균주 보존법

입수된 균주는 일정기간씩 계대배양을 하여야 한다. 보존장소로는 2~4℃의 냉장고가 적당하며, 위생곤충(쥐, 바퀴벌레, 진드기)에 주의해야 한다.

보존방법은 다음과 같다.

(1) 동결건조법 (lyophilic preservation)

① 살균된 소나 말의 혈청으로 포자 또는 균체의 혼탁액을 만들어 0.05~0.1mL씩 앰플(ample)에 분주한다.
② 두꺼운 고무관을 앰플에 끼워 진공장치에 연결하여 동결건조에 넣고 급히 빙결시킨다.
③ 동결제로는 dryice−acetone(−40℃~−50℃)이 쓰인다.
④ 진공 펌프를 작동하여 동결상태에서 진공건조시킨다.
⑤ 마지막 온도를 30~40℃로 하여 잔존수분을 완전제거하여 진공 밀봉한다.

위 방법은 미생물의 장기보존에 사용된다. 세균의 경우 10여 년 후까지 생육이 가능하다.

동결건조의 장점으로는 첫째, 보존에 사용한 포자가 직접 발아하는 것으로 형태상 또는 생리적 성질의 변함없이 장기간 보존이 가능하다. 둘째, 잡균의 혼입 우려가 전혀 없다. 셋째, 저장이 용이하며 방법이 간단하다.

(2) 사면배양보존법 (slant culture)

사면배지에 접종하여 보존하는 방법이다. 사용배지로는 곰팡이, 효모의 경우 맥아즙 · 한천배지 · 국즙한천배지가 사용되며, 세균은 육즙한천배지가 쓰인다. 계대배양을 위한 이식기간은 곰팡이와 세균은 6개월, 효모는 3~6개월마다 행한다.

(3) 고층배양법 (stab culture)

주로 혐기성균의 보존에 사용한다.

(4) 토양 중 보존법

① 풍건한 토양에 물을 가하여 수분이 20%가 되게 한다.
② 이것을 시험관에 분주한다.
③ 120℃에서 3시간 살균하고 2일 후 다시 같은 방법으로 살균한다.
④ 포자 또는 균사 현탁액 1mL를 가하여 실온에서 보존한다.

이 방법은 장기보존에 적당하며 곰팡이의 경우는 9년 후에도 생육이 가능하다.

(5) 모래배양법 (sand culture)

① 깨끗한 해사(海砂, sea sand)를 알칼리, 산, 물의 순서로 깨끗이 씻는다.
② 시험관에 2~3cm 정도 넣고 건열멸균한다.
③ 배양된 균을 방냉시킨 뒤, 시험관에 잘 섞고 진공 desiccator에서 완전히 건조시킨다.
④ 시험관을 밀봉 보존한다.

이 방법은 acetone−butanol균과 같이 건조에서 잘 견디는 세균 또는 곰팡이의 보존에 쓰인다.

(6) 당액보존법

이 방법은 효모의 보존방법으로 많이 쓰이며 한센(Hansen)씨병, 또는 Freuden reich씨병에 살균한 10% 설탕액을 넣고 배양된 소량의 효모를 가하여 냉암소에 보관하는 방법으로 10년 이상 보존 가능하다.

(7) 유중보존법 (preservation in oil)

생육한 균체 위에 살균한 광유를 약 1cm 두께로 중층(重層)하는 것인데, 배지의 건조를 막고 3~4년 동안 보존 가능하다. 주로 곰팡이의 보존에 쓰인다.

3. 곰팡이의 배양 (the culture of mould)

곰팡이는 분류상 진균류(eumycetes)에 속하며, 그 형태나 구조는 세균, 효모보다도 대단히 복잡하다. 즉 관(tube)형태의 균사(hyphae)가 모여서 균사체(mycelium)를 이룬다.

균사는 기질속으로 뻗어가는 기중균사(submerged hyphae)와 기질표면에 밀착하여 뻗어가는 영양균사(vegetative hyphae)가 있는데 이들은 곰팡이의 영양섭취와 발육을 담당한다. 또한 기질에서 공기 중으로 자라는 균사를 기균사(aerial hyphae)라고 하며 이것은 생식세포를 갖기도 하며 선단의 끝에 포자(spore)를 형성한다.

포자를 형성하는 기관을 자실체(fruiting body)라 하고, 이들 모두를 균총 또는 집락이라 한다.

재료 및 기구 (materials and apparatus)

malt extract agar media, petri dish, platinum needle microscope

[균 주]

Aspergillus, Penicillium, Rhizopus, Mucor

실험방법(methods)

① 맥아배지를 평판에 20mL씩 분주한다.
② 121℃(15Lb)에서 20분 멸균(autoclaving)한다.
③ 실온에서 평판배지로 냉각시킨다.
④ 곰팡이 균주에서 1백금이를 취하여 평판도말(streaking)한다.

⑤ 항온기(incubator)에서 배양(27℃/24~48시간)한다.
⑥ 배양과정에서 현미경으로 관찰한다.

실험결과(resultss)

① 배양과정에서 균사를 검경하여 스케치한다.
② 곰팡이 균주별로 증식된 것을 스케치한다.
③ 포자의 상태도 스케치한다.
④ 곰팡이의 검경과정은 저배율에서 고배율(배율별 관찰)로 한다.

실험 3 각종 곰팡이류의 배양

미생물 배양법에 의하여 순수배양 보존된 균주로부터 새로운 배지에 이식접종하여 미생물의 모습을 관찰하고 이식조작 기술을 익힌다.

재료 및 기구 (materials and apparatus)

Clean bench, Incubator, 백금이, 멸균 Test tube, Petri dish, Alcohol lamp

[균 주]

Asp. oryzae ··················(KCCM 12698. Medium 52. 26℃)
Asp. niger ···················(KCCM 11239. Medium 48. 24℃)
Mu. hiemalis ·················(KCCM 12347. Medium 52. 24℃)
Mu. racemosus ················(KCCM 12352. Medium 52. 24℃)
Rh. delemar ··················(KCCM 11272. Medium 52. 24℃)
Pen. citrinum ················(KCCM 11618. Medium 52. 24℃)

[배 지]

1. malt extract agar(KCCM Medium 48)

malt Extract ·························20.0g
glucose ·························20.0g
peptone ·························1.0g
agar ·························20.0g
D.W ·························1L

2. potato dextrose agar(KCCM Medium 52)

dice Potato ·························300.0g
glucose ·························20.0g
agar ·························15.0g
D.W ·························1L

실험방법(methods)

① 준비된 배지를 시험관에 분주한다.
② autoclaving하여 멸균된 petri dish에 부어 평판배지를 만든다.
③ 평판도말법에 의하여 준비된 균주를 이식 도말한다.
④ 거꾸로 하여 incubator에서 배양한다.
⑤ 각 균주의 모양을 육안 및 현미경으로 관찰한다.

4. 효모의 배양 (the culture of yeast)

(1) 효모의 기본모양

① 달걀형(Cerevisiae type) : 맥주효모와 알코올효모, 청주효모 등이 있다.
② 타원형(Ellipsoideus type) : *Sacch. cerevisiae*라는 포도주 효모가 있다.
③ 구형(Torula type) : *Sacch. torula*
④ 소시지형(Pastorianus type) : Sacch. pastorianus, Schizosacch pombe가 있다.
⑤ 레몬형(Apiculatus type) : 방추형(紡錐型)이라고도 하며, *Sacch. apiculatus*가 있다.
⑥ 위균사형(爲菌絲刑, Pseudomycelium type) : Candida utilis가 있다.

효모는 대부분이 출아법(Budding)으로 증식하나 그 밖에 분열법(Division), 양극출아법(Dipolar budding) 등도 있다.

(2) 효모의 생리작용

① 호기적 조건 : 호흡작용(respiratory)

② 혐기적 조건 : 발효작용(fermentation)

- $C_6H_{12}O_6 + 3O_2 \longrightarrow 2CO_2 + 2H_2O + 700kcal$
- $C_6H_{12}O_6 \longrightarrow 2CO_2 + 2C_2H_5OH + 66kcal$

③ 알코올 발효조건을 달리했을 때는 Neuberg 3형식으로 발효한다.

제1형식 = $C_6H1_2O_6 \longrightarrow 2CO_2 + 2C_2H_5OH$

제2형식 = $C_6H_{12}O_6 \longrightarrow C_3H_5(OH)_3 + CH_3CHO + CO_2$

(아황산소다 첨가)

제3형식 = $2C_6H_{12}O_6 + H_2O \longrightarrow 2C_3H_5(OH)_3 + CH_3COOH$

$+ C_2H_5OH + CO_2$

④ 효모는 아미노산 발효에서 탄소수가 한 개 작은 알코올을 생성하여 발효산물의 향기, 맛에 큰 영향을 준다.

재료 및 기구 (materials and apparatus)

Czapek한천 또는 맥아즙 한천배지, petri dish, platinum needle, microscope, autoclave

[균주(strain)]

Saccharomyces cerevisiae, Candida utilis 등

실험방법 (methods)

① 한천배지를 제조하여 20mL씩 petri dish에 분주한다.

② 분주한 배지를 멸균한다. 121℃(15Lb)/20분

③ 실온에서 냉각하여 배지를 평판배지로 한다.

④ 백금이로 균주별로 도말한다.

⑤ 도말(streaking)된 배지를 항온기에서 30℃로 24~48시간 배양한다.
⑥ 배양과정에서 수시로(시간을 정해서) 현미경으로 관찰한다.

실험결과 (results)

표를 만들어 균체의 증식과정을 스케치한다.

실험 4 효모의 배양

미생물 배양법에 의하여 순수배양 보존된 균주로부터 새로운 배지에 이식 · 접종하여 미생물의 모습을 관찰하고 이식조작기술을 익힌다.

재료 및 기구 (materials and apparatus)

clean bench, incubator, 백금이, 멸균 test tube, retri dish, alcohol lamp

[균 주]

Saccharomyces cerevisiae (KCCM 11671 Medium 56. 24℃)

[배 지]

YM Agar (KCCM Medium 56)

실험방법 (methods)

① 준비된 배지를 시험관에 분주한다.
② autoclaving하여 멸균된 petri dish에 부어 평판배지를 만든다.
③ 평판도말법에 의하여 준비된 균주를 이식 · 도말한다.
④ 거꾸로 하여 incubator에서 배양한다.
⑤ 각 균주의 모양을 육안 및 현미경으로 관찰한다.

실험 5 효모에 의한 당 발효실험

$$C_6H_{12}O_6 \longrightarrow 2C_2H_5OH + 2CO_2$$

이 실험은 알코올 발효력이 강한 효모(*Saccharomyces cerevisiae*)를 이용하여 당액에서 발생하는 CO_2의 양을 측정한다.

효모는glucose,fructose,maltose(glucose+glucose), sucrose(fructose+glucose) 등은 잘 발효하지만 galactose, lactose 등은 잘 발효하지 못하며, raffinose는 일부 효모(*S. cerevisiae*)가 1/3 정도 발효한다.

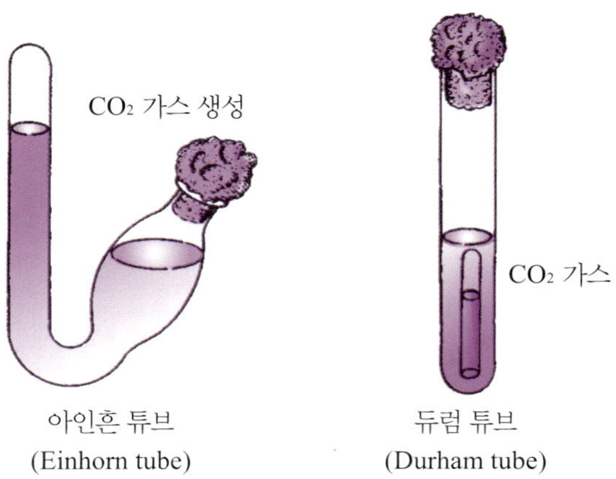

그림 19-3 2가지 종류의 발효관

재료 및 기구 (material and apparatus)

10%당액 (glucose, fructose, maltose, sucrose, lactose, starch), dry yeast, Einhorn tube, cake yeast, platinum needle, spoid, clean bench

실험방법 (methods)

① 10% 당용액 조제 후 시험관에 30mL씩 분주하여 autoclaving (100℃/20분)한다.

② clean bench 안에서 건열멸균한 einhorn tube에 살균한 당액을 주입한다(20~30mL).
③ dry yeast 현탁액을 spoid로 취하여 3~4방울 접종한다.
④ 25~30℃/24~48시간 Incubating(배양)후 CO_2 발생량을 관찰한다.
⑤ 살균수 1mL에 배양효모 1백금이를 가하고 한방울의 methylene blue를 혼합한 후 현미경으로 효모를 관찰한다.

실험 6 Lindner의 소발효실험

소량의 효모로 여러 가지 당(발효성糖)의 발효성을 시험하거나, 높은 가격의 당류를 실험에 사용하는 경우에는 Lindner의 소발효실험(小醱酵實驗)을 이용한다.

재료 및 기구(materials and apparatus)

멸균 D.W, paraffin(vaselin), koji즙 한천, 사면배지, platinum needle, hollow slide glass, cover glass, 멸균 pipette, filter paper, petri dish

실험방법(methods)

① 효모(slant media에 배양한 것)를 백금이로 따내서(one platium loopful) 먼저 준비한 소량의 멸균 D.W 중에 현탁시켜 방치한 후 사용한다(glycogen이 없는지를 검경 · 확인함).
② petri dish 안에 hollow slide glass와 cover glass를 넣어 건열멸균 후 냉각한 것에 멸균 pipette으로 효모 현탁액을 slide glass 오목한 곳에 1~2방울 떨어뜨린다.
③ 여기에 시험용 당류를 살균 백금이로 가하여 잘 섞은 후 cover glass를 덮어 둔다(기포가 없게 하며 넘치는 액은 여지로 흡수시킨다).
④ cover glass 주위를 paraffin(vaseline)으로 덮어서 봉한다.
⑤ 이것을 배양(30℃/24시간)하면서 배양과정과 이후에 액내의 기포가 발생을 나타내면 시험효모로 발효된 것으로 인지한다.

⑥ 대조구(blank)를 만들어 공시험을 하여 본실험과 비교한다.
⑦ 기포(CO_2)의 과소는 발효의 정도를 나타내는 것으로 인정한다.

실험 7 세균의 배양 (the culture of bacteria)

세균은 조류(algae)를 제외한 하등미생물로서 Bergey's manual of determinative bacteriology 제8판의 분류방식으로 분류되고 있다. 또 세균은 그 형태에서 구균(coccus), 간균(bacillus), 나선균(spirillum)으로 대별한다.

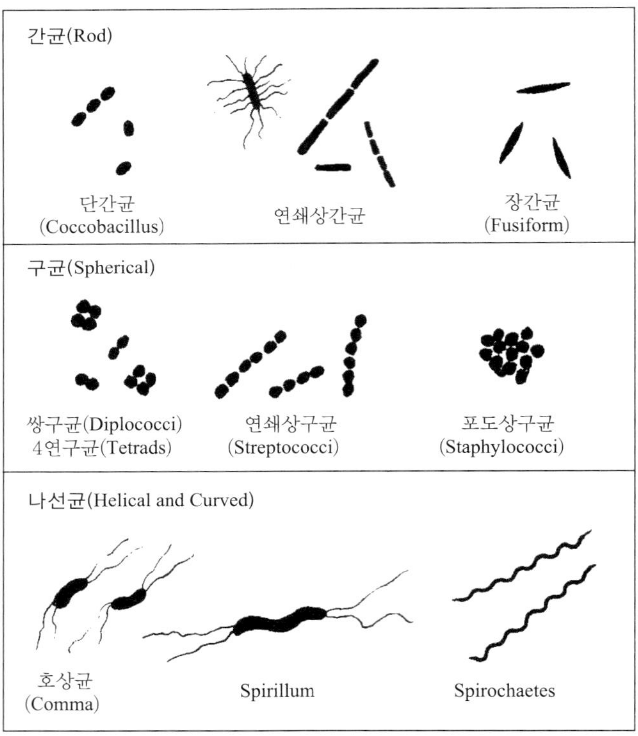

그림 19-4 세균의 기본모양(형태)

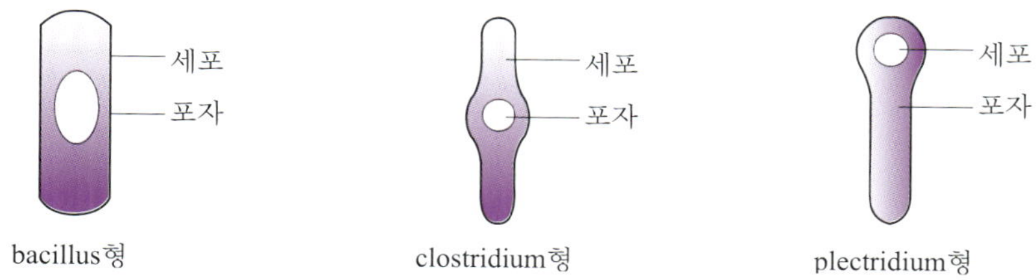

그림 19-5 세균의 포자낭포자의 모양(포자형성)

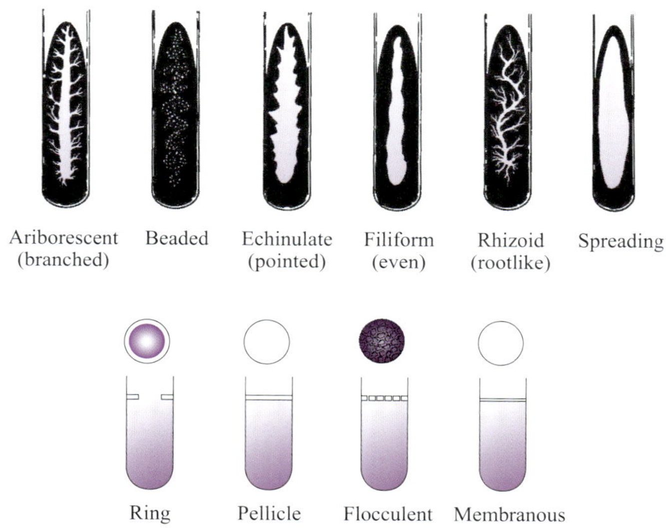

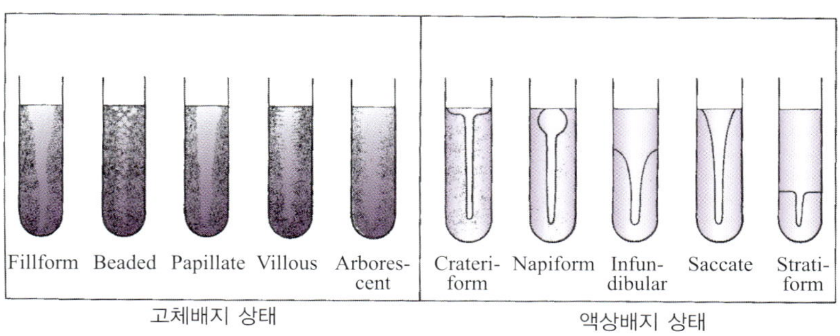

gelatin stabs culture

그림 19-6 세균의 배양상의 형태

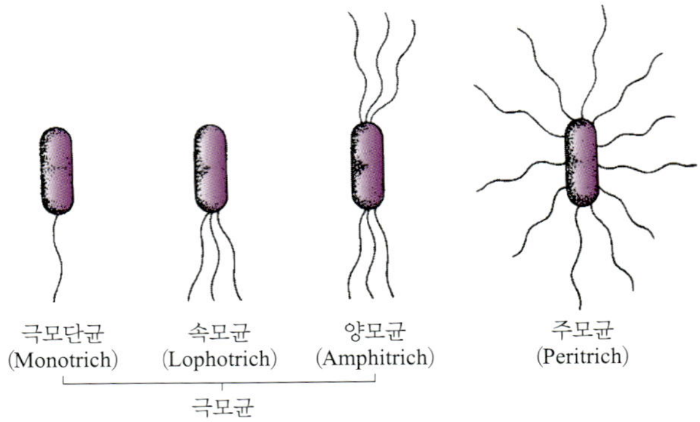

그림 19-7 세균편모의 모양

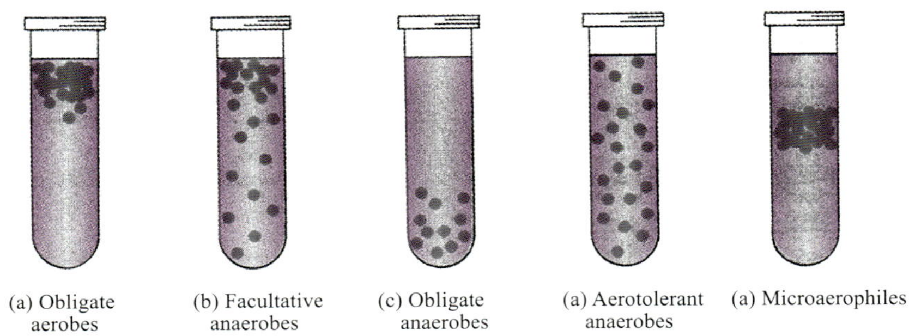

그림 19-8 세균의 고체배지에서의 산소농도에 따른 증식상태

재료 및 기구(materials and apparatus)

nurtient broth(agar), gelatin media, test tube, platinum needle, erlenmeyer flask

[균 주]

E. coli, Bacillus subtilis, Strep. lactis, Pseudomonas aeruginosa, Proteus vulgaris

[배 지]

1. nutrient Agar (100mL 당)

peptone ··························· 0.5g
beef extract ························ 0.3g
sodium chloride(NaCl) ··············· 0.8g
agar ······························ 1.5g
distilled water(D.W) ················ 100mL

2. glucose-minimal salts broth(100mL 당)

glucose ··························· 0.5g
sodium chloride(NaCl) ··············· 0.5g
ammonium dihydrogen
phosphate($NH_4H_2PO_4$) ················ 0.1g
dipotassium phosphate(K_2HPO_4) ······· 0.1g
magnesium sulfate($MgSO_4$) ··········· 0.02g
D.W ······························ 100mL

실험방법(methods)

① 준비된 균주로부터 nutrient broth agar slant와 gelatin slant배지를 20mL씩 test tube에 분주한다.
② 분주된 배지를 autoclave(121℃/20분)에서 멸균하고 stab media로 냉각시킨다.
③ 백금선을 이용하여 1~3백금이를 배지에 이식한다.
④ 37℃에서 24~48시간 배양한다.
⑤ 배양과정에서 균체의 상태를 관찰한다.

실험결과 (results)

실험 배양과정을 그림으로 스케치한다.

실험 8 일반세균수 측정법

1. 표준평판법

표준한천배지에 검체를 혼합 응고시켜 배양 후 발생한 세균 집락수를 계수하여 검체 중의 생균수를 산출한다.

재료 및 기구 (materials and apparatus)

표준한천배지, petri dish, 멸균 test tube, alcohol lamp, incubator

[배 지]

1. 표준한천배지(Plate Count Agar)

Tryptone	5.0g
Yeast Extract	2.5g
Dextrose	1.0g
Agar	15.0g
D.W	1L

실험방법 (methods)

① 시험용액 1mL과 10배 단계 희석액 1mL씩을 멸균 페트리 접시 2매 이상씩에 무균적으로 취한다.
② 표준한천배지(약 43~45℃) 약 15mL을 무균적으로 분주한다.
③ 페트리 접시 뚜껑에 부착하지 않도록 주의하면서 회전하여 검체와 배지를 잘 혼합하여 응고시킨다.
④ 확산집락의 발생을 억제하기 위하여 다시 표준한천배지 3~5mL을 가하여 중첩시킨다.
⑤ 이 경우 검체를 취하여 배지를 가할 때까지의 시간은 20분 이상 경과하여서는 안된다.

⑥ 응고시킨 페트리 접시는 거꾸로 하여 35~37℃에서 24~48시간(검체에 따라서는 35~37℃에서 72±3시간) 배양한다.
⑦ 검액을 가하지 아니한 동일 희석액 1mL을 대조시험액으로 하여 시험조작의 무균여부를 확인한다.

집락수 산정

① 배양 후 즉시 생성된 집락수를 계산한다.
② 부득이할 경우에는 5℃에 보존시켜 24시간 이내에 산정 가능하다.
③ 집락수의 계산은 1개의 평판당 30~300개의 집락을 생성한 평판을 택하여 계산한다 (CFU/mL).
④ 300개 이상의 집락이 배양된 경우는 TNTC(Too Numerous To Count)로 표시한다.

$$\text{CFU (colony forming units) /mL} = \frac{\text{Number of colonies}}{\text{Dilution} \times \text{Amount plated}}$$

2. 건조필름법

실험방법 (methods)

① 시험용액 1mL와 각 10배 단계 희석액 1mL씩을 세균수 건조필름배지에 접종한 후 35~37℃에서 24~48시간 배양한다.
② 생성된 붉은 집락수를 계산하고 그 평균 집락수에 희석배수를 곱하여 일반세균수로 한다.

실험 9 대장균군 정성 · 정량시험

대장균군은 Gram음성, 무아포성 간균으로서 유당을 분해하여 가스를 발생하는 모든 호기성 또는 통성 혐기성세균을 말한다. 대장균군 시험에는 대장균군의 유무를 검사하는 정성시험과 대장균군의 수를 산출하는 정량시험이 있다.

재료 및 기구 (materials and apparatus)

petri dish, 멸균 test tube, alcohol lamp, 백금이, durham tube, incubator

[배 지]

1. 유당배지 (Lactose Broth)

Peptone ································· 5.0g
Beef Extract ···························· 3.0g
Lactose ································· 5.0g
D.W ····································· 1L

2. BGLB배지 (Brilliant Green Lactose Bile Broth)

Peptone ································· 10.0g
Lactose ································· 10.0g
Oxgall ·································· 20.0g
Brilliant green ·························· 0.0133g
D.W ····································· 1L

3. Endo 한천배지 (Endo Agar)

Peptone ································· 10.0g
Lactose ································· 10.0g
Dipotassium Phosphate ··················· 3.5g
Sodium Sulfite ·························· 2.5g
Basic Fuchsin ··························· 0.5g
Agar ···································· 15.0g
D.W ····································· 1L

4. EMB한천배지(Eosine Methylene Blue Agar)

Peptone ································10.0g
Lactose ································5.0g
Sucrose ································5.0g
Dipotassium Phosphate ··················2.0g
Eosin Y ································0.4g
Methylene Blue ·························0.065g
Agar ···································13.5g
D.W ····································1L

5. 보통한천배지(Nutrient Agar)

Peptone ································5.0g
Beef Extract ···························3.0g
Agar ···································15.0g
D.W ····································1L

6. 데스옥시콜레이트유당한천배지(Desoxycholate Lactose Agar)

Peptone ································10.0g
Lactose ································10.0g
Sodium Chloride ························5.0g
Sodium Citrate ·························2.0g
Sodium Desoxycholate ···················0.5g
Neutral Red ····························0.03g
Agar ···································15.0g
D.W ····································1L

7. 대장균군 건조필름배지 I

Yeast Extract ··························9.6g
Pancreatic Digest of Gelatin ···········20.9g
Bile Salt No. 3 ························1.6g
Peptic Digest of Animal Tissue ·········1.6g
Lactose ································21.4g

Sodium Chloride ·························5.3g
Crystal Violet ························· 0.002g
Neutral Red ····························0.1g
Guar gum ······························ 65.7g
2,3,5-Triphenyltetrazolium Chloride ········ 0.11g
D.W ···································1L

8. 대장균군 건조필름배지 II

Peptone ·······························2g
Bonito meat extract(Erlich meat extract) ·····8g
Gall powder ···························1.5g
Sodium deoxycholate ···················· 1g
Sodium dodecyl sulfate ·················· 1g
Potassium nitrate ·······················1g
Potassium hydrogen phosphate ············ 1g
Isopropyl-β-D-thiogalactopyranoside ········0.03g
5-bromo-4-chloro-3-indoxyl-β-D-galactopyranoside ·· 0.5g
D.W ···································1L

실험방법 (methods)

[정성시험]

(1) 유당배지법

- 유당배지를 이용한 대장균군의 정성시험은 추정시험, 확정시험, 완전시험의 3단계로 나눈다.
- 시험용액 10mL을 2배 농도의 유당배지에, 시험용액 1mL 및 0.1mL를 유당배지에 각각 3개 이상씩 가한다.

1) 추정시험

① 시험용액을 접종한 유당배지를 35~37℃에서 24±2시간 배양한 후 발효관내에 가스가 발생하면 추정시험 양성이다.

② 24±2시간 내에 가스가 발생하지 아니하였을 때에 배양을 계속하여 48±3시간까지 관찰한다.
③ 이때까지 가스가 발생하지 않았을 때에는 추정시험 음성이고 가스발생이 있을 때에는 추정시험 양성이다.
④ 다음의 확정시험을 실시한다.

2) 확정시험

① 추정시험에서 가스 발생한 유당배지발효관으로부터 BGLB 배지에 접종하여 35~37℃에서 24±2시간 동안 배양한 후 가스발생 여부를 확인한다.
② 가스가 발생하지 아니하였을 때에는 배양을 계속하여 48±3시간까지 관찰한다.
③ 가스발생을 보인 BGLB 배지로부터 Endo 한천배지 또는 EMB 한천배지에 분리 배양한다.
④ 35~37℃에서 24±2시간 배양 후 전형적인 집락이 발생되면 확정시험 양성으로 한다.
⑤ BGLB 배지에서 35~37℃로 48±3시간 동안 배양하였을 때 배지의 색이 갈색으로 되었을 때에는 반드시 완전시험을 실시한다.

3) 완전시험

① 대장균군의 존재를 완전히 증명하기 위하여 위의 평판상의 집락이 그람음성, 무아포성의 간균임을 확인한다.
② 유당을 분해하여 가스의 발생 여부를 재확인한다.
③ 확정시험의 Endo 한천배지나 EMB 한천배지에서 전형적인 집락 1개 또는 비전형적인 집락 2개 이상을 각각 유당배지발효관과 보통한천배지에 접종하여 35~37℃에서 48±3시간동안 배양한다.
④ 이때 가스를 발생한 발효관에 해당되는 한천배지의 집락에 대하여 그람음성, 무아포성 간균이 증명되면 완전시험은 양성이며 대장균군 양성으로 판정한다.

(2) BGLB 배지법

① 시험용액 1~0.1mL을 2개씩 BGLB 배지에 가한다.

② 35~37℃에서 48±3시간 배양한 후 가스 발생을 인정하였을 때에는 (배지를 흔들 때 거품 모양의 가스의 존재를 인정하였을 때에도) Endo 한천배지 또는 EMB 한천배지에 분리 배양한다.

③ 이하의 조작은 (1) 유당배지법의 확정시험 또는 완전시험 때와 같이 행하여 대장균군의 유무를 확인한다.

(3) 데스옥시콜레이트 유당한천 배지법

① 시험용액 1mL과 10배 단계 희석액 1mL씩을 멸균 페트리접시 2매 이상씩에 무균적으로 취한다.

② 약 43~45℃로 유지한 데스옥시콜레이트 유당한천배지 약 15mL을 무균적으로 분주하고 페트리 접시 뚜껑에 부착하지 않도록 주의하면서 회전하여 검체와 배지를 잘 혼합한 후 응고 시킨다.

③ 그 표면에 동일한 배지 또는 보통한천배지를 3~5mL을 가하여 중첩시킨다.

④ 35~37℃에서 24±2 시간 배양한 후 전형적인 암적색의 집락을 인정하였을 때에는 1개 이상의 집락을, 의심스러운 집락일 경우에는 2개 이상을 Endo 한천배지 또는 EMB 한천배지에서 분리 배양한다.

⑤ 이하의 조작은 (1) 유당배지법의 확정시험 또는 완전시험 때와 같이 행하고 대장균군의 유무를 시험한다.

[정량시험]

(1) 최확수법

최확수란 이론상 가장 가능한 수치를 말하여 동일 희석배수의 시험용액을 유당배지, BGLB배지, 데스옥시콜레이트유당한천배지, 건조필름배지에 접종하여 대장균군의 존재 여부를 시험하고 그 결과로부터 확률론적인 대장균군의 수치를 산출하여 이것을 최확수(MPN, Most Prabable Number)로 표시하는 방법이다.

최확수는 시험용액 10, 1 및 0.1 mL와 같이 연속해서 3단계 이상을 각각 5개씩(부록 1) 또는 3개씩(부록 2) 발효관에 가하여 배양 후 얻은 결과에 의하여 검체 100 mL중 또는 100g 중에 존재하는 대장균군수를 표시하는 것이다.

예로 검체 또는 희석검체의 각각의 발효관을 5개씩 사용하여 다음과 같은 결과를 얻었다면 최확수표에 의하여 시험검체 100mL 중의 MPN은 94이다.

시험용액 접종량	10mL	1mL	0.1mL	MPN
가스발생양성관수	5개	2개	2개	94

실험 10 현적 슬라이드 제작 (Hanging Drop Slide)

미생물의 운동성 관찰과 세포배열을 관찰하는 데 있어서 편리한 실험방법이다.

재료 및 기구 (materials and apparatus)

hollow slide glass, cover glass, 백금이, vaceline, alcohol lamp, Microscope

[균 주] *Bacillus subtilis* (KCCM 11314)

실험방법 (methods)

① 연필로 slide glass에 검체명을 기록한다.
② cover glass의 모서리에 vaseline을 바른다.
③ 배양액을 잘 흔들어 cover glass 중앙에 2방울 떨어뜨린다.
④ 홀 슬라이드 글라스의 오목한 부분이 밑으로 향하게 하여 cover glass에 살며시 얹은 후 신속히 뒤집는다(이때 배양액은 다른 곳으로 흘러도 안 되고 홀 부분에 닿아도 안 된다).
⑤ 저배율에서 고배율로 관찰하고 운동성을 보고 결과를 기록한다.

실험 11 살균약제에 대한 항 미생물학적 실험

식품미생물 실험에서 흔히 사용되는 살균약제들은 일정농도로 하여 손, 고무기구, 초자기구 등을 살균 · 소독하는 데에 광범위하게 사용되고 있다. 이들 화학약제가 미생물 성장에 얼마나 장해를 주는가를 확인하는 실험이다.

재료 및 기구 (materials and apparatus)

nutrient broth, 0.1~0.5% phenol, 1~3% H_2O_2 시액, 50~70% ethyl alcohol, test tube, mess pipette

[균 주]

Bacillus sp.(B. subtilis, B. natto), St. aureus

실험방법 (methods)

① nutrient broth liquid 배지에 *Bacillus sp*. 또는 *St*. sp.를 액체 배양한다(37℃/24 ~ 48시간).

② 멸균한 시험관에 살균시액을 3 ~ 5mL를 첨가한다(무균적으로).

③ 0.3 ~ 0.5mL의 세균배양액을 넣고 흔들어 준다.

④ 5, 10, 15, 20……분 간격으로 1~3백금이의 혼합액을 nutrient broth(10mL) 배지에 접종하고 37℃에서 24 ~ 48시간 배양한다.

⑤ 살균화학약품을 첨가하지 않은 것을 대조구(blank)로 하여 성장이 없는 시험관 배양액을 −, 조금 배양된 시험관을 +, 많이 배양된 시험관들을 + +, + + +…… 순으로 표기한다.

⑥ 화학약품과 세균의 혼합액을 1~3백금이 취하여 nutrient broth agar plate 배지에 평판배양(37℃/24 ~ 48시간)하여 배양증식 여부를 관찰한다. 배양된 세균은 생균수를 측정한다.

실험결과 (results)

표 또는 도표로 실험결과를 표기한다.

실험 12 초산균(*Acetobacter sp.*)을 이용한 식초제조

중간생성물은 acetaldehyde이며 호기적으로 ethanol을 산화하여 초산을 만드는 세균으로 액체배지 위에 피막(皮膜)을 형성한다. *Acetobacter aceti, A.oxydans*가 이용되며 *A. schuetzenbachii*는 속초균이다.

재료 및 기구 (materials and apparatus)

[균 주] *Acetobacter aceti*(초산세균)
[배 지] meat extract−peptone media(pH 7.0)
meat extract 5g
polypeptone 15g(생리실험용)
NaCl 5g
K_2HPO_4 5g(생리실험용)
D.W(pH 7.0) 1L

실험방법 (methods)

① 위 배지에 7일 동안(30℃) 배양한 후 또는 배양과정에서 시료 4~5mL를 취하여 0.1N−NaOH로 titration한다. starter(초산균의 배양실험) 배양은 2~3mL의 초산균배지가 들어 있는 시험관(3~4개)을 준비하고 각 시험관을 병렬로 하여 1일 1시험관(원액에서 1백금이 이식)씩 3~4일 배양한 것을 1mL를 새로운 삼각 플라스크 배지(약 20~30mL)에 최종 배양한다. 다시 30℃/7일 배양하면서 배양액 4~5mL를 취해서 indicator BTB(0.2%)로 청→적(end point)으로 titration한다.

② starter 첨가 및 초산발효(배양)는 삼각 플라스크에 포도주 또는 청주(alcohol분이 높으면 멸균수로 희석한다) 20mL를 넣고 1kg/ cm^2/15분 상태에서 살균한다. 종초(starter)배양액 4mL(원료대비 2%)를 첨가하여 30℃/7일 동안 배양한다.

③ 배양과정과 이후에 산도, 당분, 알코올분을 측정한다(alcohol분이 0.5% 이하일 때 배양을 끝낸다).

실험 13 항생제에 대한 미생물의 생육실험 (growth test of antibiotic)

항생제는 미생물의 생장억제, 아사, 사멸 등의 방법으로 우리 인류사회에 이바지한 바가 크다. 특히 항생제에 의한 미생물의 증식억제나 사멸은 선택적으로 발생하기 때문에 항생제의 선택성 이용에 유용한 실험이라고 할 수 있다.

1960년대에 이르러 항생제에 대한 미생물의 생장억제 또는 사멸이 광범위하게 이루어져 오늘날에는 그 저항력으로 인한 피해가 염려될 경우가 발생하고 있다.

항생제의 올바른 선택과 적정량의 투여가 요구되는 것이다.

재료 및 기구 (materials and apparatus)

nutrient broth agar media, autoclave, petri dish, filter paper, dry oven

[항생제] (Antibiotics)

tetracycline, chloroamphenicol(1,000~1,500μg/mL),

streptomycine(2,000~2,500μg/mL), penicillin(500units/mL)

[균　주]

E. coli 또는 *Bacillus subtilis*

Saccharomyces cerevisiae, *Aspergillus oryzae*

실험방법 (methods)

① nutrient broth agar media를 petri dish에 분주하고 121℃/20분 고압멸균한다.

② filter paper, pipette, pincet을 건열멸균(140~160℃/40분)한다.

③ 평판배지 각각에 대해서 세균, 효모, 곰팡이 별로 도말한다.

④ 도말된 평판배지에 항생제를 적신 filter paper 조각(0.5~1cm 크기의 원형)을 간격을 띄고 올려놓는다.

⑤ 배양과정에서 미생물의 생장상태를 관찰한다.

⑥ 대조구 실험을 위하여 항생제를 넣지 않고 미생물만 도말한 것을 배양한다.

⑦ 배양온도는 세균은 37℃에서 24~48시간, 곰팡이, 효모는 27℃에서 24~48시간이다.

실험결과 (results)

미생물의 크기, 생장여부, 생장률, 생장속도 등을 관찰할 수 있다(생장불가 −, 생장률에 따라 +, + +, + + +, ……).

실험 14 탁도 측정 (turbidimetric determination)

탁도를 측정하는 것은 흔히 전광비색계(photo color meter)를 사용하는데 이는 세균배양액 내에서 세균들이 교질용액의 작은 입자처럼 존재하면서 어는 범위 내의 광선을 흡수하는 원리를 응용하고 있다.

재료 및 기구 (materials and apparatus)

멸균 nutrient배양액, *E.coli*배양체, 전광비색계, pipette, test tube

실험방법 (methods)

① 천광비색계의 사용법을 숙지하고 photo cell을 깨끗이 세척하여 건조시킨다.

② 그림과 같이 세균배양액을 적당량 취하여 멸균 nutrient배지액이 담긴 test−tube에 주입하여 원액과 희석비율이 1 : 1, 1 : 2, 1 : 4, 1 : 8, 1 : 16이 되도록 한다.

③ 그림처럼 희석된 세균배양액을 각 cell에 옮겨서 투과율(percent transmittance)을 측정하고 광학밀도(optical density)로 환산한다.

④ 희석검체를 각각 측정하여 얻은 O.D값을 그래프에 옮겨서 세균의 농도에 따른 O.D값을 나타내는 직선 또는 곡선을 작성한다.

[예제] 투과율이 전광비색계의 계기상에 53.5로 나타났다면 O.D는?

[풀이] 광학밀도 $O.D = 2 - \log_{10} 53.5$

$= 2 - 1.7284$

$= 0.272$

실험 15 자외선의 살균효과 (lethal effects of ultraviolet light)

광합성 세균들은 태양광선에 노출됨으로써 에너지를 얻는 광합성 색소를 가지고 있다. 태양광선에 포함된 자외선은 극히 짧은 파장으로 광합성 세균이 아니더라도 별다른 저해효과를 나타내지 않는다.

본 실험에서는 nutrient agar에 배양시킨 미생물을 시간을 달리하여 자외선을 조사하고 최소 살균시간의 자외선 조사로서 100% 살균효과를 나타내는 시간을 구한다.

재료 및 기구 (materials and apparatus)

nutrient agar, *Staphylococcus aureus*배양액, *Bacillus megaterium*식염수 희석액, petri dish, 자외선등, timer

실험방법 (methods)

① 준비된 세균 배양액을 각 petri dish에 접종시키고 자외선 램프로 자외선을 조사한다.

② 자외선 조사시에는 petri dish의 뚜껑을 열고 petri dish반을 두꺼운 종이로 가리고 시간을 정확히 지켜 조사시킨다.

③ 시간에 맞추어 자외선 조사가 끝난 petri dish는 뚜껑을 다시 덮고 도치하여 37℃의 incubator에서 48시간 배양한다.

④ 배양이 끝난 petri dish를 자세히 관찰하고 관찰 결과를 기록한다.

실험 16 pH조건과 미생물의 성장

배지의 조성, 배양온도, 삼투압 등의 환경조건을 달리하여 수소이온농도가 서로 다른 배지에서 미생물을 배양시켜 봄으로써 생장억제효과를 알아본다.

재료 및 기구 (materials and apparatus)

각 종류별 pH nutrient broth(3.0, 5.0, 7.0, 9.0), *Saccharomyces cerevisiae*배양액, *E. coli*배양액, *Alcaligenes viscolactis*배양액, *Staphylococcus aureus*배양액, test−tube, 전광비색계, cuvettes

실험방법 (methods)

① 배양세균 및 효모들을 수소이온농도가 다른 영양액(nutrient borth)에 접종시키고 37℃ incubator에서 배양한다.

② 배양이 끝난 후 pH 조건에 따른 탁도의 변화를 관찰한다.

③ 전광비색계를 사용하여 배양액의 투과율을 측정하고 광학밀도를 산출한 다음에 pH와 광학밀도의 관계를 그래프에 기록한다.

실험 17 산소의 요구 (oxygen requirements)

살아있는 세균의 세포들은 여러 가지 체내의 화학반응을 수행하는데 이 반응에는 필연적으로 에너지가 요구된다. 그러므로 호흡작용에 의해서 세균들은 대사물질을 산화함으로써 에너지를 얻고 있다.

본 실험에서는 소량의 한천 resazurin yeast extract 및 casitone과 thioglycollate을 넣은 액체배지를 사용해서 세균의 염기성 생활에 관하여 알아본다.

재료 및 기구 (materials and apparatus)

thioglycollate broth, *Bacillus subtilis, Clostridium sporogenes, E. coli, Staphylococcus aureus* 등의 배양액, test tube

실험방법 (methods)

① thioglycollate broth를 넣은 시험관 3개를 잘 관찰하여 배지의 몇 %가 분홍색을 띠고 있는지 미리 기록한다. 만약 시험관의 윗부분 30% 정도가 분홍색이면 시험관을 끓는물에 몇 분 동안 넣어 용존산소량을 줄여야 한다.
② 세 개의 배지를 담은 시험관에 접종시킬 세균의 명칭을 표시한다.
③ 각 시험관에 임의로 여러 종류의 세균을 접종시킨다(기포가 생기지 않도록 조심).
④ 접종이 끝난 시험관을 37℃ incubator에서 48시간 배양한다.
⑤ 배양을 완료한 시험관을 배양액이 흔들리지 않도록 조심스럽게 꺼낸다.
⑥ 배양체의 산소요구상태, 즉 호흡형을 구분한다.

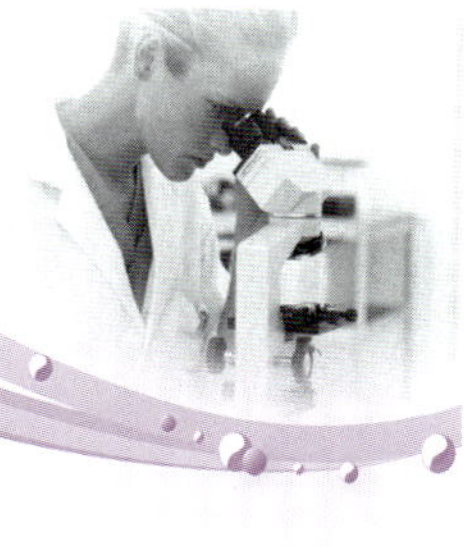

Chapter 20

미생물의 관찰

SECTION 1 현미경 취급법

1. 현미경의 구조

현미경의 구조는 크게 다음 네 가지로 분류한다.

① 조명장치 : 반사경, 집광기, 차광기

② 확대장치 : 대물렌즈, 접안렌즈, 경통

③ 초점조절장치 : 조동나사, 미동나사

④ 표본고정장치 : 재물대

2. 현미경의 종류

• 광학현미경(光學顯微鏡, optical microscope)

(1) 검경법

① 직사일광을 피하고 간접광선을 이용한다.

② 접안 및 대물렌즈는 처음에 저배율로 사용한다.

③ 표본을 재물대에 바로 위치시킨다.

④ 옆에서 들여다보면서 표본의 표면이 대물렌즈에 닿을락 말락할 때까지 재물대를 옮긴다.

⑤ 접안렌즈를 들여다보면서 조동나사로 재물대를 움직여 대략적인 상을 찾는다.

⑥ 미동나사로 정확한 상을 찾는다.

⑦ 피검체의 모양을 스케치한다.

(2) 취급시의 주의사항

① 보관시엔 습기와 먼지가 없는 나무상자에 보관한다.

② 렌즈표면은 직접 손으로 만지지 않는다.

③ 렌즈세척시엔 lens paper나 부드러운 거즈 등을 이용한다.

④ 이동시엔 오른손으로 경주를 왼손으로 경각을 가볍게 받쳐 든다.

⑤ 사용 후의 접안렌즈는 건조제가 든 케이스에 별도 보관한다.

⑥ 유침법에 의한 검경 후에는 반드시 Xylene으로 세척한다.

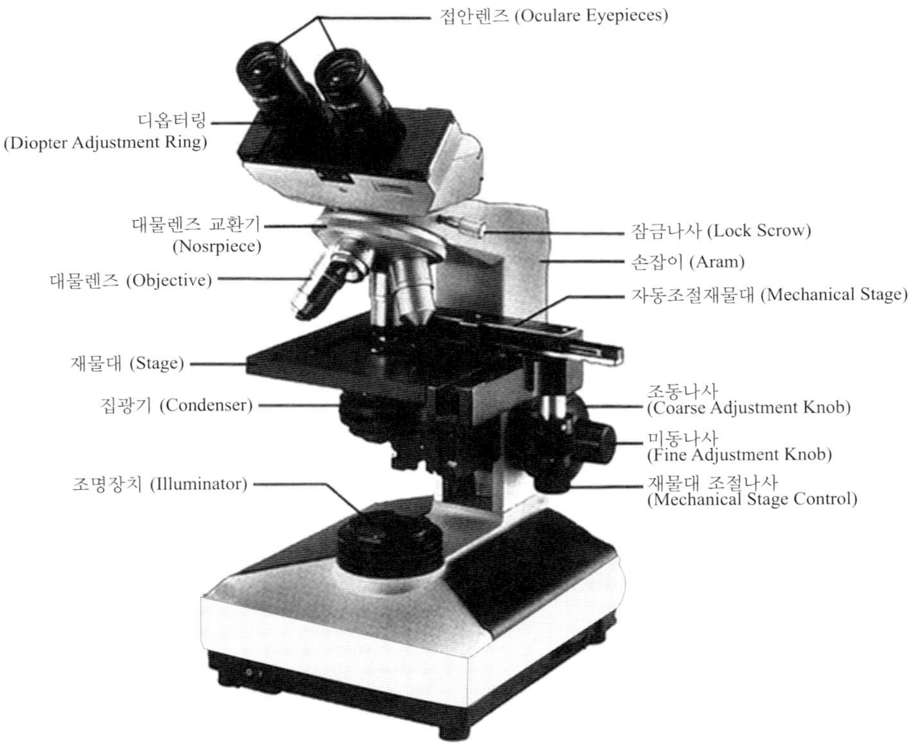

그림 20-1 현미경의 구조

SECTION 2 균체의 계측법(菌體의 計測法)

현미경으로 확대된 물체의 실제 크기를 측정하기 위한 기구로 접안측미계와 대물측미계가 사용된다. 접안측미계는 원형의 유리판 중앙에 눈금이 새겨진 것으로 한 눈금이 1/10mm(100μ)이며, 대물측미계는 유리판의 중앙에 1/100mm(10μ)의 눈금을 새긴 약 2cm 원형의 작은 유리판을 부착한 것이다.

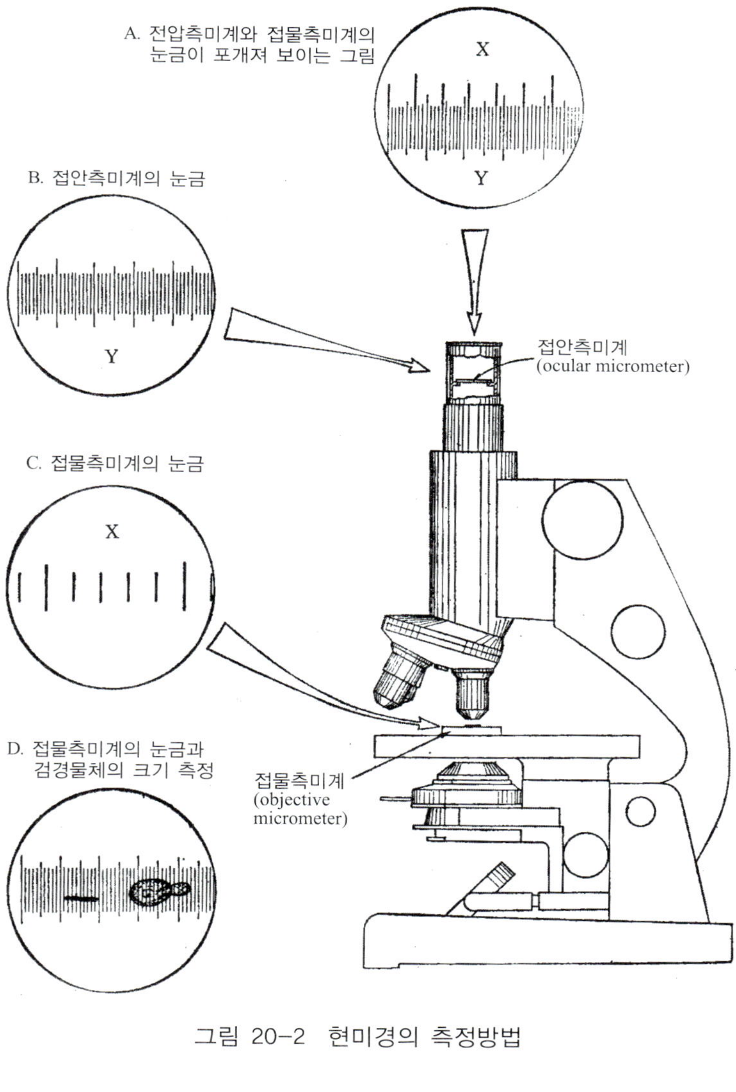

그림 20-2 현미경의 측정방법

1. 측정방법

① 접안렌즈 위의 렌즈를 돌려 빼고 접안측미계를 끼워넣는다.
② 검경하여 보면서 정확한 상이 잡혀 초점이 맞았는지를 확인한다.
③ 대물측미계를 재물대에 놓고 최저 배율로 검경하여 눈금의 위치를 시야의 중앙에 오도록 한다.
④ 접안측미계와 대물측미계가 서로 교차하고 있을 때 접안렌즈를 회전하면서 눈금이 평행이 되도록 한다.
⑤ 접안측미계의 한 눈금이 대물측미계의 몇 눈금에 상당하는가를 읽는다.

2. 계산방법

① 접안측미계의 21눈금과 대물측미계 5눈금이 일치하고 있다면 접안측미계 한 눈금의 크기는 $10\mu \times \frac{5}{10} = 2.38 \fallingdotseq 2.4\mu$ 이다(대물측미계의 한 눈금은 10μ 에 상당한다).
② 측정한 균체의 크기가 접안측미계의 몇 눈금에 상당하는가를 관찰하여 위에서 구한 한 눈금의 크기를 곱해 준다.

SECTION 3 균체의 염색법

미생물의 세포내 과립과 같은 내부구조나 편모 등의 세포구조를 현미경으로 관찰하기 어려우므로 염색법이 사용된다. 가장 많이 사용하는 염색법으로는 단일 염색(simple stain)과 그람 염색(gram stain)이 있다.

1. 단일 염색법 (simple stain)

일반적으로 가장 많이 쓰이는 염색법으로 염색의 기본이 된다.

(1) 염색액의 종류 및 조제법

색소원액은 색소분말 fuchsin, methylen blue, gentian violet 등의 무수 alcohol포화액을 원액이라고 하며 갈색병에 보관한다. 종류는 다음과 같은 것이 있다.

- 혐기성 fuchsin　　약 11g + 무수 알코올 100mL
- methylene blue　　약 5g + 무수 알코올 100mL
- gentian violet　　약 7g + 무수 알코올 100mL
- safranin　　약 2.5g + 무수 알코올 100mL

[염색시약]

① Loffler의 알칼리성 methylen blue

methylene blue 원액 ························ 30mL
0.01% KOH ································ 100mL

② Nicolle의 carbolic gention violet

gentian violet 원액 ························ 10mL
1% carbolic acid ··························· 100mL

③ Ziehl의 carbolic fuchsin

혐기성 fuchsin 원액 ························ 10mL
5% carbolic acid ··························· 100mL

④ Aniline gentian violet

gentian violet 원액 ························ 10mL
aniline 포화수용액 ························· 100mL

⑤ Lugol액

I_2 ·· 0.3g
KI ··· 1g
D.W ·· 1L

⑥ sudan Ⅲ액

sudan Ⅲ액 ··································· 0.1g
glycerol ··································· 50mL
alcohol(90~96%) ··························· 50mL

(2) 염색조작

도말→건조→고정→염색→수세→건조→검경의 순서이며, 기타 자세한 내용은 실험을 통하여 정확히 기록한다.

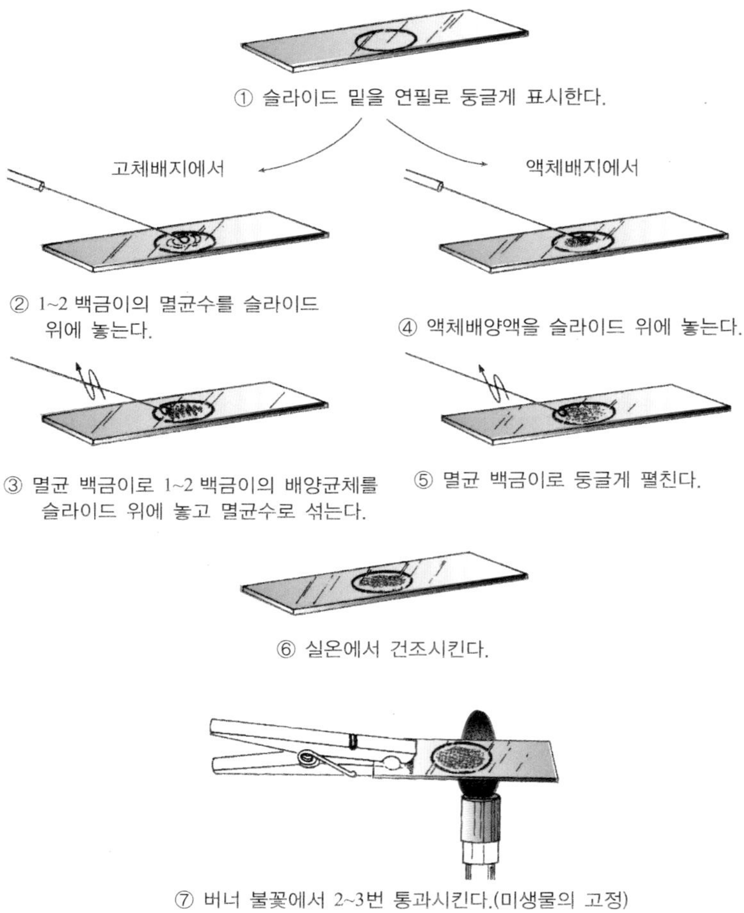

그림 20-3 도말법 (Smear, Streaking)

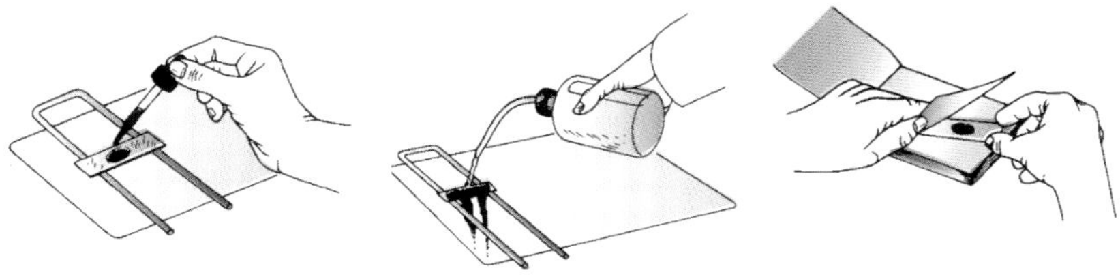

① 도말 된 미생물은 Methylene blue로 1분 동안 염색한다. ② 30초 동안 수세한다. ③ 여과지로 수분을 흡수한다.

그림 20-4 단일염색법

2. 그람 염색법 (gram stain)

세균학에 있어서 가장 중요한 염색법의 하나이다. 이 방법으로 세균을 크게 2군으로 분류하여 gram 양성과 gram 음성으로 나눌 수 있다.

(1) 염색액

① crystal violet 용액

crystal violet ························· 0.5g
D.W ································ 100mL

② gram의 요오드액

요오드 ································ 1g
KI ·································· 2g
D.W ································ 300mL

③ carbolic fuchsin액

염기성 fuchsin ······················· 0.1g
ethyl alcohol ························ 10mL
석탄산 ······························· 5g
D.W ································ 1600mL

④ safranin액

2.5% safranin

ethyl alcohol ································· 10mL

D.W ································· ······10mL

(2) 염색조작

① 배양한 균체를 slide glass 위에 고정시킨다.

② crystal violet으로 1~2분 염색시킨다.

③ 요오드액에 1분 동안 담근다.

④ 요오드액을 여지로 흡착시킨 후 95% ethanol로 탈색시킨다(10초 동안, 3회).

⑤ 세척 후 여지로 수분흡수한다.

⑥ carbolic fuchsin액으로 10초 동안 염색한다.

⑦ safranin으로 1~2분 염색시킨다.

⑧ 세척 및 건조한다.

⑨ 검경한다.

- gram 양성 : 일반구균과 포자를 형성하는 대부분의 세균
- gram 음성 : 대부분의 장내세균
- gram 양성균은 진한 자색(紫色) 또는 암자색(暗紫色)으로 염색된다.

실험 18 포자(spore)의 염색(staining)

내생포자를 형성하는 세포들은 시간이 경과함에 따라 포자 주위의 세포질이 붕괴되어 포자가 터져나와 자유롭게 된다. 포자는 건조상태, 더위, 또는 화학적 성질에 대하여 내성을 가지고 있으므로 단일염색법으로는 염색할 수가 없다.

재료 및 기구 (materials and apparatus)

한천 사면배양된 *Bacillus megaterium*, 세척병, 분젠버너, 석면망, 삼발이, slide glass, filter paper

[reagent] : malachite green 용액, safranin 용액

실험방법 (methods)

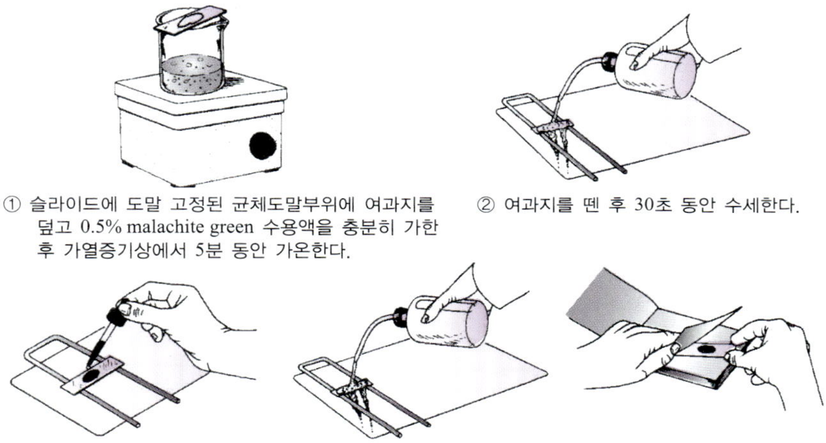

① 슬라이드에 도말 고정된 균체도말부위에 여과지를 덮고 0.5% malachite green 수용액을 충분히 가한 후 가열증기상에서 5분 동안 가온한다.

② 여과지를 뗀 후 30초 동안 수세한다.

③ Safranin으로 30초 동안 염색한다.

④ 세척하여 Safranin을 제거한다.

⑤ 수분을 여과지로 흡수시킨 후 immulsion oil을 slide 위에 떨어뜨려 검경한다.

그림 20-5 포자염색과정

① *Bacillus megaterium*을 slide glass에 도말한다.

② 도말한 부분을 malachite green용액을 떨어뜨린 후 도말부위를 5분 동안 가열한다(이때 염색액이 끓으면 안 된다).

③ slide glass를 냉각시키고 세척 후 safranin으로 2차 염색한다.

④ 세척 후 휴지로 수분을 제거한 후 slide glass를 건조시킨다.

⑤ 도말 부위를 검경 후 결과를 기록한다(내생포자 : 녹색, 세포질 : 분홍색).

실험 19 협막염색법 (capsule staining)

세균의 세포벽은 점액질로 둘러싸여 있는데 이를 피막이라고 부르며, 피막은 보통염색법으로는 염색이 되지 않으므로 특수염색법 외에 negative염색법이 사용된다.

재료 및 기구 (materials and apparatus)

백금이, slide glass, alcohol lamp, filter paper

[균 주] : *Bacillus subtilis*

[reagents]

1% crystal violet, 20% $CuSO_4 \cdot 5H_2O$

실험방법 (methods)

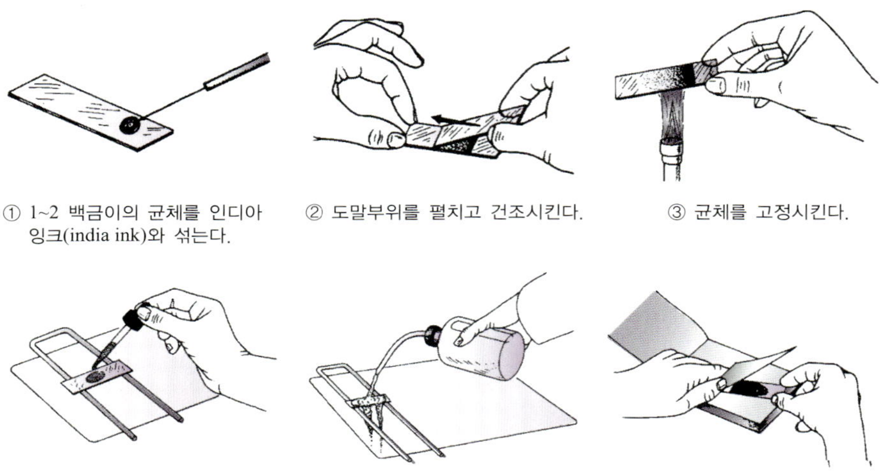

① 1~2 백금이의 균체를 인디아 잉크(india ink)와 섞는다.
② 도말부위를 펼치고 건조시킨다.
③ 균체를 고정시킨다.
④ 도말부위를 crystal violet으로 1분 동안 염색한다.
⑤ 염색부위를 수세한다.
⑥ 여과지로 탈수시킨 후 이멀젼 오일(immersion)로 검경한다.

그림 20-6 협막염색

실험 20 음화염색법 (Negative Staining)

이 염색법은 강한 화학적 인자나 물리적 요인이 작용하지 않게 함으로써 세균의 형태가 변형되지 않고 어두운 배경 가운데 세균은 투명하게 꼬이는 염색법이다.

즉, 세균이 염색되는 것이 아니고 배경이 염색되어 세균과 대조를 이루는 것을 말한다.

재료 및 기구 (materials and apparatus)

slide glass, 백금이

[reagents]

10% Nigrosin 용액

India ink

Congo red액

[균 주]

Bacillus subtilis

실험방법 (methods)

① slide glass 한쪽 끝 부분에 소량의 nigrosine 한 방울을 떨어뜨린다.

② 백금이로 소량의 균을 nigrosine방울에 살짝 올려놓는다.

③ 다른 slide glass 끝을 이용하여 nigrosine방울을 퍼지게 하여 film을 만든다.

④ 도말한 slide glass를 자연건조시키고 유침법으로 검경하여 기록한다.

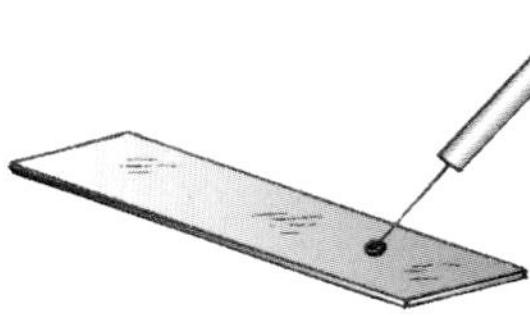

① 균체는 니그로신 (nigrosine)이나 인디아 잉크 (India ink)의 1~2방울과 섞인다.

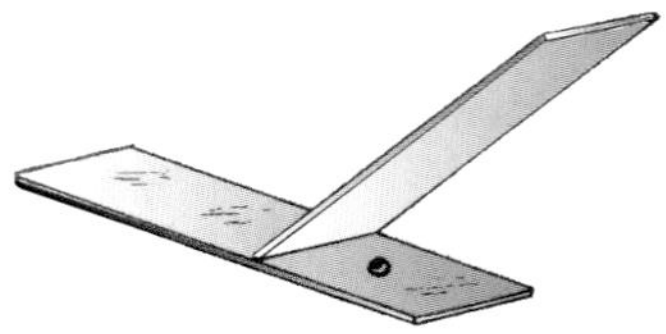

② 펼친다.

③ 계속 펼친다.

④ 펼침 슬라이드로 펼침이 끝나면 건조 후 염색 실험을 한다.

그림 20–7 음화(negative) 염색법 1

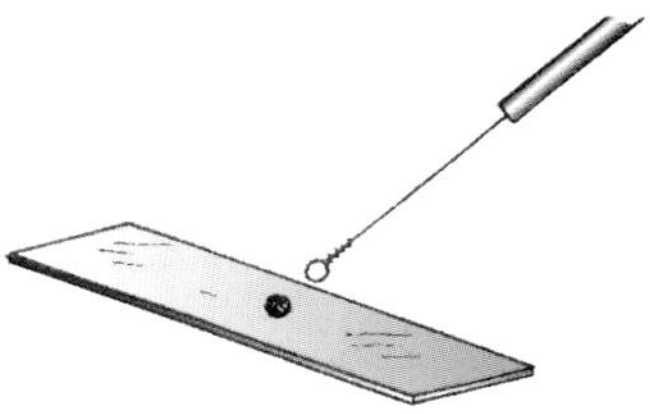

① 1 백금이의 니그로신이나 인디아 잉크를 슬라이드 위에 놓는다.

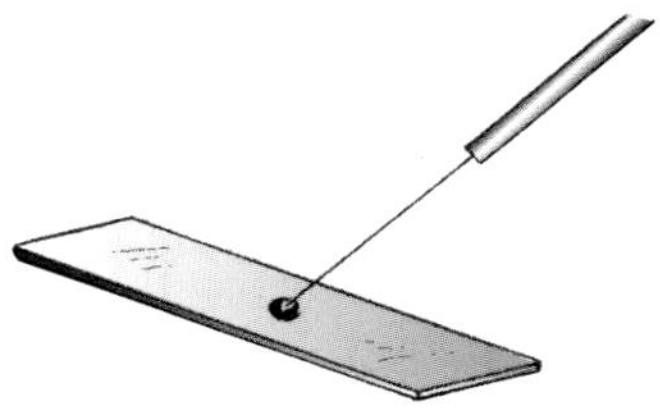

② 멸균 백금이로 균체를 염색액과 섞는다.

③ 백금이로 펼친다.(1~2cm 넓이)

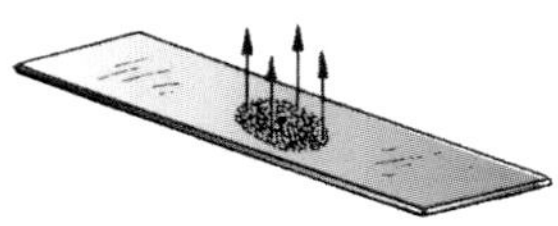

④ 자연건조 후 Oil immersion으로 실험한다.

그림 20–8 음화(negative) 염색법 2

실험 21 세포벽의 염색법 (cell wall staining)

대장균군(coliform group)이나 *Bacillus sp.*같은 세균의 세포벽을 염색하여 현미경상에서 관찰하기 어려운 세균의 형태 등을 쉽게 검경할 수 있다.

재료 및 기구 (materials and apparatus)

광학현미경, slide glass, cover glass, 여과지, cedar oil, xylene

[reagents]

0.01M cetylpyridinium, 포화 Congo red, MB(Methylene blue),

[균 주]

Coliform group (*E. coli*),

Bacillus sp.(*B. natto, B. subtilis, B. cereus*),

[배 지]

Nutrient agar media

실험방법 (methods)

① nutrient agar media에 평판배양한다(27℃/24 ~ 48시간).
② 배양된 세균의 균체(colony)를 slide glass에 도말 · 고정한다.
③ 도말한 균체 부위에 cetylpyridinium chloride를 2 ~ 3방울을 떨어뜨린다.
④ 다시 congo red시액을 1 ~ 2방울 떨어뜨린다(30 ~ 60초 방치).
⑤ 수세법에 의해서 1분 동안 수세한다.
⑥ 수분을 여과지로 닦는다.
⑦ 다시 Methylene blue시액으로 30초 동안 염색한다.
⑧ 수세한 후 여과지로 수분을 제거한다.

⑨ 현미경 재물대에 슬라이드 글라스를 놓고 저배율에서 고배율로 검경한다.

⑩ 준비한 cedar oil을 검체 위에 1~2방울 떨어뜨리고 유침검경한다.

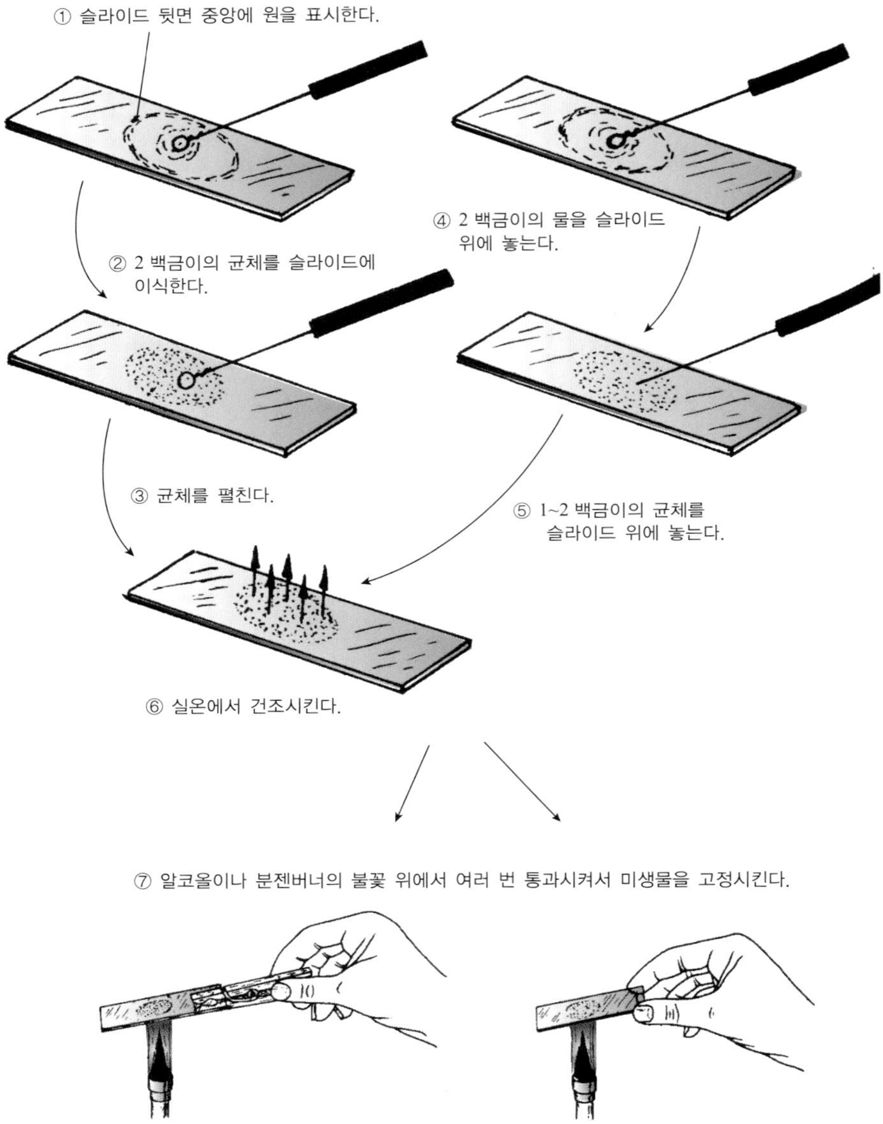

그림 20-9 검경 및 염색을 위한 미생물 도말법

실험 22 *Asp. niger*(검정곰팡이)에 의한 구연산 발효

glucose ⟶ pyruvic acid ⟶ acetyl CoA
oxaloacetic acid ⟶ citric acid

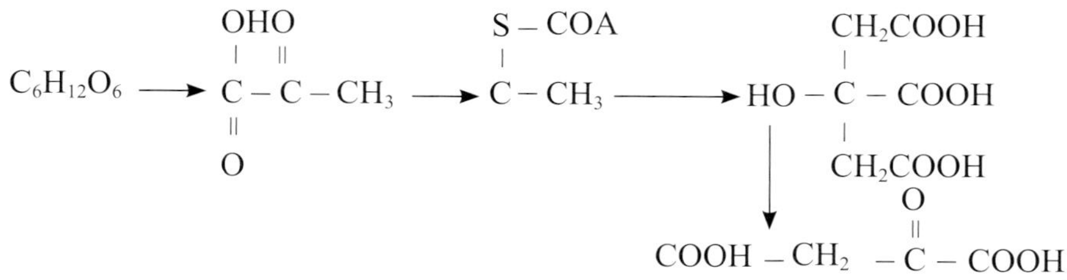

pyruvic acid는 acetyl CoA와 축합하여 이 회로를 돌아서 최종적으로 CO_2와 H_2O가 된다.

TCA cycle(tricarboxylic acid, citric acid cycle)

재료 및 기구 (materials and apparatus)

autoclave, clean bench, erlenmeyer flask, platinum needle, filter paper, alcohol lamp, mess flask, burette, hole pipette, oxalic acid, NaOH, D.W, Phenolphthalein, autochemical balance

[균 주]

Asp. niger strain

[배 지] Bernhaner**배양액**(400mL 조제)

sucrose 17.5 ~ 20% ································ 40g
NH_4NO_3 0.2% ································ 0.8g
KH_2PO_4 0.1% ································ 0.4g
$MgSO_4$ 0.25% ································ 1.0g
0.1N−HCL로 pH 3
삼각플라스크에 50mL씩 분주 후 멸균

실험방법 (methods)

① bernhaner액 400mL을 삼각플라스크에 각각 50mL씩 넣는다.

② 삼각플라스크에 대조구(B)와 실험구(M)로 표시한다.

③ autoclaving(121℃/15~20분)

④ clean bench에서 실험구에 *Asp. niger*를 접종시킨다(30℃ 정도로 냉각 시킨 후 사용할 것).

⑤ 30℃ incubator에서 7~14일 동안 배양한다.

⑥ 배양액을 여과하여 삼각플라스크에 넣는다.

[0.1N-NaOH 200mL 제조]

NaOH(M.W40) 1N−NaOH=NaOH 44g/L(조해성 때문)

NaOH 0.88g/D.W 200mL(mess flask에서 정용)

[0.1N−NaOH factor 측정]

0.1N−oxalic acid 제조 oxalate M.W = 63.035

$$F = \frac{\text{실제무게}}{\text{이론무게}} = \frac{0.6371}{0.63035} = 1.0107$$

$$NVF = N'V'F'$$

⑦ citric acid의 측정

- 대조구(B)와 실험구(M)에 배양 여과액을 pipette으로 2mL씩 취한다.
- D.W 2~10mL를 첨가한 후 0.1N−NaOH(f = 1.0107)로 적정하여 소비 mL수를 측정한다.
- 대조구, 실험구 모두를 측정하여 M = 0.8mL, B = 0.5mL였다면 구연산은 다음과 같이 측정할 수 있다.

$$\text{구연산(\%)} = (M-B) \times 0.0064 \times f \times \frac{100}{S}$$

$$= 0.8 - 0.5 \times 0.0064 \times 1.0107 \times \frac{100}{S}$$

[NaOH 용액 1mL에 상당하는 유기산량]

acetic acid	$C_2H_4O_2$	0.0060
butyric acid	$C_4H_8O_2$	0.0088
lactic acid	$C_3H_6O_2$	0.0090
malic acid	$C_4H_6O_5$	0.0067
tartaric acid	$C_4H_6O_6$	0.0076
citric acid	$C_6H_8O_7$	0.0064
oleic acid	$C_{16}H_{34}O_2$	0.0028

실험 23 곰팡이 효모, 세균의 최적 pH에 대한 증식실험
(The culture of optimum pH for Mold, Yeast and Bacteria)

미생물 균체의 증식은 pH에 대해서 크게 영향을 받는다. 또 미생물의 종류에 따라서 각각 증식에 알맞는 pH를 최적 pH라고 한다. 일반적으로 곰팡이와 효모는 약산성 영역인 pH 4.0~6.0 세균은 알칼리성 영역인 7.0~8.0의 범위에서 그 증식이 잘 된다.

대개 강알칼리 영역으로 치우치면 미생물은 자기 용해가 발생하여 그 증식이 소멸된다. 그러나 산성 영역에서는 자기 용해가 잘 일어나지 않는다. 또 pH 영역의 예외적인 미생물도 존재하는데 고온세균인 *Thiobacillus sp.*(pH 12.0)의 경우도 있다.

재료 및 기구 (materials and apparatus)

0.1N – HCl, 0.1N – NaOH용액, pH meter,

[균 주]

곰팡이(strain) : *Aspergillus oryzae*

효 모 : *Saccharomyces crevisiae*

세 균 : *Bacillus subtilis*

[배 지]

malt extract agar media
Czapeck agar media
nutrient broth plate media

실험방법 (methods)

① 0.1N−HCl, 0.1N−NaOH용액을 조제한다.
② 곰팡이 배지로서 malt extract agar media, 효모 배지로서 Czapeck agar media, 그리고 세균 배지로서 nutrient broth plate media를 제조하여 autoclave(121℃/20분)에서 멸균한다.
③ 액체배지 상태에서 살균 후의 pH가 2.0~10.0 사이가 되도록 미리 예비 실험 등의 방법으로 조제하고 균주로부터 이식하여 배양한다.
④ 각각의 배지를 멸균 petri dish에 20mL씩 주입하여 평판배지로 한다.
⑤ 균주로부터 각각의 배지에 미생물을 이식한다.
⑥ 곰팡이 · 효모는 27℃~30℃에서 세균은 37℃에서 24 ~ 48시간 배양한다. 이때 대조구로서 곰팡이 · 효모 배지는 pH 4 ~ 6.0, 세균 배지는 pH 7.0 ~ 7.5 정도의 최적 pH를 만들어 위와 똑같은 방법으로 이식하여 배양한다.
⑦ 배양과정에서 대조구와 변화구 사이의 차이점을 관찰한다.

실험결과 (results)

미생물별, pH구간별 생장상태를 스케치한다.

실험 24 쌀 코지의 제조 (The rice Koji)

코지를 만드는 것은 α-화(호화)시킨 찐쌀(고두밥)에 코지 곰팡이(麴菌)인 *Aspergillus oryzae*(황국균), *Asp. shirousamii*(백국균), *Asp. niger*(흑국균)을 배양 · 발효시켜서 만든다. 이들은 가수분해효소(당화효소)인 α-amylase(전분 분해효소), protease(단백질 분해효소)가 생성된다.

이들의 효소력을 이용하여 청주와 같은 발효주, 간장, 된장, 고추장, 청국장 등의 장류, 그리고 식혜 등을 만드는 데 사용된다.

재료 및 기구 (materials and apparatus)

대형 petri dish(직경 15cm 이상), 거즈 또는 삼베, autoclave 또는 찜통, 종국(strain), 백미, incubator

실험방법 (methods)

① 백미를 씻어 15~20℃의 수돗물에 3~5시간 수침시킨다.

② 찜통에 씻어서 넣고 삼베를 덮어 autoclave에서 1kg/cm^{2}에서 20분 정도 찐다(고두밥).

③ 찐 고두밥을 40℃ 정도로 냉각시킨다.

④ 찐쌀에 0.1~0.3%의 종국을 섞거나 평판배양된 *Asp. oryzae*를 멸균 스패튤라로 섞어 준다(petri dish).

⑤ 항온기에 넣고 배양(30℃에서 24시간)시킨 후 32~33℃에서 24시간 정도 배양하여 완성시킨다.

⑥ 품온은 24시간까지는 32~33℃로 유지하고 남은 24시간 정도는 34~36℃로 유지되도록 한다.

실험결과 (results)

코지의 색깔은 흰색-황색-청색(포자형성)으로 변한다. 참고내용으로

*Asp. oryzae*가 만드는 코지는 달콤한 방향성이 있고 α −amylase glucoamylase와 protease로서 acid protease와 acid carboxy peptidase 등의 효소를 생성한다.

실험 25 간장 코지 제조

간장은 개량식 간장, 아미노산 간장, 그리고 재래식 간장이 있다. 재래식 간장은 가을에 메주를 만들어 겨울동안 벽 등에 걸어 두었다가 이른 봄에 온돌 등에서 포개 쌓아 재워서 띄운 다음, 햇볕에 말린 후 물로 이물질을 씻어서 담그는 방법이다. 그러나 이러한 재래식의 방법은 잡균이 많이 번식하여 일정한 맛의 간장 제조가 못 되며, 메주의 종류에 따라 장맛이 달라지는 단점이 있다. 그래서 *Aspergillus oryzae* 와 같은 국균으로 만든 종국을 이용한 개량식 간장이 많이 상품화되고 있다. 아미노산 간장은 대두 등의 단백질을 염산 등으로 가수분해하여 알칼리로 중화한 다음 캐러멜 등의 색소와 조미를 행하여 단시간에 제조되는 일종의 속성 간장이다.

재료 및 기구 (materials and apparatus)

메주콩, 밀, 종국 또는 국균, 찜통 또는 autoclave, 거즈 또는 삼베, petri dish(15cm 지름), 항온기

실험방법 (methods)

① 밀을 씻어 물기를 뺀다.

② 밀알이 흙갈색이 되도록 볶는데 너무 지나치면 간장에 쓴맛을 주고 간장의 빛깔이 나쁘다.

③ 볶은 밀을 제분하여 전부 가루로 한다.

④ 콩을 물에 씻어 여름에는 6~8시간(겨울 20시간 정도, 봄 · 가을은 12~16시간 정도) 정도 수침시킨 후 콩의 약 1.5배의 물을 넣고 가열하여 중간에 가수하여 4~5시간 삶든가 찜통에 찐다. 찜통에 넣어 autoclave(1.0kg/cm^2)에서 약 20~30분 찌는 것도 좋다.

⑤ 삶은 콩에 종국을 섞는다(삶은 콩 200L에 대하여 종국은 100~150g 정도 첨가). 또 볶은 밀가루는 원료콩에 대해서 40~70%를 섞는다(이때 밀가루는 종국과 섞어서 첨가하는 것이 좋다).

⑥ 섞은 콩은 초파 등에서 갈아 2~5cm 두께의 가락을 만든다.

⑦ 가락은 항온기에서 22~24시간, 품온이 35~38℃인 경우에 손질 및 바꾸기를 하고 7~10시간 후에 품온이 35~38℃에서 다시 손질 및 바꾸기를 한다(12~15시간 후 출국). 품온이 40℃ 이상 상승하면 납두균이 번식하므로 주의한다. 다 된 코지는 출국하여 간장 코지에 이용한다.

실험 26 *Bacillus subtilis*의 배양과 청국장 제조

*B. sbtilis*는 *B. natto*와 같이 주로 볏짚에 존재하는 호기성 포자형성(spore forming) 간균으로서 점질물을 생성하기 때문에 점질물균 또는 고초균(枯草菌)이라고도 한다.

이 고초균을 찜통에 번식시키면 청국장 코지(納豆라고도 함)가 되고, 이 코지를 이용하여 여기에 소금, 마늘, 고춧가루, 파 등을 섞어서 초파나 마쇄기로 마쇄한 것을 청국장이라고 하는데 소금량에 따라서 저장성이 달라진다.

재료 및 기구 (materials and apparatus)

콩, agar-agar, petri dish, 항온기, nutrient broth, 소금, 파, 마늘, 고춧가루, 초파

[균 주]

Bacillus subtilis, B. natto

실험방법 (methods)

① 콩을 씻어 간장 코지 제조와 같은 방법으로 수침(약 10시간)하여 찜통 등에서 5~6시간 가열한다(손으로 눌러 쉽게 부서질 정도로 한다).

② 삶은 콩물 1L에 2%의 agar를 첨가하여 평판배지를 만든다(이때 nutrient broth로 plate배양기를 만들어도 좋다).

③ 이식법에 따라 platinum needle로 균주로부터 이식한다.

④ 페트리 접시를 항온기(40℃)에서 24 ~ 48시간 배양한다.

⑤ 배양된 균체(colony)를 nutrient broth 액체배지나 콩 추출물에 1 ~ 2백금이를 이식하여 액체배양한다(이때 shaking incubator를 사용하거나 산소공급 배양기를 사용하면 좋다).

⑥ 코지균 현탁액을 만들기 위해서 배양된 코지균 배양액 10mL를 멸균살균수 200mL에 넣어서 *B. subtilis*현탁액을 만든다.

⑦ 삶은 콩 50℃ 정도로 냉각시킨 것에 코지 현탁액을 뿌려서 접종시킨다(원료 콩당 1 ~ 5%).

⑧ 접종된 콩을 항온기에 넣어서 40 ~ 43℃의 품온이 유지된 상태에서 20 ~ 24시간 발효시켜서 청국장 코지를 완성한다.

⑨ 청국장 제조를 위해서 청국장 코지 18 ~ 20L에 대해 소금 2 ~ 3L, 파, 마늘 0.3 ~ 0.5L, 고춧가루 0.5 ~ 0.8L를 섞어서 초파로 갈아서 일정 용기에 다져 넣은 것을 시원한 곳에 보존한다.

실험 21 박테리오파지의 분리 및 배양 (bacteriophage−isolation and culture)

박테리아를 공격하여 파괴시키는 바이러스를 파지(phage) 또는 박테리오파지(bacteriophage)라고 부른다.

파지의 성분은 단백질과 핵산으로 되어 있는데 외부에 단백질의 외투(shell)가 있고 그 내부에 DNA가 들어 있다. 파지의 머리 부분에 있는 단백질 외투막의 작용은 내부에 존재하는 DNA의 보호작용을 수행한다. 꼬리 부분에 해당하는 속이 빈 단백질관은 DNA의 출구로서 파지의 머리 부분에 위치한 DNA가 박테리아의 세포질에 도달하는 통로의 구실을 하고 있다.

본 실험에서는 집파리로부터 파지를 분리한다.

재료 및 기구 (materials and apparatus)

유리병(생장배지 20mL, 용균제 20mL), 삼각 플라스크, mortar 및 유리봉, 유리가루, *E. Coli* 배지, 여과액, test−tube, petri dish, pipette, 파리(집파리 ; 집파리들은 마쇄하기 전까지는 살려두어야 한다)

실험방법 (methods)

① mortar에 금방 죽인 집파리들을 넣고 mortar 용량의 1/2에 해당하는 생장배지를 부은 후 조직을 마쇄하여 액체상으로 만든다.

② 집파리 혼합배지를 플라스크에 옮기고 다시 20mL의 생장배지를 mortar에 부어서 잔유물을 세척하여 flask에 옮긴다.

③ mortar와 유리봉을 비누와 뜨거운 물로 잘 세척하여 건조시킨다.

④ 혼합물을 37℃에서 42시간 배양하고 배양의 마지막 6시간 전에 20mL의 용균제를 혼합배지에 넣어 배양을 완료한다.

⑤ 혼합배양액을 원심분리 시험관에 넣어서 2,500rpm으로 10분 동안 원심분리하여 파리에서 유래한 고형성분을 제거한다.

⑥ 상등액을 보통여과지로 여과하고 또 다시 멸균된 membrane filter로 2차 여과한다.

⑦ 시험관의 nutrient agar media를 액화시킨 후 50℃로 냉각시킨 후 water both에 방치한다.

⑧ pipette으로 여과액을 시험관에 넣는다.

⑨ *E. Coli* 액체 배양액을 취하여 접종한다.

⑩ 시험관구를 화염멸균하여 petri dish로 시험관의 내용물을 주입한다.

⑪ 배지가 응고하면 petri dish를 거꾸로 하여 37℃ incubator에 넣는다. 이때 2시간 후 petri dish를 검사한다.

부록 I

〈대장균군시험의 최확수표〉

다음의 희석과 시험관수에 의한 양성수에 대한 최확수와 95%의 신뢰한계

A−10mL씩 5개 B−10mL씩 5개, 1mL씩 5개, 0.1mL씩 5개

양성관수 A 10mL 씩 5개	MPN 100mL	MPN의 신뢰한계 하한	MPN의 신뢰한계 상한
0	< 2.2	0	6.0
1	2.2	0.1	12.6
2	5.1	0.5	19.2
3	9.2	1.6	29.4
4	1	3.3	52.9
5	> 16	8.0	∞

B 10mL 씩 5개	B 1mL 씩 5개	B 0.1mL 씩 5개	MPN 100mL	MPN의 신뢰한계 하한	MPN의 신뢰한계 상한
0	0	1	2	< 0.5	7
0	0	2	4	< 0.5	11
0	1	0	2	< 0.5	7
0	1	1	4	< 0.5	11
0	1	2	6	< 0.5	15
0	2	0	4	< 0.5	11
0	2	1	6	< 0.5	15
0	3	0	6	< 0.5	15
1	0	0	2	< 0.5	7
1	0	1	4	< 0.5	11
2	2	2	14	4	34
2	3	0	12	3	28
2	3	1	14	4	34
2	4	0	15	4	37
3	0	0	8	1	19
1	0	2	6	< 0.5	15
1	0	3	8	1	19
1	1	0	4	< 0.5	11
1	1	1	6	< 0.5	15
1	1	2	8	1	19
1	2	0	6	< 0.5	15
1	2	1	8	1	19
1	2	2	10	2	23
1	3	0	8	1	19
1	3	1	10	2	23
1	4	0	11	2	25
2	0	0	5	< 0.5	13
2	0	1	7	1	17
2	0	2	9	2	21
2	0	3	12	3	28
2	1	0	7	1	17
2	1	1	9	2	21
2	1	2	12	3	28
2	2	0	9	2	21
2	2	1	12	3	28
4	5	1	48	16	124
5	0	0	23	7	70
5	0	1	31	11	89
5	0	2	43	15	114
5	0	3	58	19	144

〈대장균군시험의 최확수표〉 (계속)

B			MPN 100mL	MPN의 신뢰한계		B			MPN 100mL	MPN의 신뢰한계	
10mL 씩 5개	1mL 씩 5개	0.1mL 씩 5개		하한	상한	10mL 씩 5개	1mL 씩 5개	0.1mL 씩 5개		하한	상한
3	0	1	11	2	25	5	0	4	76	24	180
3	0	2	13	3	31	5	1	0	33	11	93
3	1	0	11	2	25	5	1	1	46	16	120
3	1	1	14	4	34	5	1	2	63	21	154
3	1	2	17	5	46	5	1	3	84	26	197
3	1	3	20	6	60	5	2	0	49	17	126
3	2	0	14	4	34	5	2	1	70	23	168
3	2	1	17	5	46	5	2	2	94	28	219
3	2	2	20	6	60	5	2	3	120	33	281
3	3	0	17	5	46	5	2	4	148	38	366
3	3	1	21	7	63	5	2	5	177	44	515
3	4	0	21	7	63	5	3	0	79	25	187
3	4	1	14	8	72	5	3	1	109	31	253
3	5	0	25	8	75	5	3	2	141	37	343
4	0	0	13	3	31	5	3	3	175	44	503
4	0	1	17	4	46	5	3	4	212	53	669
4	0	2	21	7	63	5	3	5	253	77	788
4	0	3	25	8	75	5	4	0	130	35	302
4	1	0	17	5	46	5	4	1	172	43	486
4	1	1	21	7	63	5	4	2	221	57	698
4	1	2	26	9	78	5	4	3	278	90	849
4	2	0	22	7	67	5	4	4	345	117	999
4	2	1	26	9	78	5	4	5	426	145	1,161
4	2	2	32	11	91	5	5	0	240	68	754
4	3	0	27	9	80	5	5	1	348	118	1,005
4	3	1	33	11	93	5	5	2	542	180	1,405
4	3	2	39	13	106	5	5	3	920	300	3,200
4	4	0	34	12	96	5	5	4	1,600	640	5,800
4	4	1	40	14	108	5	5	5	22,400	800	∞
4	5	0	41	14	110						

부록 II

〈대장균군시험의 최확수표-단계희석〉

시험관 3개씩(10, 1, 0.1mL) 시험하였을 때의 양성에 대한 최확수와 95%의 신뢰한계

양성관수			MPN 100mL	MPN의 신뢰한계		B			MPN 100mL	MPN의 신뢰한계	
10mL 씩 5개	1mL 씩 5개	0.1mL 씩 5개		하한	상한	10mL 씩 5개	1mL 씩 5개	0.1mL 씩 5개		하한	상한
0	0	0		0		2	0	0	9.1	1.0	36
0	0	1	3		9	2	0	1	14	2.7	37
0	0	2	6			2	0	2	20		
0	0	3	9			2	0	3	26		
0	1	0	3	0.085	13	2	1	0	15	2.8	44
0	1	1	6.1			2	1	1	20		
0	1	2	9.2			2	1	2	27		
0	1	3	12			2	1	3	34		
0	2	0	6.2			2	2	0	21	3.5	47
0	2	1	9.3			2	2	1	28		
0	2	2	12			2	2	2	35		
0	2	3	16			2	2	3	42		
0	3	0	9.4			2	3	0	29		
0	3	1	13			2	3	1	36		
0	3	2	16			2	3	2	44		
0	3	3	19			2	3	3	53		
1	0	0	3.6	0.085	20	3	0	0	23	3.5	120
1	0	1	7.2	0.87	21	3	0	1	39	6.9	130
1	0	2	11			3	0	2	64		
1	0	3	15			3	0	3	95		
1	1	0	7.3	0.88	23	3	1	0	43	7.1	210
1	1	1	11			3	1	1	75	14	230
1	1	2	15			3	1	2	120	30	380
1	1	3	19			3	1	3	160		
1	2	0	11	2.7	36	3	2	0	93	15	380
1	2	1	15			3	2	1	150	30	440
1	2	2	20			3	2	2	210	35	470
1	2	3	24			3	2	3	290		
1	3	0	16			3	3	0	240	36	1,300
1	3	1	20			3	3	1	460	71	2,400
1	3	2	24			3	3	2	1,100	150	4,800
1	3	3	29			3	3	3	22,400	460	

참고 문헌

국내서적

- 노완섭 등, "食品微生物學", 지구문화사, 2013.
- 정동효, "食品微生物學", 선진문화사, 1999.
- 하덕모, "食品微生物學", 신광출판사, 2014.
- 민경찬 등, "식품미생물학", 광문각, 2013.
- 김찬조 등, "食品微生物學", 수학사, 2006.
- 채수규, "食品化學", 효일문화사, 2007.
- 石川辰夫 등, "도해微生物學 핸드북", 지성의 샘, 1993.
- 송형익 등, "현대 발효공학", 지구문화사, 2008.
- 박태현 등, "생물공정공학", 교보문고, 2003.
- 김수일 등, "生化學", 문운당, 2003.
- 유태종 등, "食品微生物學", 문운당, 2003.
- 홍석인 등, "생물화학공학", (주)서울외국서적, 1995.
- James E. Bailey 등 공저, 홍석인 등 공역, "생물화학공학", 서울외국서적, 1991.
- 김옥경 등, "식품위생관계법규", 지구문화사, 2014.

국외서적

- Fragier, "Food Microbiology", McGRAW-Hill BOOK COMPANY
- 木林光 外, "食品微生物學", 培風館
- Fragier 外, "Food Microbiology Fourth", McGRAW-Hill BOOK COMPANY
- 好井久雄 外, "改訂增補版 食品微生物學", 枝報當
- 相田浩 外, "新版応用微生物学 I", 朝倉書店
- B. D. Davis 外, "Microbiology", HARPER & ROW
- J. A. kurmann 外, "yoghurt"
- 山口知夫 外, "最新応用微生物学入門", 枝報堂
- Alcoholic Beverage Vol I, "Economic Microbiology", ACADEMIC PRESS INC
- Johnson & Case, "Laboratory Experiments in Microbiology", pearson International Edition

찾아 보기

NEW 식품미생물학 및 실험

초판 인쇄_ 2014. 8. 10
초판 발행_ 2014. 8. 16

저자_ 허윤행 · 민경진 · 박인숙
송리라 · 이웅수 · 황보미향

발행처_ 지구문화사 JIGU PUBLISHING Co.

발행인_ 주 병 오

등록번호_ 제9-57호
등록일자_ 1979. 7. 13

경기도 파주시 회동길 209
파주출판문화정보산업단지
기획마케팅팀 031)955-7566 · 7577
편집디자인팀 031)955-7731
FAX 031)955-7730

ISBN 978-89-7006-711-7

독자의견 전화_ 031-955-7577
홈페이지_ http://www.ji-gu.co.kr/
이메일_ jigupub@hanmail.net

값 20,000원

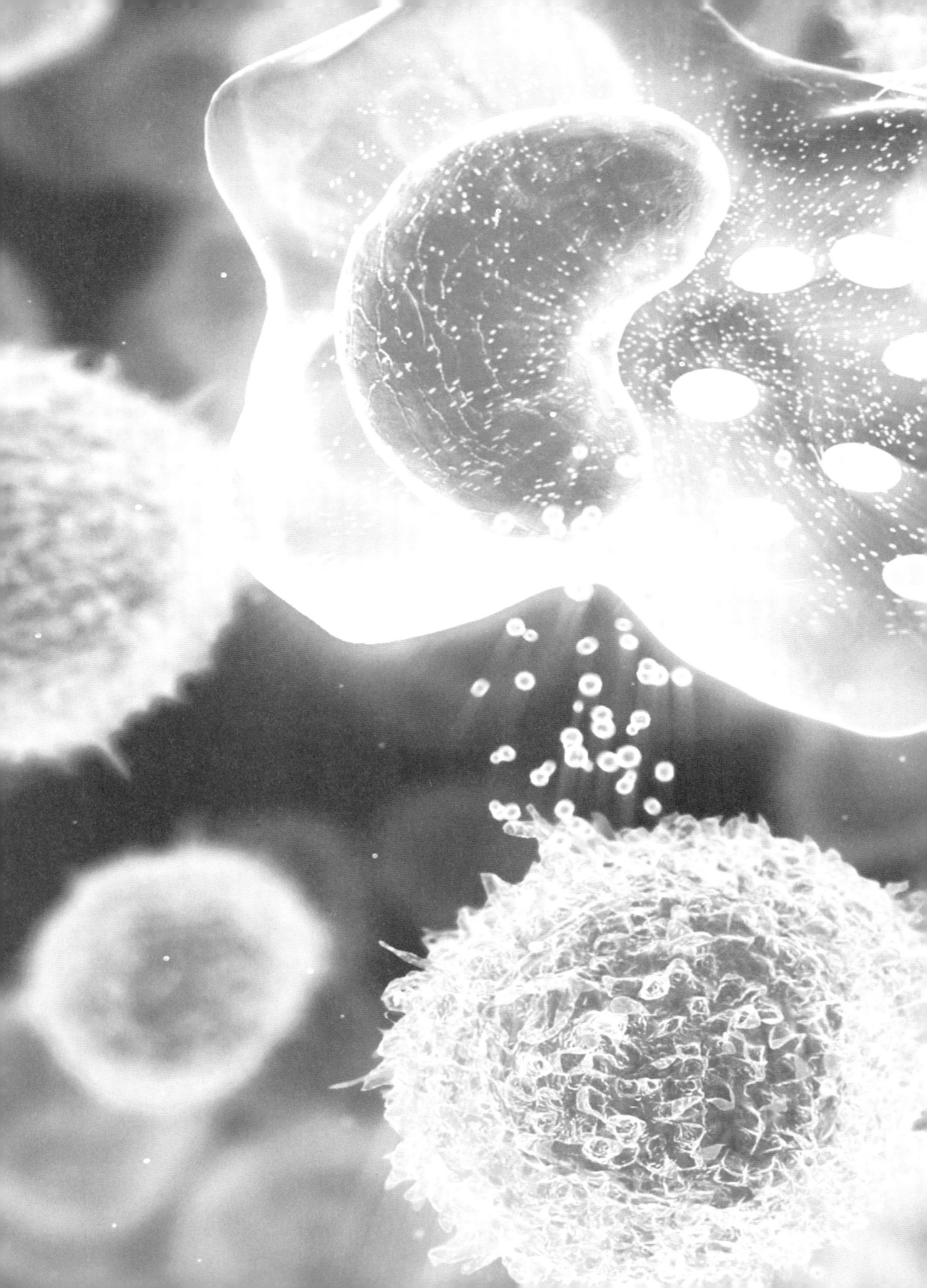

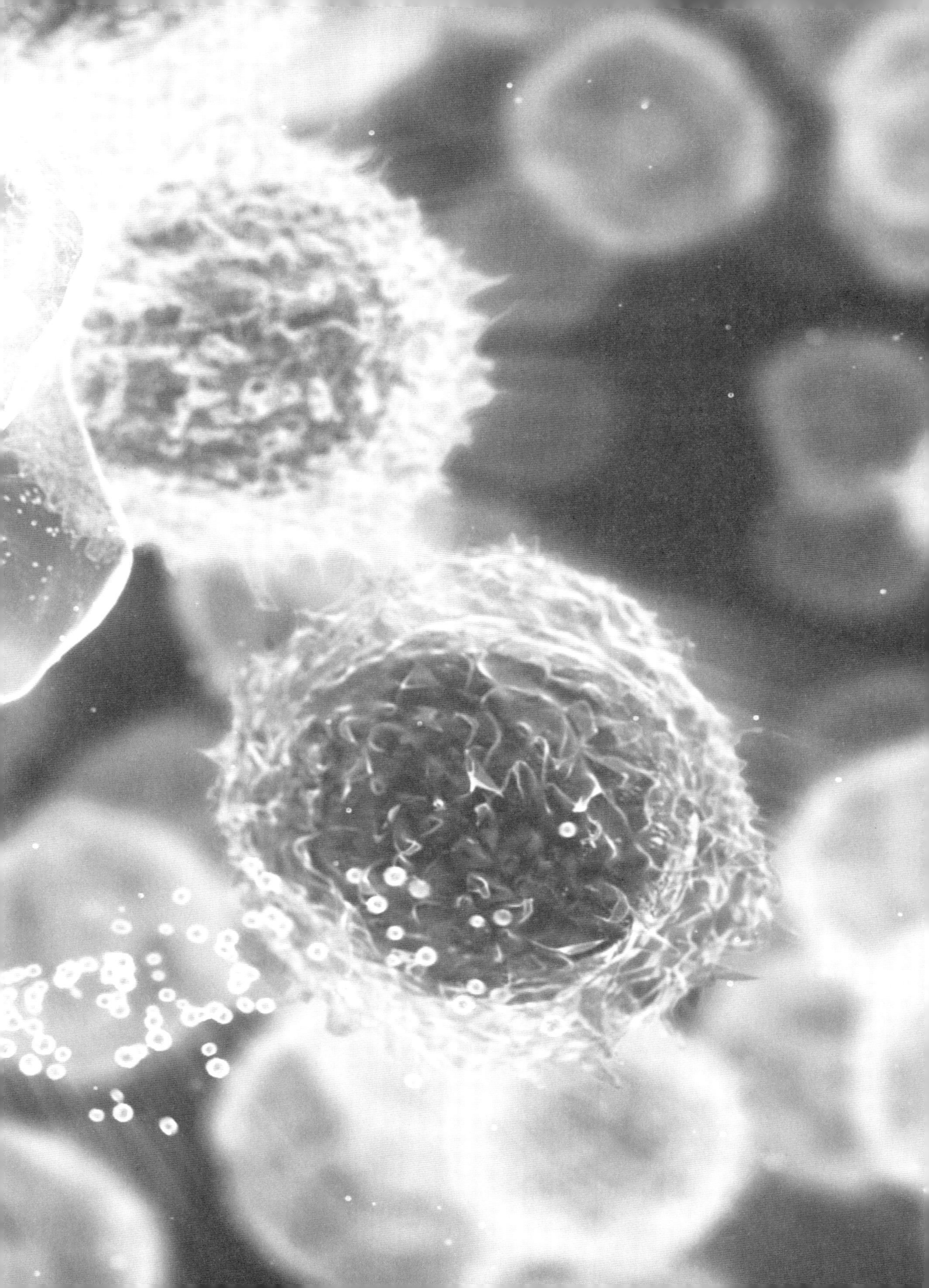